室内装饰工程概预算与招投标报价

（第2版）

陈祖建　黄　晖　编著

电子工业出版社

Publishing House of Electronics Industry

北京·BEIJING

内 容 简 介

本书的内容编排遵循建筑装饰工程项目管理、工程造价管理及建筑装饰工程预算的基本原理，同时，依据《建设工程工程量清单计价规范》（GB 50500—2013）、《房屋建筑与装饰工程工程量计算规范》（GB 50854—2013）和《建筑工程建筑面积计算规范》（GB/T 50353—2013）等国家标准，以及《福建省建筑安装工程费用定额》（2017版）、福建省装饰工程的预算定额和工程量清单的计算细则。

全书分 3 部分，共 9 章。第一部分主要介绍室内装饰工程项目管理和造价管理的内容（第 1～3 章）；第二部分主要介绍室内装饰工程概预算与定额的概念、预算费用的构成、工程量计算原理、工程量清单计价、招投标制度的发展等内容（第 4～6 章）；第三部分通过具体的案例，介绍计算机编制概预算（第 7～9 章）。本书语言简洁、通俗易懂，实用性和可操作性强。

本书可作为大中专院校开设的室内设计、艺术设计专业教材，也可作为高职高专、成人职大及社会团体开办室内设计师培训班的培训教材。

图书在版编目（CIP）数据

室内装饰工程概预算与招投标报价 / 陈祖建，黄晖编著. —2 版. —北京：电子工业出版社，2022.7
ISBN 978-7-121-43968-1

Ⅰ. ①室…　Ⅱ. ①陈…　②黄…　Ⅲ. ①室内装饰－建筑概算定额－高等学校－教材②室内装饰－建筑预算定额－高等学校－教材③室内装饰－招标－高等学校－教材④室内装饰－投标－高等学校－教材　Ⅳ. ①TU723.3

中国版本图书馆 CIP 数据核字（2022）第 121985 号

责任编辑：郭穗娟

印　　刷：三河市华成印务有限公司
装　　订：三河市华成印务有限公司
出版发行：电子工业出版社
　　　　　北京市海淀区万寿路 173 信箱　　邮编：100036
开　　本：787×1092　1/16　印张：23.75　字数：608 千字
版　　次：2016 年 1 月第 1 版
　　　　　2022 年 7 月第 2 版
印　　次：2025 年 1 月第 7 次印刷
定　　价：79.80 元

凡所购买电子工业出版社图书有缺损问题，请向购买书店调换。若书店售缺，请与本社发行部联系，联系及邮购电话：（010）88254888，88258888。

质量投诉请发邮件至 zlts@phei.com.cn，盗版侵权举报请发邮件至 dbqq@phei.com.cn。

本书咨询联系方式：（010）88254502，guosj@phei.com.cn。

前　言

本书第 1 版自 2016 年出版以来，得到了广大师生和业界的肯定。虽然《建设工程工程量清单计价规范》（GB 50500—2013）、《房屋建筑与装饰工程工程量计算规范》（GB 50854—2013）和《建筑工程建筑面积计算规范》（GB/T 50353—2013）等国家标准暂未修订，但是随着行业的快速发展和"营改增"税制改革的全面铺开，一些地方实施的计量计价实践细则和费用定额内容得到全面更新。在此背景下，为使教材能够与时俱进，编著者在第 1 版的基础上，依据《福建省建筑安装工程费用定额》（2017 版）、《〈房屋建筑与装饰工程工程量计算规范〉福建省实施细则》、《关于建筑业营业税改增值税调整福建省建设工程计价依据的实施意见》、《福建省房屋建筑与装饰工程预算定额》（FJYD-101—2017）和《房屋建筑与装饰工程消耗量定额》（TY01-31—2015）等文件，编写了本书。

本书整体上仍沿用第 1 版的框架结构，分 3 部分，共 9 章。第一部分主要介绍室内装饰工程项目管理和造价管理的内容；第二部分主要介绍室内装饰工程概预算与定额的概念、预算费用的构成、工程量计算原理、工程量清单计价、招投标制度的发展等内容；第三部分通过具体的案例，介绍计算机编制概预算。其中，第二部分是本书的核心。

与第 1 版相比，本书对以下内容做了调整：

（1）调整了第 4 章中的建设工程费用的组成项目、计算程序和各项费用的费率。

（2）对第 5～8 章实例中的定额计价、工程量清单计价均按最新行业规范进行调整。

（3）第 9 章改用"晨曦工程计价 2017（福建版）"计价软件，结合第 8 章的招投标报价实例演示使用软件计价的过程。

（4）各章课后习题紧扣全国二级造价工程师执业资格考试的重点和难点知识，重新设计题目。

本书由福建农林大学陈祖建和福建水利电力职业技术学院黄晖编著。厦门国家造价工程师陈清郁给本书提供了许多工程实践方面的宝贵信息资料，研究生刘威、吴素婷、郭布明、蓝婉仁和陈艳芸参与整理了本书的部分图表，在此一并表示感谢。同时，本书的出版得到了福建农林大学教材基金的资助。

因室内装饰工程预概算涉及面广、内容较为复杂且计算量要求精细，加之编著者水平有限，故书中疏漏、欠妥之处在所难免，敬请广大读者批评指正。

编著者

2022 年 3 月

目　　录

第 1 章

绪 论

教学目标

本章主要介绍室内装饰行业现状、室内装饰工程项目特点及划分原则，以及室内装饰工程概预算及其学习方法。读者须了解室内装饰的概念及室内装饰行业的现状，熟悉室内装饰工程项目的划分原则，掌握室内装饰工程概预算的学习方法。

教学要求

知识要点	能力要求	相关知识
室内装饰工程	(1)了解室内装饰和室内装饰工程的概念 (2)掌握室内装饰工程的作业流程 (3)了解室内装饰行业的发展概况 (4)了解建筑装饰的等级和宾馆星级	(1)室内装饰、室内装饰工程 (2)工程估算、设计概算、施工图预算 (3)装饰行业特点、装饰行业管理 (4)建筑等级、宾馆星级
室内装饰工程项目的划分	(1)熟悉项目的概念和特点 (2)掌握项目组成内容	(1)一次性、生存周期 (2)建设项目、单项工程、单位工程

 基本概念

建筑等级、建筑装饰等级、宾馆星级、一次性、全生存周期、建设项目、单项工程、单位工程、分部工程、分项工程

 引例

当前，室内装饰工程具有相对的独立性，基本上从建筑工程中剥离出来，但是和建筑工程有着千丝万缕的关系。因此，建筑工程预算的基本原理和理论，对室内装饰工程的概预算起着指导的作用。

室内装饰工程有哪些特点？作业流程如何？室内装饰行业发展情况怎样？有什么特点？室内装饰工程项目是如何划分的？这些都是本章要讲述的内容。在学习本章前，读者可思考以下两个问题。

1. 某装饰装修公司承担某大学食堂室内装修工程，该室内装修工程的顶棚装修项目是（　　　）。

A. 单项工程　　B. 单位工程　　C. 分部工程　　D. 分项工程

2. 某装饰企业根据方案设计图估算工程大概所需的费用，这一过程属于（　　　）。

A. 工程估价　　B. 工程预算　　C. 施工图预算　　D. 投资预算

1.1 室内装饰工程概述

1.1.1 室内装饰工程及其作业流程

1. 建筑装饰与室内装饰工程

建筑装饰是指对建筑物（构筑物）的美化，即使用装饰材料对建筑物的外表和内部进行美化修饰的工程建筑活动。装饰具有保护建筑物主体、改善其功能、美化其空间和渲染其环境的作用。各类城市建筑物只有经过各种装饰艺术处理之后，才能获得美化城市、渲染环境、展现时代风貌、宣扬民族风格的效果。

室内装饰是建筑装饰的重要组成部分，它是以美学原理为基础，以各种现代装饰材料为手段，通过运用正确的施工工艺和精工细作来实现的室内环境艺术。具有良好艺术效果的室内装饰工程不仅取决于好的设计方案，还取决于优良的施工质量。为了满足艺术造型与装饰效果的要求，室内装饰工程还涉及建筑结构和构造、环境渲染、材料选用、工艺美术、声像效果和施工工艺等诸多领域。因此，从事室内装饰工程设计的人员必须视野开阔、经验丰富、美术功底好、设计能力强，才能设计出好的室内装饰作品；从事室内装饰工程施工的人员必须深刻领会设计意图、仔细阅读施工图样、精心编制施工方案、认真付诸实施、确保工程质量，才能使室内装饰作品获得理想的艺术效果。

装饰工程是指通过装饰设计、施工管理等一系列的建筑工程活动，对建筑工程项目的内部空间和外部环境进行美化，从而获得理想的艺术效果的工程。建筑装饰项目包括对新建、扩建、改建的建筑室内外进行的装饰工程。

一项室内装饰工程的交付使用，既给人们创造了一个舒适实用的室内环境，又塑造了一件融汇着美学的艺术作品。室内装饰的设计、施工与管理水平，不仅反映一个国家的经济发展水平，还反映这个国家的文化艺术和科学技术水平，同时还是民族风格、民族特色的集中体现。因此，室内装饰设计与施工既不是单纯的设计图样，也不是简单的材料堆砌，而是系统化的工程。

2. 室内装饰工程的作业流程

室内装饰工程的作业流程如图 1-1 所示，主要包括以下工作内容。

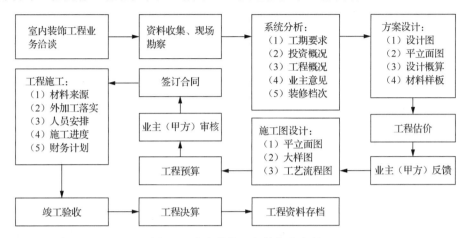

图 1-1 室内装饰工程的作业流程

（1）业务洽谈。装饰企业承接每项室内装饰工程业务时，从与业主（甲方）接触洽谈开始，就必须将业主的意见与要求记录下来，并注意相互沟通信息和意见。洽谈时需要记录的内容不仅包括工程性质（如商场、写字楼、歌舞厅、餐厅、住宅等）、工程地点（某市某区某街某号）、经营方式（如自营、出租、零售、批发等），还包括业主的爱好与要求、现场状况、方案设计完成的时间和下次约见的日期等。

（2）资料收集与现场勘察。在设计室内装饰方案前，应做好有关设计资料的收集和装饰现场的勘察等准备工作。例如，了解业主（甲方）的经济实力、地位与背景，调查该室内装饰工程所处的位置、交通便利程度，勘察现有设施情况，向业主索取原建筑图样资料，了解业主的投资意向等。

（3）系统分析。系统分析又称为可行性分析，主要是针对业主能否接受业务承接人的意见所作的具体分析。例如，对拟定的完工日期业主是否满意，交付使用日期定在什么时间才能达到业主的要求，对该项室内装饰工程报价业主是否接受，根据设计要求如何选用施工队伍与设计人员。

（4）方案设计。装饰工程的方案主要由设计人员根据业主（甲方）的意见和要求制订。建筑面积、艺术造型、使用功能、投资大小、档次高低、材料选用等都是制订该室内装饰工程方案的主要依据；施工图一般包括分层平面图、顶棚仰视图、立面图和彩色效果图等。

（5）工程估价。室内装饰工程估价是指概算估价，即根据施工图估算该工程所需的费用。装饰企业应在合理估算工程成本的基础上，依据地方发布的概算指标提出合理的投标报价，应尽量避免在工程实施过程中对造价进行大幅度调整。概算估价的计算方法：工程所用材料的面积乘以单价，加上所需人工费和按规定应收取的各项费用；也可以根据工程所用材料和装饰档次，估算出每平方米的造价，再乘以建筑装饰面积。

（6）业主（甲方）反馈。在方案设计与概算估价完成后，应及时把它交给业主审核，尽量向业主阐述自己的观点，并与业主交换意见。在听取业主意见与要求之后，对方案和概算估价进行修改与完善，直到业主满意为止。

（7）施工图设计。施工图是技术人员组织施工的主要依据，为了满足施工图设计的要求，设计人员在绘制施工图时，应在图样中把各种尺寸、标高、所用材料等标注清楚，提供大样图，使施工人员一目了然。

（8）工程预算。室内装饰工程预算是指按照施工图并依据合理的计价规范计算该装饰工程造价，确定所需人工、材料等消耗量的经济技术文件。它是与业主签订工程合同、结算工程价款的重要依据，也是装饰企业计算工程收入、核算工程成本、确定经营是否盈利的主要依据。因此，要求计算工程量要精细，套用定额要正确，按规定计取费用，不得漏项、错算和重复计算，以免造成不必要的经济损失。关于室内装饰工程预算的项目划分、工程量计算规则、取费标准（定额）、内容组成、编制原则依据、方法与步骤等将在后面的章节做详细介绍。

编制室内装饰工程预算时，要实事求是地计算工程造价，既不可多算也不可少算。过多增加预算费用会使中标率降低，漏项少算又会造成中标后难以保质保量地完成室内装饰工程项目。因此，在工程招标时，招标文件中一般都有"以本标单为依据"的附加条款，不允许随意调整费用。

（9）业主（甲方）审核。室内装饰工程预算和施工进度计划交付业主后，应要求业主及时组织专业人员进行审核。如有不同意见或发现较大出入时，业主应就其明细项目情况予以说明，以便及时修改，以免日后造成工程纠纷。

（10）签订合同。施工合同是指业主和承包人双方针对某项室内装饰工程任务，经双方协商签订的协议，具有法律效力。施工合同内容主要包括合同依据、施工范围、施工期限、工程质量、取费标准、双方职责、奖惩规定及其他。

（11）工程施工。在施工过程中，要求做好以下几项工作：按施工进度要求认真组织施工；加强工程质量管理、质量监督与质量控制，凡不符合质量标准要求的项目，必须返工重做，直到达到质量标准要求为止；加强现场施工管理，主要包括人事管理、财务管理、材料管理和施工机具管理等。

（12）竣工验收及决算。室内装饰工程完工后，还需要做好以下工作：会同业主和质检部门检查工程质量，对发现的缺陷限期改正；清理现场，做到工完场清；试水试电；填写竣工报表；办理交工验收手续和计算工程成本及收益，做好竣工决算。

（13）工程资料存档。

1.1.2　室内装饰行业的特点和管理规范

1. 装饰行业的特点

所谓装饰行业是指围绕装饰工程，从事设计、施工、管理、装饰材料制造、商业营销、中介服务等多种业务的综合性新型行业。

根据国家推荐性标准《国民经济行业分类》（GB/T 4754—2017），建筑装饰和装修业是建筑业的四大类之一。装饰行业的主要特点如下。

（1）装饰行业集文化、艺术、技术于一体，包括建筑工程六面体、空间和室内外环境的装饰艺术处理。

（2）装饰行业属于智力、技术、管理密集型行业，它采用高新技术，倡导资源节约、环境保护、优质优价，实现和提高其产值及利润。它以创造性的室内设计为前提，以选择性更强的饰材为基础，通过高水准、精致化的装饰工程施工，使装饰作品具有显著的文化、艺术、技术内涵，同时具有优良的质量、完善的功能、新颖的造型和稳定的性能。

（3）逐步形成主导产业特点的装饰行业，从行业上划分，隶属建筑业，从产业上划分，属于第二产业。该行业既能为社会创造财富，又能促进消费结构的调整，美化环境，提高人民生活水平。同时，带动建材、轻工、纺织、冶金、旅游、房地产、金融、贸易等多个行业的发展。

2. 装饰行业的管理规范

装饰设计是建筑工程设计的有机组成部分之一，是由建筑、室内设计专业技术人员根据建筑物的功能及其环境的需要，为使建筑物的室内、外空间达到一定的环境质量要求，运用建筑工程学、人体工程学、环境美学、材料学等知识而进行的一种综合性设计活动，其内容主要包括建筑物室内空间布局、材料选择、色彩、家具、灯饰、陈设的设计或造型，以及与之相关的室外环境设计及工程概预算编制等。2014 年，中国建筑装饰协会发布的《建筑装饰设计收费标准》中规定，对建筑装饰设计，可按工程造价和设计面积两种方式计算设计费用。

建筑装饰设计与施工资质分一级、二级、三级，取得建筑装饰装设计与施工资质的企业，可从事各类建设工程中的建筑装饰装修项目的咨询、设计、施工和设计与施工一体化工程，还可承担相应工程的总承包、项目管理等业务（建筑幕墙工程除外）。取得一级资质的企业可承担各类建筑装饰装修工程的规模不受限制；取得二级资质的企业可承担单项合同额不高于 1200 万元的建筑装饰装修工程；取得三级资质的企业可承担单项合同额不高于 300 万元的建筑装饰装修工程。

1.1.3 建筑等级、建筑装饰等级与标准

1. 建筑等级

通常按建筑物的使用性质和耐久性等，把它划分为一级、二级、三级和四级，见表 1-1。

表 1-1　建筑等级

建筑等级	建筑物性质	耐久性
一级	有代表性、纪念性、历史性的建筑物，如国家大会堂、博物馆、纪念馆等建筑	100 年以上
二级	重要公共建筑物，如国宾馆、国际航空港、城市火车站、大型体育馆、大剧院、图书馆等建筑	50 年以上
三级	较重要的公共建筑和高级住宅，如外交公寓、高级商业服务建筑、医疗建筑、高等院校建筑	40～50 年
四级	普通建筑物，如居住建筑、交通/文化建筑等	15～40 年

2. 建筑装饰等级

一般来说，建筑等级越高，其装饰标准也越高。根据房屋的使用性质和耐久性要求确定的建筑等级，应作为确定建筑装饰标准的参考依据。我国建筑装饰等级的划分是按照建筑等级并结合国情、根据不同类型的建筑物而确定的，见表 1-2。

表 1-2　建筑装饰等级

建筑装饰等级	建筑物类型
一级	大型博览建筑、大型剧院、纪念性建筑、大型邮电、交通建筑、大型贸易建筑、大型体育馆、高级宾馆、高级住宅
二级	广播通信建筑、医疗建筑、商业建筑、普通博览建筑、邮电/交通/体育建筑、旅馆建筑、高等院校建筑、科研建筑
三级	居住建筑、生活服务性建筑、普通行政办公楼、中小学建筑

3. 建筑装饰标准

根据不同的建筑装饰等级、建筑物的装饰部位所使用的材料和做法，以及不同类型的建筑区分装饰标准。

建筑装饰等级为一级的建筑物的门厅、走道、楼梯、房间的内外装饰标准，见表1-3。

建筑装饰等级为二级的建筑物的门厅、走道、楼梯、房间的内外装饰标准，见表1-4。

对建筑装饰等级为三级的建筑物，内墙面用混合砂浆、纸筋灰浆、内墙涂料，局部油漆墙裙；外墙面局部贴面砖，大部分用水刷石、干黏石、外墙涂料；楼地面局部为水磨石，大部分为水泥砂浆地面。除幼儿园、文体用房外，一般不用木地板、花岗石板、铝合金门窗，不贴墙纸。

表 1-3　一级建筑的内外装饰标准

装饰部位	内装饰及材料	外装饰及材料
墙面	大理石、各种面砖、塑料墙纸（布）、织物墙面、木墙裙、高级涂料	天然石材（花岗岩）、饰面砖、装饰混凝土、高级涂料、玻璃幕墙
楼地面	彩色水磨石、大理石、木地板、塑料地板、地毯	—
天棚	铝合金装饰板、塑料装饰板、装饰吸音板、塑料墙纸（布）、玻璃顶棚、高级涂料	外廊、雨篷底部参照天棚的内装饰
门窗	铝合金门窗、一级木材门窗、高级五金配件、窗帘盒、窗台板、高级油漆	各种铝合金门窗、钢窗、遮阳板、卷帘门窗、电子感应门
设施	各种花饰、灯具、空调、自动扶梯、高档卫生洁具	—

表 1-4　二级建筑的内外装饰标准

装饰部位		内装饰及材料	外装饰及材料
墙面		装饰抹灰、内墙涂料	各种面砖、外墙涂料、局部石材
楼地面		水磨石、大理石、地毯、各种塑料地板	
天棚		胶合板、钙塑板、吸音板、各种涂料	外廊、雨篷底部参照天棚的内装饰
门窗		窗帘盒	
卫生间	墙面	水泥砂浆、瓷砖内墙裙	普通钢、木门窗、主入口铝合金门
	地面	水磨石、马赛克	
	天棚	混合砂浆、纸筋灰浆、涂料	
	门窗	普通钢木门窗	

1.2　建设项目概述

建设项目是投资行为与建设行为相结合的投资项目,投资是建设项目的起点和保证,没有投资就没有建设;反之,没有建设,投资的目的就不可能实现。建设的过程就是投资项目的实现过程,是把投入的货币转换成资产的过程。

建设项目是投资项目中最重要的一类。一个建设项目就是一个固定资产投资项目,固定资产投资项目又包括基本建设项目(新建、扩建)和技术改造项目(以改进技术增加产品品种、提高产品质量、治理“三废”、节约资源为主要目的的项目)。前者属于固定资产外延、扩大再生产的范畴,后者属于固定资产内涵、扩大再生产的范畴,但也有设备更新的简单再生产及包括部分扩大再生产的成分。

总之,建设项目是指需要投入一定的资本、实物资产,有预期的经济社会目标,在一定的约束条件下,经过研究决策和实施(设计与施工)等一系列程序,形成固定资产的一次性任务。从管理的角度看,一个建设项目是在总体设计及总体规划下,由若干互相有内在联系的单项工程组成的,在建设过程中实行统一核算、统一管理的建设工程。

1.2.1　项目的定义和特点

1. 项目的定义

项目是指在一定的约束条件下,具有特定目标的、一次性任务。不同的项目有不同的内容,例如,长江三峡水利枢纽工程、京九铁路是大项目;酒店的二次室内装修、办公楼的改扩建或套房的改造工程等属于小项目。所有包含策划、评估、计划、实施、控制、协调、结束等基本内容的经济或社会活动,都可以称为项目。

2. 项目的特点

1)一次性

这是项目与其他重复性劳动的最大区别,项目总是有其独特性。研制一项产品、建造一栋楼房,都不会有完全相同的重复性劳动,即使类似的项目也会因地点、时间和外部环境不同而有差别。一次性是项目最重要的特点,其他特点都由此衍生而来。

2)限定的约束条件

项目一般有限定的资源消耗、限定的时间、空间要求和相应的规定标准。例如,一项室内装饰工程通常具有在特定的室内空间、某个时间段、限定的资金条件下,达到约定的室内装饰标准等一系列的约束条件。

3)具有确定的目标

作为一个项目,必须有确定的目标,包含成果性的目标及其他需要满足条件的目标。例如,建造一栋住宅,其目标就是在规定的时间里,用一定的资金,建造成质量达标、造型合理美观、功能满足使用要求的民用建筑物。

项目是一个外延很广泛的概念,在企事业、机关、社会团体乃至生活的方方面面都有项目和项目管理问题。可以说,室内装饰工程施工项目就是项目的一般原理在室内装饰工程上的具体运用。

4）项目的生存周期和阶段性

项目的生存周期是指项目从开始到实现目标的全部时间。项目是一次性的渐进过程，从项目的开始到结束可分成若干阶段，这些阶段构成了项目的整个生存周期。

不同的项目因目标、约束条件不同而被划分为不同的阶段。例如，建设项目可以分为发起和可行性研究阶段、规划和设计阶段、制造与施工阶段、移交与投产阶段；工业产品开发项目可以分为需求调研阶段、开发方案可行性论证阶段、设计与样品试制阶段、小批量试产阶段、批量生产阶段。

每个阶段都以项目的某种可交付成果的完成为标志，例如，在建设项目的设计阶段，要交付设计方案、初步设计和施工设计；在工业产品开发项目的样品试制阶段，要交付符合设计指标的样品等。通常，只有在前一阶段的交付成果被批准后，才可以开始下一阶段的工作。这样做一方面是为了保证前一阶段成果符合阶段性目标，避免返工；另一方面是为了保证在不同阶段不因人员流动和外部条件变化而使工作衔接不上。

大多数项目的生存周期都可以归纳为启动、规划、实施、结尾 4 个阶段。其资源投入模式大致相同，即开始时投入较低，然后逐步增高；在达到某个里程碑目标时资源投入达到峰值，然后逐渐降低；当接近结束时迅速降低，如图 1-2 所示。

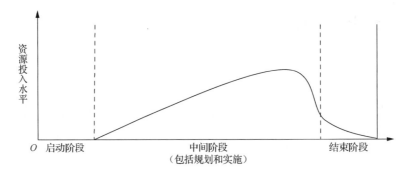

图 1-2　项目生存周期内的资源投入模式

1.2.2　建设项目的逐级划分

一个建设项目一般逐级划分为单项工程、单位工程、分部工程和分项工程（后两者也可合并称为分部分项工程），如图 1-3 所示。

建设项目是指在一个场地上或几个场地上，按照总体设计进行施工的各个工程项目。建设项目可由一个工程项目或几个工程项目构成。建设项目在经济上实行独立核算，在行政上具有独立的组织形式。在我国，建设项目的实施单位一般称为建设单位，实行项目法人责任制。例如，新建一个工厂、矿山、学校、农场，或者新建一个独立的水利工程或一条铁路等，由项目法人单位实行统一管理。

1. 单项工程

单项工程是建设项目的组成部分，也称为工程项目，即具有独立的设计文件、竣工后可以发挥生产能力或效益的工程。一个建设项目可以由一个单项工程组成，也可以由若干单项工程组成。例如，在工业建设项目中，各个独立的生产车间、实验大楼等都是单项工程；在民用建设项目中，学校的教学楼、实验室、图书馆、宿舍楼等都可以称为单项工程。

2. 单位工程

单位工程是单项工程的组成部分。单独设计、可以独立施工但完工后不能独立发挥生产能力或效益的工程称为单位工程。单项工程一般由若干单位工程组成，例如，车间单项工程一般由土建工程、装饰工程、工业管道工程、设备安装工程、电气照明工程和给排水工程等单位工程组成。

3. 分部工程

分部工程是按照不同单位工程的结构部位、使用材料、工种、设备种类和型号等划分的，是单位工程的组成部分。例如，一幢房屋的土建单位工程按其结构或构造部位，可以划分为基础、主体、屋面、装饰等分部工程；按其工种，可以划分为土石方工程、砌筑工程、钢筋混凝土工程、防水工程、装饰工程等；按其质量检验评定要求，可以划分为地基与基础工程、主体工程、地面与楼面工程、门窗工程、装饰工程、屋面工程等。建筑装饰工程可以划分为墙面工程、柱面工程、楼地面工程、吊顶工程、铝合金工程、玻璃工程等分部工程。

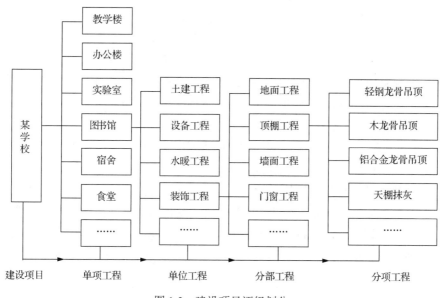

图 1-3 建设项目逐级划分

4. 分项工程

分项工程是分部工程的组成部分，它将分部工程进一步细分为若干施工过程。装饰工程一般按照选用的施工方法、材料、结构构件和配件等划分其分项工程，如轻钢龙骨吊顶、墙纸裱糊、地面镶贴花岗石板等。

分项工程是建筑安装工程的基本构成因素，它是为便于计算和确定单位工程造价而设想出来的一种产品。在施工管理中，分项工程的合理划分对编制概预算、计划用料分析、编制施工作业计划、统计工程量、成本核算来说，都是不可缺少的。应当注意，分项工程与工程量清单中的分项是不同的，不可混淆。

工程预算的编制工作就是从分项工程开始的。建设项目的划分既有利于编制概预算，也有利于该项目的组织管理。

由此可知，为了有利于国家对基本建设项目计划价格的统一管理，便于编制建设预算文件和计划文件等，我国将建设项目进行科学的分析与分解。在实际建设中，室内装饰工程可以是独立的单项工程、单位工程，也可以是单位工程中的分部工程或分项工程。

1.3 本课程的意义和学习方法

装饰工程概预算是室内装饰工程的重要文件，是装饰企业进行成本核算的依据，是设计企业进行估算的重要依据，因此，室内设计人员、室内装修技术人员、工程管理人员必须掌握其原理和技巧。

室内装饰涉及多学科，它将技术和艺术、科学与文化融为一体。室内装饰工程概预算采纳了建筑装饰工程概预算的法则和法规，但又有相对的独立性。装饰工程概预算理论充分体现了装饰工程技术的法律和法规，又体现了独立的经济法则。在一定程度上，它反映了建设时期的生产力水平并随着生产技术的发展和经营管理的改革，因此，对其定额和预算的内容要做相应的调整。

室内装饰工程概预算包括设计预算、施工图预算和施工预算等，是装饰设计文件的重要组成部分。它是根据室内装饰工程不同设计阶段的设计图样和有关定额、指标和各项取费标准，在装饰工程施工前预先计算其工程建设费用的经济性文件。由此确定的每个建设项目、单项工程或单位工程的建设费用，实质上就是相应工程的计划价格，是企业进行经济核算、成本控制、技术经济分析、施工管理、制订计划以及竣工结算的重要依据，也是设计管理的重要内容和环节。

室内装饰工程概预算是室内设计内容之一，是装饰工程的一个重要内容，也是每个室内设计人员、工程管理人员都必须掌握的专业内容。相关人员需要在室内装修工程和装饰材料的基础知识上，进一步学习室内装饰工程设计概算、施工图预算、施工预算及成本控制、费用管理、定额编制、工程结算等理论，为科学管理装饰工程、最大限度地提高企业经济效益打好基础。因此，它是装饰行业不可或缺的一门学科，必须认真、努力地学好这门课程，并把它应用到工程实践中。

本课程的学习方法和要求如下：

（1）熟悉室内装饰工程项目管理与造价管理。

（2）熟悉定额的制定原则、组成内容、编制方法。

（3）掌握预算的各个环节，并能独立地编制预算。

（4）熟悉室内装饰工程工程量清单计价方法和原则。

（5）应具备相关学科的知识，如建筑制图、室内设计、装饰工程与材料等知识。

（6）适时了解装饰材料市场行情、本行业的法令法规等。

（7）了解室内饰工程预算编制方法。

（8）能够使用计算机预算软件编制预算。

小 结

装饰就是利用能使物体美观的各种要素的方法及其过程。建筑装饰是对建筑物的美化,是指使用装饰材料对建筑物的外表和内部进行美化修饰的工程建筑活动。建筑装饰具有保护建筑物主体、改善功能、美化空间和渲染环境的作用,各类城市建筑只有在经过各种装饰艺术处理之后,才能获得美化城市、渲染环境、展现时代风貌的效果。

室内装饰是建筑装饰的重要组成部分,它是以美学原理为依据、以各种现代装饰材料为基础的室内环境艺术。设计人员根据建筑及其装饰的等级,通过运用正确的施工工艺和精工细作展现这种艺术。

根据专业特点和发展的不同阶段而采用不同的计价方法,室内装饰工程计价通常采用定额计价和工程量清单计价;计价特点存在单件性、多阶段和综合计价等特点;根据工程造价的计价特点提出学习室内装饰工程概预算的方法和要求。

习 题

一、选择题

1～11 题为单选题

1. 某大型工业区分为 A、B 两区,由甲、乙两个建设公司合作开发,则应视作( )个建设项目。

    A. 1   B. 2   C. 3   D. 4

2. 工程建设项目可根据其投资作用分为生产性建设项目和非生产性建设项目两类,下列属于生产性建设项目的是( )建设项目。

    A. 企业管理机关的办公楼   B. 广播电视楼

    C. 饮食、仓储业   D. 咨询服务业

3. 下列工程属于建设项目的是( )。

    A. 一个工厂   B. 一座厂房   C. 一条生产线   D. 一套动力装置

4. 下列项目属于基本建设大中型项目或限额以上更新改造项目的是( )。

    A. 能源部门投资额为 4000 万元的某生产性建设项目

    B. 投资额为 4000 万元的某公共事业建设项目

    C. 交通部门投资额为 4000 万元的某更新改造项目

    D. 原材料部门投资额为 4000 万元的某更新改造项目

5. 基本建设项目按照建设性质划分,可以分为新建项目、扩建项目、迁建项目和恢复项目。其中,单位原有基础薄弱需要再兴建的项目,其新增加的固定资产价值超过原有全部固定资产价值(原值)的( )倍以上时,才可算作新建项目。

    A. 2   B. 3   C. 5   D. 10

6. 现有企业、事业和行政单位的建设项目，只有新增加的固定资产价值超过原有全部固定资产价值（　　　）倍以上时，才能算新建项目。

A. 1　　　　　　　　B. 2　　　　　　　　C. 3　　　　　　　　D. 4

7. 凡属政府投资的大中型建设项目的项目建议书，其审批权限在（　　　）。

A. 国务院建设主管部门　　　　　　B. 国务院投资主管部门

C. 国务院　　　　　　　　　　　　D. 行业主管部门

8. 按照《建筑工程施工质量验收统一标准》（GB 50300—2013）规定，在以下各项中属于分项工程的是（　　　）。

A. 地面与楼面工程　　　　　　　　B. 装修工程

C. 电梯安装工程　　　　　　　　　D. 混凝土工程

9. 建设项目按项目规模分类，下列关于划分项目等级原则的说明，不正确的是（　　　）。

A. 对生产单一产品的项目，一般按产品的设计生产能力划分

B. 对生产多种产品的项目，一般按其主要产品的设计生产能力划分

C. 对更新改造项目，可按投资额划分，也可按生产能力划分

D. 产品分类较多，难以按产品的设计能力划分时，可按投资总额划分

10. 在室内装饰工程作业流程中，设计阶段的预算称为（　　　）。

A. 工程估算　　B. 施工图预算　　C. 施工预算　　　D. 投资估算

11. 在室内装饰工程作业流程中，在工程项目设计之前，需要考虑（　　　）。

A. 施工图设计　　　　　　　　　　B. 设计估算

C. 项目调研　　　　　　　　　　　D. 施工预算

12～16 题为多选题

12. 根据我国现行规定，下列关于建设项目分类原则的表述正确的是（　　　）。

A. 产品种类多的项目按其产品的折算设计生产能力划分

B. 更新改造项目可根据投资额划分，也可按对生产能力的改善程度划分

C. 对社会发展有特殊意义并已列入国家重点建设工程的，均按大中型项目管理

D. 无论生产单一产品还是多种产品，均按投资总额划分

E. 城市立交桥梁在国家统一下达的计划中，不作为大中型项目安排

13. 根据现行规定，在国家统一下达的计划中，不作为大中型项目安排的有（　　　）。

A. 交通建设工程　　　　　　　　　B. 城市污水处理工程

C. 新建水电工程　　　　　　　　　D. 城市道路　　　　　　　E. 旅游饭店建设

14. 建设项目按照行业性质和特点划分可分为（　　　）。

A. 竞争性项目　　　　　　　　　　B. 基础性项目　　　　　　　C. 公益性项目

D. 生产性项目　　　　　　　　　　E. 非生产性项目

15. 下列关于建设项目的表述正确的是（　　　）。

A. 独立施工条件并能形成独立使用功能的建筑物及构筑物为一个单位工程

B. 工程是建筑物按单位工程的部位、专业性质划分的

C. 一般按主要工种、材料、施工工艺、设备类别等进行划分

D. 工程较大或较复杂时，可按专业系统及类别等把它划分为若干分项工程

E. 单位工程是计量工程用工用料和机械台班消耗的基本单元

16．申请建造师初始注册的人员应当具备的条件是（　　　）。

    A．经考核认定或者考试合格取得执业资格证书

    B．受聘于一个单位

    C．填写注册建造师初始注册申请表

    D．达到继续教育的要求

    E．没有明确规定不予注册的情形

二、思考题

1．室内装饰工程作业流程包括哪些内容？

2．建筑等级和建筑装饰等级有哪些？一级和二级建筑装饰的标准有哪些？

3．装饰行业的现状如何？

4．什么是工程项目？室内装饰工程项目是怎么划分的？试举例说明。

5．如何区分单位工程、单项工程、分部工程、分项工程和装饰工程的施工过程？

第2章

室内装饰工程项目管理

教学目标

本章主要介绍室内装饰工程项目管理的定义及其内容、室内装饰工程施工进度管理、室内装饰工程施工技术管理、室内装饰工程施工质量管理、室内装饰工程施工成本管理等内容。了解室内装饰工程施工与组织内容，熟悉室内装饰工程技术管理和掌握室内装饰工程施工进度管理、质量管理、成本管理。

教学要求

知识要点	能力要求	相关知识
室内装饰工程项目管理概述	（1）了解室内装饰工程项目管理的定义 （2）掌握室内装饰工程项目管理的内容	（1）项目管理任务、项目管理特点 （2）室内设计管理、装饰工程施工管理
室内装饰工程施工进度管理	（1）熟悉装饰工程进度管理的定义 （2）掌握室内装饰工程施工进度计划的编制与控制	（1）进度控制、进度管理的内容 （2）施工程序、施工进度计划、施工天数、施工横道图、施工网络图
室内装饰工程施工技术管理	（1）熟悉装饰工程技术管理的定义 （2）掌握室内装饰工程施工技术管理的内容	技术管理、资料管理、施工现场技术管理、施工单位技术管理
室内装饰工程施工质量管理	（1）熟悉装饰工程质量管理的定义 （2）掌握室内装饰工程施工质量管理的内容	（1）工程质量、实体质量、工作质量 （2）质量管理基本观点、循环工作法、全面质量管理内容
室内装饰工程施工成本管理	（1）熟悉室内装饰工程成本管理的定义 （2）掌握室内装饰工程施工成本管理的环节和内容	（1）计划成本、预算成本、实际成本 （2）成本预测、成本控制、成本分析、项目不同阶段成本管理方法与内容

基本概念

施工程序、施工进度计划、施工天数、施工横道图、施工网络图、技术管理、资料管理、工程质量、实体质量、工作质量、计划成本、预算成本、实际成本、成本预测、成本控制、成本分析

 引例

建设项目的全生存周期包括项目的决策阶段、实施阶段和使用阶段（也称运行阶段）。建设项目管理的实践范畴是建设项目的实施阶段（包括设计前的准备阶段、设计阶段、施工阶段、动用前准备阶段和保修阶段）。建设项目管理的内涵：从项目开始到项目完成（项目实施阶段），通过项目决策和项目控制，使项目的成本目标、进度目标和质量目标得以实现。建设项目管理的核心是目标控制，而业主方的项目管理往往是项目管理的核心。

室内装饰工程项目管理的内涵是什么？具体涉及哪些方面？包含哪些内容？各有什么特点？这些问题是本章要阐述的重点内容。学习本章前，先回答以下问题。

天海市交通局作为该局综合办公大楼项目的业主，通过设计竞赛和公开招标的方式，确定了该市的建筑设计研究院和第三建筑公司分别为本项目的设计单位和施工单位。

1. 作为项目业主的天海市交通局，它的项目管理任务中最重要的是（　　）。

　　A. 投资控制　　　　　　　B. 进度控制

　　C. 安全管理　　　　　　　D. 组织和协调

2. 天海市交通局综合办公大楼项目管理的进度目标是（　　）。

　　A. 该大楼启用的时间目标

　　B. 该大楼竣工的时间目标

　　C. 该大楼立项的时间目标

　　D. 该大楼项目结算的时间目标

3. 天海市建筑设计研究院的项目管理目标除了服务于其自身的利益，还应服务于（　　）。

　　A. 招投标代理机构的利益　　B. 天海市第三建筑公司的利益

　　C. 项目的整体利益　　　　　D. 天海市交通局的利益

4. 天海市第三建筑公司的项目管理目标的是（　　）。

　　A. 施工的成本目标　　　　　B. 设计的进度目标

　　C. 项目的投资目标　　　　　D. 供货的质量目标

2.1 概述

2.1.1 室内装饰工程项目管理的定义、任务和特点

1. 室内装饰工程项目管理的定义

室内装饰工程项目管理属于工程项目管理的范畴，是指在项目的生存周期内，即在从设计、组织工程施工到竣工交付使用期间，用系统工程的理论、观点、方法，进行有效的规划、决策、组织、协调、控制等系统性的科学管理活动，从而保证室内装饰工程项目在质量、工期、造价、安全等方面圆满地实现预期的目标。

2. 室内装饰工程项目管理的任务

根据项目招标要求，编制投标文件；中标后通过谈判，签订工程承包合同、编制预算及对主要材料进行认价等，从人力、物力、空间三要素着手组织劳动力，抓好材料供应，加强专业协调，从时间上和空间上进行科学、合理的部署。时间上，要求速度快、工期短；质量上，要求精度高、效果好；经济上，要求消耗少、成本低、利润高。

3. 室内装饰工程项目管理的特点

室内装饰工程项目管理是指在一定的约束条件下（主要是限定资源、限定时间），具有特定目标的一次性任务。与其他项目管理不同，其特点主要体现在以下 3 个方面。

1）装饰工程项目管理的一次性

工程项目的单件性特征决定了工程项目管理的一次性特点。例如，建设一项工程或开发一个产品，都不同于其他工业产品的批量性，也不同于其他生产过程的重复性。工程项目的永久性特征更加突出了工程项目一次性管理的重要性。一旦在工程项目管理过程中出现失误，将很难纠正，也会带来严重损失。

由于工程项目具有单件性和永久性特征，因此工程项目管理的一次性成功非常关键，这就使项目经理的选择、项目组成人员的配备和项目机构的设置，成为工程项目管理的首要问题。

2）室内装饰工程全过程管理的综合性

工程项目的单件性和过程的一次性决定了工程项目的生存周期，即工程项目的时间限制。工程项目的生存周期又可划分为若干阶段，每一阶段都有一定的时间要求和特定的目标要求，又是下一阶段能否顺利进行的前提，也是整个工程项目生存周期的敏感环节，对工程项目生存周期有决定性的影响。

工程项目的生存周期是一个有机的发展过程，它的各个阶段既有一定的界限又有连续性，这就决定了工程项目管理必须是项目生存周期全过程的管理。全过程管理包括可行性研究、招标投标（以下简称招投标）、勘察、设计、施工和运营维护等各个阶段的项目管理，而每个阶段都包括对成本、进度和质量的管理。因此，工程项目管理是全过程的综合性管理。

3）室内装饰工程项目控制性管理的强约束性

工程项目的时间、成本、质量及其他特定目标要求，决定了其具有目标管理的约束特点。工程项目管理具有明确的管理目标，即工程进度快、成本低和质量好；同时，也具有严格的限

定条件，即限定的资源消耗、限定的时间要求和限定的质量标准，其约束条件的约束强度远高于其他项目管理。可见，工程项目管理是强约束的控制性管理。

工程项目管理的约束条件既是必要条件又是不可逾越的限制条件。工程项目管理的一个重要特点就是工程项目的管理者如何在一定的时间内，既善于应用这些条件又不能超越这些条件，以便高效、低耗、优质地完成既定的任务，达到预期的目标。因此，工程项目管理是强约束的限定性管理。

由于工程项目管理具有强约束和限定性特征，因此，工程项目管理的有效性控制是工程项目管理的又一个关键。而工程项目管理的有效性控制是建立在工程项目管理计划最优化的基础上的，使工程项目管理的计划最优化并实施控制，成为工程项目管理的核心问题。

室内装饰工程项目管理与施工管理和企业管理不同，不能把它们混为一谈。室内装饰工程项目管理的对象是具体的装饰工程项目，施工管理的对象虽然也是具体的装饰工程项目，具有一次性的特点，但管理的范围仅限于工程的施工阶段，而不是装饰工程的全过程。装饰工程项目管理与企业管理的区别在于后者的管理对象是整个企业，管理范围涉及企业生产经营活动的各个方面，一个工程项目仅是其中的一个组成部分。而且，企业管理是与企业共存亡的，它没有装饰工程项目管理所具有的一次性特点，装饰工程项目管理的重要特点在于工程项目管理者必须在一定的时间内，应用装饰项目的约束条件且不能超越这些条件，完成既定任务，达到预期的目标。否则，时间不再来，条件不再有，工程项目管理即告失败。

2.1.2　室内装饰工程项目管理的内容

根据管理的工作范围划分，室内装饰工程项目管理可分为建设全过程管理和阶段性管理。其中，阶段性管理主要包括设计管理和施工管理。根据管理技术门类划分，室内装饰工程项目管理可分为室内装饰工程施工进度管理、技术管理、质量管理、成本管理和安全管理。

1. 室内装饰工程设计管理

设计管理就是对设计活动进行计划、组织、指挥、协调和控制等一系列活动的总称。在室内装饰工程项目中，特别是在国内装饰工程行业中，设计任务通常由装饰工程施工单位承担。室内装饰工程设计管理的主要内容如下：

（1）明确业主对设计内容的要求和推出设计图的时间要求，确定设计费用，签订设计合同。

（2）组建设计团队，与专业工程师签订专业设计分包合同。

（3）制订设计进度计划，监督检查其实施情况，按时提供设计图。

（4）编制工程设计概预算或编制标底控制造价。

2. 室内装饰工程施工管理

室内装饰工程施工管理就是根据室内装饰工程的现场情况，结合室内装饰工程的设计要求，以先进的、科学的施工方法与组织手段，把人力和物力、时间和空间、技术和经济、计划和组织等诸多因素合理优化配置，从而保证施工任务按照时间、成本、质量、安全等方面的要求完成。室内装饰工程施工管理主要包含以下内容：

1）确定施工方案并做好施工准备。

（1）对施工方案的技术经济进行比较，选定最佳可行性方案。

（2）选择适用的装修施工机具。

（3）设计装饰工程施工平面布置图。

（4）确定各工种人工、机具和材料的需要量。

2）编制施工进度计划。

（1）绘制施工进度计划网络图。

（2）建立检查施工进度计划的报表制度和计算机数据处理程序。

（3）施工图供应情况的监督检查。

（4）物资供应情况的监督检查。

（5）劳动力调配的监督检查。

（6）工程质量管理。

3）合同与造价管理。

（1）编制投标报价方案。

（2）与业主、分包商及设备/材料供应厂商签订合同。

（3）检查合同执行情况，处理索赔事项。

（4）工程中间验收及竣工验收，结算工程价款。

（5）控制工程成本。

（6）按月/季/年度结算、竣工决算及损益计算。

2.2 室内装饰工程施工进度管理

室内装饰工程项目能否在预定的时间内交付使用，直接关系到投资效益的发挥，也关系到施工单位的经济效益。实践证明，如果工程施工进度管理失控，必然造成人力、物力和财力的严重浪费，甚至可能影响工程质量、工程投资和施工安全。因此，对工程施工进度进行有效的管理与控制，使工程项目顺利达到预定的工期目标，是业主、监理工程师和承包人进行工程项目管理时的中心任务，是工程项目在实施过程中必不可少的重要环节。

2.2.1 室内装饰工程施工进度管理的定义和内容

1. 室内装饰工程施工进度管理的定义

室内装饰工程施工进度管理也称为施工进度控制，即在限定的工期内，编制出最佳的施工进度计划及进度控制措施。在执行施工计划的过程中，需要经常检查实际施工进度，收集、统计、整理施工现场的信息，不断用实际进度与计划进度相比较，确定两者是否相符。若出现偏差，应及时分析其原因和对后续工作的影响程度，采取必要的补救措施或调整修改施工进度计划及相关计划，再次付诸实施。如此不断地循环，直到最终实现项目的预期目标为止。

2. 室内装饰工程施工进度管理的内容

室内装饰工程施工进度管理内容包括以下3个方面。

1）施工前的进度管理

（1）确定进度控制的工作内容和特点、控制方法和具体措施、影响进度目标实现的风险分析，以及还有哪些尚待解决的问题。

（2）编制施工总进度计划，对工程准备工作及各项任务进行时间上的安排。

（3）编制施工进度计划时，重点考虑以下内容。

① 所动用的人力和施工设备是否能满足完成计划工程量的需要。

② 基本工作程序是否合理和实用。

③ 施工设备是否配套，其规模和技术状态是否良好。

④ 如何规划运输通道。

⑤ 判断工人的工作能力如何。

⑥ 工作空间分析。

⑦ 预留足够的清理现场时间，确认材料和劳动力的供应计划是否符合施工进度计划的要求。

⑧ 编制分包工程计划。

⑨ 编制临时工程计划。

⑩ 编制竣工、验收计划。

⑪ 分析可能影响进度的施工环境和技术问题等。

（4）编制年度、季度、月度工程计划。

2）施工过程中的进度管理

（1）定期收集数据，预测施工进度的趋势，以便实行进度控制。进度控制的周期应根据施工计划的内容和管理目的确定。

（2）随时掌握各个施工过程持续时间的变化情况，以及因设计变更等引起的施工内容的增减、施工内部条件与外部条件的变化等，及时分析研究，采取相应的措施。

（3）及时做好各项施工准备，加强作业管理和调度。在各个施工过程开始之前，应对施工技术物资的供应、施工环境等做好充分的准备，不断提高劳动生产率，减轻工人劳动强度，提高施工质量，节省费用。同时，做好各项作业的技术培训与指导工作。

3）施工后的进度管理

施工后的进度管理是指完成工程后的进度控制工作，包括组织工程验收，处理工程索赔，工程进度资料整理、归类、编目和建档等。

2.2.2　室内装饰工程施工进度管理步骤

1. 确定室内装饰工程施工程序、施工流向和流水方案

在了解室内装饰工程概况及其设计与施工特点、施工对象的基础上，确定进度管理。

1）分析室内装饰工程概况及其设计与施工特点

（1）编写室内装饰工程概况。对拟装饰工程的装饰特点、地点特征和施工条件做一个简明扼要、突出重点的文字介绍，主要说明拟装饰工程的建设单位、工程名称、地点、性质、用途、工程投资额、设计单位、施工单位、监理单位、装饰设计图样情况以及施工期限等；说明建筑物的地点特征，即介绍拟装饰工程所在的位置、地形、地势、环境、气温、冬雨期施工时间、主导风向、风力大小等（若本工程项目是整个建筑物的一部分，则应说明拟装饰工程所在的具体层、段）；说明装饰工程施工现场及周围环境条件，装饰材料、成品、半成品、运输车辆、劳动力、技术装备和企业管理水平，以及施工供电、供水、临时设施等情况。

（2）归纳室内装饰工程设计和施工特点，以便结合施工现场的具体条件，找出关键问题，对装饰工程涉及的新材料、新技术、新工艺和施工重点、难点进行分析研究。

关于装饰工程设计特点，主要说明拟装饰工程的建筑装饰面积、单位装饰工程的范围、装饰标准、主要部位所用的装饰材料、装饰设计的风格，与装饰设计配套的水、电、暖、风等项目的设计情况。关于装饰工程施工特点主要说明装饰工程施工的重点和难点，在施工过程中需要重点注意和解决的问题，以便施工过程重点突出，确保装饰工程能顺利进行。

2）室内装饰工程的施工对象

根据工程建设性质的不同，室内装饰工程的施工对象可以分为新建工程的室内装饰工程施工和旧建筑物改造后的室内装饰工程施工两种。

（1）新建工程的室内装饰工程施工。

① 在建筑主体结构完成之后进行的装饰工程施工，它可以避免装饰工程施工与结构施工之间的相互交叉和干扰。建筑主体结构施工过程中所用的垂直运输设备、脚手架等设施，以及临时供电、供水、供暖、通风管道可以用于装饰工程施工，有利于保证装饰工程质量，但装饰工程交付使用的时间会被延长。

② 在建筑主体结构施工阶段穿插装饰工程施工，这种施工方式多出现在高层建筑中，一般建筑装饰工程施工与结构施工应相差三个楼层以上。建筑装饰工程施工可以自第二层开始，自下向上或自上向下逐层进行。这种施工安排通常与结构施工立体交叉、平行流水，可以加快施工进度，但容易造成两者相互干扰，施工管理难度较高，而且必须采取可靠的安全措施及防污染措施才能进行装饰工程施工，并且水、电、暖、卫设备的管线安装也必须与结构施工紧密配合。

（2）旧建筑物改造后的室内装饰工程施工。旧建筑物的改造一般有以下三种情况：

① 不改动原有建筑的结构，只改变原来的建筑装饰，但原有的水、电、暖、卫设备管线等都可能发生变动。

② 为了满足原有建筑新增的使用功能和装饰功能要求，不仅要改变原有的建筑外貌，而且还要对原有建筑结构进行局部改动。

③ 完全改变原有建筑的功能用途，例如，把办公楼或宿舍楼改为饭店、酒店、娱乐中心、商店等。

3）室内装饰工程施工程序、施工流向和流水施工方案

（1）确定施工程序。施工程序是指单位装饰工程中各个分部工程或施工阶段的先后次序及其相互制约关系。对不同施工阶段的不同工作内容，按其固有的、不可违背的先后次序向前开展，其间有着不可分割的联系，既不能相互代替，也不能随意跨越与颠倒。

建筑装饰工程的施工程序一般有先室外后室内、先室内后室外和室内外同时进行三种情况。施工时应根据装饰工程施工工期、劳动力配备、气候条件、脚手架类型等因素综合考虑。

室内装饰工程施工的程序较多，一般先施工墙面及顶面，后施工地面、踢脚线。室内外的墙面抹灰应在管线预埋后进行；吊顶工程应在设备安装完成后进行，客房、卫生间装饰应在施工完防水层、便器及浴盆后进行。首层地面一般放在最后施工。

（2）确定施工流向。施工流向是指单位装饰工程在平面或空间上施工的开始部位及流动方向。室内装饰工程的施工流向必须按各工序之间的先后顺序平行流水施工，颠倒或跨越工序就会影响工程质量和施工进度，甚至造成返工、污染、窝工而延误工期。确定施工流向时主要考虑以下4个方面的内容：

① 建设单位要求。

② 装饰工程特点。

③ 施工阶段特点。

④ 施工工艺过程。

室内装饰工程施工工艺的一般规律是预埋→封闭→调试→装饰。

预埋阶段：通风管道→水暖管道→电气线路。

封闭阶段：墙面→顶面→地面。

调试阶段：电气线路→水暖管道→空调。

装饰阶段：油漆→裱糊→面板。

（3）室内装饰工程流水施工方案。根据建筑装饰工程的施工程序和流水施工方案，对外墙装饰，可以采用自上而下的流向；对内墙装饰，则可以用自上而下、自下而上及先自中而下再自上而中三种流向。

① 自上而下的施工流向通常是指在主体结构封顶、屋面防水层完成后，装饰由顶层开始逐层向下进行。一般有水平向下和垂直向下两种形式，如图 2-1 所示。这种施工流向的优点是可以保证室内装饰质量。因为主体结构在竣工后，存在一定的沉降趋势，所以待沉降变化趋向稳定后再施工。屋面防水层做好后，可防止雨水渗漏，保护装饰效果。同时，各工序之间交叉少，便于组织施工，从上而下清理垃圾也很方便。

② 自下而上的流水施工方案指对主体结构施工到一定楼层后，装饰工程从最下层开始逐层向上的施工流向。该方案一般与主体结构平行衔接施工，同样也分水平向上和垂直向上两种形式，如图 2-2 所示。为了防止雨水或施工用水从上层楼缝隙渗漏而影响装饰质量，应先灌好上层楼板板缝混凝土及面层的抹灰，再进行本层墙面、顶棚、地面的施工。这种施工流向的优点是工期短，特别是高层与超高层建筑工程更为明显。其缺点是工序交叉多，需要采取可靠的安全措施和成品保护措施。

③ 先自中而下再自上而中的流水施工方案如图 2-3 所示，该方案综合了上述两种方案的优缺点，适用于新建的高层建筑装饰工程施工。而室内外装饰工程一般采用自上而下的施工流向，但对湿作业石材外饰面施工以及干挂石材外饰面施工，均采取自下而上的流水施工方案。

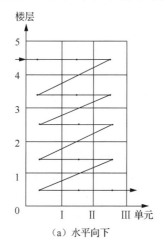
（a）水平向下

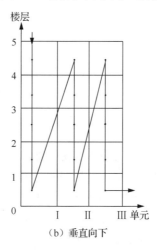
（b）垂直向下

图 2-1　自上而下的流水施工方案

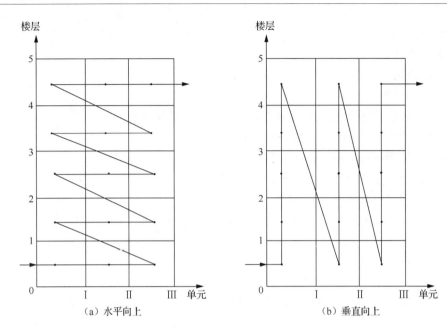

（a）水平向上　　　　　　　　　　　（b）垂直向上

图 2-2　自下而上的流水施工方案

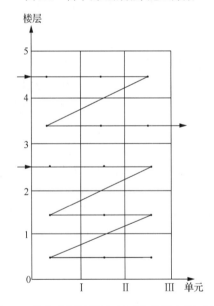

图 2-3　先自中而下再自上而中的流水施工方案

2. 编制室内装饰工程施工进度计划

　　单位室内装饰工程施工进度计划是施工组织设计文件的重要组成部分，是控制各个分部分项工程施工进度的主要依据，也是编制月/季/年度施工计划及各项资源需用量计划的依据。施工进度计划的作用如下：安排室内装饰工程中各个分部分项工程的施工进度，保证在规定工期内完成符合质量要求的装饰任务；确定室内装饰工程中各个分部分项工程的施工顺序、持续时间，明确它们之间的相互衔接与合作配合关系；指导现场的施工，确定所需要的劳动力、装饰材料、机械设备等资源数量，可用横道图或网络图来表示，以最少的人力、材料、资金取得最大的经济效益。

1）施工进度计划的编制依据

单位室内装饰工程施工进度计划的编制依据主要包括以下 4 个方面：

（1）经过审核的室内装饰工程施工图样、标准图集及其他技术资料。

（2）施工组织总设计文件中对本单位室内装饰工程的有关要求、施工总进度计划、工程开工和竣工时间要求。

（3）相应装饰工程施工组织设计文件中的施工方案、施工方法及预算文件。

（4）劳动定额、机械台班定额等有关施工定额规范，劳动力、材料、成品、半成品、机械设备的供应条件等。

2）施工进度计划的编制程序

单位室内装饰工程施工进度计划的编制程序如图 2-4 所示。

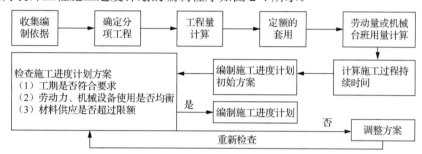

图 2-4　单位室内装饰工程施工进度计划的编制程序

3）施工进度计划的编制步骤

（1）确定工程项目。在编制室内装饰工程施工进度计划时，首先，应根据施工图样和施工顺序，把该装饰工程的各个施工过程列出。其次，结合施工条件、施工方法和劳动组织等因素进行调整，列入施工进度计划表中。最后，确定工程项目，编制工程项目一览表，见表 2-1。

表 2-1　工程项目一览表

序号	工程项目	工程量
1	铝合金门安装	16.85m²
2	铝合金窗安装	35.2m²
3	墙面钉木龙骨及胶合板	180.35m²
4	墙面贴华丽板	180.35m²
5	柱贴镜面	46.80m²
6	贴瓷砖墙画	8.00m²
7	铜丝网暖气罩	6.00m²
8	踢脚线贴大理石	6.00m²
9	轻钢龙骨石膏板吊顶	150.89m²
10	天棚贴对花壁纸	150.89m²
11	灯具安装	60 套
12	地面贴大理石	145.80m²

装饰工程施工过程划分的粗细程度主要取决于该装饰工程量的大小、复杂程度。一般情况下，在编制控制性施工进度计划时，可以把施工过程划分得粗一些。分得太细，不易掌握；分

得太粗，则不利于总工序的交叉搭配。在编制实施性进度计划时，则应划分得细一些，特别是其中的主导施工过程和主要分部工程，应当尽量详细具体，做到不漏项，以便掌握进度，指导具体施工。对工期长、工程量大的室内装饰工程，视具体情况而定。例如，在总的施工组织设计下，可把这类装饰工程分为一、二期工程，或者划分宾馆客房、厅堂部分等进行编制。

（2）计算室内装饰工程的工程量。工程量是编制工程施工进度计划的基础数据，应根据施工图样、有关计算规则及相应的施工方法进行计算。在编制施工进度计划时已有概算文件，并且它采用的定额和工程项目的划分与施工计划一致时，可直接利用该概算文件中的工程量，而不必再重复计算。详见第5章室内装饰工程工程量计算。

（3）劳动量和机械台班数量的确定。根据各个分部分项工程的工程量、施工方法和消耗量定额标准，结合施工单位的实际情况，计算各个分部分项工程所需的劳动量与机械台班数量。一般可按下式计算，即

$$P_i=Q_i/S_i=Q_i \times H_i \tag{2-1}$$

式中，P_i —— 第 i 个分部分项工程所需要的劳动量或机械台班数量；

Q_i —— 第 i 个分部分项工程的工程量；

S_i —— 第 i 个分部分项工程采用的人工产量定额或机械台班产量定额；

H_i —— 第 i 个分部分项工程采用的人工时间定额或机械台班时间定额。

室内装饰工程可套用地区颁布的建筑装饰工程消耗量定额。此外，施工单位也应该积累不同装饰工程的工时消耗资料，以便编制企业定额，把该定额作为制定室内装饰工程施工组织计划的依据。

（4）计算各个分部分项工程施工天数。各个分部分项工程施工持续时间计算式如下，即

$$t_i=P_i/(R_i \times N_i) \tag{2-2}$$

式中，t_i —— 完成第 i 个分部分项工程的施工天数；

P_i —— 第 i 个分部分项工程所需的劳动量或机械台班数量；

R_i —— 每班在第 i 个分部分项工程中的劳动人数或机械台班数量；

N_i —— 第 i 个分部分项工程中每天工作班数。

也可以根据总工期的要求和实际施工经验，拟定工作项目的施工天数。

（5）施工进度计划的安排、调整和优化。在编制室内装饰工程施工进度计划时，应首先确定主要分部分项工程的施工进度，使这些分部分项工程尽可能地连续施工，其余施工过程应予以配合。具体方法如下：

① 确定主要分部工程并组织流水施工。

② 按照工艺的合理性，使施工过程各工序尽量穿插、衔接，按流水施工要求或配合关系衔接起来，组成单位工程施工进度计划的初始方案。

③ 检查和调整单位工程施工进度计划的初始方案，绘制正式单位工程施工进度计划。检查和调整的目的在于使初始方案满足规定的目标，确定理想的施工进度计划。

a. 检查各单位工程施工过程的施工时间和施工顺序安排是否合理。

b. 安排的工期是否满足合同工期。

c. 在施工顺序安排合理的情况下，劳动力、材料、机械设备是否满足需要，是否有不均衡现象。

经过检查，对不符合要求的部分计划进行调整和优化。在其达到要求后，才可编制正式的

室内装饰工程施工进度计划。

3. 分析影响室内装饰工程进度管理的因素

（1）设计的影响。如果设计单位没有按时交付设计图样，就会导致拖延工期；如果图样的设计质量不好（如装修设计破坏了建筑结构、设计不符合消防规定、各专业设计尺寸矛盾等），修改和变更设计图样也会影响施工进度计划，致使工程中途停止或重新返工。

（2）物资供应的影响。施工过程中所需的装饰材料供应是否及时，其种类、质量是否合乎设计要求；施工所需机具是否配备充足、质量如何，是否有专人保养维修，这些因素都会对施工进度产生影响。

（3）资金因素的影响。在装饰工程施工过程中，有时由于筹措资金遇到困难、资金不到位等因素会造成停工或影响工人的积极性进而影响装饰工程施工进度。

（4）技术的影响。如果施工人员未能正确领会设计意图或施工人员自身技术水平不高，也会影响施工进度和质量。因此，施工人员的技术水平是一个关键的因素。

（5）施工组织的影响。如果施工单位组织或者管理不当，劳动力和施工机械的调配不当，不适应施工现场的变化，均可能影响装饰工程施工进度。

（6）施工结构的影响。装饰结构的复杂性造成施工难度增加，从而影响装饰工程施工进度。

（7）施工环境的影响。如果施工现场出现停水停电、运输困难，或者垃圾难以外运，都会影响施工进度。

（8）施工配合的影响。在施工过程中，如果出现工序衔接不紧、交叉施工衔接不利、装修成品交叉破坏而返工等情况，必然会影响施工进度。

（9）施工管理的影响。如果施工单位计划管理效果差、劳动纪律松懈、施工工序颠倒，都将影响施工进度计划的实现。

（10）自然因素的影响。如果施工过程中出现不利的自然条件、自然灾害等，都会影响施工进度计划的实现。

4. 室内装饰工程施工进度控制

1）室内装饰工程施工进度控制的原理

室内装饰工程施工进度控制原理有动态控制、系统控制、信息反馈控制、弹性控制、循环控制和网络计划技术控制 6 种基本原理。

（1）动态控制原理。施工进度控制是一个不断进行调整的动态控制过程，从室内装饰工程施工开始，实际进度就出现了运动的轨迹，也就是规划进度执行的动态。当实际进度按照规划进度进行时，两者相吻合；当实际进度与规划进度不一致时，两者便产生超前或落后的偏差。分析偏差的原因，采取相应的措施，调整原来的规划，使两者在新的起点上重合，继续进行施工活动，并且尽量发挥组织管理的作用，使实际工作按规划进行。然后，在新的干扰因素作用下，又会产生新的偏差，再次分析、再次调整，直到完工为止。

（2）系统控制原理。室内装饰工程施工进度控制是一个系统工程，它主要包括装饰工程施工进度规划系统和施工进度实施系统两部分内容。施工单位的项目部必须按照系统控制原理，强化室内装饰工程施工进度控制。

① 施工进度规划系统。为做好施工进度控制工作，必须根据本室内装饰工程施工进度控制的目标要求，制定出施工进度规划系统。它包括建设项目、单项工程、单位工程、分部分项工程的施工进度规划和月（旬）施工作业规划等内容，这些项目进度规划由粗到细，形成一个系统。在执行施工进度规划时，应以局部规划保证整体规划，最终达到控制施工进度的目标。

② 施工进度实施系统。为保证项目按进度顺利实施，不仅设计单位和承建单位必须按规划要求进行工作，而且设计单位、承建单位和物资供应单位三者必须密切协作和配合，从而形成严密的施工进度实施系统，即建立起包括统计方法、图表方法和岗位承包方法在内的施工进度实施体系，保证其在实施组织和实施方法上的协调性。

（3）信息反馈控制原理。信息反馈控制是施工进度控制的依据，施工的实际进度通过信息反馈给有关人员。在其分工的职责范围内，经过加工信息，再将信息逐级向上反馈，送达主控中心。主控中心整理统计各方面的信息，经比较分析做出决策，调整进度规划，使其符合预定总工期目标。如果不利用信息反馈控制原理，就无法进行规划控制。实际上，施工进度控制的过程也就是信息反馈的过程。

（4）弹性控制原理。施工进度规划工期长、影响进度的因素多，其中有的因素已被人们掌握。因此，可以根据统计经验估计某因素出现的可能性及其影响的程度，在确定进度目标时，进行目标的风险分析。规划编制者具备了这些知识和实践经验之后，在编制施工进度规划时就会留有余地，使施工进度规划具有弹性。在进行施工进度控制时，便可以利用这些弹性，缩短有关工作的时间，或者改变它们之间的衔接关系，使之前拖延的工期，通过缩短剩余规划工期的方法，仍然达到预期的控制目标。

（5）循环控制原理。施工进度规划控制的全过程就是规划、实施、检查、比较分析、确定调整措施、再规划的一个循环过程。从编制施工进度规划开始，经过实施过程中的跟踪检查，根据有关实际进度的信息，比较和分析实际进度与规划进度之间的偏差，找出产生原因和解决办法，确定调整措施，再修改原进度规划，形成一个循环系统。

（6）网络计划技术控制原理。在施工进度的控制中利用网络计划技术原理编制进度规划，根据收集的实际进度信息，比较和分析进度规划，利用网络计划的工期优化、工期与成本优化、资源优化的理论调整进度规划。网络计划技术原理是施工进度控制的计划管理和分析计算理论基础。

2）室内装饰工程施工进度控制流程和方法

室内装饰工程施工进度控制的流程图如图 2-5 所示。

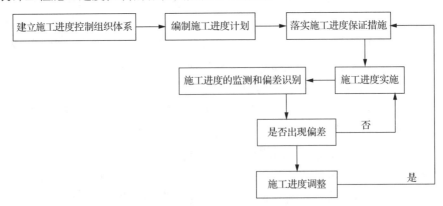

图 2-5　室内装饰工程施工进度控制的流程图

室内装饰工程施工进度的控制方法主要是规划、控制和协调。规划是指确定总进度控制和分进度控制目标，并编制各类进度计划。控制就是在施工全过程，跟踪、检查实际进度，并与计划进行比较，发现偏差就及时采取措施，进行调整和纠正。然后，协调与施工有关的各单位、部门和施工队之间的关系。

其中，规划室内装饰即工程施工进度计划，它是控制和协调的基础。装饰工程施工进度计划，从内容上可以分为施工总进度计划、单项工程施工进度计划、作业进度计划三类。施工总进度计划内容包括工程项目从施工开始一直到竣工为止的各个主要环节，供总监理工程师作为控制、协调总进度以及其他监理工作之用，一般多用直线在时间坐标上用横道图（见图 2-6）来表示，显示项目设计、施工、安装、竣工、验收等各个阶段的日历进度。单项工程施工进度计划内容包括指导施工的各项具体工作、控制进度的主要依据、施工阶段各个环节（工序）的总体安排，这些内容必须呈报监理工程师审批；该计划以各种定额为准，根据每道工序所耗用的工时以及计划投入的人力、工作班数、物资、设备供应情况，求出各个分部分项工程的施工周期及单位工程的施工周期，然后按施工顺序及有关要求用横道图或网络图进行控制。作业进度计划是工程施工总进度计划的具体化，指导基层施工队伍施工，可用横道图或网络图（见图 2-7）对一个分部分项工程（作为控制对象）进行控制。

工艺过程	工作天数	工作进度																
		1	2	3	4	5	6	7	8	9	10	11	12	13	14	15	16	17
A	5																	
B	6.5																	
C	5.5																	
D	7																	
E	6.5																	
F	3																	
G	4																	
…																		

注：图中的虚线代表计划时间，实线代表实际发生时间

图 2-6　装饰工程施工横道图

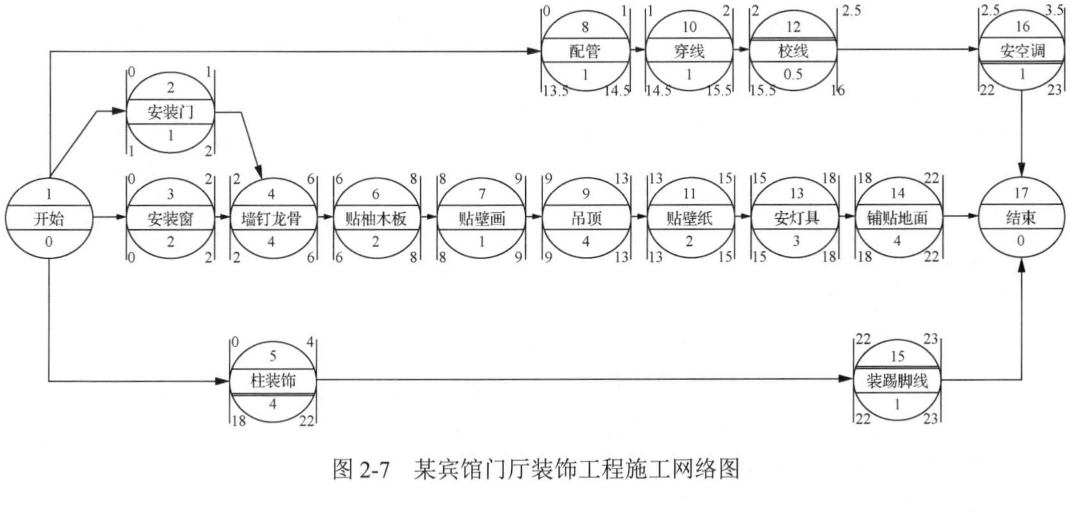

图 2-7　某宾馆门厅装饰工程施工网络图

2.3 室内装饰工程施工技术管理

技术管理涉及室内装饰工程施工单位生产经营活动的各个方面。技术管理工作所强调的是对技术工作的管理，即如何运用管理的职能促进技术的发展。施工单位的技术管理，是指对施工单位中各项技术活动过程和技术工作的各种要素进行科学管理，各项技术活动归根结底要落实到各项工程以及工程的各个施工环节，确保施工作业顺利进行，使室内装饰工程达到工期短、质量好、成本低的标准，适应人们日益增长的物质文化生活的需要，营造良好的建筑室内环境。

事实证明，现代企业自身综合实力的增长，不只是依靠财力和物力，更多的是依靠智慧与技术。因此，技术管理在建筑装饰企业经营管理中具有非常重要的地位。

2.3.1 技术管理概述

1. 技术管理的定义

室内装饰工程施工单位的生产活动是在一定的技术要求、技术标准和技术方法的组织与控制下进行的。室内装饰工程施工单位的技术管理是指其在生产经营活动中，对各项技术活动过程和技术工作的各个技术要素进行科学管理的总称。技术活动过程是指技术学习、技术运用、技术改造、技术开发、技术评价和科学研究的过程，主要包括图样会审、编制施工组织设计文件、技术交底工作、技术检验等施工技术准备工作，以及质量技术检查、技术核定、技术措施、技术处理、技术标准和规程的实施等施工过程中的技术工作，还包括科学研究、技术革新、技术培训、新技术试验等技术开发工作。技术要素是指技术工作赖以进行的技术人才、技术装备、技术情报、技术文件、技术资料、技术文档、技术标准和规程、技术责任制等。

室内装饰工程施工单位技术管理工作随着市场经济的发展而发展，不断改进、完善管理方式和内容是技术管理的长期任务。通过技术管理使技术人员的工作方法得到提高，使企业技术进步和发展，是技术管理的目的。技术管理工作目标的制定和实施，要求不断创新和发展，为企业管理规范化、技术标准化、生产工厂化和经营规模化创造条件，实现建筑装饰企业的品牌战略目标。

2. 技术管理的基本任务和要求

1）技术管理的基本任务

技术管理的基本任务如下：正确贯彻执行国家的技术政策和上级有关技术工作的指示与决定，科学地组织各项技术工作；建立良好的技术秩序，充分发挥技术人员和技术装备的作用；改进原有技术，采用先进技术，提高施工速度，保证工程质量，降低工程成本，推动企业的技术进步，提高经济效益。

2）技术管理的要求

技术管理必须按科学技术规律办事，要遵循以下3个原则。

（1）贯彻国家技术政策的原则。国家的技术政策是根据国民经济和生产发展的要求与水平提出来的。例如，现行的施工与验收规范或规程是带有强制性、根本性和方向性的国家技术政策，在技术管理中必须正确地贯彻执行。

（2）按照科学规律办事原则。技术管理工作一定要实事求是，采取科学的工作态度和工作方法，按科学规律进行技术管理工作。对新技术的开发和研究，应积极支持。但是，新技术应经过试验和技术鉴定，在取得可靠数据并证明可行、经济合理后，方可逐步推广使用。

（3）讲求工程经济效益原则。在技术管理中，应对每种新的技术成果认真做好技术经济分析，考虑各种技术经济指标和生产技术条件，以及今后的发展等因素，全面评价它带来的工程经济效益。

2.3.2　技术管理内容

室内装饰工程施工单位技术管理的内容包括技术资料管理和施工现场技术管理两大部分。

1．室内装饰工程技术资料管理

1）室内装饰工程技术资料管理内容

现代建筑室内装饰工程施工与建筑施工密不可分，在管理上，有许多相似之处，在技术资料管理方面同样可以借鉴建筑技术管理方法。室内装饰工程技术资料包括以下内容。

（1）室内装饰工程施工组织方案与技术交底资料。

（2）室内装饰材料及产品设备检验资料。

（3）室内装饰工程施工试验报告。

（4）室内装饰工程施工记录。

（5）预检记录。

（6）隐蔽工程检查记录。

（7）设备基础及改变结构记录。

（8）水暖及卫生设备安装记录。

（9）电气设备及灯饰安装记录。

（10）消防设备安装记录。

（11）空调设备安装记录。

（12）广播音响安装记录。

（13）其他专业设备安装记录。

（14）室内装饰工程质量检验与评定资料。

（15）室内装饰工程竣工验收资料和检验签证记录。

（16）室内装饰工程设计变更、洽商记录、绘制竣工图。

（17）室内装饰工程质量监督签证记录。

（18）发生质量事故及其处理情况记录。

2）对各项技术资料的具体要求

（1）施工组织设计文件应在施工前编制。对工程量大、工期长的工程，应根据设计图的具体情况在总的施工组织设计下，把它们分为第一期工程、第二期工程。技术复杂的工程的施工组织设计文件由技术部门负责编制，一般工程的施工组织设计文件应由项目负责人主持编制。编制好的施工组织设计文件应经过生产、劳保、质量、设计、劳动、人事等部门讨论，经总监理工程师批准后方能生效。

在技术交底方面，对主要项目必须有书面交底，其内容应结合本工程的实际，提出保证达到设计要求和工艺标准的措施，在执行前，交接双方签字。

（2）材料及产品设备检验是保证工程质量的重要条件，必须严格按照国家规范和验收标准进行验收。材料部门必须供应符合质量要求的材料和产品，并且提供出厂合格证或试验单。不合格材料及产品设备不得使用到工程上，并要写明处理意见。

（3）装饰材料的检查试验项目比较复杂，一般材料上均有出厂检验证明及出厂日期，但是有些产品尽管有出厂检验证明，也不一定能保证质量，还应该现场检验。

（4）施工试验报告。

（5）防水试水记录，有甲方验收签证。

（6）施工记录要记载质量事故及其处理意见，冬季施工测温记录以及其他有关记录。

（7）对质量事故，要记录事故调查过程、原因分析及处理结果，记录内容要真实，需要项目负责人及甲方签证。

（8）预检记录。要重点检查建筑原结构情况，作好详细记录。

（9）隐检记录。隐检是指被其他工序施工所隐蔽的工程项目，在隐蔽前必须进行隐蔽检查，及时办理手续，不得后补。检查意见必须具体明确，如需复查，应填写复查日期及复验人姓名，写明结论意见。

（10）水暖、空调安装记录。

（11）电气安装记录。

3）装饰设计变更和洽商记录

（1）设计变更和洽商记录是设计施工图样的补充和修改，内容要求明确具体，应及时办理签证，不得任意涂改和后补，必要时附图。若设计图样修改过多，则应另行出图。

（2）洽商记录按签证日期的先后顺序编号，不得有遗漏。

（3）设计变更和洽商记录应由设计单位、施工单位和建设单位三方代表签证；有关经济洽商记录可由施工单位和建设单位两方代表签证。

（4）建设单位若委托施工单位办理签证，需要书面委托书，洽商记录可由设计单位、施工单位两方代表签证。

（5）洽商记录原件应存档。若相同工程合用一个洽商记录原件时，可用复印件存档，但设计单位、施工单位和建设单位三方需要重新办理签证手续，注明原件存放处。

（6）总包与分包的有关设计变更和洽商记录统一由总包单位办理洽商手续，并分发到有关单位。

4）装饰工程质量检验评定和竣工验收

（1）把装饰工程质量检验评定作为一个独立的工程项目来考核，再把工程项目分为若干分部工程。分部工程完成后应及时填写其质量检验评定表，并由单位项目负责人签字。

（2）分项工程质量检验评定完毕，应编写出统计资料及评定结论。

（3）单位工程质量检验评定和竣工验收表的内容应填写齐全，由施工单位主要负责人审核并签证后，加盖单位印章，送质量监督部门进行核验，合格后签发验收单。

5）装饰工程竣工图整理

（1）室内装饰工程竣工后应及时整理竣工图。

（2）对竣工图，一般可在原图上加文字说明，标注有关洽商记录及编号，并把该洽商记录的复印件附在上面。有特殊要求的，可重新绘制室内装饰工程竣工图。

6）回访记录

室内装饰工程完工后，在保修期内要有维护、保修回访记录，以保证用户满意，提高企业的信誉。质量监督部门也应进行回访，征求用户意见，以便改进工作。

7）装饰工程质量监督记录

这是指建设单位委托质量监督部门（代表政府）进行的监督。若建设单位不委托，则无需此项记录。

（1）工程质量监督委托书是建设单位将质量监督任务委托给质量监督部门的一种手续。该委托书内容包括监督形式、方法、监督项目以及建设单位应提供的技术文件，经双方签证加盖单位印章即可生效，具有法律效力，由建设单位归入技术资料档案。

（2）监督工作开始前，要把监督员根据设计意图和设计说明，以及建设单位的要求、工程特点制定出的工程质量监督计划交付建设单位、设计单位和施工单位。也就是明确地告诉三方哪些部位是质量监督的重点，这些部位必须经过质量监督部门检查后方能进行下道工序的施工。监督计划经四方同意后履行签证手续，共同遵守。

（3）监督计划经监督实现后，由质量监督部门签证，竣工后由施工单位归入技术资料档案。

（4）监督每个工程所发生的质量问题及处理情况并做记录，整理后由质量监督部门交建设单位归入技术资料档案。

（5）每项工程竣工后，质量监督部门组织检验，签发核验五联单，由施工单位、建设单位归档。

（6）每项工程竣工后，质量监督部门整理全套监督技术资料，手续要齐全，存入档案以备查。

2. 室内装饰工程施工现场技术管理

室内装饰工程施工涉及的装饰材料品种繁杂，规格多样，施工工艺与处理方法各不相同。因此，施工现场的技术管理有其自身的特殊性，一名合格的工程技术人员既要懂得施工技术，也要熟悉各种装饰材料及其性能，还要具备美学知识，才能更好地理解设计意图，取得满意的施工效果。室内装饰工程施工现场技术管理主要包括以下 10 个方面内容。

1）参与合同的起草，以熟悉合同条款

在施工过程中，经常会遇见业主提出变更或现场情况与图样不相符的情况，这时就需要做出相应的调整。这个调整涉及图样，必须在合同中有所体现，因为它会导致工期与费用的变化。总之，整个施工过程都不能偏离施工合同，技术人员必须熟悉合同内容。

2）参与图样会审，以熟悉施工图样

装饰设计需要通过技术人员组织工人施工来实现，技术人员是把设计变为现实的"桥梁"。这就要求技术人员应熟悉工程设计文件，应参加建设单位主持的图样会审会议，在会审会议上提出图样中可能隐含的问题，把问题整理成会审问题清单，再整理成会议纪要，最后交由与会各方代表会签。参与图样会审可帮助技术人员更加熟悉设计图样，更好地掌握设计意图和风格。这样，才能编制出切实可行的施工组织设计文件，才能有效地组织工程的实施。

3）做好技术交底工作

在各个分部分项工程开工前，应向施工班组和工人进行技术和安全交底工作，其目的是使操作人员明确各个分部分项工程的设计意图、施工技术及安全要求，以保证工程严格按照设计图样、施工组织设计文件、安全操作规程和施工验收规范等要求进行施工，避免盲目作业。

4）加强隐蔽工程的验收工作管理

当上道工序被下道工序遮盖，或者下层的结构被上层结构遮盖时，必须在做好自检的基础上，向监理工程师提出隐蔽工程的验收要求。经其验收合格后，方可进行下道工序，如防水层、防火涂料的涂刷和龙骨结构层等。这项工作必须严格执行。

5）及时向监理工程师或业主申报技术洽商和经济洽商

在施工过程中，经常会遇见业主口头提出设计更改或实际情况无法满足设计要求的现象。这时施工单位应及时写出技术洽商并请监理工程师和业主确认，以便安排施工。如果涉及原报价书未包含的费用，还应提出经济洽商，以增加此项费用。

6）负责编制主要材料的计划单并及时做好材料的报验工作

对主要材料，应随着施工进度安排提前编制采购计划，特别是异型材料更需要提前放样并交办材料部门抓紧订购。有些材料还需技术人员前往厂家进行沟通确认，避免因材料出错或到货不及时影响施工进度。所有进场主要材料都应有合格证和相应的检测报告，并按规定向监理工程师报验，待批准后方可投入施工。

7）施工过程中的工程质量检查

由于室内装饰工程涉及范围广、类别杂、部位多、层次多，做法多样，而且对整个建筑工程能否评优起着关键作用，因此其质量要求很高。这就要求在施工过程中必须严把质量关，建立起专人自检、班组互检，下道工序检查上道工序，质检员复检，验收合格后进入下道工序的检验模式，做到及时发现问题，及时制定措施解决问题。

8）技术资料的收集与整理

技术资料是对工作可追溯的保证，一旦出现问题，可根据资料进行追查分析，找出原因，明确责任方或责任人，使问题能够彻底解决。同时，技术资料也是工程决算的实际依据，是项目经营中不可缺少的环节。因此，需配备专人负责，收集和整理技术管理措施资料和质量保证资料。

9）绘制竣工图

一般情况下，室内装饰工程的图样通常只注重表面的设计，而对内部构造做法表达得不够全面和详细。因此，在实际施工过程中一般都根据常规做法和经验进行施工。另外，在施工过程中还经常会有设计变更，这些情况在工程竣工后，都应全面真实地反映在竣工图上（特别是隐蔽工程），以利于后期的检查和维修，同时也是工程决算必不可少的重要依据。

10）参与竣工决算的编制

室内装饰工程完工后，竣工决算的编制工作变得非常重要，关系到工程的最终造价和项目的盈利水平。而现场技术人员熟悉施工情况，了解整个施工过程，他们必须和预算人员一起协作完成此项工作，只有这样才能更加全面翔实地编制竣工决算，避免漏项。

2.3.3　室内装饰工程施工单位的技术管理

室内装饰工程施工单位的技术管理有其特殊性，即需要同时担负起施工与设计两方面的技术管理责任。此外，相对土建工程而言，室内装饰工程项目的施工周期更短，因此，施工组织设计文件的科学性、合理性和可操作性显得尤为重要。

1. 建立技术储备档案

对搜集到的有关资料，先按化工、建材、纺织、五金等大类分别存档，接着在大类中进行细分，如化工中的防火、防水、防腐材料，木材、钢材、块材等的胶黏剂，各种内外墙的涂饰材料，各种木材、钢材的涂饰材料等分门别类地造册存档，便于日后检索和查找。同时要保持对档案的补充、修订，使之完善。

2. 推广与应用新技术及其成果

推进装饰行业进步要从推广与应用新技术、新工艺、新材料入手，对已掌握的安全、环保、高效、节能等方面的产品和技术，要优先利用；在前期谈判时就向业主介绍和推荐新技术、新工艺、新材料，设计时积极采用，从而形成企业优势。在这里还应看到，推广与应用新技术、新工艺、新材料一定要具有前瞻性。在某一时段或特定的经济环境中，这种推广与应用可能有阻力或不被业主认可，但这只是暂时现象，纵观时代的进步，优胜劣汰是发展的必然趋势。在这方面谁走在前面，谁将会有更多的机会和能力赢得市场。

3. 推广技术的更新改造

现代装饰技术与传统装饰技术是不可同日而语的，不同的材料、工艺和设备必然导致技术的变革和更新改造。例如，纳米技术的出现会对涂料工业注入新的活力，出现划时代的新型涂料产品，与之相关的施工工艺和技术也会出现变化。微型计算机内存配置的提高、新的管理和设计软件的开发应用，无疑会使管理与设计上一个新台阶，会使工作效率得到更大的提高。加工设备的更新改造、数控设备的应用，使半成品和加工件的质量和材料利用率得到提高。装饰技术的更新与改造的周期会越来越短，发展的速度会越来越快。

4. 培训相关人员应用新技术、新工艺、新材料的能力

面对新技术、新工艺、新材料，把装饰工程施工过程中经过试验或比较得出的有关数据和操作经验编制成作业指导书，把使用的工具、施工工艺、技术要点、检验与验收标准列入其中，下发给相关的部门和操作人员，使管理人员、操作人员和检验人员熟悉自己的工作要点。在实际操作中，由工程技术员进行指导，以点带面地逐步展开，这种做法已被实践证明是快捷而又行之有效的。因此，人才专业结构的合理组合已成为企业人才发展规划的侧重点。就装饰工程施工单位而言，设计与施工是两个重要的一线部门，对专业技术人员的要求相对较高，专业设置既全面又要有所侧重。人才的综合素质越高，企业的发展潜力和市场竞争力就会越大。人才发展规划要根据企业规模、实力和发展规划而制定，不能急功近利。因此，在企业发展的大目标下，要有计划、有侧重地逐步招聘、培养和合理使用人才，在不断调整、平衡、优化的过程中，使企业的人才资源配置合理，加快企业的发展步伐。

5. 参加或主持企业重大技术会议并解决技术疑难问题

及时解决建筑装饰工程和设计中发生的技术疑难问题，是技术管理工作的重中之重，无论是设计还是施工，这类问题不解决，将直接影响工程质量而造成无谓的浪费或经济损失。针对不同的问题召开专题会议，制订对应的施工方案，归纳技术要点，在实施过程中严格控制和检查，使问题相继得到解决。对已经出现的质量问题，经过分析找出原因，然后进行小范围试验。问题解决后，写成作业指导书进行推广。技术疑难问题会随着新技术、新工艺、新材料的采用而不断出现，要及时发现和解决此类问题。自己解决不了，可以采用派出去、请进来的办法，咨询和请教相关专家，积累解决问题的经验和能力。

6. 参与合同评审并对合同中涉及的技术能力把关

在合同评审中经常会遇到专业或技术要求较高的单位工程，对其技术可行性评审论证后，确定自己的技术能力范围。对一些专业的单项工程或作业进行分/承包，进而保证工程整体的施工质量和要求，其中包括一些新技术、新工艺、新材料的应用。

7. 主持重要的设计评审并最终审批设计图样

设计图样是室内装饰工程非常重要的技术文件，在工程施工前需要对其进行评审。重要工程的设计评审包括以下4个方面。

（1）设计图样是否满足建设单位的各方面要求，是否符合相关国家规范。

（2）设计图样是否既科学合理又有先进性，总体风格及效果是否突出。

（3）设计图样的规范性、完整性和保证程度如何。

（4）设计图样指定的材料购置能力、施工的可行性如何。

若能够满足以上要求，则由企业技术负责人审批。

8. 对设计的质量进行抽查与评定并审批设计更改

定期与不定期进行设计图样抽查，对已竣工的设计图样分为优、良、合格、差四级评定，以促进设计质量的提高，并将量化的统计结果发放至每个设计人员。审批由于业主、现场或设计需要所做的设计变更，汇总不同的变更原因，找出设计失误，这也是提高设计质量的方法之一。

9. 审批施工组织设计和工程技术交底

良好的施工组织设计和工程技术交底，是有效控制施工质量、进度、成本的先决条件，因此，对其科学合理性和严密可行性的要求很高。不同的环境、条件、技术含量和工期要求，以及不同的地区、季节等因素，都是施工组织设计和工程技术交底的依据。稍有疏漏将会出现失误，从而影响作业的顺利实施，因此，规范施工组织设计和工程技术交底已成为施工单位招投标与施工准备的重要运作环节。

10. 施工过程中技术资料和工程质量的检查

施工过程中技术资料是否齐全、工程质量是否达到合同规定的标准，是衡量施工单位和项目经理管理水平的关键，也是质检部门评定工程质量的依据。因此，对于施工过程中技术资料和工程质量的检查十分必要。例如，检查施工组织设计文件的实施效果如何、技术措施是否可行、分项工程的质量如何，以及质量评定记录、质量保证资料等是否齐备。通过经常性的检查使工程得到监督和纠偏，从而保证施工顺利展开，工程质量得到保证。各人自检、班组互检，下道工序检查上道工序，验收合格后进入下道工序的检验模式，与班组长、质检员、项目经理和公司质量安全部质检工程师的检验模式相结合，做到及时发现问题，及时制定措施以解决问题；公司质量安全部进行全过程跟踪，直到不合格行为得到纠正为止。通过有效的检查和奖罚，使操作人员真正懂得 "不是干了活就有工资，而是干好了才有工资，干坏了不但挣不到钱还要赔偿物料损失"，使管理人员懂得不但工程要按期交付，质量要好，技术资料还要完备，否则也要受到处罚。这种机制在一定程度上扭转了操作人员和管理人员传统的意识和价值观，使检查达到了目的。

11．审查交付工程的竣工资料

审查交付工程的竣工资料，一方面是对工程可追溯性的保证，一旦出现问题，可根据资料进行追查分析，找出原因，明确责任方或责任人，使问题能够彻底解决。另一方面也是工程决算的依据，是建筑装饰工程不可缺少的环节。

12．审查竣工图

竣工图的审查包括以下 4 个方面的内容。

（1）技术管理措施资料审查，包括施工组织设计文件、洽商记录、设计变更通知、施工日志，以及单位工程、分部工程、分项工程质量评定记录、检查记录，隐蔽工程验收记录，工程验收记录，消防验收记录等。

（2）质量保证资料审查，包括各种产品的合格证或试验、检测报告等。对审查中发现的问题要及时纠正，将完备的工程竣工资料存档保管。

（3）组织编写及审批本企业的有关技术标准。

（4）界定有关的国家、省、市颁布的标准、规范、定额的使用，作为外部受控文件，编制企业标准、规范（各工序、工艺、材料的作业指导书），编制本企业的标准图集。

2.4　室内装饰工程质量管理

室内装饰工程质量管理是项目管理的重要内容。室内装饰工程作为建设项目，是契约型商品，投资和耗费的人工、材料、能源都相当大。室内装饰工程质量的优劣，不但关系到建筑室内空间的适用性，而且还关系到人们生命财产的安全和社会安定。

室内装饰工程质量管理是一次性的动态管理和全过程管理。一次性是指这次任务完成后不会有完全相同的任务和最终成果，即每个装饰工程合同所要完成的工作内容和最终成果是彼此不相同的。动态管理是指施工项目质量管理的对象、内容和重点都随工程的进展而变化。例如，装饰工程施工阶段管理的内容就不同，内墙饰面和外墙饰面的质量控制的对象、内容和重点都不同。全过程管理，是指施工单位从工程设计、工程施工准备工作、工程开始施工到工程竣工验收交付使用的全过程，为保证和提高工程质量所进行的各项组织管理工作。室内装饰工程质量管理的目的在于，以最低的工程成本和最快的施工速度，生产出用户满意的建筑室内装饰产品。对室内装饰工程施工项目经理或项目建造师来说，必须把质量管理放在头等重要的位置。

2.4.1　室内装饰工程质量定义及其影响因素、质量管理定义及其重要性

1．室内装饰工程质量

室内装饰工程质量的定义有广义和狭义之分。广义的室内装饰工程质量是指室内装饰工程

项目的质量，它包括工程实体质量和工作质量两部分。其中，工程实体质量包括分项工程质量、分部工程质量和单位工程质量，工作质量包括社会工作质量和生产过程质量两个方面。

狭义的室内装饰工程质量是指室内装饰工程产品质量，即工程实体质量或工程质量，它能反映实体满足明确需要和隐含需要的能力特性的总和。其中"实体"可以是产品或服务，也可以是活动或过程、组织体系和人，或是以上各项的任意组合；"明确需要"是指在标准、规范、图样、技术要求和其他文件中已经做出明确规定的需要；"隐含需要"是指那些被人们公认的、不言而喻的、不必再进行明确规定的需要。例如，住宅应满足人类最起码的居住功能，该功能即属于"隐含需要"；"特性"是指实体特有的性质，它反映了实体满足需要的能力。

1）室内装饰工程质量特性

室内装饰工程质量特性可归纳为性能、可靠性、安全性、经济性和时效性5个方面。

（1）性能。指产品或工程满足使用要求所具备的各种功能，具体表现为力学性能、结构性能、使用性能和外观性能。

① 力学性能。如强度、刚度、硬度、弹性、冲击韧性和防渗、抗冻、耐磨、耐热、耐酸、耐碱、耐腐蚀、防火、抗风化等性能。

② 结构性能。如结构的稳定性和牢固性、柱网布局的合理性、结构的安全性、工艺设备便于拆装、维修、保养等。

③ 使用性能。如平面布置合理、居住舒适、使用方便、操作灵活等。

④ 外观性能。如建筑装饰造型新颖、美观大方、表面平整垂直、色泽鲜艳、装饰效果佳等。

（2）可靠性。工程的可靠性是指工程在规定的时间内和使用条件下，完成规定功能的能力大小和程度。对建筑装饰企业承建的工程，不仅要求其在竣工验收时达到规定的标准，而且在一定的时间内要保持应有的使用功能。

（3）安全性。工程的安全性是指工程在使用过程中的安全程度。对于任何建筑装饰工程，都要考虑是否其会造成使用人员或操作人员的伤害，是否会产生公害、污染环境。例如，装饰工程中所用的装饰材料，对人的身体健康有无危害；各类建筑物在相关规范规定的荷载下，是否满足强度、刚度和稳定性的要求。

（4）经济性。工程的经济性是指工程生存周期费用（包括建设成本和使用成本）的大小。建筑装饰工程的经济性要求有两个：一是工程造价要低，二是维修费用要少。

（5）时效性。室内装饰工程时效性是指在规定的使用条件下，能正常发挥其规定功能的总工作时间，也就是说，在工程的设计或服役年限使用期内质量要稳定。

在以上工程质量的特性中，有的可以通过仪器设备测定直接量化评定，如某种材料的力学性能，但多数特性很难进行量化评定，只能进行定性分析，即需要通过某些检测手段，确定必要的技术参数，间接反映其质量特性。把反映工程质量特性的技术参数形成技术文件，作为工程质量施工和验收的规范，这就是通常所说的质量标准。符合质量标准的就是合格品，反之就是不合格品。

工程质量是具有相对性的，也就是说，质量标准并不是一成不变的。随着科学技术的发展和进步、生产条件和环境的改善、生产和生活水平的提高，质量标准也将不断修改和提高。此外，工程的质量等级不同，用户的需求层次不同，对工程质量的要求也不同。施工单位的施工质量既要满足施工验收规范和质量评定标准的要求，又要满足建设单位、设计单位提出的合理要求。

2）室内装饰工程的实体质量

室内装饰工程的实体质量是指工程适合一定的用途、具备满足使用要求的质量特征和使用性。在施工过程中表现为工序质量，即室内装饰工程施工人员在某一工作面上，借助某些工具或施工机械，对一个或若干劳动对象所完成的一切活动。工序质量包括这些施工活动条件的质量和活动质量的效果，由参与建设的各方完成的工作质量和工序质量所决定。构成施工过程的基本单位是工序，虽然工程实体的复杂程度不同，生产过程也各不一样，但是完成任何一个工程产品都有一个共同特点：都必须通过一道道工序加工出来，而每道工序的质量好坏，最终直接或间接地影响工程实体（产品）的质量。因此，工序质量是形成工程实体质量最基本的环节。

3）室内装饰工程的工作质量

室内装饰工程的工作质量是指参与室内装饰工程项目建设的各方，为保证工程产品质量所做的组织管理工作和各项工作的质量水平及完善程度，以及建筑装饰企业的经营管理工作、技术工作、组织工作和后勤工作等达到和提高工程质量的保证程度。室内装饰工程的质量是规划、勘测、设计、施工等各项工作的综合反映，而不是单纯靠质量检验检查出来的。要保证室内装饰工程的质量，必须要求参与室内装饰工程的各方有关人员，对影响室内装饰工程质量的所有因素进行控制，通过提高各自的工作质量保证和提高工程质量。工作质量可以概括为生产过程质量和社会工作质量两个方面。生产过程质量主要指思想政治工作质量、管理工作质量、技术工作质量、后勤工作质量等，最终还要反映在工序质量上，而工序质量受到人、设备、工艺、材料和环境 5 个因素的影响。社会工作质量主要是指社会调查、质量回访、市场预测、维修服务等方面的工作质量。

工作质量和工程质量是两个不同的概念，两者既有区别又有紧密的联系。工程质量的保证和基础就是工作质量，而工程质量又是企业各方面工作质量的综合反映。工作质量不像工程质量那样直观、明显、具体，但它体现在整个施工单位的一切生产技术和经营活动中，并且通过工作效率、工作成果、工程质量和经济效益表现出来。因此，要保证和提高工程质量，不能孤立地、单纯地抓工程质量，而必须从提高工作质量入手，把工作质量作为质量管理的主要内容和工作重点。在实际施工过程中，人们往往只重视工程质量，看不到背后大量的工作质量问题。仔细分析已出现的各种工程质量事故，不难看出这些都是由于多方面工作质量欠佳而造成的后果。因此，要保证和提高工程质量，必须保证工作质量。

2. 室内装饰工程质量的影响因素

影响室内装饰工程质量的主要因素是人、施工环境、设备、装饰材料和施工工艺，这 5 个因素之间是互相联系、互相制约的，是不可分割的有机整体。室内装饰工程质量管理的关键是处理好这 5 个因素，把"事后把关"变成"事前预防"，把施工过程中容易造成事故的各种因素控制好，把管理工作放到生产的过程中，目的就是控制好施工过程影响质量的五大因素。

1）人的因素

就室内装饰工程来说，人的因素是指企业各部门、各成员都关心工程质量管理，即通常所讲的"全员管理"和"全企业管理"。在室内装饰工程中，各个分项工程主要是手工操作，在生产过程中操作人员的技能、体力、情绪等的变化直接影响到工程质量。在施工过程中容易造成操作误差的主要原因是质量意识差、操作时粗心大意、操作技能低、技术不熟练、质量与分配处理不当、操作者的积极性受损等。要强调"预防为主"，首先应强调人的主观能动性并对其采取以下措施加以控制。

（1）树立"质量第一"的思想。要树立"以优质求信誉、以优质求效益"的指导思想，强化"质量第一，用户至上，下道工序是用户"的质量思想教育，提高广大职工保证工程质量的自觉性和责任感。当数量、进度、效益与质量发生矛盾时，必须坚持把质量放在首位。

（2）把工程质量与施工人员利益挂钩。在推行承包经营责任制中，要把工程质量列为重要的考核指标，将质量好坏与施工人员的工资、奖金挂钩，定期检查，严格考核，奖惩分明，对为提高工程质量做出重大贡献的人员，要敢于重奖；对忽视质量，弄虚作假，违章操作，或者造成重大质量事故的人员，要严肃处理，绝不姑息。这样，充分体现奖勤罚懒，奖优罚劣，多劳多得，少劳少得，促使所有施工人员关心质量、重视质量，使装饰工程质量管理有强大的经济动力和群众基础。

（3）组织技术培训，提高职工的技术素质。组织操作技术练兵，培养职工的操作技能，使其既掌握传统工艺，又掌握新材料、新技术和新工艺；对关键岗位、重要工序的技术力量，要注意保持相对稳定。只有组织施工人员技术培训，提高其技术素质，才能把施工质量的提高建立在坚实的技术基础之上。

（4）建立严格的检查制度。建立操作者自检、施工班组互检和上下道工序交接检的检查制度，即"三检制"。所谓自检，即操作者自我把关，保证操作质量符合质量标准；所谓互检，即由班组长组织在同工种的各班组之间进行，通过互检肯定成绩，找出差距，交流经验，共同提高；所谓交接检，即一般工长或施工队长为了保证上道工序质量，在进行上、下道工序交接时的检查制度，这是促进上道工序自我严格把关的重要手段。认真执行"三检制"是工程质量管理工作的重要环节，通过这样层层严格把关，促进自我改进和自我提高，从而保证工程质量。

2）装饰材料的因素

装饰材料是装饰工程的物质基础，正确地选择、合理地使用装饰材料是保证工程质量的重要条件之一。控制装饰材料质量的措施有以下4点。

（1）必须按设计要求选用装饰材料。因为装饰材料的品种多，颜色、花纹、图案又很繁杂，为了达到理想的装饰效果，所用材料必须符合设计要求。

（2）所用装饰材料的质量必须符合现行有关材料标准的规定。供应部门要提供符合要求的装饰材料，包括成品和半成品，严防"以次充好，以假代真"的现象，确保装饰材料符合工程的实际需要，避免由于装饰材料质量低劣而给工程质量造成严重损失。

（3）对进场装饰材料加强验收。装饰材料进场后应加强验收，验规格、验品种、验质量、验数量，若在验收中发现数量短缺、损坏、质量不符合要求等情况，则应立即查明原因，分清责任，及时处理；在使用过程中对装饰材料的质量产生怀疑时，应对其抽样检验，检验合格后方可使用。

（4）做好装饰材料管理工作。装饰材料进场后，要按施工总平面布置图和施工顺序就近合理堆放，减少倒垛和二次搬运；应加强限额管理和发放，避免和减少装饰材料的损失。例如，对装饰工程所用的砂浆、灰膏、玻璃、油漆、涂料等，应集中加工和配制；对装饰材料、饰件以及有饰面的构件，在运输、保管和施工过程中，必须采取措施，防止损坏和变质。

3）设备的因素

"工欲善其事，必先利其器"。自古以来，在建筑业，工匠对所用工具十分讲究。如今，装饰工程施工正向工业化、装配化发展，设备已经成为建设符合要求的工程质量的重要条件之一。

对设备因素的控制，应按照工艺的需要，合理地选用先进机具。为了保证施工顺利进行，使用之前必须检查；在使用过程中，要加强维修保养并定期检修；使用后，精心保管，建立健全管理制度，避免损坏，减少损失。

4）施工环境的因素

施工环境如现场的温度、湿度、天气、环境污染及工序衔接等对装饰工程质量的影响很大，要从以下 3 个方面加以控制。

（1）施工现场的温度与湿度的控制。温度的控制具体如下：对刷浆、饰面和花饰工程，以及高级抹灰、混色油漆工程，现场温度不应低于 5℃；对中级和普通的抹灰、混色油漆工程及玻璃工程，现场温度应在 0℃以上；对裱糊工程，现场温度不应低于 15℃；对用胶黏剂粘贴的罩面板工程，现场温度不应低于 10℃。湿度的控制具体如下：在砖墙面上抹灰时，必须对墙面浇水，使之润湿；对水泥砂浆抹灰层，必须在湿润的条件下养护；油漆工程基层必须保持干燥，潮湿将会使之脱层。

（2）天气和环境清洁的控制。油漆工程操作的地点要清理干净，环境清洁，通风良好；在雨雾天气不宜作罩面漆；室外使用涂料不得在雨天施工；在六级大风下不得进行干黏石的施工。

（3）工序衔接、安排合理为施工创造良好环境，有利于提高工程质量。装饰工程应在建筑物基体或基层的质量检验合格后，方可施工；室外装饰一般应自上而下进行；室内装饰工程应待屋面防水工程完工后，在不致被后继工程所损坏和沾污的条件下进行。室内罩面板和花饰等工程应待易产生较大湿度的地（楼）面的垫层完工后再施工。室内抹灰工程如果在屋面防水完工前施工，必须采取防护措施。

5）施工工艺的因素

室内装饰工程的各个分项工程所用机具、材料、工作环境及施工部位不同，必须采用相应的正确的工艺，才能达到分项工程本身的使用功能、保护作用和装饰效果。采用错误的工艺是难以达到质量标准的。把人、设备、材料和环境等各种因素，通过科学合理的施工工艺，使之有机地整合，预防可能出现的质量缺陷，从而保证工程质量。随着新材料、新技术、新工艺的不断涌现，以及各种新型黏结材料、膨胀螺栓和射钉枪等的广泛使用，施工工艺也有了很大的改进。

3. 室内装饰工程质量管理的定义和重要性

1）室内装饰工程质量管理的定义

质量管理是指确定质量方针、目标和职责，在质量体系中通过诸如质量策划、质量控制、质量保证和质量改进等活动使其实施的全部管理职能的所有活动。

质量管理是组织全部管理职能的组成部分，其职能是质量方针、质量目标和质量职责的制定与实施。质量管理是有计划、有系统的活动，为实现质量管理需要建立质量体系，而质量体系又要通过质量策划、质量控制、质量保证和质量改进四项活动发挥其职能。可以说，这四项活动是质量管理工作的四大支柱。

质量管理的目标是装饰工程施工总目标的重要内容，质量管理目标和责任应按级分解落实，各级管理者对目标的实现负有责任。虽然质量管理是各级管理者的职责，但是它必须由最高管理者领导，质量管理需要全员参与并承担相应的义务和责任。

2）室内装饰工程质量管理的重要性

"百年大计、质量第一"。质量管理工作已经越来越为人们所重视，高质量的产品和服务是市场竞争的有效手段，是争取用户、占领市场和发展企业的根本保证。国内的室内装饰行业发展历史不长，在室内装饰工程质量管理方面，我国的工程质量管理水平与国际先进水平相比仍有很大差距。

近年来，我国大多数施工单位通过 ISO 9000 体系认证，标志着企业对工程质量管理的认识和实施提高到了一个更高的层次。因此，从发展战略的高度来看，工程质量已关系到国家的命运、民族的未来，工程质量管理的水平已关系到企业的命运、行业的兴衰。

工程项目投资比较大，各种资源（材料、能源、人工等）消耗多，工程项目的重要性与其在生产、生活中发挥的巨大作用是相辅相成的。工程项目的一次性特点决定了其只能成功不能失败，工程质量达不到要求，不但关系到工程的适用性，而且还关系到人们生命财产的安全和社会安定。因此，在室内装饰工程的施工过程中，加强质量管理，确保人们生命财产安全是装饰工程施工项目的头等大事。

室内装饰工程质量的优劣，直接影响国家经济建设的速度。装饰工程施工质量差本身就是最大的浪费，低劣质量的工程一方面需要大幅度增加维修的费用，另一方面还将给用户增加使用过程中的维修、改造费用，有时还会带来工程的停工、效率降低等间接损失。因此，质量问题对我国经济建设的速度也有直接影响。

2.4.2　室内装饰工程的全面质量管理

室内装饰工程的全面质量管理是指室内装饰工程施工单位为了保证和提高室内环境质量，运用一整套的质量管理体系、手段和方法，所进行的全面的、系统的装饰工程管理活动。它是一种科学的现代质量管理方法。

1. 室内装饰工程全面质量管理的基本观点

全面质量管理继承了质量检验和统计质量控制的理论和方法，并在深度和广度上继续发展。概括地说，它具有以下 6 个基本观点。

1）质量第一

"百年大计、质量第一"是室内装饰工程推行全面质量管理的思想基础。室内装饰工程质量的好坏，不仅关系到国民经济的发展，甚至人民生命财产的安全，而且直接关系到施工单位的信誉、经济效益，甚至生存和发展。因此，施工单位树立"质量第一"的观点，这是工程全面质量的核心。

2）用户至上

"用户至上"是室内装饰工程推行全面质量管理的精髓。国内外多数企业把用户摆在重要的位置上，把企业同用户的关系比作鱼和水、作物和土壤。坚持用户至上的观点，并将其贯彻到室内装饰工程施工的过程中，会促进装饰企业的蓬勃发展；若背离了这个观点，企业则会失去存在的必要。

现代企业质量管理中"用户"的定义是广义的，它包括两层含义：一是直接或间接使用室内装饰工程的单位或个人；二是针对装饰工程施工单位内部，在施工过程中上一道工序应对下一道工序负责。从这个意义上说，下一道工序为上一道工序的"用户"。

3）预防为主

室内装饰工程质量是设计、制造出来的，而不是检验出来的。检验只能发现工程质量是否符合质量标准，但不能保证工程质量。在室内装饰工程施工过程中，每道工序、每个分部分项工程的质量，都会随时受到许多因素的影响。只要其中一个因素发生变化，质量就会产生波动，不同程度地出现质量问题。全面质量管理强调将事后检验把关变成工序控制，从管质量结果变为管质量因素，防检结合，防患于未然。也就是说，在施工的全过程，尽量把影响质量的因素控制起来，发现质量波动就分析原因、制定对策，这就是"预防为主"的观点。

4）全面管理

全面管理即实行全员的、全企业的和全过程的管理。全员的管理是指施工单位的全体人员，包括各级领导、管理人员、技术人员、政工人员、生产工人、后勤人员等都要参与工程质量管理，人人关心工程质量，把提高工程质量和本职工作结合起来，使工程质量管理有扎实的群众基础。全企业的管理就是强调质量管理工作不只是质量管理部门的事情，施工单位的各个部门都要参加质量管理，都要履行自己的职能。全过程的管理就是把工程质量管理贯穿工程的规划、设计、施工、使用的全过程，尤其在施工过程中，要贯穿到每个单位工程、分部工程、分项工程、各施工工序。

5）数据说话

数据是实行科学管理的依据，没有数据或数据不准确，质量就无从谈起。室内装饰工程全面质量管理强调"一切用数据说话"，它以数理统计的方法为基本手段，而数据是应用数理统计方法的基础，这是区别于传统管理方法的重要一点。依靠实际的数据资料，运用数理统计的方法做出正确的判断，采取有力措施，进行室内装饰工程质量全面管理。

6）不断提高

重视实践，坚持按照计划、实施、检查、处理这一循环过程办事。经过一个循环后，对事物内在的客观规律就会有进一步的认识，从而制定出新的质量管理计划与措施，使质量管理工作及工程质量不断提高。

2. 室内装饰工程的全面质量管理方法和内容

1）室内装饰工程的全面质量管理方法

室内装饰工程的全面质量管理方法是循环工作法（简称 PDCA 法）。这种方法是由美国质量管理专家戴明博士于 20 世纪 60 年代提出的，直至今日仍然适用于室内装饰工程的质量管理。PDCA 法把质量管理活动归纳为 4 个阶段，即计划（Plan）阶段、实施（Do）阶段、检查（Check）阶段和处理（Action）阶段，包含 8 个步骤。

（1）计划阶段。在计划阶段中，首先要确定质量管理的方针和目标，提出实现这一目标的具体措施和行动计划。在计划阶段主要包括 4 个具体的步骤。

① 分析工程质量的现状，找出存在的质量问题，以便有针对性地进行调查研究。

② 分析影响工程质量的各种因素，找出质量管理中的薄弱环节。

③ 在分析影响工程质量因素的基础上，找出其中主要的影响因素，作为质量管理的重点。

④ 针对质量管理的重点，制定改进质量的措施，提出行动计划并预计达到的效果。

在计划阶段要反复考虑下列 6 个问题：

① 必要性（Why）：为什么要制订计划？

② 目的（What）：计划要达到什么目的？

③ 地点（Where）：计划要落实到哪个部门？

④ 期限（When）：计划要什么时候完成？

⑤ 承担者（Who）：计划具体由谁来执行？

⑥ 方法（Way）：计划采用什么样的方法来完成？

（2）实施阶段。在实施阶段，要按照既定的措施下达任务并按措施去执行。这是 PDCA 法的第五个步骤。

（3）检查阶段。检查阶段的工作主要是对措施执行的情况进行及时的检查，把检查结果与原计划进行比较，找出成功的经验和失败的教训。这是 PDCA 法的第六个步骤。

（4）处理阶段。处理阶段的工作就是对检查之后发现的各种问题认真处理，主要分为两个步骤。

① 对正确的问题，要总结经验，巩固措施，制定标准，形成制度，遵照实行。

② 对尚未解决的问题，转入下一个循环，再研究措施，制订计划，予以解决。

PDCA 法循环就像一个不断转动的车轮，重复不停地循环，如图 2-8（a）所示。管理工作做得越扎实，循环越有效。PDCA 法循环的组成是大环套小环，大小环均不停地转动，但又环环相扣，如图 2-8（b）所示。PDCA 法循环每转动一次，质量就有所提高，而不是在原来水平上的转动，每个循环所遗留的问题，再转入下一个循环继续解决，这样循环以后，工程质量就提高了一步，如图 2-8（c）所示。

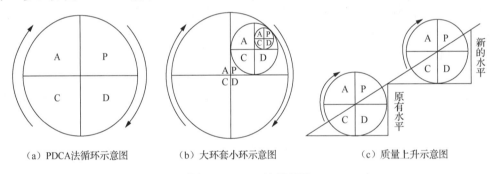

（a）PDCA法循环示意图　　　（b）大环套小环示意图　　　（c）质量上升示意图

图 2-8　PDCA 法循环图

2）室内装饰工程的全面质量管理内容

运用装饰工程全面管理的基本方法在室内装饰工程施工的全过程进行循环管理，使室内装饰工程质量一步一步往前走。PDCA 法循环应用在室内装饰工程质量管理上，整个企业被看成一个大的 PDCA 法循环，企业各部门又有自己的（如施工队）小 PDCA 法循环，依次有更小的 PDCA 法循环（如班、组、工序等），小环嵌套在大环内循环转动，如图 2-9 所示。

（1）施工准备阶段的质量管理内容。

① 熟悉和严格审查设计图样。为了避免设计图样的差错给工程质量带来的影响，必须对其进行认真的审查。通过严格审查，及早发现设计图样上的错误，采取相应的措施加以纠正，以免在施工过程中造成损失。

② 编制好施工组织设计文件。在编制施工组织设计文件之前，要认真分析本企业在施工过程中存在的主要问题和薄弱环节，分析工程的特点、难点和重点，有针对性地提出保证质量的具体措施，编制出切实可行的施工组织设计文件，以便指导施工活动。

③ 做好技术交底工作。在下达施工任务时，必须向执行者进行全面的质量交底，使执行人员了解该任务的质量特性、质量重点，做到心中有数，避免盲目行动。

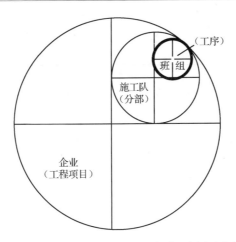

图 2-9　室内装饰工程 PDCA 法循环应用示意图

④ 严格材料、构/配件和其他半成品的检验工作。从材料、构/配件和其他半成品的进场开始，就严格把好质量关，为保证工程质量提供良好的物质基础。

⑤ 施工机具的检查和维修工作。施工前要做好施工机具的检查和维修工作，使其保持良好的技术状态，不因机械设备运转不正常而影响工程质量。

（2）施工过程的质量管理内容。

室内装饰工程施工过程是室内装饰产品质量的形成过程，该过程是控制室内装饰产品质量的重要阶段。这个阶段的质量管理内容主要有以下 4 项。

① 加强施工工艺管理。严格按照设计图样、施工组织设计文件、施工验收规范、施工操作规程进行施工，坚持质量标准，保证各个分部分项工程的施工质量，从而确保整体工程质量。

② 加强施工质量的检查和验收。坚持质量检查和验收制度，按照质量标准和验收规范，对已完工的分部分项工程特别是隐蔽工程，及时进行检查和验收。对不合格的工程，一律不验收；对该返工的工程必须进行返工，不留隐患。通过检查和验收，促使操作人员重视质量问题，严把质量关。对这类质量检查，一般采取自检、班组互检和专业检查相配合的模式。检查和验收的项目主要包括保证项目、基本项目和允许偏差项目三部分；验收的质量等级标准分合格和优良两种。室内装饰工程质量检查可以用质量评定表的形式进行，表 2-2 为室内装饰裱糊工程质量检验标准和方法，表 2-3 为室内装饰壁纸裱糊分项工程质量检验评定表。

表 2-2　室内装饰裱糊工程质量检验标准和方法

保证项目				质 量 要 求		检验方法
				墙布、壁纸须黏结牢固，无空鼓、翘边，皱折等缺陷		观察或用手轻触检查
基本项目	项次	项　目	等级	质 量 要 求		
	1	裱糊表面	合格	色泽一致，无斑污		观
			优良	色泽一致，无斑污，无胶痕		察
	2	各幅拼接	合格	横平竖直，图案端正，拼缝处图案、花纹基本吻合，阳角处无接缝		检
			优良	横平竖直，图案端正，拼缝处图案、花纹吻合；从距墙 1.5m 处正视，不显拼缝，阴角处搭接顺光，阳角处无接缝		查
	3	裱糊与挂镜线、踢脚线交接	合格	交接紧密，无漏贴，不糊盖需拆卸的活动件		
			优良	交接紧密，无缝隙，无漏贴和补贴，不糊盖需拆卸的活动件		

表2-3 室内装饰裱糊壁纸分项工程质量检验评定表

工程名称： 　　　　　　　　　　　　　　　　　　　　　　　　　　　单位：

保证项目		项　目								质量情况	
	1	材料的品种，颜色符合设计要求，质量须符合有关标准规定								符合要求	
	2									黏结牢固无缺陷	
基本项目		项　目	质　量　情　况								等级
			1	2	3	4	5	6	7	8	
	1	表　面	√	◎	◎	◎	√				合格
	2	排　接	◎	√	◎	◎	◎				合格
	3	与挂镜线、踢脚线、贴脸等交接处	◎	◎	◎	◎	√				合格
检查结果		保证项目	查2项，材料符合要求，黏结牢固								
		基本项目	查3项，其中优良 1 项，优良率 33 （%）								
评定等级		工程负责人：合格　工长：合格　班组长：合格		核定意见		专职质检员：合格					

注：优良√；合格◎；不合格×。

　　③ 通过质量分析，找出产生工程质量缺陷的原因，确定质量管理点，有效地控制室内装饰工程质量。质量分析可以采用因果分析图（也称鱼刺图）的方法进行，如图2-10所示。

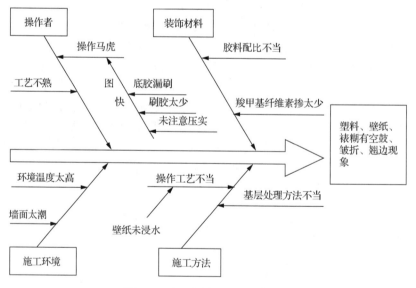

图2-10　因果分析图（鱼刺图）

　　质量管理点应建立在装饰工程质量特征不稳定、容易出现问题的工序或复杂部位，以及工艺需控制的工序、工作班组操作的薄弱环节上。一般情况下，需要建立工程质量管理卡，即为了检查装饰工程质量而建立的管理卡片。表2-4为室内装饰裱糊工程质量管理卡。

表 2-4　室内装饰裱糊工程质量管理卡

管理点	管理内容，质量标准	技术实施对策			检查次数					责任者
		测定方法	测定时间	对策	1	2	3	4	5	
黏结	黏结牢固，无空鼓、皱折、翘边现象	观察	完活后及时检查	认真清理基层；胶料稀度适宜，涂刷均匀，及时用干净湿毛巾压实、擦净						操作者工长
拼接	图案端正，拼缝处图案花纹吻合；从距墙 1.5m 处正视，不显拼缝，阴角顺光搭接，阳角处无接缝	观察	边贴边检查	认真选料，预先试拼接缝，图案位置实地放线						操作者工长
裱糊表面	色泽一致，无斑污，无胶痕	观察	边贴边检查	认真选料，试拼、用干净湿毛巾将胶料擦净						操作者
细部处理	与凸出墙面物交接处紧密接合，无缝隙，不糊盖需拆卸的活动件	观察	完活后及时检查	准确下料，需拆卸件，尽可能先裱糊后安装						操作者

④ 掌握工程质量的动态。通过质量统计分析，从中找出影响质量的主要原因，总结室内装饰工程质量的变化规律。统计分析是全面质量管理的重要方法，是掌握质量动态的重要手段，针对质量波动的规律，采取相应的对策，防止质量事故的发生。

（3）使用过程的质量管理内容。

室内装饰产品的使用过程是室内装饰产品质量经受考验的阶段。室内装饰工程施工单位必须保证用户在规定的使用期限内，正常地使用室内装饰产品。这个阶段主要包括以下两项质量管理工作。

① 及时回访。室内装饰工程交付使用后，室内装饰工程施工单位要组织有关人员对用户进行调查回访，认真听取用户对施工质量的意见，收集有关质量方面的资料；对用户反馈的信息进行分析，从中发现施工质量问题；了解用户的要求，采取措施加以解决并为以后工程施工积累经验。

② 进行保修。对因施工原因造成的质量问题，室内装饰工程施工单位应负责无偿返修，取得用户的信任；对因设计原因或用户使用不当造成的质量问题，应当协助用户进行处理，提供必要的技术服务，保证用户的正常使用。

2.5　室内装饰工程成本管理

室内装饰工程施工过程也是各种资源消耗的过程。在项目的施工过程中，既要消耗物化劳动，也要消耗活劳动。资源消耗在室内装饰工程上的劳动还表现为价值，即构成工程价值，工程价值包括已消耗的生产资料的价值和劳动者在施工过程中新创造的价值。

2.5.1　室内装饰工程成本管理概述

1. 室内装饰工程成本管理的基本定义

室内装饰工程成本具体包括消耗在室内装饰工程上的主要材料、构件、其他材料、周转材料的摊销费，施工机械的台班费或租赁费，支付给施工工人的工资、奖金，项目经理部（或其他施工管理组织）为组织和管理施工所发生的全部费用支出，其中不包括没有构成施工项目价值的一切非生产性支出，以及劳动者为社会创造的价值，如材料的盈亏和损失、罚款、违约金、赔偿金、滞纳金及流动资金的借款利息等。

室内装饰工程成本管理是指在施工过程中，运用一定的技术和管理手段对生产经营所消耗的人力、物力和费用，进行组织、监督、调节和限制，及时纠正将要发生和已经发生的预算偏差，把各项施工费用控制在计划成本的范围内，以保证实现成本目标的一个系统过程。成本管理的目的是，使装饰工程施工单位在时间上做到速度快、工期短，在质量上做到精度高、效果好，在经济上做到消耗少、成本低、利润高。成本管理是施工管理的重要内容之一，经济合理的施工组织设计文件是制订工程成本计划的依据。工程承包人应以最经济合理的施工组织设计文件为依据，编制施工预算文件，以控制成本，保证工程的实施以最少的消耗取得最大的经济效益。

2. 室内装饰工程成本管理的意义

室内装饰工程成本管理是反映施工单位经营管理水平和施工技术水平的一个综合性指标。建立和健全施工单位的成本管理机构，配备强有力的成本管理人员，制定切实可行的成本管理实施性规章制度，调动广大职工的积极性，不仅可以提高经济效益，还可以积累大量的扩大再生产资金。具体地说，室内装饰工程成本管理具有以下4个方面的意义。

1）室内装饰工程成本管理是现代化成本管理的中心环节

现代化成本管理就是在企业现代化的总体设想下，为了适应现代化生产的需要，促进生产力的发展，施工单位积极采用现代化的科学方法，建立现代化成本管理体系，促使装饰工程施工单位不断降低成本，提高经济效益。

2）室内装饰工程成本管理是提高经营管理水平的重要手段

室内装饰工程成本由施工消耗和经营管理支出两部分组成，是反映各项施工技术经济活动的综合性指标。一切施工消耗和经营管理水平都直接影响施工项目成本的升降。为了对施工项目成本进行有效的控制，就必须对项目生产、技术、劳动工资、物资供应、财务会计等日常管理工作提出相应的要求，建立和健全各项控制标准与制度，提高施工单位的经营管理水平，保证实现施工项目成本控制目标。

项目经理部是施工的基层单位，是实现施工项目成本控制目标的关键。它负责全面完成所承担的施工项目，必须对施工、技术、劳动工资、物资管理、设备利用、财务会计等方面的管理提出更加具体的要求，以便对各项费用进行严格控制，确保成本控制目标真正实现。

3）室内装饰工程成本管理是实行企业经济责任制的重要内容

室内装饰工程施工单位要把成本管理责任制纳入企业经济责任制，作为它的一项重要内容。按照企业内部组织分工和岗位责任制，建立上下衔接、左右结合的全面成本管理责任制度，调动全体职工的积极性，保证工程质量，缩短工期，降低工程成本。

实行成本控制，需要降低施工消耗和支出，把降低工程成本的目标落实到施工单位内部各部门和各管理环节，要求各部门、各管理环节对降低工程成本承担经济责任，把经济责任与经济利益有机地结合起来。因此，做好成本控制工作，可以调动全体职工的积极性，挖掘降低成本的一切潜力，把节约和降低成本的目标变成广大职工的自觉行动，纳入企业经济责任制的考核范围。

4）成本控制是提高经济效益、增强企业活力的主要途径

室内装饰工程施工单位的经济效益如何，关系自身的生存和发展，每个室内装饰工程施工单位都必须把提高经济效益当作头等大事来抓，必须把本企业各项工作都纳入以提高经济效益为中心的轨道上。室内装饰工程成本反映了室内装饰工程施工单位在一定时期内劳动的占用和消耗水平，劳动生产率的高低、材料消耗的多少、费用开支是否合理、设备利用是否充分、资金占用有无浪费等，都直接或间接地从工程成本上表现出来。因此，室内装饰工程施工单位要提高经济效益，必须加强成本控制。只有把成本控制在一个合理的水平上，才能既保证工程质量，又提高经济效益。

2.5.2　室内装饰工程成本的主要形式、管理环节和管理内容

1. 室内装饰工程成本的主要形式

为了明确认识和掌握室内装饰工程成本的特性，做好成本管理，根据管理的需要，从不同角度把工程成本划分为不同的形式。按照生产费用计入成本的方法，工程成本可以划分为直接成本和间接成本：直接成本是指能直接计入工程对象的费用；间接成本是指不能直接计入工程对象的费用但为进行工程施工必须发生的费用，这部分费用通常是按照直接成本的比例来计算的。按照生产费用和工程量关系，工程成本可以划分为固定成本和可变成本：固定成本是指在一定期间和一定工程量范围内发生的、不受工程量增减影响而相对固定的成本；可变成本为随工程量的增减而变动的成本。按照成本的发生时间，工程成本又可以划分为预算成本、计划成本和实际成本，下面介绍这 3 种成本。

1）预算成本

预算成本是室内装饰工程费用中的直接费，反映各地区室内装饰行业的平均水平。它先根据装饰工程施工图，参考全国统一的工程量计算规则计算出工程量；然后，按照全国统一的装饰工程基础定额、各地的劳动力价格和材料价格进行计算。预算成本构成室内装饰工程造价的主要内容，是室内装饰工程施工单位与建设单位签订承包合同的基础。一旦造价在合同中确定，预算成本就成为装饰工程施工单位进行成本管理的依据。因此，预算成本是成本管理的基础。

2）计划成本

计划成本是指根据计划期的有关资料，在实际成本发生之前预先计算的成本。在预算成本的控制下，根据装饰工程施工单位的情况编制施工预算文件，从而确定室内装饰工程所用的人工、材料、机械台班的消耗量，以及其他费用、企业管理费等费用。计划成本是装饰工程施工单位指导施工的依据。

3）实际成本

实际成本是指施工项目在报告期内实际发生的各项生产费用的总和，它是以一项工程为核算对象，通过成本核算计算施工过程中所发生的一切费用。实际成本可以用来检验计划成本的执行情况，确定工程的最终盈亏，准确反映各项施工费用的支出状况，从中可以发现工程的各项费用支出是否合理，对全面加强施工管理具有重要指导作用。

图 2-11 所示为预算成本、计划成本和实际成本的关系。

2. 室内装饰工程成本管理环节

室内装饰工程成本管理过程可分为成本管理准备阶段、成本管理执行阶段和成本管理考核

阶段，具体包括成本预测、成本决策、成本计划、成本控制、成本核算、成本分析、成本考核 7 个环节。这 7 个环节关系密切、互为条件、相互促进，它们之间的相互关系如图 2-12 所示。

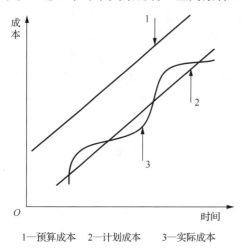

1—预算成本　　2—计划成本　　3—实际成本

图 2-11　预算成本、计划成本和实际成本的关系　　图 2-12　室内装饰工程成本管理各环节的相互关系

1）成本预测

成本预测是成本实现科学管理的重要手段。要进行现代化成本管理，就必须着眼于未来，要求企业和项目经理部认真做好成本的预测工作，科学地预见未来成本水平的发展趋势，制定出适应发展趋势的目标成本。然后，在日常施工活动中，对成本指标加以有效地控制，努力实现制定的成本目标。

2）成本决策

成本决策是对企业未来成本进行计划和控制的一个重要步骤，它是根据成本的预测情况，由参与决策人员科学认真地分析研究而做出的决策。实践证明，正确的成本决策能够指导正确的行动，能够实现预定的成本目标，可以起到避免盲目性和降低风险性的导航作用。

3）成本计划

成本计划是对成本进行计划管理的重要环节，该计划是以货币形式编制施工项目在计划期内的生产费用、成本水平，以及为降低成本率和降低成本额所采取的主要措施和规划的方案，也是建立施工项目成本管理责任制、开展成本管理和成本核算的基础。成本计划指标应实事求是，从实际出发并留有余地。成本计划一经批准，其各项指标就可以作为成本控制、成本分析和成本检查的依据。

4）成本控制

成本控制是加强成本管理、实现成本计划的重要手段。一个企业制定科学、先进的成本计划后，只有加强对成本的控制力度，才能保证成本目标的实现；否则，只有成本计划，而在施工过程中控制不力，不能及时消除施工过程中的损失和浪费，成本目标根本无法实现。施工项目成本控制应当贯穿招标阶段到施工项目竣工验收的全过程。

5）成本核算

成本核算是对施工项目所发生的施工费用支出和工程成本形成的核算，这是成本管理的十分重要的一个环节。项目经理部的重要任务之一，就是要正确组织施工项目成本核算工作。它是施工项目管理中一个极其重要的子系统，也是项目管理的最根本标志和主要内容。成本核算可以为成本管理各环节提供可靠的参考资料，便于成本预测、决策、计划、分析和检查工作的进行。

6）成本分析

成本分析是对工程实际成本进行分析、评价，为今后的成本管理工作和降低成本指明努力方向，也是加强成本管理的重要环节。成本分析要贯穿施工项目成本管理的全过程，要认真分析成本增减的主观因素和客观因素、内部因素和外部因素、有利因素和不利因素等，尤其要把成本执行中的各项不利因素找准、找全，以便抓住主要矛盾，采取有效措施，提高成本管理水平。

7）成本考核

成本考核是对成本计划执行情况的总结和评价。室内装饰工程施工单位应根据现代化管理的要求，建立和健全成本考核制度，定期对本企业各部门、项目经理部等完成成本计划指标的情况进行考核和评比，把成本管理经济责任制和经济利益结合起来。通过成本考核，有效地调动每个职工努力完成成本控制目标的积极性，为企业降低施工项目成本，提高经济效益。

3. 室内装饰工程成本管理内容

室内装饰工程成本管理的内容包括监督全过程的成本核算、确定项目目标成本、掌握成本信息、执行成本控制、组织协调成本核算、进行成本分析等内容。

具体来讲，在室内装饰工程项目进行过程中，各阶段成本管理的内容如下。

1）方案概念设计阶段

对规模和投资较大的室内装饰工程，其方案概念设计阶段成本控制的主要内容是确定各个装饰方案的技术经济指标并进行成本估算，用于优选方案。在该阶段，应该客观、全面、综合地对各方案进行技术经济评价和成本估算，要以功能、经济效益、装饰质量、环境影响、消防等因素为优选原则。

2）方案优化设计阶段

在该阶段，应该以确定的装饰方案为依据，全面、准确地编制出室内装饰工程概算文件和综合概算文件。

3）投标阶段

室内装饰工程投标阶段的成本管理，主要由施工单位的发展经营开发部根据市场和投标情况确定工程报价，这一阶段就是投标决策阶段。该阶段的主要工作内容是根据室内装饰工程施工图编制施工图预算，使施工图预算控制在初步设计概算之内，以此拟定投标文件，编制工程标底，评审投标文件，提出决标意见。

4）施工前期准备阶段

室内装饰工程施工前期准备阶段即项目成本管理的收入分析、支出计划阶段。确定中标后，在正式施工图尚未到达时，可就草图展开分析，找出成本控制的难点和重点，为即将进行的施工活动指明方向。

待收到施工图后，企业经济管理部配合项目部、技术人员对整套图样进行全面的分析，正式展开成本预测工作。在这个过程中，应根据合同中的收入（收入情况在投标阶段已有所明确）分条列块，与施工图当中的项目一一对比，查找不同点，以加强成本的分块控制工作。一般可按照预算定额分部分项工程为模块进行分解，分解结构层次越多，基本子项也越细，计算也更准确。

5）施工阶段

施工阶段是室内装饰工程成本控制的重点阶段。这一阶段成本控制的任务是按设计要求进行项目的实施，使实际支出控制在施工图预算之内，做好进度款的发放和工程的竣工结算与决算。该阶段即项目成本管理的收入和支出的过程管理阶段。

（1）项目成本收入管理。成本收入管理是指室内装饰工程施工单位对室内装饰工程施工阶段的建造合同收入，以及销售产品或材料、提供作业或劳务等收入的管理，包括3个方面内容，即重计量管理、索赔和反索赔、加强协调和提高工作效率。

① 重视计量管理。重视工程量计算的准确性，做到计算的数量准确，不要有大的漏项。对计算底稿应认真核实，查缺补漏。同时将计算的结果与现场实际进场料单进行对比，使计算结果具有可比性。

② 索赔和反索赔。在施工过程中，要及时、妥善地保存第一手资料，如投标文件、招标文件、变更洽商通知单；做好天气情况、项目上停电记录，作为向甲方变更索赔的依据。

③ 加强协调和提高工作效率。在项目成本管理的过程中，提高工作效率，加快工期的进度，无形中降低了生产成本，提高了甲乙双方的收入，也达到了共赢的目的。在项目内部各科室之间，要加强横向联系和施工信息的沟通与协调，在成本控制目标之内，在合理的施工技术指导下，材料部门能够保证材料的供给、满足质量的要求，后勤服务到位，劳务、分包队伍素质过硬，从而提高工作效率、缩短工期，以降低劳动成本增加收入。

（2）项目成本支出控制。项目成本支出控制是指按照既定的项目施工成本控制目标，对成本形成过程的一切人工费、材料费、施工机具使用费、现场管理费等各项费用开支，进行监督、调节和限制。这是一个动态的过程控制，它随着施工进程及业主要求等各种外部环境的影响而变化，装饰工程施工单位需要不断调整控制方案，揭示偏差并及时纠正，以保证计划目标的实现。成本控制最基本的原则是把各项费用严格控制在成本计划的预定目标内，以取得生产效益。

① 临时设施费用的控制。通过成本测算，在不超过收入的前提下，可以对临时设施采用招投标形式，以一次性总价包死，避免将来扯皮。这样既可以减少在这项工作上的精力，以便为以后的工作做更好的准备，也使成本得到了有效的控制。

② 人工费的控制。在项目合同与业主的总包合同签订后，根据合同收入的工日单价和总价情况、工程特点和施工范围，与分包单位签订劳务分包合同。在合同中，按定额工日单价或平米单价以包干的方式处理，防止合同外用工的发生。在施工过程中严格按合同核定劳务分包费用，控制支出，并每月预结一次，发现超支现象及时分析原因，对不合格的劳务队伍要尽快清退。

③ 材料费的控制。材料费可能占项目成本费用的60%～70%，因此，材料费的控制将直接影响整个项目的成本控制。材料费的控制主要是控制材料的消耗量和材料的进场价格，对消耗量的控制决不可以超过投标时的量，对材料进场价格应多方询价，综合企业内部各项目的经验，同时应对所在地的市场情况了如指掌。在室内装饰工程进行中，应根据施工进度计划编制材料需用量计划，对技术室提交的材料计划严格把关，特别加强材料计划审核，以保证材料供应及时，品种、规格齐全，数量准确，质量有保证。对材料领用，实行限额领料制度，严格按照用量计划领用，避免浪费。同时，在工程管理中要求工程管理人员严格把关，做到一次施工准确，避免因返修而造成浪费。对小材料，如铁钉、刷子、砂纸等难于管理和不好控制的材料，可根

据定额和实际消耗包干。材料价格随市场情况而有所波动，价格的这种动态特点，使得材料的采购工作也是一个动态的过程。在这个过程中应广泛收集价格信息，在保证工程质量的前提下使采购价格最低。

④ 施工机具使用费的控制。对大型机械，一般采用租赁方式，在数量确定、价格合理的前提下，应严格控制施工机械的进、退场时间；在保证施工的同时使租赁时间最短。在平时的管理过程中应做好施工机械的使用考勤情况，在租赁期内应扣除超过合同约定的正常维修时间所花费的租赁费用。在机械进场时应严格把关，对不能满足工程需要的机械应及时清退出场，避免耽误工期。对小型机具，采用施工队包干的形式，有利于避免成本失控，同时也有利于减轻工作量，提高工作效率。

⑤ 现场管理费的控制。通过提高个人业务素质，加强综合能力，提倡一专多能，采用一人兼数职的形式，精简项目机构，通过人员的减少来降低费用开支。对项目日常费用的开支，如项目电话费支出，可以采用包干到个人的形式，特别是业务招待费，应作为重点控制在一定的计划成本之内。

⑥ 质量、安全、后勤管理。在室内装饰工程的施工过程中，应该始终树立一种"以人为本"的思想，在保证工程质量的前提下，高度重视安全问题。事故的发生不仅给项目带来诸如停工、善后处理等直接损失，更关系到施工单位的形象。

（3）成本过程控制核算。成本过程控制核算的目的是考核室内装饰工程施工过程中的人工费、材料费、施工机具使用费和现场管理费收支及经济合同执行情况，反映工程进度、产值、库存、资金等，找出成本节超原因，揭示偏差，制定有效的措施，使成本控制工作达到最有效的状态。

6）竣工结算阶段

室内装饰工程竣工结算阶段即项目成本管理的收入和支出明朗化阶段。工程竣工结算是指施工单位按照合同规定的内容全部完成所承包的工程，经验收质量合格并符合合同要求之后，向发包人进行的最终工程价款结算。总包单位应同时向其分包单位进行相应的结算。

2.5.3　降低室内装饰工程成本的措施

1. 室内装饰工程设计阶段

1）切实推行工程设计招标和方案竞选

实行工程设计招标和方案竞选，有利于择优选定设计方案和设计单位；有利于控制项目投资，降低工程造价，提高投资效益；有利于采用技术先进、经济适用、设计质量水平高的设计方案。

2）推行限额设计

限额设计是按照批准的设计任务书及成本估算控制初步设计，按照批准的初步设计总概算控制施工图设计；同时各专业在保证达到使用功能的前提下，按分配的成本限额控制设计，严格控制技术设计和施工图设计的不合理变更，保证不超出总投资限额。

室内装饰工程项目限额设计的全过程，实际上是装饰工程项目在设计阶段的成本目标管理过程，即目标设置、目标管理、目标实施检查、信息反馈的控制循环过程。

3）加强设计标准的制定和应用

设计标准是国家的技术规范，是进行工程设计、施工和延伸的重要依据，是室内装饰工程项目管理的重要组成部分，与项目成本控制密切相关。标准设计也称为通用设计，是经政府主管部门批准的整套标准技术文件。按通用条件编制，能够较好地贯彻执行国家的技术经济政策，同时密切结合当地自然条件和技术发展水平，合理利用能源、资源和材料设备，设计规范可以降低成本，同时可以缩短工期。

2. 室内装饰工程项目施工阶段

1）认真审查图样并积极提出修改意见

在室内装饰工程项目的实施过程中，施工单位应当按照装饰工程项目的设计图样进行施工。当设计单位在设计中考虑不周全时，按设计图样施工会给施工带来不便。因此，施工单位在认真审查设计图样和材料、工艺说明书的基础上，在保证装饰工程质量和满足用户使用功能要求的前提下，应结合项目施工的具体条件，提出积极的修改意见。施工单位提出的意见应该有利于加快装饰工程进度和保证工程质量，同时还能降低能源消耗、增加工程收入。在取得业主和施工单位的许可后，进行设计图样的修改，同时办理增减项目及其预算账目。

2）制订技术先进、经济合理的施工方案

施工方案的制订应以合同工期为依据，综合考虑室内装饰工程项目的规模、性质、复杂程度、现场条件、装备情况、员工素质等因素。施工方案主要包括施工方法的确定、施工机械的选择、施工顺序的安排和流水施工的组织4项内容，施工方案要具有先进性和可行性。

3）切实落实技术组织措施，以降低室内装饰工程成本

落实技术组织措施，以技术优势取得经济效益，是降低成本的一个重要方法。在室内装饰工程项目的实施过程中，通过推广新技术、新工艺、新材料，能够起到降低成本的目的。针对各个分部分项工程，除了编制切实可行的、降低装饰成本的技术组织措施计划，还要编制施工预算予以保证。另外，通过加强技术质量检验制度，减少返工带来的成本支出也能够有效地降低成本。为了保证技术组织措施的落实并取得预期效益，必须实行以项目经理为首的责任制。由工程技术人员制定措施，材料负责人员供应材料，现场管理人员和生产班组负责执行，财务人员结算节约效果。最后，由项目经理根据措施执行情况和节约效果对有关人员进行奖惩。

4）组织均衡施工，以加强进度管理

结合实际，编制切实可行的施工进度计划，当设计发生变更或发生一些意外事故时，一定要及时调整计划，避免耽误工期造成成本的增加。

凡是按时间计算的成本费用，如项目管理人员的工资和办公费、现场临时设施费和水电费，以及施工机械和周转设备的租赁费等，在施工周期缩短的情况下，成本明显减少。但由于施工进度的加快，资源使用的相对集中，将会增加一定的成本支出，同时，容易造成工作效率降低的情况。因此，在加快施工进度的同时，必须根据实际情况，组织均衡施工，做到快而不乱，以免发生不必要的损失。

5）加强劳动力管理，以提高劳动生产率

改善劳动组织，优化劳动力的配置，合理使用劳动力，减少窝工；加强技术培训并有计划地组织以提高管理人员的管理技术和工人的劳动技能、劳动熟练程度；严格劳动纪律，提高工人的工作效率，压缩非生产用工和辅助用工。

6）加强材料管理，以节约材料费用

材料成本在室内装饰工程项目成本中所占的比重很大，具有较大的节约潜力。在成本控制中应该通过加强材料采购、运输、收发、保管、回收等工作，达到减少材料费用、节约成本的目的。根据施工需要合理储备材料，以减少资金占用；加强现场管理，合理堆放，减少搬运，减少仓储损耗；对一些贵重材料、进口材料、特殊材料配件更要加强监管和保护；通过落实限额领料，严格执行材料消耗定额；坚持余料回收，正确核算消耗水平；合理使用材料，推广代用材料；推广使用新材料。

7）加强机具管理，以提高机具利用率

结合装饰工程施工方案，从机具性能、操作运行和台班成本等因素综合考虑，选择最适合项目施工特点的施工机具；做好工序、工种机具施工的组织工作，最大限度地发挥机具效能；做好机具的平时保养维修工作，使机具始终保持完好状态，随时都能正常运转。

8）加强费用管理，以减少不必要的开支

根据项目需要，配备精干高效的项目管理班子；在项目管理中，积极采用本利分析、价值工程、全面质量管理等降低成本的新管理技术；严格控制各项费用支出和非生产性开支。

9）充分利用激励机制，以调动职工增产节约的积极性

从室内装饰工程项目的实际情况出发，树立成本意识，划分成本控制目标，用活用好奖惩机制。通过责、权、利的结合，对员工执行劳动定额考核，实行合理的工资和奖励制度，能够大大提高全体员工的生产积极性，提高劳动效率，减少浪费，从而有效地控制工程成本。

小 结

室内装饰工程项目管理属于工程项目管理，其管理的对象是装饰工程项目，管理的内容是在项目的生存周期，从设计、组织工程施工到竣工交付使用，用系统工程的理论、观点、方法，进行有效的规划、决策、组织和协调、控制从而按照项目的质量、工期、造价圆满地实现目标。

项目管理可分为建设全过程管理和阶段性管理两种类型。室内装饰工程项目管理属于阶段性管理，即建设过程中某一特定阶段的管理工作，主要包括设计管理和施工管理两个部分。根据管理技术门类来划分，室内装饰工程项目管理可分为室内装饰工程施工进度管理、技术管理、质量管理、成本管理和施工安全管理。

习　题

一、选择题

1～15 是单项选择题

1. 建设项目决策阶段管理工作的主要任务是（　　）。
    A. 调查研究　　　　B. 确定项目的定义
    C. 经济分析　　　　D. 项目立项
2. 在下列关于建设项目全生存周期的说法中，正确的是（　　）。
    A. 建设项目的全生存周期包括项目的决策阶段、实施阶段

B．硬目立项（立项批准）是项目实施的标志

C．项目实施阶段管理的主要任务是通过管理使项目的目标得以实现

D．建设项目管理的时间范畴是该项目的全生存周期

3．建设项目管理的时间范畴是项目的（　　）。

A．全生存周期   B．决策阶段

C．实施阶段   D．施工阶段

4．在下列各项工作中，属于建设项目实施阶段的是（　　）。

A．编制项目建议书   B．编制设计任务书

C．落实建设地点   D．落实项目建设资金

5．室内装饰工程项目管理的内涵中，"项目策划"指的是目标控制前的一系列（　　）。

A．施工组织设计工作   B．计划和协调工作

B．组织和管理工作   D．筹划和准备工作

6．某企业承包了某石化工程项目的设计和施工任务，该企业的项目管理属于（　　）。

A．建设项目设计方的项目管理   B．建设项目总承包单位的项目管理

C．建设项目施工方的项目管理   D．建设项目采购方的项目管理

7．施工管理是传统的较广义的术语，它包括施工方履行施工合同应承担的全部工作和任务，既包含项目管理方面专业性的工作，也包含一般性的（　　）。

A．合同管理工作   B．行政管理工作

C．内部管理工作   D．运营管理工作

8．甲（施工单位）委托乙（工程项目管理咨询公司）为该企业项目管理提供信息管理的咨询服务，乙所提供的咨询服务属于（　　）。

A．业主方项目管理范畴   B．咨询方项目管理范畴

C．施工方项目管理范畴   D．分包方项目管理范畴

9．在采用因果分析图进行质量问题原因分析时，"新员工未培训"属于（　　）的因素。

A．人   B．材料   C．环境   D．机械

10．建设项目全面质量管理中的"全面"是指（　　）的管理。

A．工程质量和工作质量   B．决策过程和实施过程

C．管理岗位和工作岗位   D．全方位和全流程

11．在施工质量控制的基本环节中，作业活动过程质量控制包括（　　）。

A．建设单位的质量控制和监理单位的质量控制

B．监理单位的质量控制和质量监督部门的质量控制

C．质量活动主体对工序质量偏差的纠正

D．质量活动主体的自我控制和他人监控

12．在下列项目质量风险中，属于管理风险的是（　　）。

A．项目采用了不够成熟的新材料   B．项目组织结构不合理

C．项目场地周边发生滑坡   D．项目现场存在严重的粉尘污染

13．在编制施工成本计划时通常需要进行"两算"对比，"两算"指的是（　　）。

A．设计概算和施工图预算   B．施工图预算和施工预算

C．设计概算和投资估算   D．设计概算和施工预算

14. 施工成本管理中（　　）是其他各类措施的前提和保障。

　　A. 组织措施　　　　B. 技术措施　　　　C. 经济措施　　　　D. 管理措施

15. 施工质量控制中，事后质量控制的重点是（　　）。

　　A. 强调质量目标的计划预控

　　B. 加强对质量活动的行为约束

　　C. 对质量活动过程和结果的监督控制

　　D. 发现施工质量方面的缺陷，并通过分析提出施工质量改进的措施，保持质量处于受控状态

16～25 为多选题

16. 在下列建设项目计划中，存在关联关系的进度计划有（　　）。

　　A. 施工总进度计划和主体工程进度计划

　　B. 墙面粉刷施工进度计划和地面铺贴进度计划

　　C. 设计进度计划和维修进度计划

　　D. 项目月度计划和周计划

　　E. 吊顶龙骨安装施工进度计划和龙骨主要材料供货进度计划

17. 一般来说，确定施工顺序应满足（　　）方面的要求。

　　A. 成本　　　　　　B. 工艺合理　　　　C. 保证质量　　　　D. 组织

　　E. 安全施工

18. 单位施工平面图的设计要求做到（　　）。

　　A. 尽量不利用永久性工程设施

　　B. 利用已有的临时工程

　　C. 短运输、少搬运

　　D. 满足施工需要的前提下，尽可能减少事故占用场地

　　E. 符合劳动保护、安全、防火等要求

19. 施工进度计划的调整包括（　　）。

　　A. 工期调整　　　　　　　　　　　B. 范围调整

　　C. 工期-成本调整　　　　　　　　　D. 资源有限-工期最短调整

　　E. 工期固定-资源均衡调整

20. 安全教育培训应包括的主要内容有（　　）。

　　A. 安全意识　　　　　　　　　　　B. 安全思想

　　C. 安全法制　　　　　　　　　　　D. 安全技能

　　E. 安全基本常识

21. 检验批合格质量应符合下列规定（　　）。

　　A. 主控项目和一般项目的质量经抽出检验合格

　　B. 主控项目的质量经抽样检验合格

　　C. 分项工程所含的检验批应符合合格质量的规定

　　D. 具有完整的施工操作依据、质量检查记录

　　E. 有关分项工程施工质量验收合格

22. 施工项目竞争性成本计划是（　　）的估算成本计划。
    A. 选派项目经理阶段　　　　　　　　B. 投标阶段
    C. 施工准备阶段　　　　　　　　　　D. 签订合同阶段
    E. 制定企业年度计划阶段

23. 施工质量管理的 PDCA 法循环中，检查（check）环节包括（　　）。
    A. 监理单位的平行检查　　　　　　　B. 作业者的自检
    C. 作业者的互检　　　　　　　　　　D. 政府部门的监督检查
    E. 专职管理者的专检

24. 关于工作任务分工和管理职能分工的说法，正确的有（　　）。
    A. 管理职能是由管理过程的多个工作环节组成的
    B. 在一个项目实施的全过程中，应视具体情况对工作任务分工进行调整
    C. 项目职能分工表可用于项目管理，也可用于企业管理
    D. 项目各参与方应编制统一的工作任务分工表和管理职能分工表
    E. 编制任务分工表前，应对项目实施各阶段的具体管理工作进行细分解

25. 建设单位应组织设计单位进行设计交底，使施工单位（　　）。
    A. 充分理解设计意图　　　　　　　　B. 解决各专业设计之间可能存在的予盾
    C. 了解设计内容和技术要求　　　　　D. 清除施工图上的差错
    E. 明确质量控制的重点与难点

二、案例分析

1. 华天集团公司承接了一家商业银行办公楼的施工任务，由于该工程所采用的设备极为先进，因此，经业主商业银行同意后，将设备安装工程分包给香港某设备安装公司。

问题：

（1）简述施工项目进度控制的程序。

（2）华天集团公司作为总包单位，应编制何种进度计划？其编制的依据和内容是什么？

（3）香港某设备安装公司作为分包单位，应编制何种施工进度计划？其编制的依据和内容是什么？

（4）若设备的进场能够满足施工的正常进行，则设备的运输过程是否需要列入进度计划？原因是什么？

2. 某民营建筑公司承接了一项工程施工任务，该工程建筑面积为 36800m²，建筑高度为 110m，建筑结构为 36 层全现浇框架-剪力墙结构，地下两层；抗震设防烈度为 8 度。开工前施工单位按要求编制了施工质量计划，明确了该工程的质量目标为"省优质工程"，并经甲方同意，将室内装饰工程分包给某装饰工程公司，工程工期为一年。在施工过程中，由于工期紧迫，施工单位又具有丰富的施工经验，因此在有些非重要部位的钢筋绑扎完后，施工单位进行自检，未经监理单位检查即进行了混凝土浇筑，并且未出现任何质量问题，结构顺利完工。在室内装饰工程施工过程中，业主发现部分吊顶出现质量问题，拟追究建筑公司责任，但建筑公司认为某装饰工程公司是由业主同意后选择的，质量问题完全是由该装饰工程公司造成的，与建筑公司无关，建筑公司不应承担任何责任。

问题：

（1）施工项目质量计划的编制要求有哪些？

（2）为了实现质量目标，施工单位应坚持的质量控制方针和基本程序是什么？

（3）施工单位实施钢筋绑扎完毕，未经监理单位检查即浇筑混凝土的做法是否正确？请说明理由。

（4）对上述装饰工程公司出现的质量问题，作为总包单位的建筑公司是否承担责任？为什么？

3．某建筑装饰公司承担了某教学楼的装饰工程施工任务，在装饰工程施工过程中，C 建筑装饰公司根据施工进度，以无法在合同约定的工期内完成装饰工程施工任务为由，对已经审核的建筑装饰质量计划进行较大修改，降低了装饰工程质量等级目标，并指导现场装饰工程施工。

问题：

（1）某建筑装饰公司的做法是否妥当？请说明理由。

（2）简述建筑装饰工程质量计划的实施要求。

4．某新建住宅工程，建筑面积为 22000 m²，地下 1 层，地上 16 层，框架-剪力墙结构，抗震设防烈度为 7 度。施工单位项目部在施工前，由项目技术员责人组织编写了项目质量计划书，报请施工单位质量管理部门审批后实施。质量计划要求项目部施工过程中建立包括使用机具和设备管理记录设计图样、设计变更收发记录，检查和整改复查记录，质量管理文件及其他记录等质量管理记录制度。

层面防水层选用 2mm 厚的改性沥青防水卷材，铺贴顺序和方向按照平行于屋脊、上下层不得相互垂直等要求，采用热黏法施工。

项目部在对卫生间装修工程电气分部工程进行专项检查时发现，施工人员将卫生间内安装的金属管道、浴缸、沐浴器、暖气片等导体与等电位端子进行了连接，局部等电位联接排与各连接点使用截面积为 2.5m 的黄色标单根铜芯导线进行串联。对此，监理工程师提出了整改要求。

问题：

（1）指出项目质量计划书编、审、批和确认手续的不妥之处。质量计划应用中，施工单位应建立的质量管理记录还有哪些？

（2）指出填充墙与主体结构连接施工要求中的不妥之处，并写出正确做法。

（3）屋面防水卷材铺贴方法还有哪些？屋面卷材防水铺贴顺序和方向要求还有哪些？

（4）改正卫生间等电位连接中的错误做法。

三、思考题

1．什么是室内装饰工程项目管理？具体任务有哪些？

2．什么是室内装饰工程进度计划？怎样编制室内装饰工程进度计划？

3．影响室内装饰工程进度管理的因素有哪些？包括哪些原理？

4．室内装饰工程质量有哪些特性？

5．什么是室内装饰工程技术管理？包括哪些内容？

6．室内装饰工程施工现场技术管理有哪些内容？

7. 室内装饰工程施工单位的技术管理包括哪些措施？

8. 什么是全面质量管理？全面质量管理的基本观点有哪些？

9. 室内装饰工程的质量管理包括哪些内容？

10. 影响室内装饰工程质量管理的因素有哪些？

11. 什么是施工项目成本管理？

12. 施工项目成本管理有什么重大意义？

13. 如何进行室内装饰工程施工阶段的成本管理？

14. 降低施工项目成本的途径有哪些？

第3章

室内装饰工程造价管理

教学目标

本章主要介绍我国室内装饰工程造价的发展，以及室内装饰工程项目在不同阶段的工程造价管理方法与内容。通过本章的学习，使读者对工程造价管理的基本定义有初步的了解，熟悉室内装饰工程项目在各个不同阶段的造价管理方法和内容，为学习室内装饰工程概预算奠定基础。

教学要求

知识要点	能力要求	相关知识
室内装饰工程造价管理概述	（1）了解室内装饰造价管理的定义 （2）了解我国室内装饰工程造价管理的发展概况	工程造价、全面造价管理
室内装饰工程造价管理内容	（1）掌握设计阶段的造价管理 （2）掌握施工阶段的造价管理	工程变更、工程索赔、工程预付款

基本概念

工程造价、全面造价管理、生存周期造价管理、工程变更、工程索赔、索赔价款、工程预付款

引例

在第 2 章，我们学习了室内装饰工程项目管理的基本内容，了解了室内装饰工程成本构成及工程生存周期内的成本管理基本内容。工程成本与工程造价的关系如何？工程造价包含哪些内容？如何进行工程造价管理？这就是本章节要介绍的重点。

学习本章前，请回答下面 3 个问题：

1. 在施工招标中，标底的内容应是（　　　）。

  A．成本、利润和税金   B．成本

  C．成本和利润   D．直接费和间接费

2. 某建设项目的业主与施工单位签订了可调价格合同。合同中约定：主导施工机械一台，为施工单位自有设备，机械台班单价为 800 元/台班，折旧费为 100 元/台班，人工日工资单价为 40 元/工日，窝工工费为 10 元/工日。在合同履行过程，因场外停电造成全场停工 2 天，造成人员窝工 20 个工日；又因业主指令增加一项新工作，完成该工作需要 5 天时间、施工机械 5 台班、人工 20 个工日，材料费为 5000 元，则施工单位可向业主提出直接费补偿，金额为（　　　）元。

   A．10600 B．10200 C．11600   D．12200

3. 某包工包料工程合同金额为 3000 万元，则预付款最低金额为（　　　）元。

   A．150 万 B．300 万 C．450 万   D．900 万

  室内装饰工程造价管理是直接影响单位工程后期投入资金量的重要因素。随着人们物质文化生活水平的提高，室内装饰工程标准日趋高档化，室内装饰作为一个独立实体在建筑市场占有重要位置。由于新工艺和新材料不断涌现，室内装饰工程的造价占工程建设总造价的比例越来越大，造价的合理与否对业主的影响也越来越大。同时，室内装饰工程造价管理正处在一个发展初期阶段，室内装饰工程造价中存在一些不合理因素，造成了室内装饰市场不规范，从而在一定程度上制约了建筑装饰工程的发展。本章主要介绍室内装饰工程造价规范管理。

3.1　室内装饰工程造价管理概述

3.1.1　工程造价管理的基本定义和基本内容

1. 工程造价

  工程造价的全称是工程的建造价格，是指为完成一个工程的建设，预期或实际所需的全部费用的总和，包括建筑安装工程费、设备器具购置费、工程建设其他费用、预备费及按规定列入工程造价的建设期贷款利息等。在工程项目的不同阶段，工程造价具体体现为投资估算、概算、预算、决算。下面分别从业主和承包人的角度，解释工程造价的定义。

  从业主（投资者）的角度看，工程造价就是建设项目的固定资产投资，即工程的建设成本——为建设一项工程预期支付或实际支付的全部固定资产投资费用。这些费用主要包括设备器具购置费、建筑工程及安装工程费、工程建设其他费用、预备费、建设期利息。尽管这些费用在建设项目的竣工决算中，按照新的财务制度和企业会计准则核算新增资产价值时，并没有全部形成新增固定资产价值，但这些费用是完成固定资产建设所必需的。

从承包人（施工单位）的角度看，工程造价即工程价格，是指为建成一项工程，预计或实际在土地、设备、技术劳务及承包等市场上，通过招投标等交易方式形成的工程的价格或建设工程总价。在这里，招投标的标的可以是一个建设项目，也可以是一个单项工程，还可以是整个建设工程中的某个阶段，如建设项目的可行性研究、建设项目的设计及建设项目的施工阶段等。

此外，对投资者而言，工程造价是在市场经济条件下，"购买"项目要付出的"货款"，工程造价就是建设项目投资。对设计咨询机构、供应商、承包人而言，工程造价是他们出售劳务和商品的价值总和，是工程的承包价格。

工程造价的以上两种定义既有联系也有区别，两者的区别表现在以下 3 个方面。

（1）两者对合理性的要求不同。工程投资的合理性主要取决于决策的正确与否，建设标准是否适用，设计方案是否优化，而不取决于投资额的高低。工程价格的合理性在于价格是否反映价值，是否符合价格形成机制的要求，是否具有合理的利税率。

（2）两者形成的机制不同。工程投资形成的基础是项目决策、工程设计、设备材料的选购、工程的施工及设备的安装，最后形成工程投资。工程价格形成的基础是价值，同时受价值规律、供求规律的支配和影响。

（3）存在的问题不同。工程投资存在的问题主要是决策失误、重复建设、建设标准脱离实情等，工程价格存在的问题主要是价格偏离价值。

2. 工程造价管理

与工程造价相对应，工程造价管理也有两种含义：一是建设工程投资管理；二是工程价格管理。

这两种含义是不同的利益主体从不同的利益角度管理同一事物，但由于利益主体不同，建设工程投资管理与工程价格管理有着显著的区别。

（1）管理范畴不同。工程投资管理属于投资管理的范围，而工程价格管理属于价格管理的范畴。

（2）管理目的不同。工程投资管理的目的是提高投资效益，在决策正确、保证质量与工期的前提下，通过一系列的工程管理手段和方法使其不超过预期的投资额，甚至降低投资额。工程价格管理的目的是使工程价格能够反映价值与供求规律，以保证合同双方合理合法的经济利益。

（3）管理范围不同。工程投资管理贯穿项目决策、工程设计、项目招投标、施工过程、竣工验收全过程。由于投资主体不同、资金的来源不同，因此涉及的单位也不同。对承包人而言，由于承发包的标的不同，因此，工程价格管理可能是从决策到竣工验收的全过程管理，也可能是其中某个阶段的管理。在工程价格管理中，不论投资主体是谁、资金来源如何，主要涉及工程承发包双方之间的关系。

3. 全面造价管理

按照国际全面造价管理促进会给出的定义，全面造价管理（Total Cost Management，TCM）就是有效地使用专业知识和专门技术去计划和控制资源、造价、盈利和风险。建设工程全面造价管理包括生存周期造价管理、全过程造价管理、全要素造价管理和全方位造价管理。

1）生存周期造价管理

室内装饰工程生存周期造价是指建设工程初始建造成本和建成后的日常使用成本之和，它包括建设准备期、建设期、使用期及拆除期各个阶段的成本。

2）全过程造价管理

室内装饰工程全过程是指建设工程前期决策、设计、招投标、施工、竣工验收等各个阶段。全过程造价管理覆盖建设工程前期决策及实施的各个阶段，包括前期决策阶段的项目策划、投资估算、项目经济评价、项目融资方案分析，设计阶段的限额设计、方案比选、概预算编制，招投标阶段的标段划分、承发包模式及合同形式的选择、标底编制，施工阶段的工程计量与结算、工程变更控制、索赔管理，竣工验收阶段的竣工结算与决算等。

3）全要素造价管理

室内装饰工程造价管理不能简单针对工程造价谈造价管理，因为除了工程造价，工期、质量、安全及环境等因素均会对工程造价产生影响。控制建设工程造价不仅仅是控制建设工程的成本，还应同时考虑工期成本、质量成本、安全与环境成本的控制，从而实现工程造价、工期、质量、安全、环境的集成管理。

4）全方位造价管理

室内装饰工程造价管理不仅仅是业主或施工单位的任务，更是政府建设行政主管部门、行业协会、业主、设计单位、施工单位及有关咨询机构的共同任务。尽管各方的地位、利益、管理角度等有所不同，但必须建立完善的协同工作机制，才能实现建设工程造价的有效控制。

4. 工程造价管理的基本内容

工程造价管理的基本内容就是准确地计价和有效地控制造价。在工程项目建设的各阶段中，准确地计价就是客观真实地反映工程项目的价值量；有效地控制则是围绕预定的造价目标，对造价形成过程的一切费用进行计算、监控，出现偏差时，要分析偏差的原因并采取相应的措施进行纠正，保证工程造价控制目标的实现。

1）工程造价的合理确定

在项目建设的各个阶段，能够比较准确地计算出项目的投资估算、概算造价、预算造价，合理地确定承包合同总价，通过严格的计算，合理地确定结算价、准确核算竣工决算价。具体工作如下。

（1）在项目建议书阶段，在通过投资机会分析把投资构想以书面形式表达的过程中，计算出拟建项目的预期投资额（政府投资项目需经过有关部门的审批），作为投资的建议呈报给决策人。

（2）在可行性研究报告阶段，随着工作的深入，需要编制出精度不同的投资估算，作为该项目投资与否及立项后设计阶段工程造价的控制依据。

（3）在初步设计阶段，按照有关规定编制的初步设计概算，是施工图设计阶段的工程造价控制目标。政府投资项目需经过有关部门的严格审批后，作为拟建项目工程造价的最高限额。在这一阶段进行招投标的项目，设计概算也是编制标底的依据。

（4）在施工图设计阶段，按照有关规定编制的施工图预算是编制施工招标标底和评标的依据之一。

（5）在工程的实施阶段，以招投标等方式合理确定的承包合同总价就是这一阶段工程造价控制的目标。在工程的实施过程中，根据不同的合同条件，可以对工程结算价格进行合理的调整。

（6）在竣工验收阶段，全面汇集在工程建设过程中实际花费的全部费用，编制竣工决算并与设计概算相比较，分析项目的投资效果。

2）工程造价的有效控制

在决策正确的前提下，通过对建设方案、设计方案、施工方案的优化，采用相应的管理手段、方法和措施，把项目建设各个阶段的工程造价控制在合理的范围和造价限额以内。

3）工程造价管理的组织

工程造价管理组织有 3 个系统：政府行政管理系统、企业单位管理系统和行业协会管理系统。

5．工程造价管理的原则

有效的室内装饰工程造价管理应遵循以下 3 项原则。

1）设计阶段的全程重点控制原则

室内装饰工程建设分为多个阶段，其造价控制也应从项目建议书阶段开始到竣工验收为止的全过程。具体地说，要用投资估算价，控制设计方案的选择和初步设计概算造价；用概算造价，控制技术设计和修正概算造价；用概算造价或修正概算造价，控制施工图设计和预算造价。投资决策一经做出，设计阶段就成为工程造价控制的最重要阶段。设计阶段对工程造价的高低具有能动的、决定性的影响。设计方案确定后，工程造价的高低也就确定了。也就是说，室内装饰工程造价控制的重点在前期。因此，以设计阶段为重点的造价控制才能积极、主动、有效地控制整个建设项目的投资。

2）动态控制原则

室内装饰工程造价本身具有动态性。任何一个工程从决策到竣工交付使用，都有一个较长的建设周期。在此期间，影响室内装饰工程造价的许多因素都会发生变化，使其在整个建设期内是动态的。因此，要不断地调整工程造价的控制目标及工程结算款，才能有效地控制该工程造价。

3）技术与经济相结合的原则

若要有效控制室内装饰工程造价，可以采用组织、技术、经济、合同等多种措施，其中技术与经济相结合是有效控制室内装饰工程造价的最有效手段。以往，在我国的工程建设领域，存在技术与经济相分离的现象，技术人员和财务管理人员往往只注重各自职责范围内的工作。例如，技术人员只关心技术问题，不考虑如何降低工程造价；财务管理人员只单纯地从财务角度审核费用开支，不了解项目建设中各种技术指标与造价的关系，从而使技术和经济这两个原本密切相关的方面对立起来。因此，若要提高工程造价控制水平，需要在工程建设过程中把技术与经济有机结合起来，通过技术比较、经济分析和效果评价，正确处理技术的先进性与经济的合理性两者之间的关系，力求在技术先进且适用的前提下使建设项目的造价合理，在经济合理的条件下保证建设项目的技术先进且适用。

3.1.2　我国工程造价管理发展概况

1．内地工程造价管理现状

在当前庞大的建筑市场，特别是在占投资比重较大的建筑装饰工程中，若对工程造价缺乏全面的、系统的、全过程的控制和管理，将导致建设资金有形或无形的浪费（流失）。因此，在新形势下建立和健全建筑装饰工程的标准定额和造价管理是十分必要的。

1）室内装饰工程市场的状况

室内装饰工程是一项投资大、施工工艺复杂的工程，相对于建筑安装工程来讲，室内装饰工程造价的确定和管理更加困难。

（1）室内装饰工程行业不规范。目前，室内装饰标准的档次越来越高，格调不断翻新。但是，由于某些设计者专业素质的缺陷和综合审美能力的欠缺，在设计时单纯从建筑物的艺术审美观与装饰效果来考虑，忽略了建筑主体的耐久性、实用性和安全性需求，甚至一些装饰工程一意追求审美效果，出现装饰设计改动主体设计的现象。这不仅会造成装修工程中资金的浪费，而且会给建筑物留下了安全隐患。此外，还有相当一部分装饰工程在开工前没有完整的施工图，有的工程只有一份示意图。就目前情况看，不少地市不论是部委一级的甲级设计院，还是地方一级的设计院或小型设计室，往往只出一张效果图，很少提供完整的施工图，甚至有的业主根本就没有施工图，让承包人"干着看、完了算"，给承包人留下了可乘之机，结算时瞒天过海，乱要价。至于承包人自己设计、自己施工的一体化企业弊端更多。例如，某单位新建一栋 2000m² 的办公楼，其室内装饰工程造价在开工前由甲乙双方商定 40 万元，结果在完工结算时，乙方结算报价近 160 万元，超过原定价的近 3 倍。经过甲乙双方拉锯式的讨价还价，最后以超过原定价近两倍的价格达成协议。可见，室内装饰工程造价管理跟不上，结果必然是质量差、造价高。

（2）装饰材料品种繁多、市场价混乱。随着我国市场经济的发展，装饰材料五花八门。从产地看，有国产的，也有进口的，价格悬殊，质量参差不齐，一般材料管理人员难以识别。对不了解行情的业主来说，价格由承包人说了算。还有一些厂家在某些材料品种的规格和厚度上做文章，如钢筋直径不规范，钢管、铸铁管、铝合金等的厚度薄得不能再薄，使一些材料的市场价低于预算价格。对差价部分承包人在预算或结算中却不做相应调整或只微量调整，从中渔利，结果不仅加大了工程造价，使建设资金大量流失，更主要的是给工程质量带来安全隐患。

（3）装饰定额有缺项，装饰工程计价依据不规范。装饰工程千差万别、设计多种多样，因而装饰材料市场提供的品种也多，加之装饰工程施工共性较差，导致现有装饰定额缺项较多。一些施工单位在编制装饰工程预算时，不按照预算定额及费用标准编制造价，对缺项子目自主定价，报价随行就市。在结算时编制一堆流水账式的材料单、用工表，向业主讨价还价，对不懂行情的业主能蒙就蒙、能骗就骗，使承包人毫不费力地钻空子。

2）当前室内装饰工程造价计量存在的问题

（1）工程造价计量依据与计量方法的不合理和不完善。由于现行的建筑装饰工程造价计量定额采用的是量价合一的模式，工程定额是按社会平均劳动成本原则制定的，其最大弊端就是不能灵敏地反映社会劳动生产率和市场的供求关系，偏离了价值规律，不利于市场竞争机制的形成。再加上建筑装饰工程的分部分项工程复杂多样，定额中有限的子目难以满足众多建筑装饰工程造价计量的需要。

（2）相关配套法规与建筑装饰工程造价计量不配套。作为工程造价计量系统的一个组成部分，建筑装饰工程造价计量不是一个独立、封闭的系统，它与土建、安装、市政、园林、修缮等工程的计量依据和方法等组成一个有机的工程造价计量系统，而整个工程造价计量系统需要招投标、施工建设、中介机构及从业人员管理等建设领域的法规相配套和支持才能有效地运转。与建筑装饰工程相关联的其他工程造价计量系统和相关配套法规的不完善及不配套，造成与现行建筑装饰工程造价计量的不适应。

（3）与目前室内装饰工程造价计量形式发展不适应。由于定额具有法定性，施工单位无法进行自主报价，他们之间的竞争只不过是互相压低企业管理费用，不但失去了投标报价的真实意义，而且不能反映企业经营管理的真实水平和市场的供求关系。此种情况既不适应我国市场经济发展的需要，也不符合国际竞争的需要。

（4）与室内装饰工程特点不吻合。由于建筑装饰工程具有结构形式复杂、质量标准要求高、形式需求新颖、材料多样多变、施工工艺和方法灵活等特点，现行的工程造价计量标准（如定额、单位估价表、有关取费标准等）的针对性差，科学性、准确性、及时性严重滞后，与建筑装饰工程特点不适应。

3）室内装饰工程造价管理的主要问题

（1）工程造价的随意性较大，使造价的控制得不到保证。从投资渠道来看，室内装饰工程的投资来源多为企业、事业单位或个人自筹资金，是为了改善经营环境和条件、树立企业形象、提高企业知名度而进行的房屋投资。此类投资计划大都游离于新建项目投资之外，国家对其往往失去监督和控制，投资额一般由企业或个人自主决定，随意性比较大。从设计单位来看，有些设计单位对装饰工程的设计比较粗糙，设计时一般只出装饰效果图，简单地标明材料和颜色，而没有详细的施工图，达不到按图施工的要求。从业主情况来看，有的业主不找设计单位设计施工图，而由施工单位根据施工经验，边设计边施工，达到什么效果，算什么效果。设计、施工的标准和工程造价全由施工单位说了算，使工程质量和造价的控制都得不到有效的保证。

（2）业主随意压价的现象比较普遍，使工程质量难以保证。从目前的装饰市场上来看，业主随意压价的现象比较普遍。装饰材料品种多、规格多、品牌多、价格差异大，导致装饰工程造价相差很大。加上装饰市场管理不够规范，曾出现过装饰工程利润过高的现象。业主对此也有所了解，因此在未对装饰内容、材料、质量进行审验前，就把施工单位的报价压低。这种做法虽然将工程造价压低了，但是，如果超过了施工单位的期望值，往往会造成施工单位在材料上以次充好，施工时偷工减料，工程质量得不到保证。

（3）工程造价的编制不够规范，导致装饰工程纠纷增多。有些施工单位特别是一些规模较小的承包人，在编制工程造价时，不是依据装饰工程预算定额，按照实际工程量计算工程造价，而是估计工程量，把市场上材料价格连同工时费及自己估计的利润加起来作为工程的报价。有的施工单位列出自己实耗的各种材料和人工费清单，据此向业主进行结算，达不到理想的利润值就进行讨价还价，随意性很大；有的施工单位虽然按照预算定额进行编制，但也不够规范，高估冒算、自编定额的现象比较突出，由此引发的装饰工程纠纷也很多。

（4）室内装饰工程造价管理行为不规范。

① 工程造价非法竞争。有的施工单位高抬工程造价以图回扣搞私分，或者先压低造价再追加工程费用；有的施工单位非法垫资争施工，拼命降价争工程，然后以次充好、偷工减料，搅乱了室内装饰工程市场的正常秩序。

② 室内装饰工程远离监督管理。室内装饰工程存在漫天要价、私下交易的现象，造成工程质量得不到保障，存在安全隐患。

③ 设计深度不足，建筑装饰设计与现场环境协调性差。设计节点不足，工程尺寸不明确，设计材料实物效果与设计渲染视图效果差距大，导致变更次数增加，造成预算失控。

④ 不认真贯彻执行相关政策法规。对国家和地方的相关政策断章取义，各取所需，导致装

修造价失真。

⑤ 定额滞后。由于装饰工程所用的新材料、新工艺层出不穷，与之相关的各种定额容易出现滞后现象。此外，由于室内装饰材料价格差异较大，而价格的指导信息不健全，导致编制工程预算时漏洞多，容易引起甲乙双方扯皮。

（5）业主对投资控制的认识不足。在室内装饰工程项目监理制的推行过程中，工程造价全过程控制推广不足，计划经济体制下形成的思维定式和管理模式依然存在，多数业主对工程没有实施全过程投资控制，而是习惯在工程竣工后委托审计部门进行审查决算，在认识上存在误区。现代室内装饰工程工种多，工艺材料复杂，专业分工越来越细，专业与非专业人员对造价的控制力度也不同，节约资金的机会与投资量成反比，全过程投资控制从工程初始阶段就进入动态管理，使室内装饰工程的投资最大化。

（6）与建筑工程造价管理不适应、不衔接。建筑工程预算定额中的装饰项目少，而且能灵活应用的项目也不多。建筑装饰材料的市场价与定额基价差异大，造成造价编制不准确，编制过程中人为因素过多。招标人借市场竞争激烈之由，迫使施工单位垫资，容易诱发偷工减料行为和质量安全事故发生。

（7）缺乏高素质的室内装饰专业人员。内地的室内装饰工程施工单位成立时间短，相当数量的从业人员的专业知识不足，计价行为不规范，职业道德意识不强、素质低，在执行公正性与遵守国家法规等方面，责任心不强。此外，施工单位对上岗人员的培训流于形式。以上这些因素都会导致室内装饰工程造价不完善，政府、业主及施工单位三方应共同努力改善这种状况。

4）室内装饰工程造价控制过程存在问题的原因

（1）装饰市场不够规范，质量验收标准出台较迟。造成室内装饰工程造价难以控制的主要原因是目前的装饰市场不够规范，从室内装饰工程的设计、施工到结算，没有形成严格的管理制度。对建筑、安装工程，国家都有一整套的政策和制度，制约着设计单位和施工单位的行为。装饰工程起步较晚，但发展较快，虽然国家已于 2018 年出台了《建筑装饰装修工程质量验收标准》（GB 50210—2018），但从业人员对规范的执行仍相对滞后。

室内装饰工程自身的特点也使其造价的控制难度较大。室内装饰工程经济寿命相对较短，更新换代比较频繁；新材料、新工艺不断涌现，装饰工程内容繁多，艺术性强，施工工艺复杂多变，给装饰工程定额的编制带来了一定的困难。市场上各种建筑材料质量参差不齐、价格变化无常，也给工程造价的控制带来了一定的困难。

（2）业主缺乏室内装饰工程的管理经验，应对措施不当。由于大多数业主缺乏装饰基本知识，缺乏室内装饰工程的管理经验，一切听从承包人的摆布，故往往造成造价失控现象。又由于室内装饰工程一般缺少正规的施工图，采用何种材料和做法，业主对此往往没有一定的要求。即使产生某种设想，对工程的造价也是心中无数，常常听从承包人的摆布。也有个别建设单位工程负责人与施工单位串通一气，不认真负责，随意签证，指定供应建筑材料等，造成工程造价偏高、大大超出预算。

（3）室内装饰工程定额不够完善，使用不够方便。一般土建、安装工程都有较为详细的结构构造标准做法或图集、施工规范和质量验收标准，确定工程造价所依据的定额也比较齐全，而有关装饰工程的设计、施工等方面的法规较少或不够齐全，各种构件构造做法也不够详细，使其造价和质量的控制缺少相关依据。目前，室内装饰工程没有单独配套的工程定额，虽然可以套用土建工程定额，可按单独装饰工程计费的费率，但土建工程定额里的高级装饰项目很少，很难满足当前室内装饰工程的需要。承包人承包高级室内装饰工程后，遇到特殊工艺时往往按照自己的理解来施工，施工完后结算套不上定额时，就会调整定额，或按《建筑装饰工程参考定额与报价》和《房屋建筑与装饰工程消耗量定额》进行补充，但费率的计取只能是建筑单位与施工单位协商，没有统一的标准，就出现造价不一致的结果。因此，定额不够完善也是造价难以控制的原因之一。

2. 香港特别行政区工程造价管理概况

香港特别行政区仍沿袭英联邦的工程造价管理方式，其做法也较为成功，现将该地区的工程造价管理归纳如下。

1）香港特别行政区政府间接调控

在香港特别行政区，建设项目分为政府工程和私人工程两类。政府工程由政府专业部门以类似业主的身份组织实施，统一管理，统一建设。对占工程总量大约 70%的私人工程的具体实施过程，采取"不干预"政策。香港特别行政区政府对工程造价的间接调控主要表现在以下 3 个方面。

（1）建立完善的法律体系，以此制约建筑市场主体的价格行为。香港特别行政区目前制定有 100 多项有关城市规划、建设与管理的法规，如《建筑条例》《香港建筑管理法规》《标准合同》《招标文件范本》等。一项建筑工程从设计、征地、筹资、标底制定、招标，到施工结算、竣工验收、管理维修等环节，都有具体的法规制度可以遵循，香港特别行政区政府各部门依法照章办事，防止办事人员的随意性，因而相互推诿、扯皮的事很少发生。业主、建筑师、工程师、测量师的责任在法律中都有明确规定，违法者将负民事、刑事责任。健全的法规和严密的机构，为该地区建筑业的发展提供了有力保障。

（2）制定与发布各种工程造价信息，对私营建筑业施加间接影响。香港特别行政区政府有关部门制定的各种应用于公共工程计价与结算的造价指数以及其他信息，虽然对私营工程的业主与承包人不存在行政上的约束力，但由于这些信息在建筑业具有较高的权威性和广泛的代表性，因而能被业主与承包人共同接受，实际上起到了指导价格的作用。

（3）香港特别行政区政府与测量师学会及各测量师保持密切联系，间接影响测量师的估价。在香港地区，测量师受雇于业主，他们是进行工程造价管理的主要力量。香港特别行政区政府在对其进行行政监督时，主要通过测量师学会的作用，如进行操守评定、资历与业绩考核等，以达到间接控制的目的。这种学会历来与政府有着密切关系，它们在保护行业利益与推行政府决策方面的重要作用体现了政府与行业之间的对话效果，搭建了政府与行业之间的桥梁。

2）动态估价，市场定价

在香港特别行政区，无论是政府工程还是私人工程均被视为商品，在工程招投标报价中一般都采取自由竞争方式，按市场经济规律进行动态估价。香港特别行政区政府和咨询机构虽然也有一些投资估算和概算指标，但只作为定价时参考，并没有统一的定额和消耗指标。香港地区的工程造价并非无章可循，《香港工程量清单计算规则（SMM7）》和 *Architectural Builder's Works and Finishes Standard Method of Measurement*（ABWF）是该地区建筑工程的工程量计算法规。该法规统一了全香港地区的工程量计算规则和工程项目划分标准，无论是政府工程还是私人工程都必须严格遵守。

在香港特别行政区，对工程估价业主一般委托工料测量师行来完成。测量师行大体上按比较法和系数法进行估价，经过长期的估价实践，他们都拥有极为丰富的工程造价实例资料，甚至建立了工程估价数据库。承包人在投标时的一般要凭自己的经验进行估价，他们往往把投标工程分为若干分部工程，根据本企业定额计算出所需人工、材料、施工机具等的消耗量。其中，人工单价主要根据报价确定，材料单价主要根据各材料供应商的报价确定，承包人根据建筑装饰市场的供求情况随行就市，自行确定企业管理费的费率，最后做出能体现当时当地实际价格的工程报价。总之，工程任何一方的估价，都是以市场状况为重要依据，是完全意义上的动态估价。

3）咨询服务业发育健全

伴随着建筑工程规模的日趋扩大和建筑生产的高度专业化，香港地区的各类社会咨询服务机构迅速发展起来。他们承担着各个建设项目的管理和服务工作，是政府摆脱对微观经济活动直接控制和参与的保证，是承发包双方的顾问和代言人。

在这些社会咨询服务机构中，工料测量师行是直接参与工程造价管理的咨询部门。从20世纪60年代开始，香港地区的工程建设造价师已从以往的编制工程概预算、按施工完成的实物工程量编制竣工结算和竣工决算，发展成为对工程建筑全过程进行成本控制；造价师从以往的服务于建筑师、工程师的被动地位，发展到与建筑师和工程师并列，相互制约、相互影响的主动地位，在工程建设的过程中发挥出积极作用。

4）多渠道的工程造价信息发布体系

在香港地区，能否及时、准确地捕捉建筑装饰材料的市场价信息是业主和承包人保持竞争优势和取得盈利的关键，是建筑产品估价和结算的重要依据。

工程造价信息的发布往往采取工程造价指数的形式。按照指数内涵划分，香港地区发布的主要工程造价指数可分为三类，即投入品价格指数、成本指数和价格指数，分别依据投入品价格、建造成本和建造价格的变化趋势编制而成。在香港地区建筑工程诸多投入品中，劳动工资和材料价格是经常变动的因素，因而有必要定期发布指数信息，供估算及价格调整之用。建造成本（Construction Cost）是指承包人为建造一项工程所付出的代价，建造价格（Construction Price）是指承包人为业主建造一项工程所收取的费用，扣除建造成本，还包括承包人赚取的利润。

3. 我国室内装饰工程造价管理的措施

1）科学合理地划分土建工程项目与室内装饰工程项目的施工界线

加强装饰工程造价管理的首要问题是，科学合理地划分土建工程项目与室内装饰工程项目的施工界线。室内传统的土建工程项目施工与室内装饰工程项目施工是融为一体的，即在一个单位工程中，土建工程项目与室内装饰工程项目是由一个施工单位承担的。随着时代的发展和技术的进步，人们对装饰工艺的要求不断提高，新型的装饰工艺层出不穷，客观上形成了一个新兴的装饰行业。而土建工程项目与室内装饰工程在施工过程中存在工序的衔接和接口问题，如果施工界线划分不清，易出现土建工程项目与室内装饰工程项目交叉和重复施工。例如，普通抹灰中的白灰砂浆、水泥砂浆抹面层，以及装饰抹灰中的水刷石、水磨石、干黏石等，从项目划分和传统的施工方法来看，均属室内装饰工程项目，但在实际施工过程中，这些项目绝大部分由土建单位施工，装饰工程施工单位不承担或承担不了。又如，对墙柱面贴瓷砖、楼地面铺贴大理石/花岗岩等装饰项目，土建施工单位和装饰工程施工单位都可以承担，但存在一个交叉口，特别是门的安装。当土建施工单位将门安装后，装饰工程施工单位又要做门套、包门扇，将原有的门全部拆除，重新制作等，造成不必要的浪费。因此，科学合理地划分土建工程项目与室内装饰工程项目的施工界线，是加强室内装饰工程造价管理的首要问题。

2）统一规划土建设计与室内装饰设计

在施工图设计阶段，土建设计应与室内装饰设计密切结合，同时进行。但在实际施工过程中，土建设计往往不能涵盖装饰项目，一般在土建及安装工程将要完工时，才进行室内装饰设计，单独进行装饰工程施工。这样会造成重复投资、浪费资金等问题。因此，对两者统一设计规划，有利于工程造价管理。

室内装饰设计技术性很强，是一种专业技术。因此，建设行政主管部门应明确室内装饰工程造价在多少万元以上的项目，必须应由具有相应资质的设计单位提供完整的施工图，如构造图、细部图、效果图，并积极支持设计单位编制"装饰工程标准图集"，从而杜绝不规范设计行为。对有装饰工程的建设项目，在主体工程设计的同时装饰设计部门就要介入，并与土建设计相结合，统筹协调，解决土建、安装、装饰设计部门各管各、互不衔接的问题，避免造成返工和重复投资现象，规范室内装饰工程市场行为，为室内装饰工程的设计、施工和造价管理创造条件。

3）抓住关键环节，严格合同管理

对工程造价较高的室内装饰工程项目，应着重抓好工程发包这一环节，严格按照《建设工程施工合同（示范文本）》签订施工合同。对符合招投标条件的室内装饰工程项目，尽可能实行公开招标，这是做好室内装饰工程造价管理的关键一步，是控制工程造价和抵制不正之风的有效手段。室内装饰工程复杂多变的特点，要求我们在签订承发包合同时尽可能详细，对工程造价、施工工期、工程质量、结算方式等都要明确说明，特别要严格规定设计变更和有关责任及索赔条款。对设计比较详细、内容清楚的室内装饰工程项目，可计算出确切的工程量，采用固定总价合同方式。对施工图不清楚或一时难以确定的室内装饰工程项目，可采用固定单价合同，同时应明确固定单价对应的施工工艺、主要材料的详细情况等，以便在对施工过程进行监理核实以及审核结算时按实际情况调整单价。对工程所用特殊、贵重的材料，应在合同中加以规定，必要时可以采用指定的装饰材料或由甲方供材，以确保工程质量和控制工程造价。

认真签订和履行施工合同是保证室内装饰工程造价合理规范、确保施工质量的积极措施。签订合同时，一定要考虑周全，能在合同中约定的，要尽量约定。计价模式的选择、人工工资单价的确定、施工范围的划分是合同的主要内容，一定要在合同中明确这些内容。同时，还要注意一些看似无关紧要、实则最容易出现问题和漏洞的要素，如议价项目的确定、拆除及回收物品的处理、材料的采购供应程序、资金的支付方式等，也要充分考虑到，并尽量在合同中约定，避免在结算时出现扯皮和争议。

4）加强室内装饰工程预算定额管理，规范计价依据

预算定额是工程造价管理的重要组成部分。室内装饰工程预算定额是装饰分项工程一定计量单位工料机消耗量的数量标准，是确定与控制装饰产品的计价依据，应及时补充完善室内装饰工程预算定额子目，统一工程量计算规则，对定额缺项子目补充的定额及估价表，应建立严格的审批制度。在此基础上，加强定额管理，严格执行定额，不仅可以克服计量无规范、计价无标准，任何施工单位都可以说了算的弊端，而且有利于规范室内装饰工程造价管理。室内装饰工程除部分项目外，大部分饰面项目不受荷载和应力的约束，因此施工方法随意性很大，再加上装饰工艺、装饰材料发展变化较快，给装饰工程承包人带来了可乘之机，使他们在执行定

额过程中乱要价。加强定额管理应采取以下几点措施。

（1）加强缺项装饰工程预算定额的补充，各级工程建设标准定额站应积极搜集资料，协同室内装饰工程施工单位不断地补充缺项定额，通过实践后及时公布，充实和完善定额内容，减少工程结算纠纷。

（2）严格定额的质量要求，加大质检力度。定额是指在一定的生产技术和生产组织条件下，生产一定数量的合格产品所必需的工料机消耗量的数量标准。这就明确了使用定额规定的工艺标准和材料所生产的产品必须是合格的。因此，建设单位的监理工程师在施工过程中必须认真负责地加大质检力度，尤其对涉及环保、防火、防潮等隐蔽部分的检查更应一丝不苟。例如，对铝合金门窗型材的壁厚，定额规定其值为 1.2～1.4 mm，而实际使用的型材厚度却为 0.8～1.0mm，以薄充厚；对窗框与墙体固定的连接件，必须采用铁件，却用薄铝片代替；对墙、柱面装饰的基层板，以次充好，以薄充厚；对木材面，不刷防火涂料；面层的接槎不严密，纹理不顺，发生翘曲等；块料面层出现空鼓、缝隙不匀、纹理不顺等粗制滥造、偷工减料现象。对以上现象必须严格制止，以保证工程质量，体现室内装饰工程造价的合理性和投资的实际效果。

5）加强装饰材料价格的管理，规范计价依据

室内装饰工程时代感很强，表现为其所用新工艺、新材料不仅发展快，而且更新换代周期短，从材料的品种、规格、品牌到产地，名目繁多。一些新型装饰材料的物理性能、化学性能及材质的优劣很难判定，其产品说明书中又含有大量的广告色彩。有的装饰材料在质量上，以次充好，以假充真，造成市场混乱。

装饰材料材质的优劣、价格的悬殊，是人所共知的。为了规范计价依据，合理确定和控制室内装饰工程造价，各级工程建设标准定额站必须加强定价管理。对超越了指导价的材料及珍贵稀有材料，应报请各级工程建设标准定额站或工程造价管理部门审定，规范装饰材料的价格管理，维护定额在计价中的严肃性，以达到合理确定和有效控制室内装饰工程造价的目的。

6）完善装饰预算定额，建立室内装饰材料价格信息网络

应当按照施工图和设计变更等资料计算出室内装饰工程的实际工程量，以定额为依据，计算出该工程的实际造价。为了更好地发挥定额在控制工程造价方面的作用，更科学、准确地计算工程造价，定额管理部门要深入施工现场，搞好市场调查，编制新定额子目，完善不合理的装饰定额，尽可能扩大定额子目的综合范围，便于快速套价。建立室内装饰材料价格信息互联网，使建设单位、施工单位、预结算审核部门与装饰材料市场之间相互联系，增强装饰材料价格的透明度，材料价格管理部门应定期公布价格并把它作为装饰工程预结算编审时的材料最高限价。工程造价编审人员应加强自身的学习，完善业务知识结构和提高专业素质，提高应变能力，及时发现并纠正施工单位高估算、低价高套、重复列项、虚报签证、互相串通、营私舞弊等问题，堵塞工程资金流失的漏洞。

7）加强对设计阶段和施工阶段的管理与监督

室内装饰工程的造价一般较高，而其生存周期相对较短，这与室内装饰工程的设计因素有很大关系。若设计得好，则其生存周期相对较长，节约了工程造价，提高了资金利用效果；若设计不良，达不到业主的理想要求，即使花较少的钱，也是对资金的浪费。因此，在项目开始时，一定要把握好施工图设计这一关，尽量请资质较好的设计单位，绝不能一切听从施工单位，边设计边施工，那样很难控制工程造价。

在施工阶段，把握好施工质量关也是控制工程造价的有效手段。室内装饰工程所用材料品

种较多、价格较高，而且差别很大。对所用材料，业主应当进行有效控制。防止施工单位偷工减料、以次充好；对隐蔽工程，应做好施工现场记录，防止在竣工结算时互相扯皮，确保工程质量和降低工程造价。

加强施工过程管理是确保工程造价真实和保证质量的重要环节。施工过程管理的重点是隐蔽工程的验收要及时准确，记录要详细清楚，签证手续要完善，以防止施工单位利用隐蔽工程做手脚。对主要材料和大宗材料的采购，业主要主动参与，实施监督和控制。对设计变更要慎重，特别是对工程造价影响较大的变动更要权衡利弊。

8）政府应该加强室内装饰工程市场的宏观控制

造价管理部门应根据市场供求关系定期发布指导价、人工费单价、机械台班单价，让业主有据可依。建设单位在室内装饰工程中尽量不要采用价格昂贵的装饰材料，对非用不可且市场价比定额基价高出很多的材料，应经甲、乙双方议定后，报请各级工程建设标准定额管理机构审定，规范价格管理。

9）提高业主业务素质

有些业主由于专业知识缺乏、管理能力低，容易被室内装饰工程施工单位钻空子。为了更好地控制室内装饰工程造价，业主应当在业务上多下工夫，掌握造价及监理等多方面知识。必要时可聘请造价工程师等专业技术人员，充分利用他们业务精湛、经验丰富、了解市场行情及专业化社会化高等优势，在编制标的、审查合同、控制质量、审查结算等多方面为自己服务。

10）发挥管理部门的作用，做好审计监督工作

各级造价管理部门或协会应发挥积极作用，定期有目的地组织室内装饰工程预决算编审人员进行业务研讨，进行广泛的经验交流与沟通，探讨新材料、新工艺对室内装饰工程预决算造价的影响。

总之，加强室内装饰工程造价管理，不只是工程造价管理部门的事，需要全社会的参与、各方面的配合，控制其工程造价，做到经济合理，确保最佳的投资效益，使室内装饰工程造价管理与现行的建筑安装工程造价管理同步。

3.2 室内装饰工程各阶段的造价管理内容

3.2.1 室内装饰工程投资决策和设计阶段的造价管理

1. 室内装饰工程投资决策阶段的造价管理

室内装饰工程投资决策阶段是控制工程造价的重要阶段，根据工程的性质、功能、所处的位置、项目的经济效果、业主的经济承受能力等主要因素，详细论证该项目在技术上是否可行、是否经济合理。需要要邀请行业专家或造价咨询机构进行充分的论证，做出详细的论证报告。它的主要工作之一是编制建设项目投资估算并对不同的建设方案进行比较，为决策者提供决策依据。

室内装饰工程投资决策阶段所依据的各项技术经济决策，对拟建项目的工程造价有着重大影响。例如，装饰标准的确定、装饰工艺的选定、装修设备的选用等，直接决定工程造价的高低。在项目建设各个阶段，投资决策阶段对工程造价的影响最大，是决定工程造价的基础阶段，直接影响以后各个阶段工程造价管理的有效性与科学性。因此，在室内装饰工程投资决策阶段，

应加强以下对工程造价影响较大的因素管理，为有效控制工程造价管理打下基础。

1）装饰标准的确定

室内装饰工程的装饰标准要根据业主、市场、工艺技术、资源、资金、环境、管理水平、规模经济性等因素来确定。确定室内装饰工程的装饰标准时，主要考虑以下的制约因素。

（1）业主定位。室内装饰工程标准确定的首要因素是业主的定位和建筑的等级。例如，对星级酒店进行装修，首先考虑的是该酒店的星级标准，星级的高低确定了装修标准的高低；建筑等级的高低也影响着装修的标准。

（2）市场因素。市场因素是制约装饰标准的重要因素，拟建室内装饰工程项目的市场需求状况是确定项目投资标准的前提。因此，首先应根据市场调查和预测得出的有关产品市场信息，确定室内装饰工程项目建设标准。此外，还应考虑原材料、能源、人力资源、资金的市场供求状况，这些因素也对项目建设标准的选择起着不同程度的制约作用。

（3）工艺技术因素。室内装饰工艺技术影响着装修标准。先进的生产技术及技术装备是实现室内装饰工程项目预期事项的物质基础，而技术人员的管理水平则是实现项目预期经济效益的保证。若与生产相适应的工艺技术没有保障，或者获取工艺技术的成本过高，或者技术管理水平跟不上，则难以实现预期的装修标准。

（4）环境因素。室内装饰工程项目的建设、生产、经营离不开一定的自然环境和社会经济环境。在确定项目建设标准时，不仅要考虑可获得的自然环境条件，还要考虑产业政策、投资政策、技术经济政策等因素，以及国家、地区、行业制定的生产经济规模标准。

2）工艺技术方案的选择

工艺技术方案的选择标准主要满足先进性、适用性和经济合理的要求。

（1）先进性和适用性。先进性和适用性是评定工艺技术方案的最基本标准。工艺技术的先进性决定项目的市场竞争力，因此在选择工艺技术方案时，首先要满足工艺技术的先进性，但是不能只强调工艺技术的先进性而忽视其适用性。世界上最先进的工艺，往往因为对原材料的要求比较高、国内设备不配套或技术不容易掌握等原因而不适合我国的实际需要。因此，对拟采用的工艺技术应注重其实用性，要与我国的资源条件、经济发展水平和管理水平相适应，还应与项目建设规模、产品方案相适应。

（2）经济合理。经济合理是指所采用的工艺技术能以较低的成本获得较大的经济收益。不同的工艺技术方案的报价、原材料消耗量、能源消耗量、劳动力需要量和投资额等各不相同，产品质量和单位产品成本等也不同，因此应计算、分析、比较各个工艺技术方案的各项财务指标，选出技术可行、经济合理的方案。

2. 设计阶段的造价管理

设计质量对室内装饰工程造价具有直接的影响。实践证明，设计质量对投资的影响程度为75%～95%。设计阶段是控制装饰工程造价的重点阶段，对室内装饰工程造价的影响也最大。加强设计阶段的造价管理，需要从以下5个方面着手。

1）提高设计队伍素质

设计人员要严格按照设计程序进行设计，施工图设计要求细化，达到足够深度，尽量避免出现设计变更或工程变更，以便有效控制工程造价。推行限额设计，控制室内装饰工程施工图预算造价。国家规定，对凡因设计单位造成的错误、漏项、扩大规模和提高标准而导致的工程静态投资超支，要扣减设计费。作为设计单位一定要为业主把好关，可以推行限额设计，在设计过程中把握质量标准和造价标准，做到两者的协调一致，相互制约。设计之前，严格执行工程造价控制标准，做到既能够达到装饰效果，又能够为业主节约资金的目的，这对建筑装饰设计队伍提出更高的要求，设计队伍素质的提高已成为迫在眉睫的事情。

2）优化设计方案

室内装饰工程设计阶段可以根据项目复杂程度细分为两个或三个阶段，即初步设计阶段、技术设计阶段、施工图设计阶段，各阶段都有自己的特点，需要在造价控制的过程中对它们各有侧重。在初步设计阶段，可以采用设计招投标、设计方案竞选及价值工程优化设计方案，对设计方案进行经济分析，选出最合理方案。选择实力较强的设计队伍，在满足装饰效果的前提下，合理使用资金，严格按照设计程序进行设计。在对设计方案进行比较时，一定要做一个比较准确的概算，在遴选过程中，反复比较方案，优化设计方案，做出详细的修正概算并把它作为投资控制额。

3）重视室内装饰工程设计方案的技术经济性比较和设计审核

一般情况下，业主对室内装饰工程只有一个构想和投资上的限额，而构想的实施和最终投资额的确定的决定性阶段是设计阶段，尤其在对室内装饰工程总投资的影响及潜力挖掘方面，设计阶段约占整个建设过程的 80%～90%。因此，设计阶段的投资控制得好坏直接影响到最终投资额是否满足投资限额的要求，进而影响到业主的构想实施成功与否。

设计阶段投资控制的方法主要是限额设计法和价值工程法，以设计质量、装饰功能以及投资作为综合目标，正确处理好技术与经济的关系。

（1）真正理解业主对该工程的装修意图，明确装饰设计要求与总投资限额。

（2）从功能、环境及投资等方面对各种装饰设计方案进行综合评价，协助业主正确优选方案，避免唯美主义或唯经济观点。

（3）开展限额设计，避免各专业或分项工程的分配投资目标失控。在设计过程中，及时对已完成的施工图进行估价，把估价结果与控制目标比较并调整使整个设计阶段处于受控状态，把设计与技术经济指标二者有机地结合起来。

（4）对室内装饰工程的概预算和技术经济指标计算的精确度应达到 90%以上，尤其是各方案造价的比较更应精确，以免误导。

（5）及时准确地掌握装饰材料市场信息。由于装饰材料的发展变化很快，其市场价变动非常频繁。因此，及时准确地掌握装饰材料市场信息，是提高室内装饰工程概预算准确度的基本条件。

（6）以主要材料和设备的选用为控制重点。由于室内装饰工程主要材料和设备的投资约占总投资的 60%～70%，因此，了解业主的装修意图，充分研究主要材料和设备的功能及其用途并加以控制，可以取得事半功倍的效果。

（7）重视设计审核，确保设计图样的完整性、与各专业技术的协调性及施工的可能性。做好与外部条件的衔接，认真落实环保、消防等部门的要求，提高设计质量，减少施工阶段发生工程变更及索赔的可能性。

（8）在审核设计时，若发现超投资现象，则要通过替换装饰材料和设备，或者请求业主降低装修标准并修改设计，以降低工程投资。

4）积极推广和完善限额设计

限额设计是指按照批准的设计任务书及投资估算控制初步设计，以及按照批准的初步设计总概算控制施工图设计，同时在保证各专业达到使用功能的前提下，按分配的投资限额控制设计，严格控制技术设计和施工图设计的不合理变更，保证总投资限额不被突破。限额设计是把上一阶段设计审定的投资额和工程量先行分解到各专业，然后再分解到各单位工程和分部工程。限额设计的目标体现了设计标准、规模、原则的合理确定及有关概预算基础资料的合理取定，通过层层限额设计，实现对投资限额的控制与管理，同时实现对设计规模、设计标准、工程数量与概预算指标等的控制。室内装饰工程的限额设计具有以下 4 个方面的意义。

（1）有利于控制工程造价。在设计中以控制工程量为主要内容，就抓住了控制工程造价的核心。

（2）有利于处理好技术与经济的对立统一关系，提高设计质量。限额设计并不是一味地考虑节约投资，也绝不是简单地将投资砍一刀，而是把技术与经济统一起来，促使设计单位克服长期以来重技术、轻经济的思想，树立设计人员的责任感。

（3）有利于强化设计人员的工程造价意识，增强设计人员实事求是地编好概预算的自觉性。

（4）能防范设计概算本身的失控。限额设计可以促使设计单位内部把设计与概算形成有机的整体，克服相互脱节现象。设计人员自觉地增强经济观念，在整个设计过程中，经常检查各自专业的工程费用，切实做好造价控制工作，防范设计过程不算账、设计完了见分晓现象的产生，把由"画了算"变为"算着画"，真正实现时刻想着"笔下一条线，投资万万千"。

目前，室内装饰工程的限额设计还不是很完善。需要从下面几个方面完善：正确理解限额设计的含义，处理好限额设计与价值工程之间的关系；合理确定设计限额；合理分解和使用投资限额，为采纳有创新性的优秀设计方案及设计变更留有一定的余地。

5）正确理解标准设计

有关设计的标准是国家全面的重要技术规范，是进行工程建设、勘察设计、施工及验收的重要依据。对各类建设项目的设计，都必须制定相应的标准规范，因为它是进行工程技术管理的重要组成部分，与项目投资控制关系密切。标准设计又称通用设计、定型设计，是工程建设标准化的组成部分，各类工程建设项目的构件、配件、零部件，以及通用的建筑物、构筑物、公用设施等，只要条件允许，都应该编制标准设计文件并推广使用。

在国家层面的技术经济政策指导下，密切结合自然条件和技术发展水平，合理利用能源、资源、材料和设备，充分考虑使用、施工、生产和维修的要求，制定或修订相关设计标准规范和标准设计，做到通用性强、技术先进、经济合理、安全适用、确保质量、便于工业化生产。在编制时，要认真调查研究，及时掌握生产建设的实践经验和科研成果，按照统一、简化、协调、择优的原则，将其提炼上升为共同遵守的标准规范，积极研究并吸收国外编制标准规范的先进经验，鼓励积极采用国际标准（如 ISO 国际标准）。在制定设计标准规范前，对必须解决的重大科研课题，应当增加投入，组织力量进行攻关。随着生产建设和科学技术的发展，有关设计标准必须经常补充、及时修订、不断更新。

经过工程建设实践经验和科研验证的标准规范和标准设计，是工程建设必须遵循的科学依据。大量成熟的、行之有效的实践经验和科技成果被纳入标准规范和标准设计并加以实施，在建设项目中得到普遍有效的推广使用，这是科学技术转化为生产力的一条重要途径。同时，工程建设标准规范又是衡量工程建设质量的尺度，如果它符合设计标准规范，工程质量就有保障；

如果它不符合设计标准规范，工程质量将得不到有效的保障。抓设计质量，设计标准规范必须先行。设计标准规范一经颁发，就是技术法规，在一切工程设计工作中都必须执行。标准设计文件一经颁发，建设单位和设计单位都要因地制宜地积极采用，无特殊理由情况下，不得另行设计。

标准设计文件的推广有利于较大幅度地降低工程造价，主要表现在以下 4 个方面。

（1）可以节约设计费用，大大加快设计速度（一般可加快设计速度 1～2 倍），缩短设计周期。

（2）可以在构件预制厂生产标准件，使工艺定型，提高工人的技术水平，而且有利于生产均衡、提高劳动生产率，以及统一配料、节约材料；有利于构件的生产成本大幅度降低。例如，标准构件的木材消耗量仅为非标准构件的 25%。

（3）可以使施工准备工作和定制预制构件等工作提前，加快施工速度，既有利于保证工程质量，又能降低建筑安装工程费用。

（4）标准设计是按通用性条件编制的，也是按规定程序批准的，可以供多次重复使用，既经济又优质。标准设计能较好地贯彻执行国家层面的技术经济政策，密切结合自然条件和技术发展水平，合理利用能源、资源、材料和设备，充分考虑施工、生产、使用和维修的要求，便于工业化生产。因此，标准设计的推广能使工程造价低于非标准设计的工程造价。

综上所述，在设计阶段，正确处理技术与经济的对立统一关系，是控制项目投资的关键环节。既要反对因片面强调节约而忽视技术上的合理要求，使建设项目达不到工程功能的倾向，又要反对重技术、轻经济、保守设计、脱离国情的倾向，避免出现概算超过估算、预算超过概算、竣工决算超过预算的现象。因此，必须树立经济核算的观念，设计人员和工程经济人员应密切配合，严格按照设计任务书规定的投资估算，做好多方案的技术经济比较，在批准的设计概算限额以内，在降低和控制项目投资方面下工夫。工程经济人员在设计过程中，应及时地对项目投资进行分析对比，反馈造价信息，以保证有效地控制投资。

3.2.2　室内装饰工程招投标阶段的造价管理

招投标报价是室内装饰工程施工准备阶段的一项重要工作，这一阶段造价管理的主要内容包括室内装饰工程招投标的决策和招投标标底的管理等。

1. 室内装饰工程招标管理

针对室内装饰工程的特点和招标过程中将会出现的现象，在招标前，业主或其委托的咨询机构除了按投标的一般程序准备工作，还必须做好以下工作。

（1）以高标准编制工程量清单。《建设工程工程量清单计价规范》（以下简称《计价规范》）规定，工程量清单应由具有编制招标文件能力的招标人或具有相应资质的中介机构编制。依据招标文件、施工图、工程量计价规范、消耗量定额规定的工程量计算规则及统一的施工项目划分规定等有关技术资料，把实施招标的室内装饰工程项目划分为实物工程量，以及脚手架、临时设施、垂直运输、超高增加、机械进出厂及安装拆卸等技术性措施项目，以统一的计量单位、制式表格列出清单。编制好的工程量清单要附有详细的说明，主要包括编制依据、分部分项工程的补充要求、施工工艺的特殊要求，以及主要装饰材料的品种、规格、质量、产地等。例如，对石材、高档玻璃、马赛克、装饰面板等要提出准确明晰的要求，对新材料及未确定档次的材料要设定暂估价；对《计价规范》中未列入的室内装饰工程施工工艺的特殊要求，如贴金箔、特殊油漆、复杂造型等工艺做出补充要求，并给出暂估价；对《计价规范》中未列入的技术性措施项目和其他措施项目做出补充说明。

（2）精心研究装饰材料市场，编制符合市场规律和满足业主需求的工程标底。在编制室内装饰工程的招标标底时，不要刻板地追求施工图依据和现成的技术资料，而应该追求实际，通过深入细致的市场调查，做到每种装饰材料都能够定质、定量、定价，设计有标准，施工有做法，造价能定格。多做工程技术经济分析，减少实施阶段的工程变动，避免施工过程中需要现场定型、定质、定量、定价的内容。大胆运用实践所得的测算结果和经验数据，做好标底的编制工作。真正使标底成为衡量承人报价的准绳，也为以后评标议标奠定基础。

（3）要求招标文件完整、无缺项。招标文件可由业主自行准备，也可委托有关咨询机构代办，要求做到完整、无缺项。对合同文件上的错漏条款，应及时加以更正；对施工图中不明确、设计没标准、施工没做法、工程量不准确、工程验收标准不细致的内容，应及时纠正，提高防止承包人索赔和不平衡报价的意识。

（4）组织好评标工作。为防止不平衡报价，业主在对承包人的投标文件进行评审时，应特别注意加强对承包人所报单价的审查，从中找出承包人的不平衡报价。具体方法如下。

① 详细审查各份投标文件，并与标底进行认真比较。

② 将3个最低标甚至全部标底单价，列表进行横向比较。

通过上述比较，承包人的不平衡报价特别是一些严重的不平衡报价，一般都能被发现。然后，根据具体情况，或拒绝该报价并宣布该项投标作废，或要求承包人对那些报高的单价，进一步提供单价分析计算书，做出细致的分解报价，以迫使其将虚报的单价降下来。

2. 室内装饰工程投标管理

1）建立工程造价信息系统，为投标报价提供基础信息

工程量清单报价的基础是全面、准确的价格信息，包括人工、材料、施工机具使用费等方面的价格信息。这些价格信息的准确性和竞争性将直接影响投标报价。工程造价信息系统应建立在工程项目采购合同和分包合同约定的价格基础上，参考当地造价管理部门编制的工程造价信息，并结合市场的变化情况。

2）认真研读招标文件，重点关注投标组价过程

投标人应认真研读招标文件，清楚地理解招标文件规定，明确承包人应承担的责任和风险、业主对质量和工期的要求、合同约定价款的支付和调整、竣工结算等内容。同时对工程量投标组价过程重点关注，特别是对于工程量大、材料特殊、工艺先进或施工图不明确的项目，必须进行重点审查，确保组价准确。

3）适当采用投标技巧，合理利用投标策略

在工程量清单报价中采用适当的投标技巧和利用合理的投标策略，有利于投标成功和项目盈利。

4）认真分析评标办法，争取最优报价

目前，对经济标的评分一般采用以基准价为基础进行评分的方式。业主编制的标底不参与基准价的合成，仅作为确定有效标的依据。有效标也称"拦标价"，即低于或高于标底一定范围（一般为-3%～+5%）的投标报价为有效投标报价。把有效投标报价去掉一个最高价和一个最低价后得到的算术平均值为评标基准价，超过或低于评标基准价的投标报价会被扣分。因此，应

认真分析，竞争对手状况，测算评标基准价的大致范围，进行投标决策，争取最优报价。

5）合理分析和测算项目成本，为投标决策提供依据

在一定程度上，建筑工程施工投标竞争可以说是投标企业工程成本的竞争，合理分析和测算项目的成本变得越来越重要。分析和测算项目成本时，应遵循以下原则。

（1）成本最优化原则，通过优化施工组织设计，达到项目成本最优。

（2）竞争性原则，投标是企业各方面能力和水平的较量和竞争，项目成本也应具有一定的竞争性。

（3）实事求是原则，测算项目成本时，必须遵循实事求是和科学严谨的原则，不能主观臆断、随心所欲。

（4）与合同条件相结合的原则。项目成本与业主的付款条件、对质量和工期的要求、工程量计算密切相关，测算项目成本应注意与合同条件相结合。

3. 投标报价决策

投标是指在施工单位获得招标信息或被邀请参加投标的通知后展开的活动。接到投标通知后，施工单位应首先做出是否参加投标的决定，不可能也不应该见标必投。若决定投标，则应立即按一定的投标程序进行准备，申请投标。在投标资格被招标人确认后，严格按照招标文件要求编制投标文件，其中最关键的是投标报价决策。决策一经确定，就要具体反映到报价上。例如，在报价时，对什么工程报价应高，什么工程报价应低；或者在一个工程中，在总价没有大的出入情况下，哪些单价宜高、哪些单价宜低，需要一定的技巧。技巧运用得好坏、是否得当，在一定程度上可以决定工程能否中标和盈利。以下是常用的室内装饰工程的投标技巧。

1）不平衡报价法

由于室内装饰工程的特殊性，以及投标总价与实际施工过程中发生的项目价格有所不同，因此有些项目的预计支付工程量与招标文件提供的工程量会有出入，甚至有较大的差别。投标人可以利用这一特点提高自身在投标中的竞争能力，增加收益。预计支付工程量与招标文件提供的工程量可以分为以下 3 种情况。

（1）预计支付工程量等于招标文件提供的工程量。对该类项目的报价可以通过施工现场的勘察和对施工图工程量的复核，对预计支付工程量不会有很大变化的报价项目，按正常报价法确定单价，这对承包人的报价及其实际可获得的工程价款不会产生影响。

（2）预计支付工程量小于招标文件提供的工程量。对该类项目的报价，可以通过降低单价，减少报价虚量，即在总价不变的前提下，采用转移费用的办法使这一项目的报价降低。

（3）预计支付工程量大于招标文件提供的工程量。若预计支付工程量比报价用工程量增加，则工程中标后在核实实际工程量时可获得的工程价款增加。对此类项目的报价，可以通过提高单价，把预计支付工程量会减少的项目中的部分费用转移到该项目中去，能较大程度地增加工程价款。

不平衡报价法在日常的招投标中用得比较广泛。例如，对那些能够早日结款的项目，可适当提高报价；对设计图样不明确，估计修改后工程量要增加的项目，可以提高单价；对工程内容解释不清的项目，可先适当降低单价，待澄清后再要求提价等。总之，不平衡报价法在实际应用时，承包人应能较准确地预测出哪些分部分项工程的工程量和工程内容会发生变化，以及变化的趋势和幅度。只有做到这一点，才可以有针对性地调整工程单价，取得预期的效果。

2）先亏后盈法

有的工程项目由于各种原因，发包人可能会预留甩项工程项目，在预测甩项工程盈利比较好的情况下，承包人在投标报价时可以依据自己雄厚的资本和实力采取低标报价。一旦中标，可用以后的工程盈利弥补前面工程的损失。

3）多方案报价法

室内装饰工程不同于土建工程，其方案的选择性较大，说服业主的理由也比较充分。对一些发包人要求过于苛刻的项目，投标人可以在原报价的基础上，增加一个参数报价，即阐明按原合同要求规定，其投标总价为一个数值，倘若合同作某些修改，可降低报价一定百分比，以此争取中标。

4）联合投标法

联合投标也称联合体投标，是指两个或两个以上法人或其他组织可以组成一个联合体，以一个投标人的身份共同投标。实践中，联合投标一般适用于大型的或结构复杂的、对资金和技术要求比较高、单靠一个投标人的力量不能顺利完成的项目。组成联合体的目的是增强投标竞争能力，减少联合体各方因支付巨额履约保证金而产生的资金负担，分散联合体各方的投标风险，弥补各方技术力量的相对不足，提高联合体共同承担的项目顺利完工的可靠性。需要特别注意的是，联合体是一个临时性的组织，不具有法人资格。

5）分包单位报价的采用

对一些热门项目，较多施工专业队伍参与竞争时，总承包单位应在投标前采用专业分包单位的报价，并增加总承包单位摊入的一定管理费，而后作为自己投标总价的一个组成部分一并列入报价单中。最好的方式是找两三个专业分包单位分别报价，从中选择一家信誉好、实力强、报价合理的专业分包单位签订协议。

投标不仅是一种竞争，也是一门艺术。要想在蒸蒸日上的室内装饰行业、在众多实力相当的投标人中脱颖而出、一举中标，掌握室内装饰工程的特点和科学合理的报价技巧相当关键。投标之法虽非千篇一律，但有章可循，只要投标人认真操作、总结分析，用科学、严谨的态度对待每次投标，中标率也会提高。

4. 室内装饰工程标底的管理

室内装饰工程招投标报价一般以标底或标底下浮一定百分比作为标准，谁的报价接近这个数值便是中标价。因此，一些投标人就想方设法获取标底的信息。那些遵纪守法、具有真正实力的施工单位即使报出的投标价十分合理也无法中标，而那些不重视企业管理，只注意打听标底的企业却能中标，这是极不公平的现象。

随着社会主义市场经济的发展，取消标底的呼声日益高涨，《中华人民共和国招标投标法》和《中华人民共和国招标投标法实施条例》都对标底采取了软化的处理方式，没有对其进行强制性的规定，不再设立以标底为核心的中标上下限，这是我国工程建设在社会主义市场经济道路中迈出的至关重要的一步，这一步对室内装饰工程招投标来说显得尤为重要。

在国内，室内装饰行业是个新兴的行业，室内装饰工程的特殊性也决定了正确编制室内装饰工程的标底比土建工程的标底复杂得多。它要求标底编制人既要看懂吃透任何复杂的装饰设计图样、掌握室内装饰工程的各种施工工艺和施工方法，又要熟悉装饰材料及装饰人工的市场行情，了解各类装饰材料的用途与特点，加强对室内装饰工程标底的管理。

3.2.3　室内装饰工程施工阶段的造价管理

室内装饰工程施工阶段的造价管理内容主要是工程变更管理、索赔处理工程价款的结算、投资偏差分析与投资控制。由于室内装饰工程项目的建设周期长，涉及的经济、法律关系复杂，受自然条件和客观因素的影响大，工程变更与索赔等影响投资控制的事件在所难免，这些使得建设项目的造价管理变得更加复杂。

1. 工程变更管理

工程变更包括工程量变更、工程项目的变更（如发包人提出增加或删减原项目内容）、施工进度计划的变更、施工条件的变更等。工程变更的原因可以归纳为以下几类：发包人的变更指令（包括发包人对工程有了新的要求、发包人修改项目计划、发包人削减预算、发包人对项目进度有了新的要求等）；由于设计错误，必须对设计图样做修改；由于新技术和知识的出现，有必要改变原设计方案或实施计划；工程环境的变化；法律、法规或政府对建设项目有了新的要求、新的规定等。所有这些变更最终表现为设计变更，因为我国要求严格按图设计，所以如果工程变更影响了原来的设计，就必须变更原设计。考虑到设计变更在工程变更中的重要性，通常把工程变更分为设计变更和其他变更两大类。

在室内装饰工程施工过程中，经常因业主对项目要求的修改、施工现场环境变化、施工技术的要求而发生设计变更。设计变更和其他变更是不可避免的，要解决的是如何减少变更，在变更过程中控制费用，时刻注意由于变更而引起的费用变化。在室内装饰工程施工过程中，应严格控制不必要的变更。对必要的变更项目，也要进行经济分析，采用既能获得装饰效果又经济合理的方案，保证造价的控制贯穿项目实施过程的每个环节，达到造价控制的目标。因此，在室内装饰工程施工阶段的造价管理中应处理好工程变更。

1）工程变更的处理原则

（1）尽快尽早变更。如果工程项目出现了必须变更的情况，就应当尽快变更。变更越早，损失越小。若工程变更是不可避免的，则无论是停止施工等待变更指令，还是继续施工，都会增加损失。

（2）尽快落实变更。工程变更发生后，应当尽快落实变更。工程变更指令一旦发出，就应当全面修改各种相关的文件，迅速落实变更指令。承包人也应当抓紧落实变更指令，如果承包人不能全面落实变更指令，那么扩大的损失应当由承包人承担。

（3）深入分析变更的影响。工程变更的影响往往是多方面的，影响持续的时间也较长，对此要有充分的思想准备并做好详尽的分析。对政府投资的项目，当其变更较大时，应坚持先算后变的原则，即不得突破标准，造价不得超过批准的限额。

2）工程变更价款的确定

在设计变更确定后 14 天内，由承包人向发包人提出工程变更价款的调整，经发包人审核同意后调整相应的工程量清单和合同价款。应按照下列规定进行调整。

（1）若在已标价的工程量清单中有适用的项目，则采用该项目的单价；但当工程变更导致该清单项目的工程数量发生变化且工程量偏差超过 15%时，应按以下原则调整：当工程量增加 15%以上时，对增加工程量的综合单价应予调低；当工程量减少 15%以上时，对剩余工程量的综合单价应予调高。此时，按下列公式调整结算分部分项工程费：

① 当 $Q_1 > 1.15Q_0$ 时，

$$S = 1.15Q_0 \times P_0 + (Q_1 - 1.15Q_0) \times P_1$$

② 当 $Q_1 < 0.85Q_0$ 时，

$$S = Q_1 \times P_1$$

式中，S——调整后的某个分部分项工程的结算价；

Q_1——最终完成的工程量；

Q_0——招标工程量清单中列出的工程量；

P_1——按照最终完成的工程量重新调整后的综合单价；

P_0——承包人在工程量清单中填报的综合单价。

（2）若在已标价的工程量清单中没有适用的项目，但有类似项目，则可在合理范围内参照类似项目的单价。

（3）若在已标价的工程量清单中没有适用的项目也没有类似项目，则由承包人根据变更工程资料、计量规则和计价方法、工程造价管理机构发布的信息价格与承包人报价浮动率提出变更工程项目的单价，报请发包人确认后再调整。承包人报价浮动率可按下列公式计算：

对招标工程，承包人报价浮动率 L=（1-中标价/招标控制价）×100%

对非招标工程，承包人报价浮动率 L=（1-报价值/施工图预算）×100%

（4）在已标价的工程量清单中没有适用的项目也没有类似项目，并且工程造价管理机构发布的相关价格信息不全，则由承包人根据变更工程资料、计量规则、计价方法和通过市场调查等方法，取得有合法依据的市场价格，提出变更工程项目的单价，报请发包人确认后调整。

（5）当工程变更引起施工方案改变、使措施项目发生变化时，承包人提出调整措施项目费，应事先将拟实施的方案提交发包人确认，并详细说明其与原方案中的措施项目相比后的变化情况。拟实施的方案经承发包双方确认后执行。在此种情况下，应按照下列规定调整措施项目费。

① 对安全文明施工费，按照实际发生变化的措施项目调整。

② 采用单价计算的措施项目费，按照实际发生变化的措施项目并结合《建设工程工程量清单计价规范》第9.3.1条的规定确定单价。

③ 按总价（或系数）计算的措施项目费，按照实际发生变化的措施项目调整，但应考虑承包人报价浮动因素，即按照实际调整金额乘以规定的承包人报价浮动率计算。

若承包人未事先将拟实施的方案提交给发包人确认，则视为工程变更不引起措施项目费的调整或承包人放弃调整措施项目费的权利。

（6）若工程变更项目出现承包人在工程量清单中填报的综合单价，与发包人招标控制价或施工图预算相应清单项目的综合单价的偏差超过15%，则工程变更项目的综合单价可由承发包双方按照下列规定调整：

① 当 $P_0 < P_1 \times (1-L) \times (1-15\%)$ 时，该类项目的综合单价按照 $P_1 \times (1-L) \times (1-15\%)$ 调整。

② 当 $P_0 > P_1 \times (1+15\%)$ 时，该类项目的综合单价按照 $P_1 \times (1+15\%)$ 调整。

式中，P_0——承包人在工程量清单中填报的综合单价。

P_1——发包人招标控制价或施工预算相应清单项目的综合单价。

L——承包人报价浮动率。

如果发包人提出的工程变更，因非承包人原因而删减了合同中的某项原定工作或工程，致使承包人发生的费用或得到的收益不能被包括在其他已支付或应支付的项目中，也未被包含在任何替代的工作或工程中，那么承包人有权提出并得到合理的利润补偿。

承包人在设计变更确定后 14 天内，应提出变更工程价款的报告，经造价工程师确认后调整合同价款。若承包人未提出变更工程价款报告，则发包人可根据所掌握的资料决定是否调整合同价款和调整的具体金额。重大工程变更涉及工程价款变更的报告和确认的时限由承发包双方协商确定。

造价工程师应在收到变更工程价款报告之日起 14 天内，予以确认或提出协商意见。自变更价款报告送达之日起 14 天内，若造价工程师未确认也未提出协商意见，则视该工程变更价款报告已被确认。

确认增加或减少工程变更价款，作为追加或减少合同价款与工程进度款同期支付。总之，室内装饰工程造价管理是一个复杂的系统工程，只有处理好室内装饰工程施工过程中的工程变更，才能有效控制室内装饰工程造价。

2. 室内装饰工程索赔

室内装饰工程索赔是指在履行工程合同中，当事人一方无过错，由于另一方未履行合同所规定的义务或出现应由对方承担的风险而遭受损失时，向另一方提出经济补偿或时间补偿要求的行为。通常，施工现场条件、气候条件的变化，物价变化，施工进度变化，合同条款、规范、标准文件和施工图的差异、延误等因素的影响，使得工程承包中不可避免地发生索赔。

索赔属于经济补偿行为，索赔工作是承发包双方经常发生的管理业务。在实际工作中，索赔是双向的，我国《建设工程施工合同（示范文本）》（以下简称《示范文本》）中的索赔既包括承包人向发包人提出的索赔，也包括发包人向承包人提出的索赔（在本书中除特殊说明外，"索赔"均指承包人向发包人提出的索赔）。在工程实践中，发包人提出的索赔数量少，而且处理简单方便，一般可以通过扣工程价款、冲账、扣保证金等实现对承包人的索赔；而承包人对发包人提出的索赔比较困难。通常情况下，索赔可以概括为以下 3 种情况：

（1）一方违约使另一方蒙受损失，受损方向对方提出赔偿损失的要求。

（2）在施工过程中发生应由业主承担的特殊风险或遇到不利自然条件等情况，使承包人蒙受损失而向业主提出补偿损失要求。

（3）承包人应获得的正当利益由于没能及时得到造价工程师的确认和业主应给予的支付，承包人以正式函件向业主索赔。

1）索赔类型

（1）工期索赔。工期索赔有以下 3 种情况。

① 在承包人未按照合同约定施工、导致实际进度迟于计划进度的情况下，发包人可以要求承包人按照合同约定的工期加快进度。合同工程发生误期，承包人应赔偿发包人由此造成的损失，并按照合同约定向发包人支付了误期赔偿费。即使承包人支付了误期赔偿费，也不能免除承包人按照合同约定应承担的任何责任和应履行的任何义务。

② 承发包双方应在合同中约定误期赔偿费，明确每日历天应赔额度。合同另有约定的除外，误期赔偿费的最高限额为合同价款的 5%。应把误期赔偿费列入竣工结算文件中，在结算款中扣除。

③ 如果在工程竣工之前，合同工程内的某单位工程已通过了竣工验收，并且该单位工程接收证书中表明的竣工日期并未延误，而是合同工程的其他分部工程产生了工期延误，那么误期赔偿费应按照已颁发工程接收证书的单位工程造价占合同价款的比例予以扣减。

（2）承包人索赔。合同一方向另一方提出索赔时，应有正当的索赔理由和有效证据，并应符合合同的相关约定。

① 承包人索赔程序。根据合同约定，承包人认为非承包人原因发生的事件造成了承包人的损失，应按以下程序向发包人提出索赔。

a. 承包人应在索赔事件发生后28天内，向发包人提交索赔意向通知书，说明发生索赔事件的理由。若承包人逾期未发出索赔意向通知书的，则丧失索赔的权利。

b. 承包人应在发出索赔意向通知书后28天内，向发包人正式提交索赔通知书。索赔通知书应详细说明索赔理由和要求，附上必要的记录和证明材料。

c. 若索赔事件具有连续性影响，则承包人应继续提交延续索赔通知，说明连续性影响的实际情况和记录。

d. 在索赔事件影响结束后的28天内，承包人应向发包人提交最终索赔通知书，说明最终索赔要求，附上必要的记录和证明材料。

② 发包人索赔程序。发包人索赔应按下列程序处理。

a. 发包人收到承包人的索赔通知书后，应及时查验承包人的记录和证明材料。

b. 发包人应在收到索赔通知书或有关索赔的进一步证明材料后的28天内，将索赔处理结果答复承包人。如果发包人逾期未作出答复，视为承包人索赔要求已经过发包人认可。

c. 在承包人接受索赔处理结果的情况下，索赔款项在当期进度款中进行支付；在承包人不接受索赔处理结果的情况下，按合同约定的争议解决方式办理。

③ 赔偿方式。承包人要求赔偿时，可以选择以下一项或几项方式获得赔偿。

a. 延长工期。

b. 要求发包人支付实际发生的额外费用。

c. 要求发包人支付合理的预期利润。

d. 要求发包人按合同约定支付违约金。

若承包人的费用索赔与工期索赔要求相关联时，发包人在作出费用索赔的批准决定时，应结合工程延期，综合作出费用赔偿和工程延期的决定。承发包双方在按合同约定办理了竣工结算后，应被认为承包人已无权再提出竣工结算前所发生的任何索赔。承包人在提交的最终结清申请中，只限于提出竣工结算后的索赔，提出索赔的期限自承发包双方最终结清时终止。

（3）发包人索赔。根据合同约定，发包人认为由于承包人的原因造成发包人的损失，应参照承包人索赔的程序进行索赔。

发包人要求赔偿时，可以选择以下一项或几项方式获得赔偿。

a. 延长质量缺陷修复期限。

b. 要求承包人支付实际发生的额外费用。

c. 要求承包人按合同的约定支付违约金。

承包人应付给发包人的索赔金额可从拟支付给承包人的合同价款中扣除，或由承包人以其他方式支付给发包人。

（4）因不可抗力事件引起的索赔。对此类索赔，承发包双方应按以下原则分别承担并调整工程价款。

a. 工程本身的损害、因工程损害导致第三方人员伤亡和财产损失，以及运至施工场地用于施工的材料和待安装的设备的损害，由发包人承担。

b. 承发包双方人员伤亡由其所在单位负责，并承担相应费用。

c. 承包人的施工机械损坏及由此造成的停工损失，由承包人承担。

d. 停工期间，承包人应发包人要求留在施工场地的必要的管理人员及保卫人员的费用由发包人承担。

e. 工程所需清理、修复费用，由发包人承担。

2）工程索赔的处理原则

在室内装饰工程施工过程中发生索赔时，可按照下列原则处理。

（1）合同是索赔的依据。不论是当事人不完成合同工作，还是风险事件的发生，能否提出索赔，需要看是否能在合同中找到相应的依据。造价工程师必须以完全独立的身份，站在客观公正的立场上，依据合同和事实公平地对索赔进行处理。根据我国的有关规定，合同文件应能够互相解释、互为说明，合同另有约定的除外。其组成和解释的顺序如下：合同协议书、中标通知书、投标文件、合同专用条款、合同通用条款、标准、规范及有关技术文件、设计图样、工程量清单及工程报价或预算书。

（2）索赔处理要及时、合理。风险事件发生后，要及时提出索赔，索赔的处理也应当及时。索赔处理得不及时，对双方都会产生不利的影响。例如，承包人的合理索赔长期得不到解决，积累的结果会导致其资金周转的困难，同时还会使承包人放慢施工速度而影响整个工程的进度。处理索赔还必须注意索赔的合理性，既要考虑国家层面的有关政策规定，也应考虑工程的实际情况。例如，承包人提出对人工窝工费按照人工单价计算损失、机械停工按照机械台班单价计算损失显然是不合理的。

（3）加强事前控制，减少工程索赔事件。在室内装饰工程施工过程中，造价工程师应当加强事前控制，尽量减少工程索赔事件。在工程管理中，尽量将工作做在前面，减少索赔事件的发生。造价工程师在管理中对可能引起的索赔事件应有所预测，及时采取补救措施，避免过多索赔事件发生，使工程能顺利地进行，降低工程投资，缩短施工工期。

3）索赔价款的确定

（1）索赔费用的计算。索赔费用内容包括人工费、设备费、材料费、保函手续费、贷款利息、保险费、企业管理费和利润等。索赔费用计算方法包括两种：第一种是实际总费用法，把索赔事件所引起的费用项目分解计算，然后汇总得到总费用，该方法仅限于由索赔事件引起的、超过原计划的费用；第二种是修正总费用法，这种方法是对实际总费用法的改进，即在实际总费用计算的原则上，去掉不确定的可能因素，对实际总费用法进行相应的修改和调整，使其更加合理。

（2）工期索赔的计算。因承包人的原因造成施工进度滞后，属于不可原谅的延期；只有承包人不应承担任何责任的延误，才是可原谅的延期。可原谅的延期部分才可能批准顺延合同工期。可原谅的延期又细分为可原谅并给予补偿费用的延期和可原谅但不给予补偿费用的延期，后者是指非承包人责任的影响并未导致施工成本的额外支出。工期索赔的计算方法有两种：第一种是网络分析法，若延误的工作为关键工作，则总延误的时间为批准顺延的工期；若延误的工作为非关键工作，当该工作由于延误超过时差限制而成为关键工作时，则可以批准延误时间与时差的差值；若该工作延误后仍为非关键工作，则不存在工期索赔问题。第二种是比例计算法，该方法主要应用于工程量有增加时的工期索赔的计算，其计算式为

$$工程索赔值 = \frac{额外增加的工程量的价格}{原合同价格} \times 原合同总工期 \qquad (3\text{-}1)$$

3. 室内装饰工程价款的结算

室内装饰工程价款结算是指对室内装饰工程承发包合同价款进行约定，依据合同约定进行工程预付款、工程进度款、工程竣工款结算的活动。

1）室内装饰工程预付款管理

（1）室内装饰工程预付款。室内装饰工程预付款是指装饰工程施工单位为该承包工程项目储备主要装饰材料、结构件所需的流动资金。

（2）室内装饰工程预付款支付的时间。发包人应在双方签订合同后的一个月内或不迟于约定的开工日期前的 7 天内预付工程价款。工程预付款仅用于承包人支付施工开始时与本工程有关的动员费用。若承包人滥用此款，则发包人有权立即收回。在承包人向发包人提交金额等于预付款数额的银行保函后，发包人按规定的金额和规定的时间向承包人支付预付款。

（3）室内装饰工程预付款的数额。对包工包料工程的预付款，应按合同约定拨付，原则上预付比例不低于合同金额的 10%，不高于合同金额的 30%；对重大工程项目，按年度工程计划逐年预付。在按照《建设工程工程量清单计价规范》计价的工程中，对实体性消耗和非实体性消耗部分，应在合同中分别约定预付款比例。

（4）室内装饰工程预付款的抵扣。室内装饰工程预付款的抵扣有两种方式：

① 室内装饰工程预付款可以在承包人完成金额累计达到合同总价的一定比例后，由承包人向发包人还款，发包人从每次应付给承包人的金额中，扣回工程预付款；发包人在合同规定的完工期前 3 个月，把工程预付款的总金额按逐次分摊的办法扣回。当发包人一次付给承包人的余额少于规定扣回的金额时，其差额应该转入下一次支付中作为债务结转。

② 可以从未施工工程尚需的主要材料及构件的价值相当于工程预付款数额时起扣，从每次结算的工程价款中按主要材料比重抵扣工程价款，在室内装饰工程竣工前全部扣清。其基本计算式如下：

$$T = P - \frac{M}{N} \tag{3-2}$$

式中，T——起扣点，即工程预付款开始扣回的累计完成工作量的金额。

　　　M——工程预付款的限额。

　　　N——主要材料比重。

　　　P——承包工程价款总额。

2）室内装饰工程进度款管理

（1）工程进度款支付程序。该程序如图 3-1 所示。

图 3-1　工程进度款支付程序

（2）合同收入组成。合同收入包括两部分内容：合同中规定的初始收入和因合同变更、索赔、奖励等产生的收入。

（3）质量保证金。室内装饰工程的质量保证金是指发包人与承包人在建设工程承包合同中约定，从应付的工程价款中预留用于保证承包人在缺陷责任期内对室内装饰工程出现的缺陷进行维修的资金。在室内装饰工程竣工结算后，发包人应按照合同约定及时向承包人支付工程结算价款并预留质量保证金。对全部或部分使用政府投资的建设项目，按室内装饰工程价款结算总额 5%左右的比例预留质量保证金。过了保修期，承包人向发包人申请返还质量保证金，发包人在接到承包人返还质量保证金的申请后，应于 14 日内会同承包人按照合同约定的内容进行核实。如无异议，发包人应当在核实后 14 日内把质量保证金返还给承包人。

4. 投资偏差分析与投资控制

投资控制的目的是确保投资目标的实现，施工阶段的投资控制目标是通过编制资金使用计划来确定的。同时，结合工程特点，确定合理的施工程序与进度，科学地选择施工机械；优化人力资源管理，采用先进的施工技术、方法与手段，实现资金使用与控制目标的优化。资金使用目标的确定既要考虑资金来源（如政府拨款、金融机构贷款、合作单位相关资金、自有资金）的实现方式和时间限制，又要按照施工进度计划的细化与分解，把资金使用计划和实际工程进度的调整有机地结合起来。施工总进度计划要求严格，涉及面广，基本要求如下：保证拟建室内装饰工程项目在规定期限内按时或提前完成，节约施工费用，降低工程造价。

1）资金使用计划的编制

施工阶段资金使用计划的编制与控制，在整个工程造价管理中处于重要而独特的地位，通过编制资金使用计划，合理确定施工阶段工程造价目标值，使工程造价的控制有依据，为资金的筹集与协调打下基础；定期对工程项目投资的实际值与目标值进行比较，找出偏差并分析产生偏差的原因，以便采取有效措施进行控制，保证投资控制目标的实现。科学地编制资金使用计划，不仅能够对未来工程项目的资金使用和进度控制进行预测，消除不必要的资金浪费和进度失控，而且在今后工程项目中能够避免因缺乏依据而轻率判断所造成的损失，提高自觉性，使现有资金充分地发挥作用。

施工阶段资金使用计划的编制可以按不同子项目编制，或者按时间进度编制。按不同子项目编制，就是把室内装饰工程项目总投资分解到每一个子项目上，合理分配。按该方法编制时，必须对工程项目进行合理划分，划分的粗细程度根据工程实际需要而定。在实际工作中，总投资目标按项目分解只能分解到单项工程或单位工程，如果再进一步分解投资目标，就难以保证分目标的可靠性。按时间进度编制的依据是室内装饰工程项目的投资总是分阶段、分期支出的，资金应用是否合理与资金使用时间安排关系密切。为了编制资金使用计划，并据此筹措资金，应尽可能减少资金占用和利息支付，把项目总投资目标按使用时间进行分解，进一步确定分目标值。

2）偏差计算和偏差分析

在确定了投资控制目标之后，为了有效地进行投资控制，必须定期对投资的计划值和实际值进行比较。当实际值偏离计划值时，要分析产生偏差的原因，采取适当的纠偏措施，使投资超支额尽可能小。施工阶段投资偏差的形成，是由于施工过程中随机因素与风险因素的影响。实际工程进度与计划工程进度的差异，即进度偏差。

（1）偏差计算。投资偏差是指投资计划值与实际值之间的差异，当偏差为正时，表示投资增加；当偏差为负时，表示投资节约。与投资偏差密切相关的是进度偏差，只有考虑进度偏差才能正确反映投资偏差的实际情况。

$$投资偏差=已完工程实际投资额-已完工程计划投资额$$
$$=实际工程量×（实际单价-计划单价） \tag{3-3}$$
$$进度偏差=拟完工程计划投资额-已完工程计划投资额$$
$$=（拟完工程量-实际工程量）×计划单价 \tag{3-4}$$

式中，拟完工程计划投资额=拟完工程量×计划单价

已完工程实际投资额=实际工程量×实际单价

已完工程计划投资额=实际工程量×计划单价

投资偏差又可以分为相对应的局部偏差和累计偏差、绝对偏差和相对偏差。局部偏差一般有两层含义：一是相对于总项目的投资而言，指各单项工程、单位工程和分部分项工程的偏差；二是相对于项目实施的时间而言，指每一控制周期所发生的投资偏差。累计偏差是在项目已实施的时间内累计发生的偏差，它是一个动态概念。进行累计偏差分析时必须以局部偏差的结果进行综合分析，其结果更能显示规律性，在较大范围内对投资控制工作具有指导作用。绝对偏差是指投资计划值与实际值比较所得的差额；相对偏差是指投资偏差的相对数或比例数，通常用绝对偏差与投资计划值的比值表示，相对偏差能客观地反映投资偏差的严重程度和合理程度。绝对偏差和相对偏差的符号相同，正值表示投资增加，负值表示投资减少。

（2）偏差分析。

① 偏差原因。一般来说，引起投资偏差的原因主要有4个，即客观原因、业主原因、设计原因和施工原因。其中，客观原因是无法避免的，施工原因造成的损失由施工单位自己负责。因此，纠偏的主要对象是由业主原因和设计原因造成的投资偏差。

② 偏差分析方法。用不同的横道标识拟完工程计划投资、已完工程实际投资和已完工程计划投资，再确定投资偏差与进度偏差，这一方法称为横道图法。横道图法简单明了，便于了解项目投资概貌，但是该法能提供的信息量少，主要反映累计偏差和局部偏差。根据时标网络可以得到拟完工程计划投资，考虑实际进度前锋线就可以得到已完工程计划投资，可以根据实际工作完成情况测得已完工程实际投资，从而进行投资偏差和进度偏差的计算，这一方法称为时标网络法。时标网络法简单、直观，主要用来反映累计偏差和局部偏差，但有时绘制实际进度前锋线会遇到困难。表格法是进行偏差分析最常用的方法，即根据项目的具体情况、数据来源、投资控制工作的要求等条件设计表格，进行偏差计算。表格法适应性强、信息量大，可以反映各种偏差变量和指标，还便于计算机辅助管理。曲线法形象直观，可用投资时间曲线（曲线的绘制必须准确）进行偏差分析，即通过3条曲线的横向和竖向距离确定投资偏差和进度偏差。曲线法主要反映累计偏差和绝对偏差，不能用于定量分析。

（3）偏差的纠正措施。偏差纠正措施分为组织措施、经济措施、技术措施和合同措施。

① 组织措施，主要指从投资控制的组织管理方面采取的措施，例如，落实投资控制的组织机构和人员，明确各级投资控制人员的任务、职责与权利，改善项目投资控制工作流程等。组织措施常常容易被人们忽视，实际工作中它是其他措施的前提和保障，而且一般不需要增加额外费用，运用得当，即可收到良好的效果。

② 经济措施，运用时要特别注意，不能把经济措施片面地理解为审核工程量及相应的支付工程价款。考虑问题要从全局出发，例如，要检查投资目标是否分解得合理、资金使用计划是否有保障、施工进度计划的协调如何等。另外，还可以通过偏差分析和未完工程预测发现潜在的问题，及时采取预防措施，从而取得造价控制的主动权。

③ 技术措施，按照工程造价控制的要求分析，技术措施并不都是因为在施工过程中发生了技术问题才加以考虑的，也可能因为出现了较大的投资偏差而加以运用。不同的技术措施往往会有不同的经济效果，因此采用技术措施纠正偏差时，对不同的技术方案要进行技术经济综合分析评价后再加以选择。

④ 合同措施，主要指索赔管理。在施工过程中，索赔事件的发生在所难免。在发生索赔事件后，造价工程师应认真审查有关索赔依据是否符合合同规定、索赔计算是否合理等事项，从主动控制的角度出发，加强对合同的日常管理，认真落实合同规定的责任。

3.2.4　室内装饰工程竣工阶段的造价管理

室内装饰工程竣工决算是指在竣工验收、交付使用阶段，建设单位按照国家有关规定对一次装修或二次装修项目，从筹建到竣工投产或使用全过程编制的全部实际支出费用的报告。它以实物数量和货币指标为计量单位，综合反映了竣工项目的建设成果和财务情况，是竣工验收报告的重要组成部分。竣工决算是正确核定新增固定资产价值、考核分析投资效果、建立和健全经济责任制的依据，是反映建设项目实际造价和投资效果的文件。因此，本小节主要介绍基本建设项目竣工决算的主要内容、编制方法及室内装饰工程的保修管理。

1. 室内装饰工程竣工决算

室内装饰工程的竣工决算包括从筹建到项目竣工交付使用为止的全部建设费用。室内装饰工程竣工财务决算的内容主要包括室内装饰工程竣工财务决算报表、竣工财务决算说明书、工程竣工图、工程造价比较分析和竣工结算。其中，室内装饰工程竣工财务决算报表和竣工财务决算说明书是竣工决算的核心内容。

1）竣工财务决算报表

大、中型室内装饰工程竣工财务决算报表包括室内装饰工程竣工财务决算审批表，大、中型室内装饰工程概况表，大、中型室内装饰工程竣工财务决算表，大、中型室内装饰工程交付使用资产总表。小型室内装饰工程竣工财务决算报表包括建设项目竣工财务决算审批表、竣工财务决算总表、建设项目交付使用资产明细表。

2）竣工财务决算说明书

竣工财务决算说明书概括了已竣工的工程建设成果和经验，是对竣工财务决算报表进行分析和补充说明的文件，是全面考核和分析工程投资与造价的书面总结，也是竣工决算报告的重要组成部分。其主要内容包括室内装饰项目概况，资金来源及使用等财务分析，基本建设收入、投资包干结余资金、竣工结余资金的上交分配情况，各项经济技术指标的分析，工程建设的经验、项目管理和财务管理工作、竣工财务决算中有待解决的问题，需要说明的其他事项。

3）室内装饰工程竣工图

室内装饰工程竣工图是真实地记录室内装饰工程各个分部分项工程的技术文件，是室内装饰工程进行交工验收、维护、改建扩建的依据，是非常重要的技术档案。

4）工程造价比较分析

工程造价比较分析的主要内容包括主要实物工程量和主要材料消耗量的比较分析，以及考核建设单位的企业管理费、措施项目费和间接费的取费标准。为了便于进行工程造价比较分析，首先对比整个项目的总概算，其次对比单项工程的综合概算和其他工程费用概算，最后对比分析单位工程概算，并分别将室内装饰工程的分部分项工程费用、措施项目费和其他项目费用，逐一与竣工决算的实际工程造价进行对比分析，找出节约和超支的具体内容与原因。

5）竣工结算

室内装饰工程竣工结算是指承包人按照合同规定的内容全部完成所承包工程，在验收质量合格并达到合同要求之后，承发包双方应按照约定的合同价款及其调整内容、索赔事项，进行最终价款结算。根据室内工程项目的划分，竣工结算应包括单位工程竣工结算、单项工程竣工结算和室内装饰工程项目总结算。单位工程竣工结算资料由承包人编制，在总包人审查的基础上由发包人审查；单项工程竣工结算或建设项目竣工总结算资料由总（承）包人编制，发包人可直接对其进行审查，也可以委托具有相应资质的工程造价咨询机构进行审查。对政府投资的项目，由同级财政部门审查。单项工程竣工结算或建设项目竣工总结算资料必须经发包人、承包人签字盖章后才有效。

（1）室内装饰工程竣工结算审查的内容一般包括核对合同条款、检查隐蔽验收记录、落实设计变更签证、按图核实工程数量、认真核实单价、注意各项费用计取、防止各种计算误差。

（2）室内装饰工程竣工结算审查期限见表3-1。

表3-1　室内装饰工程竣工结算审查期限

项目	工程竣工结算报告金额	审查期限
1	500万元以下	从接到竣工结算报告和完整的竣工结算资料之日起20天内
2	500万～2000万元	从接到竣工结算报告和完整的竣工结算资料之日起30天内
3	2000万～5000万元	从接到竣工结算报告和完整的竣工结算资料之日起45天内
4	5000万元以上	从接到竣工结算报告和完整的竣工结算资料之日起60天内

（3）竣工结算计算式。

$$竣工结算工程价款 = 预算或合同价款 + 施工过程中预算或合同价款调整数额 -$$
$$预付及已结算工程价款 - 质量保证（保修）金 \qquad (3-5)$$

2. 室内装饰工程保修管理

1）保修和保修费用

（1）保修。按照《中华人民共和国合同法》的规定，室内装饰工程的施工合同内容应包括工程质量保修范围和质量保证期。保修是指施工单位按照国家或行业现行的有关技术标准、设计文件及合同中约定的质量要求，对已竣工验收的室内装饰工程在规定的保修期限内，进行保修、返工等工作。室内装饰产品不同于一般商品，往往在竣工验收后仍可能存在质量缺陷（指工程不符合国家或现行的有关技术标准、设计文件及合同中约定的质量的要求）和安全隐患。为了使室内装饰工程达到最佳状态，确保室内装饰工程质量，降低生产费用，发挥最大的投资效益，造价工程师应督促设计单位、施工单位、设备材料供应单位认真做好保修工作，加强保修期间的投资控制。室内装饰工程的保修期自竣工验收合格之日起计算。

（2）保修费用。保修费用是指对室内装饰工程在保修期限和保修范围内所发生的维修、返工等各项费用支出。保修费用应按合同和有关规定合理确定和控制，可参照室内装饰工程造价的确定程序和方法计算，也可以按室内装饰工程造价或施工合同总价的一定比例计算（如5%）。

2）保修费用的处理

室内装饰工程涉及面广、内容多，出现的质量缺陷和隐患等问题往往是由多方面原因造成的。因此，在保修费用的处理上应分清造成问题的原因及具体返修内容，按照国家有关规定和合同要求，与有关单位共同商定处理办法。

（1）设计原因造成的保修费用处理。设计原因造成的质量缺陷，由设计单位负责并承担经济责任，由施工单位负责维修或处理。按新的合同法勘察现场，设计人员应当继续完成设计，减收或免除勘察费、设计费并赔偿损失。

（2）施工原因造成的保修费用处理。施工单位未按国家有关规范、标准和设计要求施工，造成质量缺陷，由施工单位负责无偿返修并承担经济责任。

（3）室内装饰材料、构/配件不合格造成的保修费用处理。施工单位采购的或经其验收同意的室内装饰材料、构/配件质量不合格引起的质量缺陷，由施工单位承担经济责任；建设单位采购的室内装饰材料、构/配件质量不合格引起的质量缺陷，由建设单位承担经济责任。至于施工单位、建设单位与室内装饰材料、构/配件供应单位或部门之间的经济责任，应按室内装饰材料、构/配件的采购供应合同处理。

（4）用户使用不当造成的保修费用处理。因用户使用不当造成的质量缺陷，由用户自行负责。

（5）不可抗力原因造成的保修费用处理。因地震、洪水、台风等不可抗力造成的质量问题，施工单位和设计单位不承担经济责任，由建设单位负责处理。

小　结

室内装饰工程造价管理是直接影响单位工程后期投入资金量的重要因素，随着人们物质文化生活水平的提高，室内装饰工程标准日趋高档化，室内装饰作为一个独立实体在建筑市场占有重要位置。由于新工艺、新材料的不断涌现，室内装饰工程的造价占工程建设总造价的比例越来越大，造价的合理与否对业主的影响也越来越大；但是室内装饰工程造价管理还处在一个发展初期阶段，一些不合理因素造成室内装饰市场不规范，在一定程度上制约了建筑装饰工程的发展。

全面造价管理就是有效地使用专业知识和专门技术去计划和控制资源、造价、盈利和风险。建设工程全面造价管理包括生存周期造价管理、全过程造价管理、全要素造价管理和全方位造价管理。

从室内装饰工程的各个阶段看，室内装饰工程造价管理的各个阶段都有各自的特点。因此，室内装饰工程造价管理内容可分为投资阶段的造价管理、设计阶段的造价管理、招投标阶段的造价管理、施工阶段的造价管理、竣工阶段的造价管理和工程保修阶段的造价管理。

习　题

一、选择题

1～15 为单选题

1. 某工程合同总价为 300 万元，工程预付款为合同总价的 20%，主要材料、构件采购费占合同总价的 50%，则工程预付款的起扣点为（　　）万元。

    A. 200　　　　　　B. 150　　　　　　C. 180　　　　　　D. 140

2.《建设工程工程量清单计价规范》规定，如果发包人在收到承包人要求预付工程价款的通知后仍不按要求预付，承包人可在发出通知（　　）天后停止施工。

    A. 7　　　　　　　B. 10　　　　　　　C. 14　　　　　　　D. 28

3. 工程竣工结算应（　　）。

    A. 由承包人负责编制，由监理工程师核对

    B. 由承包人和发包人共同编制，由监理工程师核对

    C. 由承包人和发包人共同编制，由承发包双方互相核对

    D. 由承包人负责编制，由发包人核对

4. 采用分段结算与支付方式结算工程价款，是按（　　）划分不同阶段结算。

    A. 分部工程　　　　　　　　　　B. 工程形象进度

    C. 单位工程　　　　　　　　　　D. 年度

5. 工程预付款主要是保证承包人施工所需的（　　）。

    A. 施工机械的正常储备　　　　　B. 材料和构件的储备

    C. 临时设施的准备　　　　　　　D. 企业管理费的支付

6. 因发包人未按（　　）提供施工条件而造成工期拖延，承包人可向发包人提出索赔。

    A. 施工进度计划要求　　　　　　B. 施工合同要求

    C. 招标文件要求　　　　　　　　D. 承包人投标文件要求

7. 建设项目总承包单位作为项目建设的一个（　　），其项目管理主要服务于项目的利益和建设项目总承包单位的利益。

    A. 业主方　　　　B. 施工方　　　　C. 参与方　　　　D. 供货方

8. 在工程实施过程中发生索赔事件以后，或者承包人发现索赔机会时，首先要（　　）。

    A. 发出索赔意向通知　　　　　　B. 提交索赔报告

    C. 确定索赔依据和理由　　　　　D. 计算索赔的费用

9. 在劳务分包合同中，劳务分包人在施工现场内使用的施工机械、周转材料、安全设施，由（　　）负责供应。

    A. 发包人　　　　B. 承包人　　　　C. 劳务分包人　　　　D. 工程师

10. 业主根据（　　）为承包人完成的工作量支付相应的价款。

    A. 已完成工作预算费用　　　　　B. 计划完成工作实际费用

    C. 计划完成工作预算费用　　　　D. 已完成工作实际费用

11．信息量大，可以反映各种偏差变量和指标，还便于计算机辅助管理，提高投资控制工作效率的偏差分析方法是（　　）。

　　A．横道图法　　　B．时标网络图法　　　C．表格法　　　　D．曲线法

12．某工程采用工程量清单招标，招标人公布的招标控制价为 100 万元。中标人的投标价为 80 万元，经调整计算错误后，中标价为 91 万元，所有合格投标人的报价平均值为 92 万元，则该中标人的报价浮动率为（　　）。

　　A．11.0%　　　　B．9.0%　　　　　C．8.5%　　　　　D．8.0%

13．某室内装饰工程招标工程量清单中的某清单项目的工程量为 $1000m^2$，承包人投标报价中的综合单价为 30 元/平方米。合同约定：当实际工程量超过清单工程量 15% 时调整单价，调整系数为 0.9。工程结束时承包人实际完成并经监理工程师确认的工程量为 $1400m^2$。则该清单项目的工程量价款为（　　）元。

　　A．42300　　　　B．41250　　　　　C．40800　　　　　D．37800

14．某装饰工程施工过程中，由于发包人供应的材料没有及时到货，导致承包人的工人窝工 5 个工作日，每个工日单价为 200 元；承包人租赁的一台挖土机窝工 5 个台班，台班租赁费为 500 元；承包人自卸汽车窝工 2 个台班，该自卸汽车折旧费按每台 300 元计算，工作时燃油动力费为每台班 80 元。则承包人可以索赔的费用是（　　）元。

　　A．2500　　　　B．3500　　　　　C．4260　　　　　D．4100

15．承包人在索赔事项发生后的（　　）天以内，应向监理工程师正式提出索赔意向通知。

　　A．7　　　　　　B．14　　　　　　C．21　　　　　　D．28

16～24 为多选题

16．工程档案立卷可按建设程序划分为工程准备阶段文件、（　　）等五部分。

　　A．设计文件　　　B．监理文件　　　　C．竣工图
　　D．施工文件　　　E．竣工验收

17．按照《建设工程价款结算暂行办法》的规定，工程价款的结算方式有（　　）。

　　A．分项结算　　　　　　　　　　B．按月结算
　　C．中间结算　　　　　　　　　　D．分段结算
　　E．竣工后一次性结算

18．工程预付备料宽额度一般式根据（　　）等因素通过测算确定。

　　A．施工周期　　　B．建筑安装工程量　　　C．材料储备周期
　　D．材料单价　　　E．主要材料和构件费用占建筑安装工程量的比例

19．《建设工程施工合同（示范文本）》（GF-2017-0201）由（　　）组成。

　　A．协议书　　　B．普通条款　　　C．通用条款
　　D．补充条款　　　E．专用条款

20．工程进度款的支付是施工过程中一项经常性的工作，关于它的（　　）都在施工合同中做出具体的规定。

　　A．支付数额　　　B．支付方式　　　C．支付时限
　　D．延期支付的方法　　　　　　　　E．延期支付的利息

21．按索赔目的不同，工程索赔可分为（　　）。

　　A．合同中明示的索赔　　　　　　　B．合同中默示的索赔

　　C．工期索赔　　　D．费用索赔　　　E．工程变更索赔

22．承包人可以就下列（　　）事件的发生向业主提出索赔。

　　A．在施工过程中遇到地下文物被迫停工　　B．因施工机械大修而误工 3 天

　　C．材料供应商延期交货　　　　　　　　　D．业主要求加速施工，导致工程成本增加

　　E．设计图样错误，造成返工

23．在下列工程项目目标控制方法中，可以综合控制工程造价和工程进度的方法有（　　）。

　　A．控制图法　　　B．因果分析法　　　C．S 形曲线法

　　D．香蕉形曲线法　　　　　　　　　　　E．直方图法

24．进行工程费用动态监控时，可采用的偏差分析方法有（　　）。

　　A．横道图法　　　B．时标网络图法　　　C．表格法

　　D．曲线法　　　E．分层法

二、案例分析

1．某国际金融中心需要进行装饰，发包人在装饰方案确定后，采用固定单价计价模式进行招标。某施工单位中标，其报价中的现场管理费的费率为 10%，企业管理费的费率为 8%，利润率为 5%；其中，A、B、C 3 个分项工程的综合单价分别为 80 元/m² 和 460 元/m²、120 元/m²。施工合同中约定：若累计实际工程量比计划工程量增加超过 15%，超出部分不计企业管理费和利润；若累计实际工程量比计划工程量减少超过 15%，其综合单价调整系数为 1.176；其余分项工程按中标价结算。

A、B、C 3 个分项工程均按计划工期完成，相应的每月计划完成工程量和实际完成工程量见表 3-2。

表 3-2　每月计划完成工程量和实际完成工程量

	月份	1 月	2 月	3 月	4 月
A 分项工程	计划完成工程量/m³	1100	1200	1300	1400
	实际完成工程量/m³	1100	1200	900	800
B 分项工程	计划完成工程量/m³	500	500	500	—
	实际完成工程量/m³	550	600	650	—
C 分项工程	计划完成工程量/m³	200	300	300	—
	实际完成工程量/m³	200	250	400	—

问题：

（1）发包人应依据什么原则进行工程变更合同价款的审定？

（2）该施工单位报价中的综合费率为多少？

（3）A 分项工程应结算的工程价款为多少？

（4）B 分项工程应结算的工程价款为多少？

（5）C 分项工程应结算的工程价款为多少？

2．某建筑集团公司中标某地产公司一个别墅项目中的 10 栋联排别墅。工程承包合同额为1500 万元，工期为 6 个月。承包合同规定：

（1）主要材料及构/配件金额占合同总价的 70%。

（2）在不迟于开工前 7 天，业主向承包人支付额度为合同总价 25% 的预付备料款，工程预

付款应从未施工工程尚需的主要材料及构/配件的价值相当于预付备料款时起扣，每月以抵充工程价款的方式陆续收回。

（3）工程保修金为承包合同总价的 4%，业主从每月承包人的工程价款中按 4%的比例扣留。在保修期满后，保修金及保修金利息扣除已支出费用后的剩余部分退还给承包人。

（4）除设计变更和其他不可抗力因素外，合同总价不做调整。联排别墅工程各月实际完成产值见表 3-3。

表 3-3　联排别墅工程各月实际完成产值

月份	4 月	5 月	6 月	7 月	8 月	9 月
实际完成产值/万元	220	250	280	300	250	200

问题：

（1）该工程的预付款是多少？

（2）起扣点是多少？从几月份开始扣除？

（3）各个月份监理工程师代表应签证的工程价款是多少？应签发付款凭证金额是多少？

（4）承包人在施工段一的混凝土工程完工经质量检查人员自检认为质量符合现行规范后，向业主提出工程量确认的书面报告。7 天后，业主的监理工程师代表仍然没有到现场进行计量，承包人应如何处理？

（5）按照《建设工程价款结算暂行办法》（财建〔2004〕369 号），工程价款的结算方式有哪些？

（6）工程竣工结算应如何进行？

三、思考题

1．室内装饰工程造价的含义有哪些？什么叫全面造价管理？

2．工程造价管理的基本内容有哪些？

3．室内装饰工程造价的原则有哪些？

4．简述我国内地及香港特别行政区造价管理发展概况。

5．室内装饰工程造价管理措施有哪些？

6．室内装饰工程投资决策阶段造价管理内容有哪些？

7．室内装饰工程设计阶段造价管理内容有哪些？

8．室内装饰工程招投标阶段造价管理内容有哪些？

9．室内装饰工程施工阶段造价管理内容有哪些？

10．室内装饰工程竣工阶段造价管理内容有哪些？

11．室内装饰工程变更的范围包括哪些？

12．阐述室内装饰工程变更与索赔的关系。

13．目前我国室内装饰工程价款的结算方式有哪几种？

14．室内装饰工程的投资偏差的分析方法主要有哪些？各种方法的优缺点是什么？

第 4 章

室内装饰工程预算费用与定额

教学目标

　　本章主要介绍分部分项工程费、措施项目费、其他项目费、规费和税金，以及室内装饰工程预算定额和工程量清单消耗量定额。通过本章学习，读者可了解室内装饰工程预算定额和工程量清单消耗量定额，掌握室内装饰工程预算费用的构成，掌握利用定额进行室内装饰工程概预算的方法。

教学要求

知识要点	能力要求	相关知识
室内装饰工程费用	（1）掌握室内装饰工程预算费用的构成（按造价形成划分）。 （2）掌握分部分项工程费的构成。 （3）掌握措施项目费的构成。 （4）掌握其他项目费的构成。 （5）掌握规费的构成。 （6）熟悉税金的内容	（1）分部分项工程费、措施项目费、其他项目费、规费和税金。 （2）安全文明施工费、夜间施工增加费、二次搬运费、冬雨季施工增加费、已完工程及设备保护费、工程定位复测费、特殊地区施工增加费、大型机械进出场费及安拆费、脚手架工程费。 （3）暂列金额、计日工、总承包服务费。 （4）社会保险费、住房公积金。 （5）增值税、城市维护建设税、教育费附加、地方教育附加
室内装饰工程预算定额和工程量清单消耗量定额	（1）熟悉定额的概念、作用。 （2）了解定额手册及其组成。 （3）掌握定额换算以及定额套用。 （4）掌握定额消耗量的确定	（1）消耗量定额、定额换算。 （2）定额组成、定额手册内容。 （3）工程量换算法、块料面层换算法。 （4）编制原则和方法，人工、材料、施工机械消耗量的确定

 基本概念

　　利润，税金，分部分项工程费，其他项目费，措施项目费，规费，人工费，施工机具使用费，材料费，定额换算，定额编码，定额套用注意：本章出现"消耗量定额"和"定额消耗量"，前者特指某种定额（文件），在该定额中规定了完成单位合格产品的消耗量；后者指某种定额（文件）中规定的消耗量。

 引例

前面两章介绍了室内装饰工程项目管理和造价管理，对业主和施工单位来说，工程造价概念是不同的。室内装饰工程造价由分部分项工程费、措施项目费、其他项目费、规费、税金构成。那么工程造价是如何计算的？通常情况下，室内装饰工程预算费用包含哪些内容？各个项目的费用又是如何计算的？这些都是本章的重点内容。

在学习本章前，先回答以下两个问题：

1. 固定资产投资包括（　　）。

    A. 建筑费+安装费+预备费用

    B. 建筑费+安装费+工程建设其他费用

    C. 建筑安装费+工程建设其他费用+预备费

    D. 工程费+工程建设其他费用+预备费+建设期利息

2. 某国内设备制造厂生产某台非标准设备的生产制造成本及包装费为 20 万元，外购的配件费为 3 万元，利润率为 10%，增值税适用税率为 13%，则利润为（　　）万元。

    A. 2.00   B. 2.26   C. 2.30   D. 2.60

4.1　室内装饰工程预算费用

4.1.1　室内装饰产品价格特点

商品是为交换而生产的劳动产品。商品的价值是指凝结在商品中的人类劳动，其价值大小取决于消耗在产品生产中的社会必要劳动时间的多少，而不是个别劳动时间的多少。所谓社会必要劳动时间，是指社会平均劳动时间。

凡是商品都有它的价值，没有价值的东西不可能成为商品。商品的价值用货币来表现就是商品的价格，即价格是价值的货币表现。商品交换时，其价格要以价值为基础，实行等价交换，这就是价值规律。

室内装饰产品不同于一般工业产品，其价格也不同于一般工业产品的价格。室内装饰产品价格的编制依据有以下两个。

（1）室内装饰产品特点决定装饰价格。室内装饰产品各式各样，规格千变万化，而大多数工业产品是标准化的；室内装饰产品的生产没有固定地区，它随着装饰工程所在地的变化而变换工地；工业产品的生产是在固定的生产地点（工厂）进行不断重复的连续生产过程，工业产品生产条件很少发生显著变化。室内装饰工程因时间、地点、施工条件、施工工艺、装饰构造等不同而在工程造价上有很大的差异。例如，装饰两个结构和面积相同的房屋，若一个在冬季施工，另一个在夏季施工，则两者的工程造价会有差异；若一个在交通方便的地方施工，另一个在偏僻的地方施工，则它们的工程投资费用也不相同。即使在同一季节、同一地方的室内装饰工程，由于室内装饰设计方案不同，室内装饰产品的价格也是不同的。采用同一标准设计的装饰物，也会由于材料来源、运输工具和运输距离、施工季节，以及施工机械化程度等方面因素，造成所需的装饰工程费用有很大的差别。正是这些因素决定了装饰工程（装饰产品）的报价必须采用适合装饰工程特点的特殊方法，即按照实际情况编制施工图预算的方法。

（2）室内装饰工程的各项构成费用影响室内装饰产品的价格。室内装饰产品的价格由直接费、间接费、利润和税金等组成。

从室内装饰工程造价编制的过程来看，直接费的材料预算价格与实际价格可以调整，人工费按地区预算标准（工资标准不变）计算，其他直接费按规定的费率可变；间接费根据工程的规模、施工单位的资质等级、工程地点及发生条件计算；利润不变。装饰工程造价是由直接费、间接费和利润构成的，其工程造价的可变性是必然的。

4.1.2　室内装饰工程造价理论

1. 室内装饰工程造价含义

室内装饰工程造价是指室内装饰建设项目在装饰过程中，施工单位发生的生产和经营管理费用的总和。

广义上的工程造价是指室内装饰工程项目从立项决策到竣工验收、交付使用所需的全部投入费用，也就是建设投资；狭义上的工程造价是指在室内装饰过程中施工单位发生的生产和经营管理的费用总和。前一种含义是对投资者即建设单位而言，后一种含义是对室内装饰工程项目的建造者，即对施工单位而言。通常所说的工程造价是指狭义的解释。

2. 工程造价理论构成

室内装饰工程项目作为一种商品，其造价也同其他商品一样，应包括各种活劳动和物化劳动的消耗费用，以及这些费用消耗所创造的社会价值。但是，室内装饰工程造价又有其特殊性。

（1）室内装饰工程造价由3个部分构成：物质消耗支出，即价值转移的货币表现，用 C 表示；劳动报酬，即劳动者为自己的劳动所创造价值的货币表现，用 V 表示；盈利，即劳动者为社会提供的劳动所创造价值的货币表现，用 M 表示。

因此，室内装饰工程造价理论构成可用下式表示：

$$室内装饰工程造价理论构成=C+V+M \tag{4-1}$$

（2）与一般的工业产品价格构成不同，室内装饰工程造价的构成还有某些特殊性，主要表现在以下3个方面。

① 室内装饰工程在竣工后，一般不在空间上发生物理运动，可直接移交用户，立即进入生产和生活消费。因此，其价格中不包括一般商品的生产性流通费用，如商品包装费、运输费、保管费。

② 室内装饰工程项目固定在一个地方，和土地连成一片。因此，其价格中一般应包括土地价格或使用费。此外，由于施工人员和施工季节要围绕建设工程变换，因此有的室内装饰工程价格中还包括施工单位远离基地的调迁费用或成品转移所发生的费用。

③ 室内装饰工程的生产者中包括勘察设计单位、室内装饰工程施工单位，因此，其工程造价中包含的劳动报酬和盈利均是总体劳动者的劳动报酬与盈利。

3. 我国现行室内装饰工程造价的组成内容

在我国，室内装饰工程项目从筹建到竣工验收、交付使用整个过程的投入费用既称为工程造价，也称为基本建设费用，它包括的内容如下式所示：

$$室内装饰工程造价（基本建设费用）=人工费+材料费+施工机具使用费+$$
$$企业管理费+利润+规费+税金 \tag{4-2}$$

或

$$室内装饰工程造价（基本建设费用）=分部分项工程费+$$
$$措施项目费+其他项目费+规费+税金 \tag{4-3}$$

4.1.3　室内装饰工程预算费用的组成

在室内装饰工程施工过程中，需要投入大量的人力、材料、机械等，消耗大量资金。因此，在室内装饰工程中，既包含各种人力、材料、机械使用的价值，又包含工人在施工过程中新创造的价值，这些价值都应该在室内装饰工程预算费用中体现出来。

室内装饰工程预算费用包含的项目繁多，计算过程复杂。根据室内装饰工程及其生产的技术经济特点，室内装饰工程预算费用构成、费用计算基础和取费标准等，必须按工程的类别、标准、等级、地区、企业级别等的不同而发生变化，而且随着时间的推移及生产力和科学技术水平的提高，室内装饰工程预算费用构成、取费标准等也将发生变化，也引起相应时期室内装饰工程产品的价值变化。2013 年，住房和城乡建设部与财政部联合发布了《建筑安装工程费用项目组成》（以下简称《费用组成》）。《费用组成》把室内装饰工程预算费用按其构成要素，分为人工费、材料费、施工机具使用费、企业管理费、利润、规费和税金，见表 4-1；按工程造价形成顺序把室内装饰工程预算费用分为分部分项工程费、措施项目费、其他项目费、规费和税金，见表 4-2。

表 4-1　按费用构成要素划分的室内装饰工程预算费用组成

项次	费用名称	费用项目内容		参考计算方法
（一）	人工费	1. 计时工资或计件工资		人工费=$\sum$（工日消耗量×日工资单价） 或 人工费=$\sum$（工程工日消耗量×日工资单价）
		2. 奖金		
		3. 津贴、补贴		
		4. 加班加点工资		
		5. 特殊情况下支付的工资		
（二）	材料费	1. 材料原价		1. 材料费 材料费=$\sum$（材料消耗量×材料单价） 其中，材料单价=［（材料原价+运杂费）×〔1+运输损耗率（%）〕］×[1+采购保管费的费率（%）]
		2. 运杂费		
		3. 运输损耗费		2. 工程设备费 工程设备费=$\sum$（工程设备用量×工程设备单价） 其中，工程设备单价=（设备原价+运杂费）×[1+采购保管费的费率（%）]
		4. 采购保管费		

续表

项次	费用名称	费用项目内容		参考计算方法
（三）	施工机具使用费	1. 施工机械使用费	①折旧费	施工机械使用费=∑（施工机械台班消耗量×机械台班单价） 其中，机械台班单价=台班折旧费+台班大修费+台班经常修理费+台班安拆费及场外运费+台班人工费+台班燃料动力费+台班车船税费
			②大修理费	
			③经常修理费	
			④安拆费及场外运费	
			⑤人工费	
			⑥燃料动力费	
			⑦税费	
		2. 仪器仪表使用费		仪器仪表使用费=工程中使用的仪器仪表摊销费+维修费
（四）	企业管理费	1. 管理人员工资		（1）以分部分项工程费为计算基础。 企业管理费的费率（%）=生产工人年平均管理费/（年有效施工天数×人工单价）×人工费占分部分项工程费比例（%） （2）以人工费和施工机具使用费合计结果为计算基础。 企业管理费的费率（%）=生产工人年平均管理费/［年有效施工天数×（人工单价+每一工日施工机具使用费）］×100% （3）以人工费为计算基础。 企业管理费的费率（%）=生产工人年平均管理费/（年有效施工天数×人工单价）×100%
		2. 办公费		
		3. 差旅交通费		
		4. 固定资产使用费		
		5. 工具用具使用费		
		6. 劳动保险和职工福利费		
		7. 劳动保护费		
		8. 检验试验费		
		9. 工会经费		
		10. 职工教育经费		
		11. 财产保险费		
		12. 财务费		
		13. 其他		
（五）	利润			施工单位根据自身需求并结合建筑市场实际自主确定
（六）	规费	1. 社会保险费	①养老保险费	社会保险费和住房公积金=∑（工程定额人工费×社会保险费和住房公积金费率）
			②失业保险费	
			③医疗保险费	
			④生育保险费	
			⑤工伤保险费	
		2. 住房公积金		
（七）	税金	1. 增值税		税金=税前造价×增值税适用税率（%）+城市维护建设税+教育费附加+地方教育附加
		2. 城市维护建设税		
		3. 教育费附加		
		4. 地方教育附加		
	总造价	人工费、材料费、施工机具使用费、企业管理费、利润、规费、税金		总造价=人工费+材料费+施工机具使用费+企业管理费+利润+规费+税金

表 4-2 按工程造价形成顺序划分的室内装饰工程预算费用组成

项次	费用名称	费用项目内容		参考计算方法
（一）	分部分项工程费	1. 楼地面装饰工程		分部分项工程费=$\sum$（分部分项工程工程量×综合单价） 其中，综合单价包括人工费、材料费、施工机具使用费、企业管理费、利润及一定范围的风险费
		2. 墙、柱面装饰与隔断、幕墙工程		
		3. 天棚工程		
		4. 油漆、涂料、裱糊工程		
		5. 其他装饰工程		
		6. 拆除工程		
		7. 门窗工程等		
（二）	措施项目费	1. 安全文明施工费	①环境保护费	1. 国家计量规范规定应予计量的措施项目费，其计算式为 措施项目费=$\sum$（措施项目工程量×综合单价） 2. 国家计量规范规定不宜计量的措施项目费计算方法如下： （1）安全文明施工费。 安全文明施工费=计算基数×安全文明施工费的费率（%） 计算基数应为定额基价（定额分部分项工程费+定额中可以计量的措施项目费）、定额人工费或定额人工费+定额施工机具使用费 （2）夜间施工增加费。 夜间施工增加费=计算基数×夜间施工增加费的费率（%） （3）二次搬运费。 二次搬运费=计算基数×二次搬运费的费率（%） （4）冬雨季施工增加费。 冬雨季施工增加费=计算基数×冬雨季施工增加费的费率（%） （5）已完工程及设备保护费。 已完工程及设备保护费=计算基数×已完工程及设备保护费的费率（%） 上述（2）～（5）项措施项目的计算基数应为定额人工费或定额人工费+定额施工机具使用费
			②文明施工费	
			③安全施工费	
			④临时设施费	
		2. 夜间施工增加费		
		3. 二次搬运费		
		4. 冬雨季施工增加费		
		5. 已完工程及设备保护费		
		6. 工程定位复测费		
		7. 特殊地区施工增加费		
		8. 大型机械设备进出场费及安拆费		
		9. 脚手架工程费		
（三）	其他项目费	1. 暂列金额		1. 暂列金额由建设单位根据工程特点，按有关计价规定估算。在施工过程中由建设单位掌握使用该项金额，扣除合同价款调整后，若该项金额还有余额，则归建设单位所有。 2. 计日工由建设单位和施工单位按施工过程中的签证计价。 3. 总承包服务费由建设单位在招标控制价中根据总包服务范围和有关计价规定编制，施工单位投标时自主报价，施工过程中按合同价款执行
		2. 计日工		
		3. 总承包服务费		

项次	费用名称	费用项目内容		参考计算方法
（四）	规费	1. 社会保险费	①养老保险费	社会保险费和住房公积金=$\sum$（工程定额人工费×社会保险费和住房公积金费率）
			②失业保险费	
			③医疗保险费	
			④生育保险费	
			⑤工伤保险费	
		2. 住房公积金		
（五）	税金	1. 增值税		税金=税前造价×增值税适用税率（%）+城市维护建设税+教育费附加+地方教育附加
		2. 城市维护建设税		
		3. 教育费附加		
		4. 地方教育附加		
总造价		分部分项工程费、措施项目费、其他项目费、规费、税金		总造价=分部分项工程费+措施项目费+其他项目费+规费+税金

1. 按费用构成要素划分的室内装饰工程费用项目

1）人工费

人工费是指按工资总额构成规定，支付给从事建筑安装工程施工的生产工人和附属生产单位工人的各项费用。具体内容如下。

（1）计时工资或计件工资，即按计时工资标准和工作时间或对已做工作按计件单价支付给个人的劳动报酬。

（2）奖金，即针对超额劳动和增收节支，支付给个人的劳动报酬，如节约奖、劳动竞赛奖等。

（3）津贴补贴，即为了补偿职工特殊或额外的劳动消耗和因其他特殊原因支付给个人的津贴，以及为了保证职工工资水平不受物价影响支付给个人的物价补贴，如流动施工津贴、特殊地区施工津贴、高温（寒）作业临时津贴、高空津贴等。

（4）加班加点工资，即按规定支付的在法定节假日工作的加班工资和在法定日工作时间外延时工作的加点工资。

（5）特殊情况下支付的工资，即根据国家法律、法规和政策规定，因病、工伤、产假、计划生育假、婚丧假、事假、探亲假、定期休假、停工学习、执行国家或社会义务等原因按计时工资标准或计时工资标准的一定比例支付的工资。

人工费的计算式为

$$人工费 = \sum（工日消耗量×日工资单价）\tag{4-4}$$

式中，

$$日工资单价 = \frac{生产工人平均月工资（计时、计件）+平均月（奖金+津贴补贴+特殊情况下支付的工资）}{年平均每月法定工作日}$$

$$\tag{4-5}$$

2）材料费

材料费是指施工过程中消耗的原材料、辅助材料、构/配件、零件、半成品或成品、工程设备的费用。具体内容如下。

（1）材料原价，即材料、工程设备的出厂价或批发价。

（2）运杂费，即材料、工程设备从来源地运到工地仓库或指定堆放地点所发生的全部费用。

（3）运输损耗费，即材料在运输和装卸过程中不可避免的损耗。

（4）采购保管费，即在为组织采购、供应和保管材料、工程设备的过程中所需要的各项费用，包括采购费、仓储费、工地保管费和仓储损耗费。

材料费的计算式为

$$材料费 = \sum（材料消耗量 \times 材料单价）\tag{4-6}$$

式中，

$$材料单价 = \big[（材料原价 + 运杂费）\times（1 + 运输损耗率）\big] \times \big[1 + 采购保管费的费率\big]\tag{4-7}$$

工程设备费的计算式为

$$工程设备费 = \sum（工程设备用量 \times 工程设备单价）\tag{4-8}$$

式中，

$$工程设备单价 =（设备原价 + 运杂费）\times \big[1 + 采购保管费的费率\big]\tag{4-9}$$

3）施工机具使用费

施工机具使用费是指施工作业所发生的施工机械使用费、仪器仪表使用费或其租赁费。

（1）施工机械使用费。该项目费用以施工机械台班耗用量乘以施工机械台班单价来计算，其中，施工机械台班单价应由下列 7 项费用组成。

① 折旧费：施工机械在规定的使用年限内，陆续收回其原值的费用。

② 大修理费：施工机械按规定的大修理间隔台班进行必要的大修理，以恢复其正常功能所需的费用。

③ 经常修理费：施工机械除大修理以外的各级保养和临时故障排除所需的费用。包括为保障机械正常运转所需替换设备与随机配备工具/附具的摊销费用和维护费用、机械运转过程中日常保养所需润滑与擦拭的材料费用及机械停滞期间的维护和保养费用等。

④ 安拆费及场外运费：安拆费指施工机械（大型机械除外）在现场进行安装与拆卸所需的人工、材料、机械和试运转费用，以及机械辅助设施的折旧、搭设、拆除等费用；场外运费是指把施工机械整体或分体从停放地点运到施工现场，或者由一个施工地点运到另一个施工地点所产生的运输、装卸、辅助材料及架线等费用。

⑤ 人工费：施工机械操作人员和其他操作人员的人工费。

⑥ 燃料动力费：施工机械在作业中因消耗各种燃料及水电等而产生的费用。

⑦ 税费：按照国家规定，针对施工机械应缴纳的车船使用税、保险费及年检费等。

施工机械使用费的计算式为

$$施工机械使用费 = \sum（施工机械台班消耗量 \times 机械台班单价）\tag{4-10}$$

式中，

$$机械台班单价 = 台班折旧费 + 台班大修费 + 台班经常修理费 + 台班安拆费及场外运费 +$$
$$台班人工费 + 台班燃料动力费 + 台班车船税费\tag{4-11}$$

（2）仪器仪表使用费。仪器仪表使用费是指工程施工所需使用的仪器仪表的摊销费及维修费。

仪器仪表使用费的计算式为

$$仪器仪表使用费 = 工程使用的仪器仪表摊销费 + 维修费\tag{4-12}$$

4）企业管理费

企业管理费是指建筑安装企业组织施工生产和经营管理所需的费用，具体内容如下。

（1）管理人员工资：按规定支付给管理人员的计时工资、奖金、津贴补贴、加班加点工资及特殊情况下支付的工资等。

（2）办公费：企业管理办公用的文具、纸张、账表、印刷、邮电、书报、办公软件、现场监控、会议、水电、烧水和集体取暖降温（包括现场临时宿舍取暖降温）等费用。

（3）差旅交通费：职工因公出差、调动工作的差旅费和住勤补助费，市内交通费和误餐补助费，职工探亲路费，劳动力招募费，职工退休、退职一次性路费，工伤人员就医路费，工地转移费以及管理部门使用的交通工具的油料、燃料等费用。

（4）固定资产使用费：管理和试验部门及附属生产单位使用的属于固定资产的房屋、设备、仪器等的折旧、大修、维修或租赁费。

（5）工具用具使用费：企业施工生产和管理使用的不属于固定资产的工具、器具、家具、交通工具和检验、试验、测绘、消防用具等的购置、维修和摊销费。

（6）劳动保险和职工福利费：集体福利费（包含退休职工福利费）、夏季防暑降温补贴、冬季取暖补贴、上下班交通补贴等。

（7）劳动保护费：企业按规定发放的劳动保护用品的支出，如工作服、手套、防暑降温饮料及在有碍身体健康的环境中施工的保健费用等。

（8）检验试验费：施工单位按照有关标准规定，对建筑、材料、构件和建筑安装物进行一般鉴定、检查所发生的费用，包括自设试验室进行试验所耗用的材料等费用。其中不包括新结构/新材料的试验费、对构件做破坏性试验及其他特殊要求检验试验的费用和建设单位委托检测机构进行检测的费用，此类检测发生的费用由建设单位在工程建设其他费用中列支。但对施工单位提供的具有合格证明的材料进行检测不合格的，该检测费用应由施工单位支付。

（9）工会经费：企业按《工会法》规定的全部职工工资总额规定比例计提的工会经费。

（10）职工教育经费：按职工工资总额的规定比例计提企业为职工进行专业技术和职业技能培训、专业技术人员继续教育、职工职业技能鉴定、职业资格认定及根据需要对职工进行各类文化教育所发生的费用。

（11）财产保险费：施工管理用财产、车辆等的保险费用。

（12）财务费：企业为施工生产筹集资金或提供预付款担保、履约担保、职工工资支付担保等所发生的各种费用。

（13）税金：企业按规定缴纳的房产税、车船使用税、土地使用税、印花税等。

（14）其他费用：技术转让费、技术开发费、投标费、业务招待费、绿化费、广告费、公证费、法律顾问费、审计费、咨询费、保险费等。

根据计算基础的不同企业管理费的费率可用以下3个公式计算：

① 以分部分项工程费为计算基础的公式。

$$企业管理费的费率（\%）=\frac{生产工人年平均管理费}{年有效施工天数×人工单价}×人工费占分部分项工程费比例（\%）$$

（4-13）

② 以人工费和施工机具使用费合计结果为计算基础的公式。

$$企业管理费的费率（\%）=\frac{生产工人年平均管理费}{年有效施工天数\times（人工单价+每一工日施工机具使用费）}\times100\% \qquad （4\text{-}14）$$

③ 以人工费为计算基础的公式。

$$企业管理费的费率（\%）=\frac{生产工人年平均管理费}{年有效施工天数\times人工单价}\times100\% \qquad （4\text{-}15）$$

5）利润

利润是指施工单位完成所承包工程获得的盈利。

6）规费

规费是指按相关规定必须计入工程造价的行政事业性收费，即按照国家或省、市、自治区人民政府规定，必须缴纳并允许计入工程造价的各项费用。规费主要包括社会保险费（包括养老保险费、失业保险费、医疗保险费、生育保险费、工伤保险费）和住房公积金。

（1）社会保险费。社会保险是指国家通过立法强制建立社会保险基金，对建立劳动关系的劳动者在丧失劳动能力或失业时给予必要的特质帮助的制度。社会保险不以盈利为目的，社会保险费作为不可竞争费用，在编制施工图预算、招标控制价和投标报价时应按照定额规定的取费标准计算。

社会保险的目的是通过筹集社会保险基金，在一定范围内对社会保险基金实行统筹调剂，在劳动者遭遇劳动风险时对给予必要的帮助。社会保险对劳动者提供的是基本生活保障，只要劳动者符合享受社会保险的条件，即与用人单位建立了劳动关系，或者已按规定缴纳了各项社会保险费，就可享受社会保险待遇。社会保险是社会保障制度的核心内容。

① 养老保险。养老保险指劳动者在达到法定退休年龄或因年老、疾病丧失劳动能力时，按国家规定退出工作岗位并享受社会给予的一定物质帮助的一种社会保险制度。养老保险待遇包括退休费、退职生活费、物价补贴和生活补贴等。

② 失业保险。失业保险指国家通过建立失业保险基金的办法，对因某种情形失去工作而暂时中断生活来源的劳动者提供一定的基本生活需要，帮助其重新就业的一项社会保险制度。

③ 医疗保险。医疗保险指劳动者因疾病、伤残等原因需要治疗时，由国家和社会提供必要的医疗服务和物质帮助的一项社会保险制度。

④ 生育保险。生育保险是通过国家立法规定，在女性劳动者因生育子女而导致劳动力暂时中断时，由国家和社会及时给予物质帮助的一项社会保险制度。

⑤ 工伤保险。工伤保险是指按照建筑法规定，企业为从事危险作业的建筑安装施工人员支付的意外伤害保险费。

社会保险费应以定额人工费为计算基础，根据工程所在省、自治区、直辖市或行业建设主管部门规定的费率计算。其计算式为

$$社会保险费=\sum（工程定额人工费\times社会保险费的费率） \qquad （4\text{-}16）$$

（2）住房公积金。住房公积金是指职工个人及其所在单位按照职工个人工资收入的一定比例逐月缴存，具有保障性和互助性的职工个人住房储金。职工缴存的住房公积金和职工所在单位为职工缴存的住房公积金，属于职工个人所有。我国的《住房公积金管理条例》规定，国家机关、企事业单位、外方投资企业及城镇私营企业都必须为职工缴存住房公积金。

住房公积金应以定额人工费为计算基础，根据工程所在省、自治区、直辖市或行业建设主

管部门规定的费率计算。其计算式为

$$住房公积金 = \sum (工程定额人工费 \times 住房公积金费率) \qquad (4\text{-}17)$$

7）税金

税金是指按国家税法规定应计入工程造价内的增值税、城市维护建设税、教育费附加及地方教育费附加。

（1）增值税。增值税是指对从事建筑业、交通运输业和各种服务业的商品生产、流通、劳务服务中多个环节的新增价值或商品的附加值征收的一种流转税。增值税计税方法分为一般计税方法和简易计税方法。

当采用一般计税方法时，增值税销项税额=税前造价×10%（税率），其中，税前造价=人工费+材料费+施工机具使用费+企业管理费+利润+规费，各个费用项目均以不包含增值税可抵扣进项税额的价格计算。

当采用简易计税方法时，增值税=税前造价×3%（税率），其中，税前造价=人工费+材料费+施工机具使用费+企业管理费+利润+规费，各个费用项目均以包含增值税进项税额的含税价格计算。

（2）城市维护建设税。城市维护建设税是国家为了加强城市的维护建设，扩大和稳定城市维护建设资金来源，对有经营收入的单位和个人征收的一种税。城市维护建设税与增值税同时缴纳，应纳税额的计算式为

$$应纳税额 = 增值税应纳税额 \times 适用税率 \qquad (4\text{-}18)$$

对适用税率的规定如下。

① 纳税人所在地在市区的，适用税率为7%。

② 纳税人所在地在县城、镇的，适用税率为5%。

③ 纳税人所在地不在市区、县城或者镇的，适用税率为1%。

（3）教育费附加。教育费附加是指为加快发展地方教育事业、扩大地方教育资金来源而征收的一种地方税。教育费附加与增值税同时缴纳，应纳税额的计算式为

$$应纳税额 = 增值税应纳税额 \times 适用税率（税率为3\%） \qquad (4\text{-}19)$$

（4）地方教育费附加。地方教育附加是指根据国家有关规定，为实施"科教兴省"战略，增加地方教育的资金投入，促进各省、自治区、直辖市的教育事业发展而开征的一项地方政府性基金。地方教育费附加的计算式为

$$应纳税额 = 增值税应纳税额 \times 适用税率（税率为2\%） \qquad (4\text{-}20)$$

在室内装饰工程造价计算程序中，税金计算在最后进行。将税金计算之前的所有费用之和称为不含税工程造价，不含税工程造价与税金之和称为含税工程造价。投标人在投标报价时，税金的计算一般按国家及有关部门规定的计算式及税率标准计算。

2. 按造价形成顺序划分的室内装饰工程费用项目

1）分部分项工程费

分部分项工程费是指各专业工程的分部分项工程应予列支的各项费用，包含人工费、材料费、施工机具使用费、企业管理费和利润。分部分项工程是指按现行国家计量规范对各专业工程划分的项目，如楼地面装饰工程、墙/柱面装饰与隔断、幕墙工程、天棚工程、油漆/涂料/裱糊工程、其他装饰工程、拆除工程和门窗工程等。

分部分项工程费的计算式为

$$分部分项工程费 = \sum (分部分项工程工程量 \times 综合单价) \qquad (4-21)$$

式中，综合单价包括人工费、材料费、施工机具使用费、企业管理费、利润及一定范围的风险费。

2）措施项目费

（1）措施项目费的组成。措施项目费是指为完成建设工程施工，发生于该工程施工前和施工过程中的技术、生活、安全、环境保护等方面的费用。室内装饰工程的措施项目费通常为表 4-3 确定的工程措施项目金额的总和，包括人工费、材料费、施工机具使用费、企业管理费、利润及风险费等。

表 4-3 措施项目费用一览表

序 号	项 目 费 用 名 称
1. 通用项目	
1.1	安全文明施工费（环境保护费、文明施工费、安全施工费和临时设施费）
1.2	夜间施工增加费
1.3	二次搬运费
1.4	冬雨季施工增加费
1.5	已完工程及设备保护费
1.6	工程定位复测费
1.7	特殊地区施工增加费
1.8	大型机械设备进出场费及安拆费
1.9	脚手架工程费
2. 装饰工程	
2.1	建筑物垂直运输机械使用费
2.2	室内空气污染测试费
2.3	脚手架工程费

① 环境保护费。环境保护费指在正常施工条件下，施工单位为达到环保部门要求缴纳的各项费用，主要包括保护施工现场周围环境，防止或减少粉尘、噪声、振动和施工照明对周围环境和人的污染和危害，按规定堆放、清除建筑垃圾等废弃物，竣工后修整和恢复在工程施工过程中受到破坏的环境等。

② 文明施工费。文明施工费是指在现场进行文明施工所需要的各项费用，主要内容如下：施工现场四周围墙（围挡）及大门，出入口清洗设施，施工标牌、标志，施工场地硬化处理，排水设施，温暖季节施工时的绿化布置，防粉尘、防噪声、防干扰措施，保安费，保健急救措施，卫生保洁等。

③ 安全施工费。安全施工费是指在现场进行安全施工所需要的各项费用，主要内容如下：建立安全生产、消防安全责任、安全检查、安全教育、安全生产培训等各类制度；设置符合国家标准的安全警示标牌、标志，配置"三宝"；对可能造成损害的毗邻建筑物、构筑物和地下管线等采取防护措施，对建筑"四口、临边"采用安全防护，垂直作业上下隔离防护，施工用电防护；设置地下室施工围栏、基坑施工人员上下专用通道；设置消防通道、消防水源，配备消防设施、灭火器材及其他安全施工所需要的防护措施。不包括塔吊和施工电梯检测、基坑支护

变形监测等产生的费用，也不包括应当由发包人委托第三方实施的安全检测费用。

④ 临时设施费。临时设施费是指施工单位为进行室内装饰工程施工所必需的生活和生产用的临时建筑物、构筑物和其他临时设施费用，包括临时设施的搭设、维修、拆除、清理费或摊销费等。

临时设施包括以下内容：临时宿舍、文化福利及公用事业房屋与构筑物；现场必需的仓库、加工厂、修理棚、淋灰池、烘炉、操作台；施工现场以内的临时道路、便桥、临时水塔、围墙、水、电力管线及其他动力管线（不包括锅炉、变压器等设备）等设施，但不包括三通一平范围内的主干路、干管、干线、场地平整及各类临时设施的填垫土石方工程。

⑤ 夜间施工增加费。夜间施工增加费是指因夜间施工所发生的夜班补助费、夜间施工降效、夜间施工照明设备摊销及照明用电等费用。

⑥ 二次搬运费。二次搬运是指因施工场地条件限制而使材料、构/配件、半成品或成品等一次搬运不能到达堆放地点，必须进行二次或多次搬运所发生的费用。根据现场总面积与室内装饰工程首层建筑面积的比例，以预算基价中的材料费总和为基数，把它乘以相应的二次搬运费的费率，就可计算可得到二次搬运费。

⑦ 冬雨季施工增加费。冬雨季施工增加费是指在冬季或雨季施工时，需增加的临时设施、防滑设施、排除雨雪所用工具、人工及施工机械等费用。

⑧ 已完工程及设备保护费。已完工程及设备保护费是指竣工验收前，对已完工程及设备采取的必要保护措施所发生的费用。

⑨ 工程定位复测费。工程定位复测费是指在施工过程中进行全部施工测量放线和复测工作而产生的费用。

⑩ 特殊地区施工增加费。特殊地区施工增加费是指工程在沙漠或其边缘地区、高海拔地区、高寒地区、原始森林等特殊地区施工增加的费用。

⑪ 大型机械设备进出场费及安拆费。大型机械设备进出场费及安拆费是指机械整体或分体从停放场地运至施工现场，或者由一个施工地点运至另一个施工地点所发生的机械进出场运输及转移费用、机械在施工现场进行安装或拆卸所需的人工费、材料费、机械使用费、试运转费和安装所需的辅助设施的费用。

⑫ 脚手架工程费。脚手架工程费是指施工需要的各种脚手架的搭、拆、运输所产生的费用，以及脚手架购置费的摊销（或租赁）费用。

⑬ 室内空气污染测试费。室内空气污染测试费，是指对室内空气相关参数进行检测所发生的人工和检测设备的摊销等费用。

⑭ 建筑物垂直运输机械使用费。建筑物垂直运输机械使用费包括满足施工所需的各种垂直运输机械和设备安装、拆除、运输、使用和维护费用，以及固定装置、基础制作安装及其拆除等费用，包括垂直运输机械租赁、一次进出场、安拆、附着、接高和塔吊基础等费用，不包括塔吊基础的地基处理费用。一般在施工楼层的高度超过 3.6m 时，计取该项费用。

（2）计算方法。措施项目费一般包括国家计量规范规定应予计量的措施项目费和国家计量规范规定不宜计量的措施项目费。

① 国家计量规范规定应予计量的措施项目费的计算式为

$$措施项目费 = \sum \left(措施项目工程量 \times 综合单价 \right) \qquad (4\text{-}22)$$

② 国家计量规范规定不宜计量的措施项目的计算式。

a. 安全文明施工费计算式。

$$安全文明施工费=计算基数×安全文明施工费的费率（\%） \qquad (4-23)$$

式中，计算基数应为定额基价（定额分部分项工程费+定额中可以计量的措施项目费）、定额人工费或定额人工费+定额施工机具使用费，其费率由工程造价管理机构根据各专业工程的特点综合确定。

b. 夜间施工增加费计算式。

$$夜间施工增加费=计算基数×夜间施工增加费的费率（\%） \qquad (4-24)$$

c. 二次搬运费计算式。

$$二次搬运费=计算基数×二次搬运费的费率（\%） \qquad (4-25)$$

d. 冬雨季施工增加费计算式。

$$冬雨季施工增加费=计算基数×冬雨季施工增加费的费率（\%） \qquad (4-26)$$

e. 已完工程及设备保护费计算式。

$$已完工程及设备保护费=计算基数×已完工程及设备保护费的费率（\%） \qquad (4-27)$$

在式（4-24）～式（4-27）中，措施项目的计费基数应为定额人工费或定额人工费+定额施工机具使用费，其费率由工程造价管理机构根据各专业工程特点和调查资料综合分析后确定。

【例 4-1】 某省一家高级饭店室内装饰工程的分部分项工程费为 523 000 元，其中定额人工费为 59 000 元。某省室内装饰工程部分措施项目费的费率见表 4-4，试计算各个措施项目费。

表 4-4 某省室内装饰工程部分措施项目费的费率表

序 号	1	2	3	4	5	6
费用名称	文明施工费	安全施工费	临时设施费	夜间施工增加费	已完工程及设备保护费	冬雨季施工增加费
取费基础	分部分项工程费					
费率（%）	0.34	0.23	0.18	0.06	0.1	0.02

【解】 根据各个措施项目费的费率计算式，可知

（1）文明施工费=523 000×0.34%=1 77 8.20（元）

（2）安全施工费=523 000×0.23%=1 202.90（元）

（3）临时设施费=523 000×0.18%=941.40（元）

（4）夜间施工增加费=523 000×0.06%=313.80（元）

（5）已完工程及设备保护费=523 000×0.1%=523.00（元）

（6）冬雨季施工增加费=523 000×0.02%=104.60（元）

3）其他项目费

其他项目费是指暂列金额、暂估价（包括材料暂估价、专业工程暂估价）、计日工与总承包服务费的总和，应包括人工费、材料费、施工机具使用费、企业管理费、利润以及风险费。其他项目清单包招标人和投标人两方面的项目费，以上没有列出的，根据工程实际情况补充。

（1）暂列金额。招标人在工程量清单中暂定并包括在合同总价中的一笔款项，该款项用于施工合同签订时尚未确定或不可预见的所需材料、设备、服务的采购，在施工过程中可能发生的工程变更、合同约定调整因素出现时的工程价款调整，以及发生的索赔、现场签证确认等事

项所发生的费用。

（2）暂估价。招标人在工程量清单中提供的、用于支付必然发生但暂时不能确定价格的材料的单价以及专业工程的金额，暂估价包括材料暂估单价、工程设备暂估单价、专业工程暂估价。

发包人在招标工程量清单中给定暂估价的材料和属于依法必须招标的工程设备，由承发包双方以招标的方式选择供应商。中标价格与招标工程量清单中所列的暂估价的差额，以及相应的规费、税金等费用，应列入施工合同。

发包人在招标工程量清单中给定暂估价的材料和不属于依法必须招标的工程设备，由承包人按照合同约定采购。经发包人确认的材料和工程设备价格与招标工程量清单中所列的暂估价的差额，以及相应的规费、税金等费用，应列入施工合同。

发包人在工程量清单中给定暂估价的专业工程不属于依法必须招标的，应按照《建设工程工程量清单计价规范》（GB 50500—2013）第9.3节相应条款的规定，确定该专业工程价款。经确认的专业工程价款与招标工程量清单中所列的暂估价的差额，以及相应的规费、税金等费用，应列入合同。

发包人在招标工程量清单中给定暂估价的专业工程不属于依法必须招标的，应当由承发包双方依法组织招标，以便选择专业分包人，并接受有管辖权的建设工程招投标管理机构的监督。

合同另有约定的除外，对承包人不参与投标的专业工程分包招标，应由承包人作为招标人，但招标文件评标工作、评标结果报送发包人批准。与组织招标工作有关的费用应当被认为已经包括在承包人的投标总报价中。对承包人参加投标的专业工程分包招标，应由发包人作为招标人，与组织招标工作有关的费用由发包人承担。同等条件下，应优先选择承包人中标。

专业工程分包中标价格与招标工程量清单中所列的暂估价的差额，以及相应的规费、税金等费用，应列入施工合同。

（3）计日工。在施工过程中，完成发包人提出的施工图以外的零星项目或工作，按合同约定的综合单价计价。采用计日工计价的任何一项变更工作，承包人应在该项变更的实施过程中，每天提交以下报表和有关凭证，把这些资料报送发包人复核。

① 工作名称、内容和数量。

② 投入该工作的所有人员姓名、工种、级别和耗用工时。

③ 投入该工作的材料名称、类别和数量。

④ 投入该工作的施工设备的型号、台数和耗用台时。

⑤ 发包人要求提交的其他资料和凭证。

任一计日工项目持续进行时，承包人应在该项工作结束后的24小时内，向发包人提交附有计日工记录的现场签证报告，一式三份。发包人在收到承包人提交的现场签证报告后，应在2天内予以确认并将其中一份报告返还给承包人，作为计日工计价和支付的依据。发包人逾期既未确认也未提出修改意见的，视为承包人提交的现场签证报告已被发包人认可。

任一计日工项目实施结束时，发包人应按照确认的计日工现场签证报告核实该类项目的工程数量，根据核实的工程数量和承包人已标价工程量清单中的计日工单价计算，提出应付价款；已标价工程量清单中没有该类计日工单价的，由承发包双方按《建设工程工程量清单计价规范》（GB 50500—2013）第9.3节的规定，商定计日工单价。

在每个支付期末，承包人应按照《建设工程工程量清单计价规范》（GB 50500—2013）第10.4节的规定，向发包人提交本期间所有计日工记录的签证汇总表，说明本期间自己认为有权得到的计日工价款，把它们列入进度款支付申请表。

（4）总承包服务费。总承包人为配合、协调发包人进行专业工程分包，对发包人自行采购的材料（不包含工程设备）等进行保管及提供施工现场管理、竣工资料汇总整理等服务所需的费用称为总承包服务费，包括专业工程总承包服务费和甲方供材料总承包服务费。发包人应在工程开工后的 28 天内，向承包人预付总承包服务费的 20%，分包进场后，其余部分与进度款同期支付。若发包人未按合同约定向承包人支付总承包服务费，则承包人可不履行总承包服务义务，由此造成的损失由发包人承担。

4）规费

规费内容与计算方法参考本书 4.1.3 节规费部分。

5）税金

税金内容与计算方法参考本书 4.1.3 节税金部分。

3. 费用调整

1）价差调整

由于人工、材料、施工机械台班价格在不断地变化，因此计价表采用的预算价格往往会滞后于实际价格，使预算编制期的价格与计价表编制期的价格产生价差。在编制预算时需要按规定对价差进行调整（简称调差），即在这种按计价表计算出来的分部分项工程费的基础上，还需要加上人工费、材料费和施工机具使用费的调差，计算式如下：

$$\text{预算分部分项工程费用} = \sum \text{工程量} \times \text{综合单价} +$$
$$\text{人工费调差} + \text{材料费调差} + \text{施工机具使用费调差} \qquad (4\text{-}28)$$

（1）人工费调差。

人工费调差是指定额基价中的人工费与预算中的人工费之差。定额取定的人工单价是某一时期的，与当前的人工单价有一定差额。编制预算时，要用现在的人工单价替代定额基价中的人工单价。人工费调差的计算式为

$$\text{人工费调差} = \frac{\text{预算新人工单价}}{\text{计价表人工单价}} \times (\text{预算新人工单价} - \text{计价表人工单价}) \qquad (4\text{-}29)$$

（2）施工机具使用费调差。

从施工机械台班单价的费用构成来看，只要人工单价和有关燃料、动力等预算价格发生变化，施工机具使用费也会随之改变，就需要进行调整。对一般建筑与装饰工程，常采用在计价表施工机具使用费的基础上以"系数法"调整。此方法类似材差计算中的系数法，可参照计算。

（3）材料费调差。

材料费调差是指建筑与装饰工程材料的实际价格与计价表取定价格之间的差额，即材料价差，简称材差。材差产生的原因是，作为计算工程造价依据的计价表综合单价采用某一年份某一中心城市的人工工资标准、材料和机械台班预算价格进行编制。计价表有一定年限的使用期，在该使用期内综合单价维持不变。但是，在市场经济条件下，建筑材料的价格会随市场行情的变化而发生上下波动，这就必然导致材料的实际购置价格与计价表综合单价中确定的材料价格之间产生差额。

材差的计算和确定，对建设单位在控制工程造价、确定招标工程标底，施工单位在工程投标报价、进行经济分析、双方签订施工合同、明确施工期间的材料价格变动的结算办法等方面，

都具有极其重要的意义。

2）不同材差计算方法

（1）建筑材料分类。为适应材差计算的需要，建筑与装饰工程中常将建筑材料分为以下三大类。

① 主要材料：价格较高，使用较普遍且使用量大。在建筑与装饰工程材料费用中所占比重较大的钢材、木材、水泥、玻璃、沥青是五大主要材料。

② 地方材料：价格较低，使用很普遍，来源广泛，产地众多，运取方便的砖、瓦、灰、沙、石等材料。

③ 特殊材料：价格偏高，使用不普遍，但在特殊条件下又必须使用的材料，如花岗岩、大理石、汉白玉、轻钢龙骨、瓷砖、缸砖、壁纸、隔音板、蛭石、加气混凝土、防火门、硫磺、胶泥、屋面新型防水涂料等。

（2）材料价差计算方法。计算材料价差的方法主要有单项调差法和材差系数法。

① 单项调差法：把单位工程中的各种材料逐个地调整其价格的差异。其计算方法如下：分析单位工程材料，汇总得出各种材料数量，然后把其中的每种材料的用量乘以该材料调整前后的价差，即可得到该单项材料的价差，即

$$材差=（材料调整时的预算指导价或实际价-计价表材料单价）×$$
$$计价表材料消耗用量 \tag{4-30}$$

对主要材料和特殊材料，一般采用单项调差法来计算材料价差。

② 材差系数法：以单位工程中的某些材料为调整范围，按这些材差占分部分项工程费（或计价表材料费）的百分比所确定的系数，调整价差。计算式如下：

$$材差=分部分项工程费（或计价表材料费）×调价系数 \tag{4-31}$$

对房屋建筑与装饰工程中的次要材料和安装工程中的辅助材料，均可采用"材差系数法"计算材差。

4.1.4 室内装饰工程计价的模式与方法

建设工程计价模式分为定额计价模式和工程量清单计价模式。定额计价模式采用工料单价法，工程量清单计价模式采用综合单价法。

定额计价模式在我国已使用了多年，具有一定的科学性和实用性。为了更好地适应市场经济发展的需求，我国于 2003 年开始推行工程量清单计价模式。经过近 20 年的适应和发展，工程单清单计价模式已成为我国建设工程项目招投标的主要模式。《建设工程工程量清单计价规范》（GB 50500—2013）规定，对全部采用国有资金投资或以国有资金投资为主的建设项目，必须采用工程量清单计价。

但是，建设行政主管部门及造价站发布的定额，尤其是当地的消耗量定额，仍然是企业建立企业定额体系和投标报价的主要依据。此外，工程量清单项目一般包括多项工程内容。在计价时，需要先把清单项目分解成若干组合工程内容，再按组合工程内容对应的定额项目计算规则，计算工程量。也就是说，在工程量清单计价活动中，存在部分定额计价的成分。

1. 综合单价法

综合单价法是指分部分项工程项目单价、措施项目单价和其他项目单价，采用综合单价的

一种计价方法。

综合单价是指完成一个规定计量单位（清单项目）所需的人工费、材料费、施工机具使用费、企业管理费、利润及一定范围内的风险费。综合单价的计算程序见表 4-5，相关计算式如下。

$$项目单价＝综合单价 \tag{4-32}$$

$$综合单价＝一个规定计量单位（清单项目）的人工费＋材料费＋施工机具使用费＋$$
$$企业管理费＋利润＋规费＋税金 \tag{4-33}$$

$$项目合价＝综合单价×项目工程量 \tag{4-34}$$

$$工程造价＝\sum 项目合价（分部分项工程费）＋措施项目费＋其他项目费 \tag{4-35}$$

表 4-5　综合单价的计算程序

序号	项目名称	计算式
1	人工费	人工费基价×人工费调整系数
2	材料费	$\sum$（材料消耗量×材料单价＋工程设备数量×工程设备单价）
3	施工机具使用费	$\sum$（施工机械台班消耗量×台班单价）＋仪器仪表使用费
4	企业管理费	（1＋2-工程设备费＋3）×企业管理费的费率
5	利润	（1＋2-工程设备费＋3＋4）×利润率
6	规费	（1＋2-工程设备费＋3＋4＋5）×规费的费率
7	税金	（1＋2＋3＋4＋5＋6）×增值税适用税率
8	综合单价	1＋2＋3＋4＋5＋6＋7

注：表中"计算方法"一列的阿拉伯数字为对应序号的项目费，下同。

【例 4-2】　某省一个室内装饰工程有紫罗红大理石地面面积为 1260m²，由材料市场以及地区政府的取费标准查得，紫罗红大理石单价为 280 元/m²，325 号水泥单价为 0.4710 元/kg，中沙单价为 95 元/m³，规费的费率为 19.76%，利润率为 6%，增值税适用税率为 10%，施工单位管理费的费率为 9.8%。试分析紫罗红大理石地面的各项费用组成和综合单价。

【解】　根据某省的工程量清单消耗量定额 01104 查得，人工消耗量为 0.2779 工日/m²，紫罗红大理石的用量为 1.02m²/m²，1∶3 水泥砂浆用量为 0.0303m³/m²，素水泥浆用量为 0.0010m³/m²，白水泥用量为 0.103kg/m²，棉纱头用量为 0.0100 kg/m²，水用量为 0.0260 m³/m²，锯末的用量为 0.0060m³/m²；根据该区域的材料市场价（政府指导价），人工费定额单价为 273 元/工日，大理石单价为 123.420 元/m²，1∶3 水泥砂浆单价为 287.530 元/m³，素水泥浆单价为 706.690 元/m³，白水泥单价为 1.0 元/kg，棉纱头单价为 0.043 元/m²，水单价为 0.065 元/m³，锯末单价为 0.06588 元/m²，灰浆搅拌机使用费单价为 0.08122 元/m²，石材切割机使用费单价 0.31046 元/m²，施工机具使用费单价为 0.39168 元/m²。

（1）人工费计算。

人工工日数：1260×0.2779＝350.154（工日）

人工费（小数点后面保留两位数）：350.154×273＝95592.04（元）

（2）材料费计算。

紫罗红大理石总用量：1.02×1260＝1285.20（m²）

白水泥总用量：0.103×1260÷1000＝0.130（t）

1∶3 水泥砂浆中的 325 号水泥总用量：0.0303×1260×408÷1000＝15.577（t）

1∶3 水泥砂浆中的中砂总用量：0.0303×1260×1533÷1000＝58.527（t）

素水泥浆中的 325 号水泥总用量：0.001×1260×l517÷1000=1.911（t）

综上可知，325 号水泥用量合计 17.488t，中砂用量合计 58.527t。

材料费：1285.20×280+17.488×1000×0.471+58.527÷1.5×95+0.130×1000×1.0+（0.043+0.065+
0.06588）×1260=372148.65（元）

（3）施工机具使用费计算。

施工机具使用费（小数点后面保留两位数，下同）：（0.08122+0.31046）×1260=493.52（元）

（4）企业管理费计算。

企业管理费：（人工费+材料费+施工机具使用费）×企业管理费的费率
=（95592.04+372148.65+493.52）×9.8%=45886.95（元）

（5）利润计算。

利润：（人工费+材料费+施工机具使用费+企业管理费）×利润率
=（95592.04+372148.65+493.52+45886.95）×6%
=30847.27（元）

（6）规费计算。

规费：（人工费+材料费+施工机具使用费+企业管理费+利润）×规费的费率
=544968.43×19.76%=107685.76（元）

（7）税金计算。

税金：（人工费+材料费+施工机具使用费+企业管理费+利润+规费）×10%
=（544968.43+372148.65+493.52+45886.95+30847.27+107685.76）×10%
=119762.26（元）

由上述各项计算结果可知，该室内装饰工程中的紫罗红大理石地面总造价：

人工费+材料费+施工机具使用费+企业管理费+利润+规费+税金
=544968.43+372148.65+493.52+45886.95+30847.27+107685.76+119762.26
=1221792.84 （元）

紫罗红大理石地面综合单价：1221792.84÷1260=969.68（元）

2．工料单价法

工料单价法是指分部分项项目及施工组织措施项目单价采用工料单价（人工费、材料费、施工机具使用费）的一种计价方法，企业管理费、利润、规费、税金按规定程序另行计算。

工料单价是指完成一个规定计量单位（定额项目）所需的人工费、材料费、施工机具使用费，相关计算式如下。

$$项目单位=工料单价 \qquad (4-36)$$

$$工料单价=一个规定计量单位（定额项目）的人工费+材料费+施工机具使用费 \qquad (4-37)$$

$$项目合价=工料单价×项目工程量 \qquad (4-38)$$

$$工程造价=\sum 项目合价+取费基数×（措施项目费的费率+企业管理费的费率+利润率）+$$
$$规费+税金+风险费 \qquad (4-39)$$

4.1.5 室内装饰工程造价计算程序

下面介绍两种情况下的室内装饰工程造价计算程序，即包工包料和包工不包料两种情况。

表 4-6 为包工包料的室内装饰工程造价计算程序。

表4-6 包工包料的室内装饰工程造价计算程序

序号	费用名称		计算式	备注
（一）	分部分项工程费		综合单价×工程量	
	其中	（1）人工费	定额人工消耗量×人工单价	
		（2）材料费	定额材料消耗量×材料单价	
		（3）施工机具使用费	定额机械消耗量×机械台班单价	
		（4）企业管理费	［（1）+（2）+（3）］×企业管理费的费率	
		（5）利润	［（1）+（2）+（3）+（4）］×利润率	
（二）	措施项目清单计价		分部分项工程费×费率或工程量×综合单价	按计价表或费用计算规则
（三）	其他项目费用			由双方约定
（四）	规费			
	其中	（1）社会保险费：包括养老保险费、失业保险费、医疗保险费、生育保险费、工伤害保险	［（1）+（2）］×相应费率	按各市规定计取
		（2）住房公积金		
（五）	税金		［（一）+（二）+（三）+（四）］×税率	按各市规定计取
（六）	工程造价		（一）+（二）+（三）+（四）+（五）	

表4-7为包工不包料的室内装饰工程造价计算程序。

表4-7 包工不包料的室内装饰工程造价计算程序

序号	费用名称		计算公式	备注
（一）	分部分项工程量清单人工费		定额人工消耗量×计日工单价	按政府指导价或定额计算
（二）	措施项目清单计价		（一）×费率或按计价表	按地区费率规定计算
（三）	其他项目费用			由双方约定
（四）	规费			
	其中	（1）社会保险费：养老保险费、失业保险费、医疗保险费、生育保险费、工伤害保险	［（1）+（2）］×相应费率	按各市规定计取
		（2）住房公积金		
		（3）工伤害保险		按各市规定计取
（五）	税金		［（一）+（二）+（三）+（四）］×税率	按各市规定计取
（六）	工程造价		（一）+（二）+（三）+（四）+（五）	

【例4-3】 一个乙级室内装饰工程施工单位承接某市区内的某综合楼贴墙纸的墙面工程，合同约定的人工单价为200元/工日；采用羊毛壁纸，其市场价为70元/m^2。按《计价规范》计算得到该工程的工程量为6 200m^2，其他材料的市场价同定额价格，施工机械使用费不用调整，已知：临时设施费的费率为0.18%，企业管理费的费率为11%，综合税率为3.445%，规费的费率为38.7%。

【解】 （1）确定项目编码和计量单位。

查《计价规范》可知，项目编码为011408001009，计量单位为m^2。

（2）按《计价规范》计算得到的工程量为6200m^2。

（3）查某省的工程量清单消耗定额以及该市当年材料价格可知，人工费为15元，工日消耗量为0.198工日/m²；材料费为23.22元/m²，墙纸消耗量为1.1579m²/m²，普通墙纸单价为18元/m²。

（4）分部分项工程费计算。

人工费：6200×0.198×200=245520.00（元）

材料费：6200×（70×1.1579+23.22－1.1579×18）=517270.96（元）

施工机械使用费：0

企业管理费：（人工费+施工机械使用费）×企业管理费的费率=（245520+0）×11%

$$=27007.20（元）$$

利润：（人工费+材料费+施工机械使用费+企业管理费）×利润率

$$=（245520.00+517270.96+27007.20）×3\%=23693.95（元）$$

分部分项工程费：（人工费+材料费+施工机械使用费+企业管理费+利润）

$$=245520.00+517270.96+27007.20+23693.95=813492.11（元）$$

（5）措施项目费计算。

临时设施费：813492.11×0.18%=1464.29（元）

措施项目费：1464.29（元）

（6）其他项目费为零。

（7）规费计算。

规费：（人工费×规费的费率）=245520.00×38.7%=95016.24（元）

（8）税金：（分部分项工程费+措施项目费+其他项目费+规费）×税率

$$=（813492.11+1464.29+0+95016.24）×3.445\%=31348.56（元）$$

（9）工程总价：（分部分项工程费+措施项目费+其他项目费+规费+税金）

$$=813492.11+1464.29+0+95016.24+31348.56=941321.20（元）$$

4.2 室内装饰工程预算定额

室内装饰工程预算定额是指在正常合理的施工技术与建筑艺术综合创作下，采用科学的方法，制定出生产质量合格的分项工程所必须的人工、材料和施工机械台班以价值货币表现的消耗量标准。在室内装饰工程预算定额中，除了规定上述各项资源和资金的消耗量，还规定了应完成的工程内容和相应的质量标准及安全要求等内容。

4.2.1 定额的分类

在工程建设活动中所使用的定额种类较多，我国已经形成工程建设定额管理体系。室内装饰工程定额是工程建设定额体系的重要组成部分。就室内装饰工程定额而言，根据不同的分类方法又有不同的定额名称。为了使读者对室内装饰工程定额概念有一个全面的了解，按定额适用范围、生产要素、用途和费用性质，把室内装饰工程预算定额分为4类。

1. 按适用范围分类

（1）全国统一定额（主管部门定额）。

（2）地方性定额（各省、市定额）。

（3）企业定额。

2. 按生产要素分类

（1）劳动定额（或称人工定额）。
（2）材料消耗定额。
（3）机械台班费用定额。

3. 按用途分类

（1）施工定额。
（2）预算定额或基础定额。
（3）概算定额或概算指标。
（4）工程消耗量定额。

4. 按费用性质分类

（1）直接工程费定额。
（2）间接工程费定额。
（3）工器具定额。
（4）工程建设其他费用定额等。

4.2.2　预算定额的作用

预算定额在室内装饰工程的预算管理中，有以下 7 个方面的作用。

1）预算定额是编制施工图预算造价的基础

室内装饰工程的造价通过编制室内装饰工程施工图预算的方法实现。在施工图设计阶段，工程项目可以根据施工设计图样、工程预算定额及当地的取费标准，准确地编制出室内装饰工程施工图预算。

2）预算定额是确定招标标底和投标报价的基础

室内装饰工程招标标底的编制和投标报价，都要以预算定额为基础，它控制着劳动消耗和室内装饰工程的价格水平

3）预算定额是对室内装饰工程设计进行经济性比较的依据

室内装饰设计在建筑设计中占有越来越重要的地位。室内装饰工程设计在注重装饰美观、舒适、安全和方便的同时，也要符合经济合理的要求。通过预算定额对室内装饰工程设计方案进行经济分析和比较，选择经济合理的设计方案。

对室内装饰设计方案的比较，主要是针对不同设计方案中的人工、材料和机械台班的消耗量、材料质量等进行比较。通过分析比较，才有可能把握不同设计方案中的人工、材料、机械台班等消耗量对造价的影响，以及材料质量对建筑基础工程的影响等。对新材料、新工艺在室内装饰工程中的应用，也要借助预算定额进行技术经济分析和比较。因此，依据预算定额对室内装饰工程设计方案进行技术经济对比，从经济角度考虑设计效果是否最佳，是否经济合理，这是优化选择室内装饰设计方案的最佳途径。

4）预算定额是编制施工组织设计文件的依据

在室内装饰工程施工前，必须编制施工组织设计文件，确定拟施工的工程所采用的施工方

法和相应的技术措施，确定现场平面布置和施工进度安排，确定人工、材料、施工机具、水电及燃料资源的需要量，以及物料运输方案，保证室内装饰工程施工得以顺利进行。

只有根据室内装饰工程预算定额规定的各种消耗量指标，才能够比较精确地计算出拟装饰部位所需要的人工、材料、机械、水电资源的需要量，确定相应的施工方法和技术组织措施，为拟施工的室内装饰工程有计划地组织装饰材料供应，平衡劳动力与机械调配，安排合理的施工进度等。

5）预算定额是工程结算和签订施工合同的依据

室内装饰工程结算是建设单位（发包人）和施工单位（承包人）按照工程进度，对已完工程实行货币支付的行为。室内装饰工程工期一般较长，不可能采用竣工后一次性结算的方法，通常采用分期付款的方式结算，以解决施工单位资金短缺的问题。采用分期付款时，一般根据完成工程项目的分项工程量确定应结算的工程价款而采用已完分项工程量进行结算时，必须以室内装饰工程预算定额为依据，计算应结算的工程价款。在具备地区单位估价表的条件下，虽然可以直接利用预算单价进行结算，但是预算单价的计算基础仍然是预算定额。

此外，室内装饰工程承发包双方，在商品交易中按照法定程序签订施工合同时，为明确双方的权利与义务，合同条款的主要内容、结算方式和当事人的法律行为也必须以预算定额的有关规定为准，作为执行合同的依据。

6）预算定额是施工单位进行成本分析的依据

在市场经济体制中，室内装饰产品价格的形成是以市场为导向的。加强室内装饰工程施工单位的经济核算，进行成本分析、成本控制和成本管理，是作为独立经济实体的室内装饰工程施工单位自主定价、自负盈亏的重要前提。因此，施工单位必须按照室内装饰工程预算定额提供的各种人工、材料和机械台班等的消耗量指标，结合当前的装饰市场现状，确定室内装饰工程项目的社会平均成本及生产价格，并结合本企业成本的现状，做出比较客观的分析，找出企业中活劳动与物化劳动的薄弱环节及其原因，以便把预算成本与实际成本进行对比、分析，从而改进施工管理，提高劳动生产率和降低成本消耗。只有这样做，才能在日趋激烈的价格竞争具有较大的竞争优势和较强的应变能力，以最少的耗费取得最佳的经济效益。

7）预算定额是编制概算定额和概算指标的基础

概算定额是在预算定额的基础上编制的，概算指标的编制也需要参考预算定额，并对预算定额进行对比分析。利用预算定额编制概算定额和概算指标，可以节省编制工作中大量的人力、物力和时间，收到事半功倍的效果。更重要的是，可以使概算定额和概算指标在水平上和预算定额一致，以免造成计划工作和实行定额的困难。

4.2.3 定额预算基价

定额预算基价即定额分项工程预算单价，它是以室内装饰工程预算定额或基础定额规定的人工、材料和机械台班消耗量为依据，以货币形式表示的每一个定额分项工程的单位产品价格。它是以各地省会城市（也称为基价区）的工人日工资标准、材料预算价格和机械台班预算价格为基准综合取定的，是编制工程预算造价的基本依据。

预算基价由人工费、材料费、施工机具使用费组成，而人工费、材料费、施工机具使用费是以人工工日、材料和机械台班消耗量为基础编制的。相关计算式如下。

$$预算单价=人工费+材料费+施工机具使用费 \tag{4-40}$$

式中，人工费=$\sum$（定额人工工日量×当地人工工资单价）

材料费=$\sum$（定额材料消耗量×相应的材料预算价格）

施工机具使用费=$\sum$（定额机械台班消耗量×相应的施工机械台班预算价格）

1. 人工费的确定

确定人工费时必须知道两个量：一是定额人工工日的数量，即定额人工消耗量，二是当地的人工工资单价。

人工工资标准是根据现行工资制度，以预算定额中装饰工程施工工人的平均工资等级为基础，计算出基本（技能）工资后，再加上工资津贴、流动施工津贴、房租补贴、职工福利费、劳动保护费、生产工人辅助工资而得出的。

对基本工资以外的各项费用，可按省、市、地区的具体规定计算，并折算成各级工资的月、日工资标准。

2. 材料费的确定

室内装饰所用材料包括各种原材料、成品、半成品、构/配件和预制构件等。材料的预算价格是指材料由来源地到达工地仓库或施工现场存放地点后的出库价格。

材料费在室内装饰工程分部分项工程中占很大比重，对室内装饰工程造价具有很大影响。材料费是根据预算定额规定的材料消耗量和材料预算价格计算出来的，因此，确定材料的预算价格有利于提高预算质量，促进施工单位加强经济核算和降低工程成本。

1）材料预算价格的组成

材料预算价格由材料原价、供销部门手续费、包装费、运杂费和采购保管费等组成，其计算式为

$$材料预算价格=［材料原价×（1+供销部门手续费的费率）+包装费+运杂费］×$$
$$（1+采购保管费的费率）-包装品回收价值 \tag{4-41}$$

2）材料预算价格的确定

（1）材料原价的确定。材料的原价通常是指材料的出厂价、采购价或批发价。采购材料后，若发现其不符合设计规格要求而必须加工改制时，则加工费及加工损耗应计算在该材料原价内。对进口材料，应在国际市场价的基础上，加上关税、手续费及保险费等组成材料原价，也可以国际通用的材料到岸价或离岸价作为材料原价。

在确定材料原价时要注意以下事项：当材料规格与预算定额要求不一致时，应换算成相应规格的价格；当材料来源地、供应单位或生产厂家不同，并且一种材料有几种价格时，其原价应按不同价格的供货数量比例，采用加权平均的方法计算。

（2）供销部门手续费。供销部门手续费是指装饰材料不能由生产厂家直接获得，而必须通过供销部门（如材料公司等）获得时，应支付给供销部门因从事有关业务活动的各种费用。室内装饰工程施工过程中所需的主要装饰材料的供应方式有两种：一种是生产厂家直接供应；另一种是经过供销部门等中间环节间接供应，此时应计算供销部门手续费，其计算式如下。

当某种材料全部由供销部门供应时：

$$供销部门手续费=材料原价×供销部门手续费的费率 \tag{4-42}$$

当某种材料部分由供销部门供应时，

$$供销部门手续费=材料原价×供销部门手续费的费率×经仓比重 \qquad (4-43)$$

【例 4-4】 已知某地区的 425 号水泥的出厂价为每吨 250 元，经调查，该地区 70%的水泥用量需通过供销部门获得，供销部门手续费的费率为 3%，求供销部门手续费。

【解】 供销部门手续费=250×3%×70%=5.25（元/t）

3）材料包装费和包装品回收价值

（1）包装费：为便于运输及保护材料、减少损耗而对材料进行包装所发生的费用。分两种情况计算包装费。

① 凡由生产厂家负责包装的材料，包装费已包含在材料原价内，不得再计算包装费，但包装品回收价值应从预算价格中扣除。

② 凡由采购单位自备包装容器的，应计算包装费并把它加到材料预算价格内。包装费应按材料的出厂价和正常的折旧摊销进行计算，其计算式为

$$自备包装容器的包装费=[包装品原价×（1-回收量比重×回收价值比重）+使用期间维修费]÷周转使用次数 \qquad (4-44)$$

（2）包装品回收价值：对某些能周转使用的耐用包装品，按规定必须回收，应计取其回收价值。包装品回收价值按当地旧、废包装器材出售价，或者按生产主管部门规定的价格计算，其计算式为

$$包装品回收价值=包装品原价×回收量比重×回收价值比重 \qquad (4-45)$$

【例 4-5】 某工程所用木材采用火车运输，每车皮可装运原木 $30m^3$，每个车皮所用包装材料：车立柱 12 根，每根 5 元；铁丝 15kg，每千克 4 元。求包装费和包装品的回收价值。已知：车立柱的回收量比重及回收价值比重分别为 70%、20%，铁丝的回收量比重及回收价值比重分别为 20%、50%。

【解】 木材的包装费计算如下。

每车皮木材的包装费：12×5+15×4=120（元）。

每立方米木材的包装费：120÷30=4（元/m^3）。

材料的包装品回收价值计算如下。

车立柱：5×20%×12×70%=8.4（元）。

铁丝：4×50%×15×20%=6.0（元）。

每立方米木材的包装品回收价值：（8.4+6.0）/30=0.48（元/m^3）。

4）运杂费

运杂费是指材料由来源地或交货地运至施工工地仓库或堆放处全部过程中所发生的一切费用，主要包括车船等的运输费、调车或驳船费、装卸费及合理的运输损耗费。

运杂费通常按外埠运杂费与市内运杂费两段计算。运杂费在材料预算价格中占较大比重，为了降低运杂费，应尽量"就地取材、就近采购"，缩短运输距离，并选择合理的运输方式。运杂费应根据运输里程、运输方式、运输条件等，分别按铁路、公路、船运、空运等部门规定的运价标准计算。当材料有多个来源地时，运杂费应根据供应的比重加权平均计算。

5）材料采购保管费

材料采购保管费是指材料部门在组织采购、供应和保管材料过程中所需要的各种费用，包括各级材料部门的职员工资、职工福利费、劳动保护费、差旅交通费，以及材料部门的办公费、

管理费、固定资产使用费、工具用具使用费、材料试验费、材料过秤费等。

关于采购保管费的费率，目前各地区大都执行统一规定的费率。例如，建筑材料的采购保管费率为 2%（其中采购费的费率和保管费率各为 1%）。但有些地区在不影响此费率水平的原则下，按材料分类并结合其价格，把采购保管费分为几种不同的标准。例如，对由建设单位供应的材料，施工单位只收取保管费。

$$材料采购保管费 =（材料原价 + 供销部门手续费 + 包装费 + 运杂费）×$$
$$材料采购保管费的费率 \qquad\qquad (4\text{-}46)$$

【例 4-6】　某市的一个室内装饰工程采用白水泥，选定甲、乙两个供货地点，甲地白水泥的出厂价为 570 元/t，可供需要量的 70%；乙地白水泥的出厂价为 590 元/t，可供需要量的 30%。采用汽车运输（简称汽运），甲地距离工地 80km，乙地距离工地 60km，求此白水泥的预算价格。

【解】　（1）加权平均求材料原价。

白水泥原价：570×70% + 590×30% = 576（元/t）

（2）不发生供销部门手续费。

（3）包装费。水泥纸袋包装费已经包括在材料原价内，不能另计包装费，但应扣除包装品的回收价值。现已得知水泥纸袋回收比重为 60%，每袋回收价值为 0.4 元，共 20 袋白水泥。则水泥袋的总回收价值：20×60%×0.4 = 4.80（元/t）。

（4）运杂费。根据该地区的公路运价标准，汽运货物的运费为 0.4 元/（t·km），装卸费为 20 元/t（装、卸各 1 次），则运杂费为 80×0.4×70% + 60×0.40×30% + 20 = 49.6（元/t）。

（5）采购保管费。

对采购保管费的费率选取 2%，则该项工程的白水泥采购保管费为（576 + 49.6）×2% = 12.51（元）。

（6）白水泥的预算价格为 576 + 49.6 + 12.51 - 4.8 = 633.31（元/t）。

3. 施工机械使用费的确定

施工机具使用费是指一台机械在正常情况下，一个工作台班中所需的全部费用。提高装饰工程施工机械化水平，有利于提高劳动生产率，加快施工进度，减少工人的体力劳动，提高装饰工程质量和降低装饰工程成本。

施工机械使用费以"台班"为计量单位，一台机械工作一天（一天按 8h 计算）称为一个台班。一个台班中为使施工机具正常运转而支出和摊销的各种费用之和，施工机械使用费按费用因素的性质划分为第一类费用和第二类费用。第一类费用主要包括折旧费、大修费、经常修理费、替换设备工具费、润滑材料及擦拭材料费、安拆及辅助设施费、机械进退场费、机械保管费等。这些费用是根据施工机械的年工作制度确定的，不论机械使用与否，施工地点和施工条件如何，都需要支出，因此也称为不变费用。它直接以货币形式分摊到施工机械台班费用定额中。第二类费用主要包括机械上工作人员的工资、施工机械运转所需的电费、燃料费、水费、牌照税和养路费等。这些费用只有在机械运转时才会发生，因此也称为可变费用。

根据《全国统一施工机械台班费用定额》，并结合各地区的人工工资标准、动力燃料价格、养路费和车船使用税，可以计算出施工机械台班费及停置费。

4.2.4　室内装饰工程预算定额的组成、预算定额手册及其内容

1. 预算定额的组成

预算定额一般以单位工程为对象编制，按分部工程分章。在编制时，若已发布了全国统一

基础定额，则分章应与基础定额一致。章以下为节，节以下为定额子目，每个定额子目代表一个与之对应的分项工程。因此，分项工程是构成预算定额的最小单元。

室内装饰工程预算定额规定了单位工程量的装饰工程预算单价和单位工程量的室内装饰工程中的人工、材料、机械台班的消耗量与价格数量标准。为了方便使用，室内装饰工程预算定额还给每个子目录赋予定额编码。

2. 预算定额手册

在定额的实际应用中，为了使用方便，通常将定额与单位估价表合为一体，汇编成一册或一套，它既有定额的内容，又有单位估价表的内容，还有工程量计算规则、附录和相关的资料（如材料库），因此称其为"预算定额手册"。该手册明确地规定了以定额计量单位的分部分项工程或结构构件所需的人工、材料、施工机械台班等的消耗指标及相应的价值货币表现的标准。

3. 预算定额手册的内容

完整的预算定额手册一般由目录、总说明、建筑面积计算规则、各分章内容及附录等组成。各分章内容又包括分章说明、分章工程量计算规则、分部分项工程定额及单位估价表。它主要包含以下4个方面内容。

1）定额总说明

定额总说明是对使用本预算定额的指导性说明文字，室内装饰工程预算人员必须熟悉这些说明，它包含以下主要内容。

（1）预算定额的适用范围、指导思想、目的和作用。

（2）预算定额的编制原则、主要依据及上级下达的有关定额汇编文件精神。

（3）使用本定额必须遵守的规则及本定额的适用范围。

（4）预算定额所采用的材料规格、材质标准、允许换算的原则。

（5）预算定额在编制过程中已经考虑的和没有考虑的要素及未包括的内容。

（6）各个分部工程定额的共性问题和有关统一规定及使用方法。

2）分部工程及其说明

分部工程在建筑装饰工程预算定额中称为"章"，章节说明主要是告诉使用者本章定额的使用范围和工程量计算规则等，它主要包含以下内容。

（1）说明分部工程所包括的定额项目内容和子目数量。

（2）分部工程各定额项目工程量的计算方法。

（3）分部工程定额内综合的内容及允许换算和不得换算的界限及特殊规定。

（4）使用本分部工程允许增减系数范围的规定。

3）定额项目表

定额项目表由分项工程定额组成，是预算定额的主要构成部分，它主要包含以下内容。

（1）分项工程定额编码（子项目编码）。

（2）分项工程定额项目名称。

（3）预算定额基价，包括人工费、材料费、施工机具使用费、综合费、利润、劳动保险费、规费和税金。

（4）人工费包括综合人工费和其他人工费。综合人工费包括工种、数量及工资等级（平均等级）。

（5）在材料栏内列出主要材料和周转使用材料的名称及其消耗量。对次要材料，一般都以其他材料形式用金额"元"表示。

（6）在施工机具栏内要列出主要机具名称和数量，对次要机具，以其他机具费形式用金额"元"表示。

（7）预算定额的基价明确了某一室内装饰工程项目的人工、材料、机械台班单位工程消耗量后，还应根据当地的人工日工资标准、材料预算价格和机械台班单价，分别计算出定额人工费、材料费、施工机具使用费及其他费用，其总和即预算定额的基价。

（8）有的定额表下面还列有与本章节定额有关的说明和附注，用于说明设计与本定额规定不符合时如何进行调整，以及说明其他应明确的但在定额总说明和分部说明中不包含的问题。

4）定额附录或附表

预算定额最后一部分内容是附录（或称为附表），它是配合定额使用不可缺少的一个重要组成部分。不同地区的情况不同、定额不同、编制不同，附录中的定额数值也不同。附录包含以下内容。

（1）各种砂浆的配合比。

（2）各种建筑装饰材料的预算价格表。

（3）定额材料成品、半成品损耗率表。

（4）定额人工、材料、机械台班预算价格取定表。

4.2.5　定额换算

在确定某一室内装饰工程项目单位预算价格时，如果施工图设计的工程项目内容，与拟套用的相应定额项目内容不完全一致，并且定额规定允许换算，则应按定额规定的换算范围、内容和方法进行定额换算。定额项目的换算，就是将定额项目规定的内容与设计要求的内容取得一致的过程。

根据各专业部门或省、自治区、直辖市现行的建筑装饰工程预算定额中的总说明、分部工程说明和定额项目表及附录的规定，对于某些工程项目的工程量、定额基价（或其中的人工费）、材料品种、规格和数量增减、装饰砂浆配合比的不同，对使用机械、脚手架、垂直运输原定额需要增加系数等方面，均允许进行换算或调整。换算的公式如下。

$$换算后的定额基价=原定额基价+换入材料费用-换出材料费用 \tag{4-47}$$

1. 价格换算法

当室内装饰工程的主要材料市场价与相应定额预算价格不同而引起定额基价变化且定额允许换算时，必须进行换算。

材料价格换算的方法和步骤如下。

（1）根据施工图设计的工程项目内容，从定额手册目录中查出工程项目在定额的页码及其部位，判断是否需要进行定额项目换算。

（2）若需换算，则从定额项目中查出工程项目相应的换算前的定额基价、材料预算价格和定额消耗量。

（3）从有关部门发布的建筑装饰材料价格信息中，查出相应的材料市场价。

（4）计算换算后的定额基价，一般可用下式计算。

换算后的定额基价=换算前的定额基价+［需要换算的材料定额消耗量×

（需要换算的现行材料市场价-需要换算的材料预算价格）］　　　（4-48）

（5）计算换算后的预算价格，一般可按下式进行计算：

换算后的预算价格=工程项目工程量×相应的换算后定额基价

【例4-7】 某室内装配式T形（规格600mm×600mm）轻钢龙骨天棚工程量为200m²，T形轻钢龙骨的市场价为20.00元/m²，而定额预算价格为18.5元/m²，人工市场价为25元/m²，试计算T形轻钢龙骨变动后的定额基价和预算价格。

【解】 （1）查出装配式T形轻钢龙骨换算前的政府指导价为41.13元/m²，人工工资100元/工日；查相关清单消耗量定额可知，装配式T形轻钢龙骨的消耗量为1.05m²/m²，人工消耗量0.072工日/m²。

（2）根据装配式U形轻钢龙骨的市场价和预算价格，计算换算后的定额基价。

换算后的定额基价=41.13+（20.00-18.5）×1.05+25-100×0.072=60.505（元/m²）

（3）计算换算后的预算价格。

换算后的预算价格=200×60.505=12101（元）

2. 材料用量换算法

当施工图设计的工程项目的主要材料用量，与定额规定的主要材料消耗量不同而引起定额基价变化时，必须进行定额换算，其换算的方法和步骤如下。

（1）根据施工图设计的工程项目内容，从定额目录中，查出工程项目在定额中的页码及其部位，判断是否需要进行定额换算。

（2）从定额项目表中，查出换算前的定额基价、定额主要材料消耗量和相应的主要材料预算价格。

（3）计算工程项目的主要材料实际用量和定额计量单位主要材料实际消耗量，可按下式计算。

主要材料实际用量=主要材料设计净用量×（1+损耗率）　　　（4-49）

定额计量单位主要材料实际消耗量=（主要材料实际用量÷工程项目工程量）×

工程项目定额计量单位　　　（4-50）

（4）计算换算后的定额基价，一般可按下式进行计算。

换算后的定额基价=换算前定额基价+（定额计量单位主要材料实际消耗量-

定额计量单位主要材料定额消耗量）×相应的主要材料预算价格　　（4-51）

（5）计算换算后的预算价格。

【例4-8】 某酒店的茶色玻璃白色铝合金扶手工程墙面工程量为432.60m，施工图设计确定采用白色铝合金扁管（100mm×44mm×1.8mm），其实际用量为470.83m（包括各种损耗），试确定该铝合金换算后的定额基价和预算价格。

【解】 （1）查出茶色玻璃白色铝合金扶手工程项目的政府指导价为255.70元/m，其主要材料白色铝合金扁管的定额消耗量为1.06m，相应预算价格为55元/m。

（2）计算定额计量单位白色铝合金扁管实际消耗量。

定额计量单位白色铝合金扁管实际消耗量=470.83/432.60×1=1.09（m）

（3）计算换算后的定额基价。

$$换算后的定额基价=255.70+（1.09-1.06）×55=257.35（元）$$

（4）计算换算后预算价格。

$$换算后的预算价格=432.60×257.35=111\ 329.61（元）$$

3. 材料种类换算法

当施工图设计的工程项目所采用的材料种类，与定额规定的材料种类不同而引起定额基价变化时，按定额规定必须进行换算。其换算方法和步骤如下。

（1）根据施工图设计的工程项目内容，从定额手册目录中，查出室内装饰工程项目在定额中的页码及其部位，并判断是否需要进行定额换算。

（2）若需换算，则应从定额项目表中查出换算前的定额基价、换出材料定额消耗量及相应的定额预算价格。

（3）计算换入材料定额计量单位消耗量，查出相应的市场价。

（4）计算定额计量单位换入（出）材料费，可按下式计算。

$$换入材料费=换入材料市场价×相应的材料定额计量单位消耗量 \qquad (4-52)$$

$$换出材料费=换出材料预算价格×相应的材料定额计量单位消耗量 \qquad (4-53)$$

（5）计算换算后的定额基价，一般可按下式计算。

$$换算后的定额基价=换算前的定额基价+（换入材料费-换出材料费） \qquad (4-54)$$

（6）计算换算后的预算价格。

【例 4-9】　某室内装饰工程中的樱桃木弧形墙面工程量为 72.40m²，樱桃木实际用量为 91.55m²（包括各种损耗）。查相关定额，弧形墙面定额中的材料为榉木面板，应进行材料换算，试计算换算后的预算价格。

【解】　（1）查出榉木弧形墙面项目换算前的政府指导价为 44.85 元/m²，榉木面板的定额消耗量为 1.10m²，相应预算价格为 17.47 元/m²。

（2）计算定额计量单位樱桃木面板实际消耗量，并查出相应的市场价。

$$定额计量单位樱桃木面板实际消耗量=91.55/72.40×1.00=1.26（m^2）$$

$$樱桃木面板的市场价为 25.30 元/m^2$$

（3）计算定额计量单位换入、换出材料费。

$$换入材料费=25.30×1.26=31.88（元）$$

$$换出材料费=17.47×1.10=19.22（元）$$

（4）计算换算后的定额基价。

$$换算后的定额基价：44.85+（31.88-19.22）=57.51（元）$$

（5）计算换算后的预算价格。

$$换算后的预算价格=72.40×57.51=4163.72（元）$$

4. 材料规格换算法

当施工图设计的工程项目的主要材料规格与定额规定的主要材料规格不同而引起定额基价变化时，按定额规定必须进行换算。与此同时，也应进行差价调整。其换算与调整的方法和步骤如下。

（1）根据施工图设计的工程项目内容，从定额手册目录中，查出室内装饰工程项目在定额中的页码及其部位，判断是否需要进行换算。

（2）若需换算，则应从定额项目表中，查出换算前的定额基价、需要换算的主要材料定额消耗量及其相应的预算价格。

（3）根据施工图设计的工程项目内容，计算应换算的主要材料实际用量和定额计量单位的实际消耗量。一般按两种方法计算：一是虽然主要材料不同，但两者的消耗量不变，此时，必须按定额规定的消耗量执行；二是主要材料因规格改变而引起主要材料实际用量发生变化，此时，要计算设计规格的主要材料实际用量和定额计量单位主要材料实际消耗量。

（4）从有关部门发布的建筑装饰材料价格信息中，查出施工图采用的主要材料市场价。

（5）计算定额计量单位两种不同规格主要材料费的差价，一般按下式计算。

$$差价 = 定额计量单位图样规格主要材料费 - 定额计量单位定额规格主要材料费 \quad (4-55)$$

$$定额计量单位图样规格主要材料费 = 定额计量单位图样规格主要材料实际消耗量 \times$$
$$相应主要材料市场价 \quad (4-56)$$

$$定额计量单位定额规格主要材料费 = 定额计量单位定额规格主要材料消耗量 \times$$
$$相应的主要材料定额预算价格 \quad (4-57)$$

（6）计算换算后的定额基价，一般可按下式计算。

$$换算后的定额基价 = 换算前的定额基价 + 定额计量单位图样规格主要材料费 -$$
$$定额计量单位定额规格主要材料费 \quad (4-58)$$

（7）计算换算后的预算价格。

【例 4-10】 某室内装饰顶棚工程为浮搁式铝合金方板，其工程量为 140.20m²，施工图采用的铝合金方板的规格为 500mm×500mm×0.6mm，而定额规定的铝合金方板的规格为 500mm×500mm×0.8mm，试确定换算后的预算价格。

【解】 （1）查出 500mm×500mm×0.8mm 规格的铝合金方板定额的政府指导价为 66.75 元/m²，铝合金方板定额消耗量为 1.02m²/m²，相应的预算价格为 55.62 元/m²。

（2）从有关部门发布的建筑装饰材料价格信息中，查出施工图所采用的规格为 500mm×500mm×0.6mm 的铝合金方板市场价为 51.60 元/m²。

（3）计算两种不同规格铝合金方板的定额计量单位材料费和两者的差价。

$$施工图所采用的规格材料费 = 51.60 \times 1.02 = 52.63 （元/m²）$$
$$定额规格材料费 = 55.62 \times 1.02 = 56.73 （元/m²）$$
$$差价 = 52.63 - 56.73 = -4.10 （元/m²）$$

（4）计算换算后的定额基价。

$$换算后的定额基价 = 66.75 - 4.10 = 62.65 （元/m²）$$

（5）计算换算后的预算价格。

$$换算后的预算价格 = 62.65 \times 140.20 = 8\ 783.53 （元）$$

5. 设计差异换算法

当块料的设计规格和灰缝与定额规定不一致时，需要进行换算。

（1）块料面层材料用量计算式。

$$每 100m² 块料面层材料净用量（块）= 100/[（块料长度+灰缝）\times（块料宽度+灰缝）] \quad (4-59)$$
$$每 100m² 块料面层材料总消耗量（块）= 净用量/（1-损耗率） \quad (4-60)$$

（2）换算后的定额基价。

$$换算后的定额基价=原定额基价+换算后的块料数量×换入块料单价-$$
$$定额块料数量×定额块料单价 \qquad (4-61)$$

【例 4-11】　某项工程的装饰设计要求外墙面贴 360mm×360mm 规格的釉面砖，灰缝为 10mm，釉面砖损耗率为 5%。试计算 $100m^2$ 的外墙面的釉面砖总消耗量和换算后的定额基价。

【解】　查得（300mm×300mm）方形面砖定额的政府指导价为 87.17 元/m^2，面砖价格 54 元/m^2；面砖的消耗量 $1.035m^2/m^2$，从有关部门发布的建筑装饰材料价格信息中查出：规格为 360mm× 360mm 的釉面砖的价格为 70 元/m^2。

（1）块料面层材料用量。

每 $100m^2$ 块料面层材料净用量：

100/〔（块料长度+灰缝）×（块料宽度+灰缝）〕=100/〔（0.36+0.01）×（0.036+0.01）〕=731（块）

每 $100m^2$ 块料面层材料总消耗量：

净用量/（1-损耗率）=731/（1-0.05）=770（块）

（2）换算后的定额基价。

换算后的定额基价=87.17+1.05×70-1.035×54=104.78（元/m^2）

4.2.6　定额套用

室内装饰工程消耗量定额是确定室内装饰工程预算造价、办理工程价款、处理承发包关系的主要依据之一。定额套用正确与否，直接影响室内装饰工程造价，必须熟练而准确地套用定额。

1. 套用定额时应注意的问题

（1）查阅定额前，应首先认真阅读定额总说明、分部工程说明和有关附注的内容；其次要熟悉和掌握定额的适用范围、定额已经考虑和没有考虑的要素及有关规定。

（2）要明确定额中的用语和符号的含义。

（3）要正确地理解和熟记各个分部工程计算规则中的工程量计算方法，以便在熟悉施工图的基础上，能够迅速准确地计算各个分项工程或配件、设备的工程量。

（4）要了解和记忆常用分项工程定额所包括的工作内容、人工、材料、施工机械台班消耗量和计量单位，以及有关附注的规定，做到快速、正确地套用定额项目。

（5）要明确定额换算范围，正确应用定额附录资料，熟练进行定额项目的换算和调整。

2. 定额编码

为了便于查阅、核对和审查定额项目套用是否准确合理，提高室内装饰工程施工图预算的编制质量，在编制室内装饰工程施工图预算时，必须填写定额编码。通常定额编码的方法有以下 3 种。

1）"三符号"编码法

"三符号"编码法，是以预算定额中的分部工程序号、分项工程序号（或工程项目在定额中的页码）、分项工程的子项目序号 3 个号码，进行定额编码。其表达形式如下：

分部工程序号—分项工程序号—子项目序号

或

分部工程序号—子项目在定额中的页码—子项目序号

例如，某城市现行建筑装饰工程预算定额中的墙面挂贴大理石（勾缝）项目，属于室内装饰工程项目，在定额中被排在第二部分，墙面装饰工程排在第二分项内；墙面挂贴大理石项目排在定额第 173 页第 104 个子项目，则定额编码为

2—2—104

或

2—173—104

2）"二符号"编码法

"二符号"编码法是在"三符号"编码法的基础上，去掉一个符号（分部工程序号或分项工程序号），采用定额中分部工程序号（或子项目在定额中的页码）和子项目序号两个号码，进行定额编码。其表达形式如下：

分部工程序号—子项目序号

或

子项目在定额中的页码—子项目序号

例如，墙面挂贴大理石项目的定额编码为

2—104

或

173—104

3）"单符号"编码法

"单符号"编码法一般为室内装饰工程消耗量定额号的编制方法，是根据《建设工程工程量清单计价规范》（GB 50500—2013），采用定额中的分部工程序号和子项目序号，进行定额编码。其表达形式如下：

分部分项工程序号+子项目序号

例如，石材墙面项目的定额编码为 011204。在这个号码中，0112 为墙柱面工程序号，04 为石材墙面子项目序号。

3. 定额项目的套用方法

1）定额的直接套用

当施工图设计的工程项目内容与拟套用的相应定额内容一致时，必须按定额的规定，直接套用定额。在编制室内装饰工程施工图预算、套用定额项目和确定单位预算价格时，基本可以直接套用定额。当施工图设计的工程项目内容与拟套用的相应定额项目规定的内容不一致，而且定额规定又不允许换算或调整时，必须直接套用相应定额项目，不得随意换算或调整。直接套用定额项目的方法和步骤如下。

（1）根据施工图设计的工程项目内容，从定额手册目录中，查出该工程项目在定额中的页码及其部位。

（2）判断施工图设计的工程项目内容与定额规定的内容是否一致。当两者完全一致或虽然不一致，但定额规定不允许换算或调整时，即可直接套用定额基价。但是，在套用定额基价前，必须注意分项工程的名称、规格、计量单位是否与定额规定的名称、规格、计量单位一致。

（3）确定定额编码和定额基价，其中包括人工费、材料费和施工机具使用费，把各项费用分别填入室内装饰工程预算表内。

（4）确定工程项目预算价格。

其计算式如下：

$$工程项目预算价格=工程项目工程量×相应定额基价 \qquad (4-62)$$

【例 4-12】　某室内地面铺实木烤漆地板（铺在毛地板上），该项目工程量为 40.90m²，试确定其人工费、材料费、施工机具使用费及预算价格。

【解】　（1）从定额手册目录中查出，实木烤漆地板（铺在毛地板上）的定额项目在相应定额的 20101261 号、20101266 号和 20101269 号子项目中。

（2）通过判断可知，实木烤漆地板分项工程内容符合定额规定的内容，即可直接套用定额项目。

（3）从定额项目表中查出，实木烤漆地板（包含木龙骨基层）每平方米的政府指导价为 48.44 元/m²。其中，定额人工费为 20.02 元/m²、材料费 28.29 元/m²、机械台班费为 0.13 元/m²、定额编码为 20101261；铺设杉木基层时，每平方米杉木的政府指导价为 47.04 元/m²。其中，定额人工费 6.64 元/m²、材料费 40.17 元/m²、机械台班费为 0.23 元/m²、定额编码为 20101266；铺设实木烤漆地板时每平方米的政府指导价为 316.33 元/m²。其中，定额人工费 17.29 元/m²、材料费 299.04 元/m²、机械台班费为 0.00 元/m²、定额编码为 20101269。

（4）计算实木烤漆木地板（铺在毛地板上）的人工费、材料费、施工机具使用费和预算价格。

$$人工费=（20.02+6.64+17.29）×40.90=1\ 797.56（元）$$
$$材料费=（28.29+40.17+299.04）×40.90=15\ 030.75（元）$$
$$施工机具使用费=（0.13+0.23+0.00）×40.90=14.72（元）$$
$$预算价格=（48.44+47.04+316.33）×40.90=16\ 843.03（元）$$

2）工料分析

在施工前、施工过程中或竣工后，室内装饰工程施工单位进行施工组织、优化施工方案或评价施工方案时，都可运用定额进行工料分析。

【例 4-13】　某室内墙面做榉木和枫木拼花（对拼）饰面（铺 9mm 厚的木夹板上）项目，该项目工程量为 25.34m²，试确定榉木和枫木面板、9mm 厚的木夹板，以及断面规格为 20mm×20mm 且长度为 4m 的木龙骨各需要多少并计算预算价格？

【解】　从建筑工程的墙面的木龙骨（断面在 7.5cm² 以内、龙骨平均中距在 400mm 以内）（编号 20102242）项目中可知，政府指导价为 22.34 元/m²、定额人工费为 10.92 元/m²、材料费为 11.20 元/m²、机械台班费为 0.22 元/m²、杉木用量为 0.0054 m³/m²。

从建筑工程多层夹板（12mm 厚的木夹板）（定额编码 20102264）项目中可知，政府指导价为 42.00 元/m²。其中，定额人工费为 11.76 元/m²、材料费为 30.01 元/m²、机械台班费为 0.23

元/m^2、多层夹板用量为 1.05m^2/m^2。12mm 厚的木夹板的定额价格为 28.20 元/m^2，9mm 厚的木夹板的市场价格为 21.00 元/m^2。由于木夹板厚度不同，故需要进行定额基价换算。

$$换算后的定额基价=42.00+1.05×（21.00-28.20）=34.44（元/m^2）$$

从建筑工程的墙柱面拼纹造型（2 种饰面）（定额编码 20102326）项目中可知，政府指导价为 58.78 元/m^2。其中，定额人工费为 31.85 元/m^2、材料费为 26.18 元/m^2、机械台班费为 0.75 元/m^2、榉木胶合板的用量为 0.60m^2/m^2、枫木胶合板的用量为 0.60m^2/m^2。

综上可知，所需榉木胶合板的面积：0.6×25.34=15.20m^2。

所需枫木胶合板的面积：0.6×25.34=15.20m^2。

杉木方用量：0.0054×25.34/0.02×0.02×4=85.52（根）。

预算价格：（22.34+34.44+58.78）×25.34=2928.29（元）。

4.3 室内装饰工程工程量清单消耗量定额

4.3.1 消耗量定额概述

室内装饰工程工程量清单消耗量定额是指规定室内装饰工人或小组在正常施工条件下，完成单位合格产品所必须消耗的劳动力、材料、机械台班的数量标准，是根据专业施工的作业对象和工艺制定的。

1. 消耗量定额的作用

室内装饰工程工程量清单消耗量定额是以施工过程为编制对象，即规定在施工过程中的人工、材料、机械台班消耗量的定额。它有以下 6 个作用。

（1）编制室内装饰工程施工图预算、招标标底和确定工程造价的依据。

（2）编制室内装饰工程设计概算、投资估算的基础。

（3）编制室内装饰工程企业定额、投标报价的参考。

（4）合理组织劳动的依据。

（5）推广先进技术的必要条件。

（6）企业实行经济核算的重要基础。

2. 消耗量定额编制原则

为了保证室内装饰工程工程量清单消耗量定额的编制质量，编制时必须遵守以下原则。

1）平均合理的原则

平均合理是指在定额适用范围内，在现阶段的社会正常生产条件下，在社会的平均劳动程度和劳动强度下，确定室内装饰工程定额规定的人工、材料和施工机械台班的消耗量标准。

2）简明适用原则

编制室内装饰工程工程量清单消耗量定额时，项目划分、步距大小要适当，对那些主要的、常用的、价值量大的项目，分项工程的划分要细；对次要的、不常用的、价值量相对较小的项目，分项工程可以划分得粗略些。

简明适用还指室内装饰工程工程量清单消耗量定额结构合理、项目要齐全、文字通俗易懂、计算方法简便，易为广大专业人士掌握和运用。

3. 消耗量定额编制方法

1）人工消耗量的编制方法

（1）经验估计法。由定额专业人员、工程技术人员和工人相互配合，根据实践经验和工程具体情况，通过座谈讨论制定定额。经验估计法的优点是制定定额简单易行、速度快、工作量小，缺点是缺乏科学资料依据，容易出现偏高或偏低的现象。因此，这种方法主要适用于产品品种多、批量小或不易计算工程量的施工作业。

（2）技术测定法。通过深入的调查研究，拟订合理的施工条件、操作方法、劳动组织和工时消耗量，在考虑生产潜力的基础上经过严格的技术测定和科学的数据处理后制定定额的方法，通常采用测时法、写实记录法、工作日写实法和简易测定法。

（3）比较类推法。以同类型工序或产品的典型定额为标准，用比例数示法或图示坐标法，经过分析比较，类推出相邻项目定额水平。这种方法适用于同类型产品规格多、批量小的施工作业。一般情况下，只要典型定额选择确当，分析合理，类推出的定额水平也比较合理。

（4）统计分析法。利用同类工程或同类产品的工时消耗统计资料，结合当前的技术、组织条件，进行分析研究并制定定额。这种方法适用于施工条件正常、产品稳定、统计制度健全、统计工作真实可信的情况，它比经验估计法更能真实地反映地生产水平，缺点是不能剔除不合理的时间消耗。

2）材料消耗量的编制方法

（1）观察法。对合理使用装饰材料条件下完成的合格装饰产品的材料消耗过程进行测定与观察，通过计算确定各种装饰材料消耗定额。

观察对象的选择是观察法的首要任务。选择观察对象时，应注意所选装饰对象应具有代表性；施工技术、施工条件应符合操作规范要求；装饰材料的品种、质量应符合设计和施工技术规范要求。在观察前应做好充分的技术和组织准备工作，例如，研究装饰材料的运输方法、堆放地点、计量方法及所采取的减少损耗的措施等，以保证观察法的准确性和合理性。

（2）试验法。在试验室内通过专门的仪器确定装饰材料消耗量定额，如混凝土、砂浆、油漆涂料等。由于这种方法不一定能充分估计施工过程中的某些因素对装饰材料消耗量的影响，因此，往往还需要对其进行适当调整。

（3）统计法。根据长期积累的分部分项工程所拨发的各种装饰材料数量、完成的产品数量和材料的回收量等资料，进行统计、整理、分析、计算，以确定装饰材料的消耗定额。统计法的优点是不需要组织专门人员进行现场测定或试验，但其准确度受统计资料、具体情况的限制，精确度不高。使用该方法时应认真分析并进行修正，使其数据具有代表性。

（4）计算法。根据施工图，利用理论公式计算装饰材料消耗量。计算时，应考虑装饰材料的合理损耗（损耗率仍须在现场实测得出），这种方法适用于确定板、块类材料的消耗定额。

【例 4-14】　采用 1∶1 水泥砂浆贴 100mm×200mm×5mm 规格的瓷砖墙面，结合层厚度为 10mm，灰缝宽度为 1mm，试计算 100m^2 墙面中的瓷砖和砂浆的总消耗量（四舍五入）。已知：瓷砖损耗率和砂浆损耗率分别为 1.5% 和 1%。

【解】 每100m² 墙面中的瓷砖净用量=100÷［（0.1+0.001）×（0.2+0.001）］=4926（块）。

瓷砖总消耗量=4926×（1+1.5%）=5000（块）。

每100m² 墙面中结合层砂浆净用量=100×0.01=1（m³）。

每100m² 墙面中灰缝砂浆净用量=（100−4926×0.1×0.2）×0.005=0.007（m³）。

每100m² 瓷砖墙面砂浆总消耗量=（1+0.007）×（1+1%）=1.017（m³）。

4.3.2 消耗量的确定

室内装饰工程消耗量的确定是指预算的人工、材料、机械台班三者（俗称"三量"）定额消耗量的确定。

1. 人工定额消耗量的确定

室内装饰工程预算定额中的人工消耗量，是指在正常的生产条件和社会平均劳动熟练程度下，完成某合格的分部分项室内装饰项目所需要的人工工日。预算定额中的人工消耗量，应该包括为完成分项工程所综合的各个工作过程的施工任务而在施工现场开展的各种性质的工作所对应的人工消耗，包括基本用工量、辅助用工量、超运距用工量以及人工幅度差。

（1）基本用工量是指完成一个定额计量单位的装饰产品所必需的主要用工量。其计算式为

$$基本用工量=\sum（工序工程量×对应的时间定额）\qquad(4\text{-}63)$$

式中，

$$对应的时间定额=1÷每单位工日完成的产量（每工产量）\qquad(4\text{-}64)$$

或

$$对应的时间定额=小组成员工日数之和÷组台班产量（班组完成的产品数量）\qquad(4\text{-}65)$$

（2）辅助用工量是指基本用工量以外的材料加工等所需要的用工量。其计算式为

$$辅助用工量=\sum（材料加工数量×对应的时间定额）\qquad(4\text{-}66)$$

（3）超运距用工量是指编制装饰预算定额时，材料运输距（简称运距）离超过劳动定额规定的运输距离而需增加的工日数量。其计算式为

$$超运距=装饰工程预算定额的运距-劳动定额规定的运距\qquad(4\text{-}67)$$
$$超运距用工量=\sum（超运距材料数量×对应的时间定额）\qquad(4\text{-}68)$$

（4）人工幅度差是指劳动定额中没有包括但在室内装饰工程预算定额中应考虑到的、正常情况下不可避免的零星用工量，如各工种间的工序衔接、交叉作业互相配合或影响所发生的停歇用工、施工机械在单位工程之间转移及临时水电线路移运所造成的停工、质量检查和隐蔽工程验收工作的影响、班组操作地点转移用工、工序交接时对前一工序不可避免的修整用工、施工过程中不可避免的其他零星用工。人工幅度差的计算式为

$$人工幅度差=（基本用工量+超运距用工量+辅助用工量）×人工幅度差系数\qquad(4\text{-}69)$$

人工幅度差系数一般为10%～15%，在预算定额中，人工幅度差列入其他用工中。

综上所述，室内装饰工程预算定额中的人工消耗指标，可按下式计算。

$$综合人工工日数=（基本用工量+超运距用工量+辅助用工量）×$$
$$（1+人工幅度差系数）\qquad(4\text{-}70)$$

2. 材料定额消耗量的确定

材料定额消耗量是指在正常的装饰工程施工条件下，节约、合理使用装饰材料，完成单位合格的装饰产品所消耗的一定品种规格的材料、成品、半成品等的数量标准，其计量单位为实

物计量单位。完成单位合格装饰产品所必需的装饰材料消耗量包括净用量和合理损耗量。净用量是指直接组成工程实体的材料用量，合理损耗量是指不可避免的材料损耗，例如，场内运输及场内堆放过程中，在允许范围内不可避免的损耗；加工制作过程中的合理损耗及施工操作过程中的合理损耗。材料损耗率是由国家有关部门根据观察和统计资料确定的。对大多数材料，可直接查预算手册；对一些新型材料，可采用现场实测，报有关部门批准。

材料定额消耗量用下式计算：

$$材料定额消耗量=材料净用量+材料损耗量 \qquad (4\text{-}71)$$

$$材料损耗量=材料净用量×材料损耗率 \qquad (4\text{-}72)$$

由以上两式可知：

$$材料定额消耗量=材料净用量×（1+材料损耗率） \qquad (4\text{-}73)$$

3. 机械台班定额消耗量的确定

机械台班定额消耗量是指在正常装饰工程施工条件下（合理组织生产、合理使用机械），某种专业的工人班组使用机械、完成单位合格装饰产品所消耗的工作时间（台班），或者在一定工作台班内，完成质量合格的装饰产品的数量标准。其表现形式有两种：机械时间定额和机械台班产量定额。

（1）机械时间定额是指在合理施工条件下，生产单位合格装饰产品所消耗的时间，以"台班"表示。其计算式为

$$机械时间定额=1÷机械台班产量 \qquad (4\text{-}74)$$

或

$$机械时间定额=小组成员工日数之和（工人配合机械）÷机械台班产量 \qquad (4\text{-}75)$$

（2）机械台班产量定额是指在合理施工条件和劳动组织情况下，在每一机械台班时间内必须完成合格装饰产品的数量。其计算式为

$$机械台班产量定额=1÷机械时间定额 \qquad (4\text{-}76)$$

或

$$机械台班产量定额=机械台班产量÷小组成员工日数之和（工人配合机械） \qquad (4\text{-}77)$$

机械时间定额和机械台班产量定额互为倒数。例如，以塔式起重机吊装一块混凝土楼板，建筑物层数在 6 层以内，楼板质量在 0.5t 以内，如果规定机械时间定额为 0.008 台班，那该塔式起重机的台班产量定额应为 1÷0.008=125（块）。

室内装饰工程消耗量定额项目中的机械台班消耗指标是以"台班"为单位计量的，它是根据全国统一劳动定额中各种机械施工项目所规定的台班产量加上机械幅度差进行计算的。若按实际需要计算施工机械台班消耗，则不应再加机械幅度差。

机械幅度差是指劳动定额中没有包括但在编制预算定额时，必须考虑的因机械停歇而引起的机械台班损耗量，内容包括机械转移工作面的损失时间、配套机械相互影响的损失时间、开工或结尾工作量不饱满的损失时间、临时停水停电影响的时间、检查工程质量影响机械操作的时间等。

小 结

　　室内装饰工程费用包含的项目繁多，计算复杂。室内装饰工程预算费用主要是指施工图预算费用，由人工费、材料费、施工机具使用费、企业管理费、规费、利润和税金组成。当用清单计价时，室内装饰工程预算费用又包括分部分项工程费、措施项目费、其他项目费和零星项目费等。由于室内装饰工程及生产的技术经济特点，因此室内装饰工程预算费用构成、费用计算基础和取费标准，按工程的类别、标准、等级、地区、企业级别等的不同而发生变化。同时，随着时间的推移及生产力和科学技术水平的提高，室内装饰工程预算费用构成、取费标准等也将发生变化，以适应相应时期室内装饰工程产品的价值变化。

　　在我国工程造价的计算发展过程中，主要包括定额计价和工程量清单计价两种计价方法。它们的计算方法不同，计算费用的术语不同，计算的程序也不同。本章通过经典例题分别分析了两种计价方法的计算过程。

习 题

一、选择题

1~25 为单选题

1. 措施项目指为完成项目，发生于工程施工前和施工过程中的（　　）方面的非工程实体项目。

　　A. 技术　　　　　B. 生活　　　　　　C. 安全　　　　　D. 以上都是

2. 措施项目清单包括整体措施项目清单和（　　）措施项目清单。

　　A. 分部工程　　　B. 分项工程　　　　C. 专业工程　　　D. 单位工程

3. 对措施项目中的周转材料和设备，均按（　　）报价。

　　A. 一次使用量　　B. 单次摊销量　　　C. 市场价　　　　D. 协商价

4. 根据建筑安装工程费用项目组成规定，下列费用项目属于按造价形成划分的是（　　）。

　　A. 人工费　　　　B. 企业管理费　　　C. 利润　　　　　D. 税金

5. 对安全施工、文明施工等四项措施项目费的投标报价总额，不得低于《浙江省建设工程施工取费定额》（2018 版）规定的弹性费率中值计算所需费用总额的（　　）。

　　A. 50%　　　　　B. 70%　　　　　　C. 80%　　　　　D. 90%

6. （　　）是指由施工过程中耗费的构成工程实体和有助于工程形成的各项费用，包括人工费、材料费、施工机具使用费等组成。

　　A. 直接费　　　　B. 直接工程费　　　C. 工程造价　　　D. 现场管理费

7. 室内装饰工程直接费主要包括（　　）。

　　A. 人工费、材料费、施工机具使用费

　　B. 人工费、材料费、施工机具使用费和规费

  C．人工费、材料费、施工机具使用费和现场管理费

  D．人工费、材料费、施工机具使用费和措施项目费

8．已知某人工抹灰 $10m^2$ 的基本工作时间为 4 小时，辅助工作时间占工序作业时间的 5%，准备与结束工作时间、不可避免的中断时间分别占工作时间的 6%、11%、3%，则该人工抹灰的时间定额为（ ）工日/$100m^2$。

  A．6.3   B．6.56   C．6.58   D．6.67

9．现拟建某地市政道路工程，已知类似已完工程的造价指标为 600 元/m^2，人工费、材料费、施工机具使用费分别占工程造价的 10%、50%、20%，拟建工程与类似已完工程的人工费、材料费、施工机具使用费差异系数分别为 1.1、1.05、1.05。假定以人工费、材料费、施工机具使用费单价为基数取费，综合费率为 25%，则该工程综合单价为（ ）元。

  A．507   B．608.4   C．633.75   D．657

10．关于材料消耗的性质及确定材料消耗量的基本方法，下列说法正确的是（ ）。

  A．理论计算法适用于确定材料净用量

  B．必须消耗的材料量是指材料的净用量

  C．土石方爆破工程所需的炸药、雷管、引信属于非实体材料

  D．现场统计法主要适用于确定材料损耗量

11．在室内装饰工程费用中，教育费附加是（ ）的组成部分之一。

  A．企业管理费 B．财务费用   C．利润   D．税金

12．在投标报价确定分部分项工程综合单价时，应根据所选的计算基础计算工程内容的工程量，该数量应为（ ）。

  A．实物工程量   B．施工工程量

  C．定额工程量   D．复核的清单工程量

13．建筑安装企业组织施工生产和经营管理所需的费用是指（ ）。

  A．其他直接费 B．企业管理费   C．规费   D．措施项目费

14．在实施某项目时，需要购买一台国产设备，其购置费为 1325 万元，运杂费的费率为 12%，则设备的原价为（ ）万元。

  A．1506   B．1484   C．1183   D．1166

15．建筑安装工程直接费中的人工费是指（ ）。

  A．从事建筑安装工程施工的生产工人及机械操作人员的开支的各项费用

  B．直接从事建筑安装工程施工的生产工人开支的各项费用

  C．施工现场与建筑安装施工直接有关的人员的工资性费用

  D．施工现场所有人员的工资性费用

16．在下列费用中，不属于直接费的是（ ）。

  A．二次搬运费   B．技术开发费

  C．夜间施工增加费   D．临时设施费

17．关于工程定额的应用，下列说法正确的是（ ）

  A．施工定额是编制施工图预算的依据

  B．行业统一定额只能在本行业范围内使用

  C．企业定额反映了施工单位的生产消耗标准，不用于工程计价

D. 工程定额是工程定额的一种类型，但不属于工程计价定额

18. 工器具及生产家具购置费的计算基础是（　　　）。

A. 进口设备抵岸价　　　　　　　　B. 设备运杂费

C. 设备购置费　　　　　　　　　　D. 设备原价

19. 在下列费用中，属于安全文明施工费的是（　　　）。

A. 脚手架工程费　　　　　　　　　B. 临时设施费

C. 二次搬运费　　　　　　　　　　D. 非夜间施工照明

20. 在下列安全文明施工费用中，属于临时设施费的是（　　　）。

A. 现场生活卫生设施费用　　　　　B. 建筑物内临时便溺设施费用

C. 临时文化福利用房费　　　　　　D. 工程防暑降温费用

21. 国际投标报价时，对于当地采购的材料，其单价应为（　　　）

A. 市场价+运杂费

B. 市场价+运杂费+运输损耗费

C. 市场价+运杂费+采购保管费

D. 市场价+运杂费+采购保管费+运输损耗费

22. 根据设计要求，在施工过程中对某房屋结构进行破坏性试验，以提供和验证设计数据，则该费用应包括在（　　　）中。

A. 业主方的研究试验费　　　　　　B. 施工方的检验试验费

C. 业主方的管理费　　　　　　　　D. 勘察设计费

23. 在下列费用中属于直接工程费中的人工费的是（　　　）。

A. 电焊工在产假和婚假期间的工资　B. 挖掘机驾驶人的工资

C. 监理人员的工资　　　　　　　　D. 公司安全监督人员的工资

24. 在下列定额中，定额水平应反映社会平均先进水平的是（　　　）。

A. 施工定额　　　B. 预算定额　　　C. 概算定额　　　D. 概算指标

25. 以下不属于措施项目费的是（　　　）。

A. 大型设备安拆费　　　　　　　　B. 脚手架工程费

C. 二次搬运费　　　　　　　　　　D. 优质工程增加费

26～33 为多选题

26. 在下列费用中，应列入建筑安装工程的措施项目清单的项目有（　　　）。

A. 文明施工费　　B. 夜间施工增加费　　C. 预留金

D. 环境保护费　　E. 社会保障费

27. 在下列费用中，不应列入建筑安装工程的措施项目清单的项目有（　　　）。

A. 临时设施费　　　　　　　　　　B. 劳动保护费

C. 工具用具使用费　　　　　　　　D. 二次搬运费

28. 在室内装饰工程造价中，不含税工程造价加上（　　　）等于工程造价。

A. 增值税　　　　　　　　　　　　B. 城乡维护建设税

C. 教育费附加　　　　　　　　　　D. 利润

29. 在下列费用中，属于室内装饰工程造价中的企业管理费的是（　　　）。

A. 施工机械保险费　　　　　　　　B. 劳动保险费

C. 工伤保险费　　D. 财产保险费　　　E. 工程保险费

30. 下列费用中的（　　）应计入措施项目费。

A. 安全施工费　　B. 二次搬运费　　C. 工具用具使用费

D. 临时设施费　　E. 危险作业意外伤害保险费

31. 用综合单价法计价时，各个分部分项工程工程量乘以综合单价的合价并汇总，再加上（　　），便可得到建筑安装工程造价。

A. 间接费　　　　B. 规费　　　　　C. 风险费

D. 税金　　　　　E. 利润

32. 下列费用应计入规费的有（　　）。

A. 环境保护费　　　　　　　　　　B. 工程定额测定费

C. 社会保险费　　　　　　　　　　D. 财产保险费

33. 根据建筑安装工程费用项目组成规定，下列费用项目包括在人工日工资单价内的有（　　）。

A. 节约奖　　　　B. 流动施工津贴　　C. 高温作业临时津贴

D. 劳动保护费　　E. 探亲假期间支付的工资

二、案例分析题

1. 某市地税大楼的室内装饰工程工程由本市第三建筑公司中标承建，依据设计图样、合同和招标文件等有关资料，以工料单价法经过计算汇总得到其人工费、材料费、机械台班费的合价：1354 万元。其中，人工费和机械台班费占直接工程费的 12.0%；措施项目费的费率为 7.5%，其中人工费和机械台班费占措施项目费的 14.3%；间接费的费率为 60%，利润率为人工费和机械台班费的 120%，税金按规定取 3.4%。

问题：

（1）什么是直接工程费、措施项目费和规费？

（2）措施项目费、规费和企业管理费各包括哪些费用？

（3）列表计算该工程的工程造价（以人工费和机械台班费为计算基础），保留小数点后三位数。

2. 按某地区原建设工程费用定额测算所选典型工程中的材料费占人工费、材料费和机械台班费三者合计的比例为 40%，而该地区的某住宅楼工程中的材料费占人工费、材料费、机械台班费三者合计的比例为 45%。直接工程费为 982 万元，零星工程费占直接工程费的 3.5%，措施项目费的费率为 6%，间接费的费率为 8%，利润率为 5%，综合税率为 3.4%。

问题：

（1）简要说明综合单价法的计算过程。

（2）以综合单价法计算建筑安装工程费的程序有哪几种？

（3）列表计算该工程的造价，保留小数点后三位数。

三、计算题

1. 某室内装饰工程包含黑金砂花岗岩楼梯项目，楼梯面积为 260m²，该项目消耗了规格 4mm×10mm 的铜制防滑条 482m，试计算黑金砂此花岗岩楼梯的工程造价。已知：合同约定的人工单价为 46 元/工日，机械台班费及次材按规定暂不调整价差，需要调整价差的材料市场价已查出：黑金砂花岗岩单价为 620 元/m²，水泥单价为 285 元/t，白水泥单价为 580 元/t，沙子单价为 42.21 元/t，铜制防滑条单价为 18 元/m，综合间接费的费率为 10%，利润率为 7%，综合税率为 3.659%。

2. 某工程的外墙面拟采用钢骨架上干挂花岗岩，工程量为 502m²，根据施工图计算得到主要材料的设计用量。M12×130 铁膨胀螺栓：328 套（预算价格为 1.62 元/套），镀锌形钢支架：9.8t，铁件：3.264t，不锈钢连接件：3528 片，不锈钢插棍：3528 根，不锈钢六角螺栓 M10×40：3528 套。已知花岗岩板钻孔由供应商完成，型钢支架（镀锌）的市场价为 1.0 元/kg。试确定综合单价。

第 5 章

室内装饰工程工程量计算

教学目标

　　本章介绍室内装饰工程各个分部分项工程工程量的定义及其计算内容、计算方法和计算案例。通本章的学习，使读者了解工程量定义及其计算注意事项，了解建筑面积的计算及其在室内预算中的作用，掌握室内装饰工程各个分部分项工程工程量所包含的内容和计算方法。

教学要求

知识要点	能力要求	相关知识
工程量概述及建筑面积的计算	（1）了解工程量的定义及其计算的一般规则和注意事项 （2）了解应计算建筑面积和不应计算建筑面积的范围	工程量、物理计量单位、自然计量单位、建筑面积
室内装饰工程各个分部分项工程工程量计算	（1）掌握各个分部分项工程工程量的计算规则 （2）掌握各个分部分项工程工程量的计算方法	计算规则、楼地面装饰工程、墙/柱面装饰工程、天棚（顶棚）工程、油漆/裱糊工程、满堂脚手架工程

基本概念

　　工程量、物理计量单位、自然计量单位、建筑面积、计算规则、楼地面装饰工程、墙/柱面装饰工程、天棚（顶棚）工程、油漆/裱糊工程、满堂脚手架工程

引例

　　在了解了工程费用构成及工程定额构成等内容后，还需掌握工程计量。工程计量是室内装饰工程预算核心问题之一，也是本课程的核心内容。工程量与工程费用构成是什么关系？工程量计算规则有哪些？室内

装饰工程的工程量计算包含哪些内容？工程量计算方法有哪些？这些都是本章的重点内容。

例如，某学校的会议室进行装饰，室内净面积为（12×7.8）m^2，该会议室需要安装 2 个 1800mm × 2100mm 实木大门、2 个 1200mm × 2100mm 实木门、4 个 2100mm × 1500mm 的实木带纱玻璃窗。主要工程内容如下：地面铺玻化砖、墙面刷白色乳胶漆、顶棚为轻钢龙骨纸面石膏板、实木门窗刷清漆，试计算出各个分部分项工程工程量。

5.1 工程量

5.1.1 工程量的定义

在室内装饰工程中，工程量是指以物理计量单位或自然计量单位表示各个具体分部分项工程和构/配件的实物量，工程量的计量单位必须与定额规定的计量单位一致。

工程量的计量单位包括物理计量单位和自然计量单位两种。物理计量单位是指需要通过度量工具衡量物体量性质的单位，即采用法定计量单位表示工程完成的数量。例如，窗帘盒、木压条之类的工程量以 m 为计量单位；墙面、柱面工程和门窗工程之类的工程量以 m^2 为计量单位；砌砖、水泥砂浆之类的工程量以 m^3 为计量单位，其质量以 kg 或 t 为计量单位。

自然计量单位是指不需要量纲的、具有自然属性的单位，如屋顶水箱以"座"为计量单位，施工机械以"台班"为计量单位，设备安装工程以"台"、"组"和"件"等为计量单位，卫生洁具安装工程以"组"为计量单位，灯具安装工程以"套"为计量单位，回/送风口以"个"为计量单位等。

5.1.2 工程量计算的一般规则和注意事项

1. 工程量计算的一般规则

对工程量，必须按照其计算规则和定额规定进行正确的计算，工程量计算必须遵守以下 5 个原则。

（1）工作内容、范围要与定额中相应分项工程所包括的内容和范围一致。计算工程量时，要熟悉定额中每个分项工程所包括的内容和范围，以避免重复列项或漏计项目。例如，抹灰工程分部工程量计算规则规定，室内墙面一般抹灰的定额内容不包括刷素水泥浆的人工和材料，如果施工设计中要求刷素水泥浆一遍，就应当另列项计算。又如，该分部工程量计算规则规定天棚抹灰的定额内容包括基层刷含 107 胶的水泥浆一遍的人工和材料，在计算天棚抹灰工程的工程量时，就已包括这项内容，不能再列项重复计算。

（2）工程量的计量单位同定额规定的计量单位一致。计算工程量时，首先要弄清楚定额的计量单位。例如，对室内墙面抹灰工程，楼地面层的工程量均以面积计算，计量单位为 m^2；而踢脚线以长度计算，计量单位为 m。计算工程量时，如果都以面积计算，必然影响工程量的准确性。

（3）工程量计算规则与现行预算定额规定的计算原则要一致。在按施工图计算工程量时，采用的计算规则必须与本地区现行预算定额的工程量计算规则一致。这样，才能统一计算标准，防止错算。

（4）工程量计算式要简单明了。工程量计算式要简单明了，按一定顺序排列以便于核对工程量。在计算工程量时，要注明层次、部位、断面符号、图号等。工程量计算式一般按长、宽、厚的顺序排列。在计算面积时，按长×宽（高）的顺序排列；计算体积时，按长×宽×厚或厚×宽×高等的顺序排列。

（5）工程量精度原则。工程量在计算过程中一般要求保留 3 位小数，计算结果则四舍五入后保留两位小数。但对于钢材、木材的计算结果，要求保留三位小数；建筑面积的计算结果一般要取整数，如有小数时，按四舍五入规则取整。

2．工程量计算注意事项

工程量计算是根据已会审的施工图所规定的各个分项工程的尺寸/数量、设备/构件/门窗等明细表和预算定额各个分部工程量计算规则进行计算。在计算工程中，应注意以下 7 个问题。

（1）必须在熟悉和审查施工图的基础上进行，要严格按照定额规定和工程量计算规则进行计算，不得任意加大或缩小各个部位的尺寸。例如，不能把轴线间距作为内墙净长距离。

（2）为了便于核对和检查，避免重算或漏算，在计算工程量时，一定要注明层次、部位、轴线编号、断面符号。

（3）工程量计算式中的各项应按一定顺序排列，以方便校核。计算面积时，一般按长、宽（高）顺序排列，数字精确度一般计算到小数点后两位；在汇总列项时，可四舍五入取小数点后两位。

（4）为了减少重复劳动，提高编制预算工作效率，应尽量利用图样上已注明的数据表和各种附表，如门窗、灯具明细表。

（5）为了防止重算或漏算，计算工程量时要按施工顺序，并结合定额手册中定额项目排列的顺序及计算方法进行计算。

（6）计算工程量时，应采用表格，以利于审核。

（7）计量单位必须和定额规定一致。

5.1.3　工程量计算的意义

工程量计算就是根据施工图、预算定额划分的项目以及定额规定的工程量计算规则，列出分项工程名称和计算式，计算出结果。

工程量计算的工作是编制施工图预算的重要环节，在整个预算编制过程中它是最繁重的一项工作。一方面，工程量计算工作在整个预算编制工作中所花的时间最长，它直接影响预算的及时性；另一方面，工程量计算的正确与否直接影响各个分项工程定额直接费计算的准确性，进而影响工程预算造价的准确性。因此，要求预算人员以高度的责任感，耐心细致地进行计算。

5.2　建筑面积的计算

5.2.1　建筑面积计算的意义

建筑面积是指建筑物（包括墙体）所形成的楼地面面积，它是根据建筑平面图在统一计算规则下计算出来的一项重要经济数据。根据建筑物的不同建设阶段划分，有基本建设计划面积、房屋竣工面积、在建房屋建筑面积等数据；根据建筑物的功能划分，有结构面积、交通面积、使用面积。建筑面积是衡量建筑物或室内的经济性能指标，也是计算某些分项工程工程量的基本数据。例如，综合脚手架、建筑物超高施工增加费、垂直运输等工程量都是以建筑面积为基数计算的。

建筑面积的计算不仅关系到工程量计算的准确性，而且在控制基建投资规模、设计、施工管理方面都具有重要意义。因此，在计算建筑面积时，要认真对照定额中的计算规则，弄清楚哪些部位应计算、哪些部位不应计算，以及如何计算。

5.2.2 应计算建筑面积和不应计算建筑面积的范围

1. 应计算建筑面积的范围

（1）建筑物的建筑面积应按自然层外墙结构外围水平面积之和计算。结构层高在 2.20m 及以上的，应计算全面积；结构层高在 2.20m 以下的，应计算 1/2 面积。

（2）当建筑物内设有局部楼层时，对局部楼层的二层及以上楼层有围护结构的，应按其围护结构外围水平面积计算；无围护结构的，应按其结构底板水平面积计算；结构层高在 2.20m 及以上的，应计算全面积；结构层高在 220m 以下的，应计算 1/2 面积。

（3）当建筑物内有形成建筑空间的坡屋顶时，对结构净高在 2.10m 及以上的部位，应计算全面积；对结构净高在 1.20～2.1m 的部位，应计算 1/2 面积；对结构净高在 1.20m 以下的部位，不应计算建筑面积。

（4）在场馆看台下的建筑空间中，对结构净高在 2.10m 及以上的部位，应计算全面积；对结构净高为 1.20～2.10m 的部位，应计算 1/2 面积；对结构净高在 1.20m 以下的部位，不应计算建筑面积。对室内单独设置的有围护设施的悬挑看台，应按看台结构底板水平投影面积计算建筑面积。对有顶盖而无围护结构的场馆看台，应按其顶盖水平投影面积的 1/2 计算面积。

（5）对地下室、半地下室，应按其结构外围水平面积计算。结构层高在 2.20m 及以上的，应计算全面积；对结构层高在 2.20m 以下的，应计算 1/2 面积。

（6）对出入口外墙外侧坡道有顶盖的部位，应按其外墙结构外围水平面积的 1/2 计算面积。

（7）对建筑物架空层及坡地建筑物吊脚架空层，应按其顶板水平投影计算建筑面积。结构层高在 2.20m 及以上的，应计算全面积；结构层高在 2.20m 以下的，应计算 1/2 面积。

（8）对建筑物的门厅、大厅，应按一层计算建筑面积；对门厅、大厅内设置的走廊，应按走廊结构底板水平投影面积计算建筑面积。结构层高在 2.20m 及以上的，应计算全面积；结构层高在 2.20m 以下的，应计算 1/2 面积。

（9）对建筑物间的架空走廊，分两种情况计算：有顶盖和围护结构的，应按其围护结构外围水平面积计算全面积；无围护结构而有围护设施的，应按其结构底板水平投影面积计算 1/2 面积。

（10）对立体书库、立体仓库、立体车库，分两种情况计算：有围护结构的，应按其围护结构外围水平面积计算建筑面积；无围护结构而有围护设施的，应按其结构底板水平投影面积计算建筑面积。无结构层的，应按层计算；有结构层的，应按其结构层面积分别计算。结构层高在 2.20m 及以上的，应计算全面积；结构层高在 2.20m 以下的，应计算 1/2 面积。

（11）对有围护结构的舞台灯光控制室，应按其围护结构外围水平面积计算。结构层高在 2.20m 及以上的，应计算全面积；结构层高在 2.20m 以下的，应计算 1/2 面积。

（12）对附属在建筑物外墙的落地橱窗，应按其围护结构外围水平面积计算。结构层高在

2.20m 及以上的，应计算全面积；结构层高在 2.20m 以下的，应计算 1/2 面积。

（13）对窗台与室内楼地面高差在 0.45m 以下且结构净高在 2.10m 及以上的凸（飘）窗，应按其围护结构外围水平面积计算 1/2 面积。

（14）对有围护设施的室外走廊（挑廊），应按其结构底板水平投影面积计算 1/2 面积；对有围护设施（或柱）的檐廊，应按其围护设施（或柱）外围水平面积计算 1/2 面积。

（15）对门斗，应按其围护结构外围水平面积计算建筑面积。结构层高在 2.20m 及以上的，应计算全面积；结构层高在 2.20m 以下的，应计算 1/2 面积。

（16）对门廊，应按其顶板水平投影面积的 1/2 计算建筑面积；有柱雨篷的，应按其结构板水平投影面积的 1/2 计算建筑面积；无柱雨篷的、结构外边线至外墙结构外边线的宽度在 2.10m 及以上的，应按雨篷结构板的水平投影面积的 1/2 计算建筑面积。

（17）对设在建筑物顶部且有围护结构的楼梯间、水箱间、电梯机房等，结构层高在 2.20m 及以上的，应计算全面积；结构层高在 2.20m 以下的，应计算 1/2 面积。

（18）对围护结构不垂直于水平面的楼层，应按其底板面的外墙外围水平面积计算。结构净高在 2.10 及以上的部位，应计算全面积；结构净高为 1.20～2.10m 的部位，应计算 1/2 面积；结构净高在 1.20m 以下的部位，不应计算建筑面积。

（19）对建筑物的室内楼梯、电梯井、提物井、管道井、通风排气竖井、烟道，应把它们并入建筑物的自然层计算建筑面积。对有顶盖的采光井，应按一层计算面积，结构净高在 2.10m 及以上的，应计算全面积；结构净高在 2.10m 以下的，应计算 1/2 面积。

（20）对室外楼梯，应把它并入所依附建筑物的自然层，按其水平投影面积的 1/2 计算建筑面积。

（21）对在主体结构内的阳台，应按其结构外围水平面积计算全面积；对在主体结构外的阳台，应按其结构底板水平投影面积计算 1/2 面积。

（22）对有顶盖而无围护结构的车棚、货棚、站台、加油站、收费站等，应按其顶盖水平投影面积的 1/2 计算建筑面积。

（23）对以幕墙作为围护结构的建筑物，应按幕墙外边线计算建筑面积。

（24）对建筑物的外墙外保温层，应按其保温材料的水平截面积计算，并计入自然层的建筑面积。

（25）对与室内相通的变形缝，应按其自然层，把它并入建筑面积内。对高低联跨的建筑物，当高低联跨内部连通时，其变形缝应计算在低跨面积内。

（26）对建筑物内的设备层、管道层、避难层等有结构层的楼层，结构层高在 2.20m 及以上的，应计算全面积；结构层高在 2.20m 以下的，应计算 1/2 面积。

2．不应计算的建筑面积

不应计算的建筑面积内容如下。
（1）与建筑物内不相连通的建筑部件。
（2）骑楼、过街楼底层的开放公共空间和建筑物通道。
（3）舞台及后台悬挂幕布和布景的天桥、挑台等。
（4）露台、露天游泳池、花架、屋顶的水箱及装饰性结构构件。
（5）建筑物内的操作平台、上料平台、安装箱和罐体的平台。

（6）勒脚、附墙柱、垛、台阶、墙面抹灰、装饰面、镶贴块料面层装饰性幕墙，主体结构外的空调室外机搁板（箱）、构件、配件，挑出宽度在 2.10m 以下的无柱雨篷和顶盖高度达到或超过两个楼层的无柱雨篷。

（7）窗台与室内地面高差在 0.45m 以下且结构净高在 2.10m 以下的凸（飘）窗，窗台与室内地面高差在 0.45m 及以上的凸（飘）窗。

（8）室外爬梯、室外专用消防钢楼梯。

（9）无围护结构的观光电梯。

（10）建筑物以外的地下人防通道，独立的烟囱、烟道、地沟、油（水）罐、气柜、水塔、储油（水）池、储仓、栈桥等构筑物。

5.3　楼地面装饰工程

5.3.1　基本内容

楼地面是楼面和地面的总称，是楼地层的组成部分。一般来说，地层（又称为地坪）主要由找平层和面层组成，构成地层的项目都能在楼地面工程项目中找到。楼层主要由结构层、找平层、保温隔热层和面层组成。

楼地面装饰工程包括天然石材、人造石材、水磨石、地砖、陶瓷地砖、玻璃地砖、塑料地板、地毯、竹木地板、防静电地板等内容。

5.3.2　计算规则

1. 整体面层及找平层

整体面层及找平层包括水泥砂浆楼地面、现浇水磨石楼地面、细石混凝土楼地面、菱苦土楼地面、自流坪楼地面、平面砂浆找平层等，它们的工程量清单项目设置、项目特征描述、计量单位及工程量计算规则应按表 5-1 中的规定执行。

表 5-1　整体面层及找平层（编码：011101）

项目编码 项目名称	项目特征	计量单位	工程量计算规则	工作内容
011101001 水泥砂浆楼地面	1. 找平层厚度，砂浆配合比 2. 素水泥浆遍数 3. 面层厚度，砂浆配合比 4. 面层做法要求	m²	按设计图示尺寸以面积计算。扣除凸出地面构筑物、设备基础、室内管道、地沟等所占面积，不扣除间壁墙及 ≤0.3m² 柱、垛、附墙烟囱及孔洞所占面积。门洞、空圈、暖气包槽、壁龛的开口部分不增加面积	1. 基层清理 2. 抹找平层 3. 抹面层 4. 材料运输
011101002 现浇水磨石楼地面	1. 找平层厚度，砂浆配合比 2. 面层厚度，水泥石子浆配合比 3. 嵌条材料种类及规格 4. 石子种类、规格和颜色 5. 颜料种类和颜色 6. 图案要求 7. 磨光、酸洗打蜡要求			1. 基层清理 2. 抹找平层 3. 面层铺设 4. 勾缝条安装 5. 磨光、酸洗打蜡 6. 材料运输

续表

项目编码 项目名称	项目特征	计量单位	工程量计算规则	工作内容
011101003 细石混凝土楼地面	1. 找平层厚度，砂浆配合比 2. 面层厚度，混凝土强度等级			1. 基层清理 2. 抹找平层 3. 面层铺设 4. 材料运输
011101004 菱苦土楼地面	1. 找平层厚度，砂浆配合比 2. 面层厚度 3. 打蜡要求			1. 基层清理 2. 抹找平层 3. 面层铺设 4. 打蜡 5. 材料运输
011101005 自流坪楼地面	1. 找平层厚度，砂浆配合比 2. 界面剂材料种类 3. 中层漆材料种类和厚度 4. 面漆材料种类和厚度 5. 面层材料种类			1. 基层处理 2. 抹找平层 3. 涂界面剂 4. 涂刷中层漆 5. 打磨、吸尘 6. 漫自流平面漆（浆） 7. 拌合自流平浆料 8. 铺面层
011101006 平面砂浆找平层	找平层厚度，砂浆配合比		按设计图示尺寸以面积计算	1. 基层清理 2. 抹找平层 3. 材料运输

注：① 水泥砂浆面层处理方法是拉毛还是提浆压光，应在面层做法要求中描述。

② 平面砂浆找平层只适用于仅做找平层的平面抹灰。

③ 间壁墙指墙厚度≤120mm 的墙。

2. 块料面层

块料面层包括石材楼地面、碎石材楼地面、块料楼地面等，它们的工程量清单项目设置、项目特征描述、计量单位及工程量计算规则应按表 5-2 中的规定执行。

表 5-2　块料面层（编码：011102）

项目编码 项目名称	项目特征	计量单位	工程量计算规则	工作内容
011102001 石材楼地面	1. 找平层厚度，砂浆配合比 2. 结合层厚度，砂浆配合比 3. 面层材料品种、规格和颜色 4. 勾缝材料种类 5. 防护层材料种类 6. 酸洗打蜡要求			
011102002 碎石材楼地面		m²	按设计图示尺寸以面积计算。门洞、空圈、暖气包槽、壁龛的开口部分并入相应的工程量内	1. 基层清理 2. 抹找平层 3. 面层铺设、磨边 4. 勾缝 5. 刷防护材料 6. 酸洗打蜡 7. 材料运输
011102003 块料楼地面	1. 找平层厚度，砂浆配合比 2. 结合层厚度，砂浆配合比 3. 面层材料的品种、规格和颜色 4. 嵌缝材料种类 5. 防护层材料种类 6. 酸洗打蜡要求			

注：① 在描述碎石材项目的面层材料特征时，可不用描述其规格和颜色。

② 关于石材、块料与黏结材料的结合面刷防渗材料的种类，在防护层材料种类中描述。

③ 上表工作内容中的磨边指施工现场磨边，后面章节介绍的相关工作内容中涉及的磨边含义同此条。

3. 橡塑面层

橡塑面层包括橡胶板楼地面、橡胶板卷材楼地面、塑料板楼地面、塑料卷材楼地面等，它们的工程量清单项目设置、项目特征描述、计量单位及工程量计算规则应按表5-3中的规定执行。

表5-3　橡塑面层（编码：011103）

项目编码 项目名称	项目特征	计量单位	工程量计算规则	工作内容
011103001 橡胶板楼地面	1. 黏结层厚度，材料种类 2. 面层材料品种、规格和颜色 3. 压线条种类	m²	按设计图示尺寸以面积计算。门洞、空圈、暖气包槽、壁龛的开口部分并入相应的工程量内	1. 基层清理 2. 面层铺贴 3. 压缝条装钉 4. 材料运输
011103002 橡胶板卷材楼地面				
011103003 塑料板楼地面				
011103004 塑料卷材楼地面				

4. 其他材料面层

其他材料面层包括地毯楼地面、竹木地板、金属复合地板、防静电活动地板等，它们的工程量清单项目设置、项目特征描述、计量单位及工程量计算规则应按表5-4中的规定执行。

表5-4　其他材料面层（编码：011104）

项目编码 项目名称	项目特征	计量单位	工程量计算规则	工作内容
011104001 地毯楼地面	1. 面层材料品种、规格和颜色 2. 防护材料种类 3. 黏结材料种类 4. 压线条种类	m²	按设计图示尺寸以面积计算。门洞、空圈、暖气包槽、壁龛的开口部分并入相应的工程量内	1. 基层清理 2. 铺贴面层 3. 刷防护材料 4. 装钉压条 5. 材料运输
011104002 竹木地板 011104003 金属复合地板	1. 龙骨材料种类、规格和铺设间距 2. 基层材料种类和规格 3. 面层材料品种、规格和颜色 4. 防护材料种类			1. 基层清理 2. 龙骨铺设 3. 基层铺设 4. 面层铺贴 5. 刷防护材料 6. 材料运输
011104004 防静电活动地板	1. 支架高度，材料种类 2. 面层材料品种、规格和颜色 3. 防护材料种类			1. 基层清理 2. 固定支架安装 3. 活动面层安装 4. 刷防护材料 5. 材料运输

5. 踢脚线

踢脚线一般包括水泥砂浆踢脚线、石材踢脚线、块料踢脚线、塑料板踢脚线、木质踢脚线、金属踢脚线、防静电踢脚线等，它们的工程量清单项目设置、项目特征描述、计量单位及工程量计算规则应按表 5-5 中的规定执行。

表 5-5　踢脚线（编码：011105）

项目编码 项目名称	项目特征	计量单位	工程量计算规则	工作内容
011105001 水泥砂浆踢脚线	1. 踢脚线高度 2. 底层厚度，砂浆配合比 3. 面层厚度，砂浆配合比	1. m² 2. m	1. 以 m² 计量，按设计图示长度乘高度以面积计算 2. 以 m 计量，按延长米计算	1. 基层清理 2. 底层和面层抹灰 3. 材料运输
011105002 石材踢脚线	1. 踢脚线高度 2. 黏结层厚度，材料种类 3. 面层材料品种、规格和颜色 4. 防护材料种类			1. 基层清理 2. 底层抹灰 3. 面层铺贴、磨边 4. 擦缝 5. 磨光、酸洗打蜡 6. 刷防护材料 7. 材料运输
011105003 块料踢脚线				
011105004 塑料板踢脚线	1. 踢脚线高度 2. 黏结层厚度，材料种类 3. 面层材料种类、规格和颜色			1. 基层清理 2. 基层铺贴 3. 面层铺贴 4. 材料运输
011105005 木质踢脚线	1. 踢脚线高度 2. 基层材料种类和规格 3. 面层材料品种、规格和颜色			
011105006 金属踢脚线				
011105007 防静电踢脚线				

注：关于石材、块料与黏结材料的结合面刷防渗材料的种类，在防护材料种类中描述。

6. 楼梯面层

楼梯面层包括石材楼梯面层、块料楼梯面层、拼碎块料面层、水泥砂浆楼梯面层、现浇水磨石楼梯面层、地毯楼梯面层、木板楼梯面层、橡胶板楼梯面层和塑料板楼梯面层等，它们的工程量清单项目设置、项目特征描述、计量单位及工程量计算规则应按表 5-6 中的规定执行。

7. 台阶装饰

台阶装饰包括石材台阶面、块料台阶面、拼碎块料台阶面、水泥砂浆台阶面、现浇水磨石台阶面和剁假石台阶面等，它们的工程量清单项目设置、项目特征描述、计量单位及工程量计算规则应按表 5-7 中的规定执行。

表 5-6　楼梯面层（编码：011106）

项目编码 项目名称	项目特征	计量单位	工程量计算规则	工作内容
011106001 石材楼梯面层	1. 找平层厚度，砂浆配合比 2. 黏结层厚度，材料种类 3. 面层材料品种、规格和颜色 4. 防滑条材料种类和规格 5. 勾缝材料种类 6. 防护层材料种类 7. 酸洗打蜡要求			1. 基层清理 2. 抹找平层 3. 面层铺贴、磨边 4. 贴嵌防滑条 5. 勾缝 6. 刷防护材料 7. 酸洗打蜡 8. 材料运输
011106002 块料楼梯面层				
011106003 拼碎块料面层				
011106004 水泥砂浆楼梯面层	1. 找平层厚度，砂浆配合比 2. 面层厚度，砂浆配合比 3. 防滑条材料种类和规格			1. 基层清理 2. 抹找平层 3. 抹面层 4. 抹防滑条 5. 材料运输
011106005 现浇水磨石楼梯面层	1. 找平层厚度，砂浆配合比 2. 面层厚度，水泥石子浆配合比 3. 防滑条材料种类和规格 4. 石子种类、规格和颜色 5. 颜料种类和颜色 6. 磨光、酸洗打蜡要求	m²	按设计图示尺寸以楼梯（包括踏步、休息平台及≤500mm 的楼梯井）水平投影面积计算。楼梯与楼地面相连时，算至梯口梁内侧边沿；无梯口梁者，算至顶阶踏步边沿加300mm	1. 基层清理 2. 抹找平层 3. 抹面层 4. 贴嵌防滑条 5. 磨光、酸洗打蜡 6. 材料运输
011106006 地毯楼梯面层	1. 基层种类 2. 面层材料品种、规格和颜色 3. 防护材料种类 4. 黏结材料种类 5. 固定配件材料种类和规格			1. 基层清理 2. 铺贴面层 3. 固定配件安装 4. 刷防护材料 5. 材料运输
011106007 木板楼梯面层	1. 基层材料种类和规格 2. 面层材料品种、规格和颜色 3. 黏结材料种类 4. 防护材料种类			1. 基层清理 2. 基层铺贴 3. 面层铺贴 4. 刷防护材料 5. 材料运输
011106008 橡胶板楼梯面层	1. 黏结层厚度，材料种类 2. 面层材料品种、规格和颜色 3. 压线条种类			1. 基层清理 2. 面层铺贴 3. 压缝条装钉 4. 材料运输
011106009 塑料板楼梯面层				

注：① 在描述碎石材项目的面层材料特征时，可不用描述其规格和颜色。

② 关于石材、块料与黏结材料的结合面刷防渗材料的种类，在防护材料种类中描述。

表 5-7　台阶装饰（编码：011107）

项目编码 项目名称	项目特征	计量单位	工程量计算规则	工作内容
011107001 石材台阶面	1. 找平层厚度，砂浆配合比 2. 黏结材料种类 3. 面层材料品种、规格和颜色 4. 勾缝材料种类 5. 防滑条材料种类和规格 6. 防护材料种类	m²	按设计图示尺寸以台阶（包括最上层踏步边沿加（300mm）水平投影面积计算	1. 基层清理 2. 抹找平层 3. 面层铺贴 4. 贴嵌防滑条 5. 勾缝 6. 刷防护材料 7. 材料运输
011107002 块料台阶面				
011107003 拼碎块料台阶面				
011107004 水泥砂浆台阶面	1. 找平层厚度，砂浆配合比 2. 面层厚度，砂浆配合比 3. 防滑条材料种类			1. 基层清理 2. 抹找平层 3. 抹面层 4. 抹防滑条 5. 材料运输
011107005 现浇水磨石台阶面	1. 找平层厚度，砂浆配合比 2. 面层厚度，水泥石子浆配合比 3. 防滑条材料种类和规格 4. 石子种类、规格和颜色 5. 颜料种类和颜色 6. 磨光、酸洗打蜡要求			1. 清理基层 2. 抹找平层 3. 抹面层 4. 贴嵌防滑条 5. 打磨、酸洗打蜡 6. 材料运输
011107006 剁假石台阶面	1. 找平层厚度，砂浆配合比 2. 面层厚度，砂浆配合比 3. 剁假石要求			1. 清理基层 2. 抹找平层 3. 抹面层 4. 剁假石 5. 材料运输

注：① 在描述碎石材项目的面层材料特征时，可不用描述其规格和颜色。

　　② 关于石材、块料与黏结材料的结合面刷防渗材料的种类，在防护材料种类中描述。

8. 零星装饰项目

零星装饰项目包括石材零星项目、拼碎石材零星项目、块料零星项目和水泥砂浆零星项目等，它们的工程量清单项目设置、项目特征描述、计量单位及工程量计算规则应按表 5-8 中的规定执行。

表 5-8　零星装饰项目（编码：011108）

项目编码 项目名称	项目特征	计量单位	工程量计算规则	工作内容
011108001 石材零星项目	1. 工程部位 2. 找平层厚度，砂浆配合比 3. 贴结合层厚度，材料种类 4. 面层材料品种、规格和颜色 5. 勾缝材料种类 6. 防护材料种类 7. 酸洗打蜡要求	m²	按设计图示尺寸以面积计算	1. 清理基层 2. 抹找平层 3. 面层铺贴、磨边 4. 勾缝 5. 刷防护材料 6. 酸洗打蜡 7. 材料运输
011108002 拼碎石材零星项目				
011108003 块料零星项目				

项目编码 项目名称	项目特征	计量 单位	工程量计算规则	工作内容
011108004 水泥砂浆零星项目	1. 工程部位 2. 找平层厚度，砂浆配合比 3. 面层厚度，砂浆厚度			1. 清理基层 2. 抹找平层 3. 抹面层 4. 材料运输

注：① 楼梯、台阶牵边和侧面镶贴块料面层，面积≤0.5m²的少量分散的楼地面镶贴块料面层，应按表5-8零星装饰项目执行。

② 关于石材、块料与黏结材料的结合面刷防渗材料的种类，在防护材料种类中描述。

5.3.3 计算实例

【例5-1】 图5-1所示的某室内地面采用20mm厚、砂浆配合比为1∶3水泥砂浆找平，8mm厚、砂浆配合比为1∶1水泥砂浆镶贴大理石面层；其踢脚线为同质的大理石（上口磨指甲圆边），以水泥砂浆镶贴，高度为120mm。试计算大理石地面面层和踢脚线的工程量（门宽为1000mm，门内侧墙宽为250mm）。

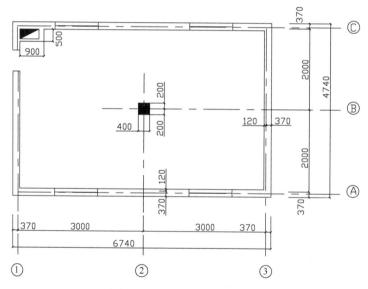

图5-1 某室内地面铺大理石

【解】 （1）块料面层镶贴工程量按主墙间的面积计算，应扣除凸出地面的构筑物、柱等不做面层的部分，门洞空圈开口部分也相应增加。镶贴大理石地面面层的工程量：

（6.74-0.49×2）×（4.74-0.49×2）-0.9×0.5-0.4×0.4+0.49×1.0=21.54（m²）

（2）计算块料面层踢脚线长度时，门洞不扣除、侧壁不另加。大理石踢脚线的工程量：

[（6.74-0.49×2+4.74-0.49×2）×2]×0.12=2.28（m²）

【例5-2】 某建筑物门前台阶如图5-2所示，试分别计算面层采用花岗岩（采用水泥砂浆镶贴）或水磨石面层的工程量（每个台阶高150mm）。

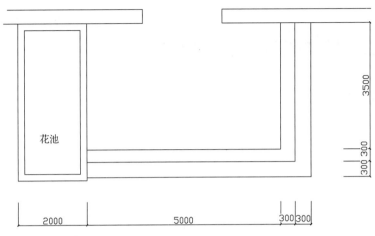

图 5-2　某建筑台阶设计图

【解】　台阶镶贴花岗岩（石材）面层和水磨石时，均按水平投影面积计算。

水磨石台阶面层的工程量：$(5.0+0.3\times2)\times0.3\times3+(3.5-0.3)\times0.3\times3=7.92$（$\text{m}^2$）

花岗岩台阶面层的工程量=水磨石台阶面层的工程量，即 7.92m^2。

【例 5-3】　图 5-3 所示的某楼梯扶手为硬木扶手（靠墙没有扶手），栏板为铁艺栏板，镶贴大理石面层；楼梯踢脚板为同质大理石，高度为 120mm。试计算与楼梯相关的工程量。

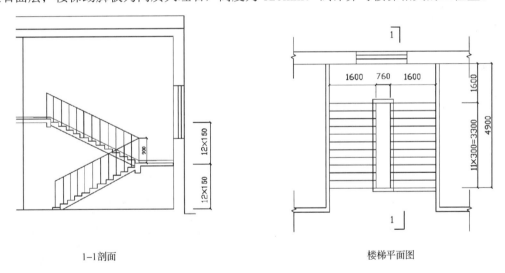

1-1剖面　　　　　　　　　　　　　楼梯平面图

图 5-3　某楼梯镶贴大理石面层

【解】　（1）因楼梯井的宽度超过 50cm，故楼梯装饰面层的工程量：

$$(1.6\times2+0.76)\times4.9-0.76\times3.3=16.90\text{（m}^2）$$

（2）楼梯踢脚板的工程量：

$$12\times(0.15\times0.3)\div2\times2+[\sqrt{3.3^2+1.8^2}\times2+1.6\times2+(1.6+1.6+0.76)]\times0.15=2.74\text{（m}^2）$$

（3）楼梯扶手工程量：

$$\sqrt{3.3^2+1.8^2}\times2+0.76=8.28\text{（m）}$$

（4）扶手弯头的工程量：2 个。

（5）楼梯铁艺栏板的工程量与扶手的工程量相同，即 8.28m。

5.4 墙柱面装饰与隔断、幕墙工程

5.4.1 基本内容

墙柱面装饰与隔断、幕墙工程包括一般抹灰、装饰性抹灰、镶贴块料面层、墙柱（梁）面装饰、幕墙工程、木隔断、金属隔断、玻璃隔断、塑料隔断、成品隔断及其他隔断等内容。

其中，一般抹灰是指使用石灰砂浆、水泥砂浆、混合砂浆和其他砂浆粉刷内、外墙面和柱面，根据抹灰材料、抹灰部位、抹灰遍数和基层等分项。装饰性抹灰和镶贴块料按面层材料、基层、黏结材料等分项。

墙柱面装饰适用于墙柱面的龙骨、面层、饰面、木作等工程。墙柱面装饰内容包括单列的龙骨基层和面层，以及综合龙骨及饰面的墙柱装饰项目。龙骨材料有木龙骨、轻钢龙骨、铝合金龙骨等。

隔断是指专门作为分隔室内空间的立面，主要包括木隔断、金属隔断、玻璃隔断、塑料隔断、成品隔断及其他隔断等不同类型，按材料种类分项。

墙柱面抹灰和各项装饰项目均包括3.6m以下简易脚手架的搭设。对一些独立承包的墙面"二次装修"，如果施工高度在3.6m以下时，不应再计脚手架的工程量。

5.4.2 计算规则

1. 墙柱面抹灰

1）墙面抹灰

墙面抹灰包括墙面一般抹灰、墙面装饰性抹灰、墙面勾缝和立面砂浆找平层等，它们的工程量清单项目设置、项目特征描述、计量单位及工程量计算规则应按表5-9中的规定执行。

表5-9 墙面抹灰（编码：011201）

项目编码 项目名称	项目特征	计量单位	工程量计算规则	工作内容
011201001 墙面一般抹灰	1. 墙体类型 2. 底层厚度，砂浆配合比 3. 面层厚度，砂浆配合比 4. 装饰面材料种类 5. 分格缝宽度，材料种类	m²	按设计图示尺寸以面积计算。扣除墙裙、门窗洞口及单个>0.3m²的孔洞面积，不扣除踢脚线、挂镜线和墙与构件交接处的面积，门窗洞口和孔洞的侧壁及顶面不增加面积。附墙柱、梁、垛、烟囱侧壁并入相应的墙面面积内。 1. 外墙抹灰面积按外墙垂直投影面积计算 2. 外墙裙抹灰面积按其长度乘以高度计算 3. 内墙抹灰面积按主墙间的净长乘以高度计算 （1）无墙裙的，高度按室内楼地面至天棚底面计算 （2）有墙裙的，高度按墙裙顶至天棚底面计算 （3）有吊顶天棚抹灰，高度算至天棚底 4. 内墙裙抹灰面积按内墙净长乘以高度计算	1. 基层清理 2. 砂浆的制作和运输 3. 底层抹灰 4. 抹面层 5. 抹装饰面 6. 勾分格缝
011201002 墙面装饰抹灰				
011201003 墙面勾缝	1. 勾缝类型 2. 勾缝材料种类			1. 基层清理 2. 砂浆的制作和运输 3. 勾缝
011201004 立面砂浆找平层	1. 基层类型 2. 找平层厚度，砂浆配合比			1. 基层清理 2. 砂浆的制作和运输 3. 抹灰找平

注：① 立面砂浆找平项目适用于仅做找平层的立面抹灰。

② 对抹石灰砂浆、水泥砂浆、混合砂浆、聚合物水泥砂浆、麻刀石灰浆、石膏灰浆等项目，按墙面一般抹灰列项；对墙面水刷石、斩假石、干黏石、假面砖等项目，按墙面装饰抹灰列项。

③ 飘窗凸出外墙面增加的抹灰并入外墙工程量。

④ 对有吊顶天棚的内墙面抹灰工程量，抹至吊顶以上部分根据综合单价计算。

2）柱（梁）面抹灰

柱（梁）面抹灰包括柱（梁）面一般抹灰、柱（梁）面装饰性抹灰、柱（梁）面勾缝和柱（梁）砂浆找平等，它们的工程量清单项目设置、项目特征描述、计量单位及工程量计算规则应按表 5-10 中的规定执行。

表 5-10　柱（梁）面抹灰（编码：011202）

项目编码 项目名称	项目特征	计量单位	工程量计算规则	工作内容
011201001 柱（梁）面一般抹灰	1. 柱（梁）体类型 2. 底层厚度，砂浆配合比	m²	1. 柱面抹灰：按设计图示柱断面周长乘高度以面积计算。 2. 梁面抹灰：按设计图示梁断面周长乘长度以面积计算	1. 基层清理 2. 砂浆的制作和运输 3. 底层抹灰 4. 抹面层 5. 勾分格缝
011201002 柱（梁）面装饰抹灰	3. 面层厚度，砂浆配合比 4. 装饰面材料种类 5. 分格缝宽度，材料种类			
011201003 柱（梁）面砂浆找平	1. 柱（梁）体类型 2. 找平层厚度，砂浆配合比			1. 基层清理 2. 砂浆的制作和运输 3. 勾缝
011201004 柱（梁）面勾缝	1. 勾缝类型 2. 勾缝材料种类		按设计图示柱断面周长乘高度以面积计算	1. 基层清理 2. 砂浆的制作和运输 3. 抹灰找平

注：① 砂浆找平项目适用于仅做找平层的柱（梁）面抹灰。

　　② 对柱（梁）面抹石灰砂浆、水泥砂浆、混合砂浆、聚合物水泥砂浆、麻刀石灰浆、石膏灰浆等项目，按柱（梁）面一般抹灰编码列项；对水刷石、斩假石、干黏石、假面砖等项目，按柱（梁）面装饰性抹灰编码列项。

3）零星抹灰

零星抹灰包括零星项目一般抹灰、零星项目装饰性抹灰和零星项目砂浆找平等，它们的工程量清单项目设置、项目特征描述、计量单位及工程量计算规则应按表 5-11 中的规定执行。

表 5-11　零星抹灰（编码：011203）

项目编码 项目名称	项目特征	计量单位	工程量计算规则	工作内容
011203001 零星项目一般抹灰	1. 基层类型和部位 2. 底层厚度，砂浆配合比	m²	按设计图示尺寸以面积计算	1. 基层清理 2. 砂浆的制作和运输 3. 底层抹灰 4. 抹面层 5. 抹装饰面 6. 勾分格缝
011203002 零星项目装饰性抹灰	3. 面层厚度，砂浆配合比 4. 装饰面材料种类 5. 分格缝宽度，勾缝材料种类			
011203003 零星项目砂浆找平	1. 基层类型和部位 2. 找平层厚度，砂浆配合比			1. 基层清理 2. 砂浆的制作和运输 3. 抹灰找平

注：① 对零星项目抹石灰砂浆、水泥砂浆、混合砂浆、聚合物水泥砂浆、麻刀石灰浆、石膏灰浆等项目，按零星项目一般抹灰编码列项；对水刷石、斩假石、干黏石、假面砖等项目，按零星项目装饰抹灰编码列项。

　　② 对墙柱（梁）面的面积≤0.5m² 的少量分散的抹灰项目，按零星抹灰项目编码列项。

2. 镶贴块料面层

1）墙面块料面层

墙面块料面层包括石材墙面、拼碎石材墙面、块料墙面和干挂石材钢骨架等，它们的工程量清单项目设置、项目特征描述、计量单位及工程量计算规则应按表 5-12 中的规定执行。

表 5-12　墙面块料面层（编码：011204）

项目编码 项目名称	项目特征	计量 单位	工程量计算规则	工作内容
011204001 石材墙面	1. 墙体类型 2. 安装方式 3. 面层材料品种、规格和颜色 4. 分格缝宽度，勾缝材料种类 5. 防护材料种类 6. 磨光，酸洗打蜡要求	m^2	按镶贴表面积计算	1. 基层清理 2. 砂浆的制作和运输 3. 黏结层铺贴 4. 面层安装 5. 勾缝 6. 刷防护材料 7. 磨光，酸洗打蜡
011204002 拼碎石材墙面				
011204003 块料墙面				
011204004 干挂石材钢骨架	1. 骨架种类和规格 2. 防锈漆品种遍数	t	按设计图，以质量计算	1. 骨架的制作、运输和安装 2. 刷漆

注：① 在描述碎块项目的面层材料特征时，可不用描述其规格和颜色。

　　② 关于石材、块料与黏结材料的结合面刷防渗材料的种类，在防护层材料种类中描述。

　　③ 对安装方式，可描述为砂浆或黏结剂黏贴、挂贴、干挂等，不论采用哪种安装方式，都要详细描述其与组价相关的内容。

2）柱（梁）面镶贴块料

柱（梁）面镶贴块料包括石材柱面、块料柱面、拼碎石材柱面、石材梁面和块料梁面等，它们的工程量清单项目设置、项目特征描述、计量单位及工程量计算规则应按表 5-13 中的规定执行。

表 5-13　柱（梁）面块料面层（编码：011205）

项目编码 项目名称	项目特征	计量 单位	工程量计算规则	工作内容
011205001 石材柱面	1. 柱截面类型和尺寸 2. 安装方式 3. 面层材料品种、规格和颜色 4. 分格缝宽度，勾缝材料种类 5. 防护材料种类 6. 磨光，酸洗和打蜡要求	m^2	按镶贴表面积计算	1. 基层清理 2. 砂浆的制作和运输 3. 黏结层铺贴 4. 面层安装 5. 勾缝 6. 刷防护材料 7. 磨光，酸洗打蜡
011205002 块料柱面				
011205003 拼碎石材柱面				
011205004 石材梁面	1. 安装方式 2. 面层材料品种、规格、颜色 3. 缝宽，勾缝材料种类 4. 防护材料种类 5. 磨光，酸洗打蜡要求			
011205005 块料梁面				

注：① 在描述碎块项目的面层材料特征时，可不用描述其规格和颜色。

　　② 关于石材、块料与黏结材料的结合面刷防渗材料的种类，在防护层材料种类中描述。

　　③ 柱梁面干挂石材的钢骨架按表 5-12 相应项目编码列项。

3）镶贴零星块料

镶贴零星块料包括石材零星项目、块料零星项目和拼碎块零星项目等，它们的工程量清单项目设置、项目特征描述、计量单位及工程量计算规则应按表 5-14 中的规定执行。

表 5-14　镶贴零星块料（编码：011206）

项目编码 项目名称	项目特征	计量 单位	工程量计算规则	工作内容
011206001 石材零星项目	1. 基层类型和部位 2. 安装方式 3. 面层材料品种、规格和颜色 4. 分格缝宽度，勾缝材料种类 5. 防护材料种类 6. 磨光，酸洗打蜡要求	m^2	按镶贴表面积计算	1. 基层清理 2. 砂浆的制作和运输 3. 面层安装 4. 勾缝 5. 刷防护材料 6. 磨光，酸洗打蜡
011206002 块料零星项目				
011206003 拼碎块零星项目				

注：① 在描述碎块项目的面层材料特征时，可不用描述其规格和颜色。

② 关于石材、块料与黏结材料的结合面刷防渗材料的种类，在防护材料种类中描述。

③ 零星项目干挂石材的钢骨架按表 5-12 相应项目编码列项。

④ 对墙柱面的面积≤0.5m^2的少量分散的镶贴块料面层，应按本表零星项目执行。

3. 墙柱（梁）饰面

1）墙饰面

墙饰面主要包括墙面装饰板和墙面装饰浮雕等，它们的工程量清单项目设置、项目特征描述、计量单位及工程量计算规则应按表 5-15 中的规定执行。

表 5-15　墙饰面（编码：011207）

项目编码 项目名称	项目特征	计量 单位	工程量计算规则	工作内容
011207001 墙面装饰板	1. 龙骨材料种类、规格和中距 2. 隔离层材料种类和规格 3. 基层材料种类和规格 4. 面层材料品种、规格和颜色 5. 压条材料种类和规格	m^2	按设计图示墙净长乘净高，以面积计算。扣除门窗洞口及单个面积>0.3m^2的孔洞所占面积	1. 基层清理 2. 龙骨的制作、运输和安装 3. 钉隔离层 4. 基层铺钉 5. 面层铺贴
011207002 墙面装饰浮雕	1. 基层类型 2. 浮雕材料种类 3. 浮雕样式		按设计图示尺寸以面积计算	1. 基层清理 2. 材料的制作和运输 3. 安装成型

2）柱（梁）饰面

柱（梁）饰面主要包括柱（梁）面装饰和成品装饰柱等，它们的工程量清单项目设置、项目特征描述、计量单位及工程量计算规则应按表 5-16 中的规定执行。

4. 幕墙工程

幕墙工程主要包括带骨架幕墙和全玻（无框玻璃）幕墙等，它们的工程量清单项目设置、项目特征描述、计量单位及工程量计算规则应按表 5-17 中的规定执行。

表 5-16　成品装饰柱（编码：011208）

项目编码 项目名称	项目特征	计量 单位	工程量计算规则	工作内容
011208001 柱（梁）面装饰	1. 龙骨材料种类、规格和中距 2. 隔离层材料种类和规格 3. 基层材料种类和规格 4. 面层材料品种、规格和颜色 5. 压条材料种类和规格	m²	按设计图示装饰面外围尺寸以面积计算。柱帽、柱墩并入相应柱饰面工程量内	1. 基层清理 2. 龙骨的制作、运输和安装 3. 钉隔离层 4. 基层铺钉 5. 面层铺贴
011208002 成品装饰柱	1. 柱截面积和高度尺寸 2. 柱材质	1. 根 2. m	1. 以根计量时，按设计数量计算 2. 以米计量时，按设计长度计算	柱的运输、固定和安装

表 5-17　幕墙工程（编码：011209）

项目编码 项目名称	项目特征	计量 单位	工程量计算规则	工作内容
011209001 带骨架幕墙	1. 骨架材料种类、规格和中距 2. 面层材料品种、规格和颜色 3. 面层固定方式 4. 隔离带/框边封闭材料的品种和规格 5. 勾缝/塞口材料种类	m²	按设计图示框外围尺寸以面积计算。与幕墙同种材质的窗所占面积不扣除	1. 骨架的制作、运输和安装 2. 面层安装 3. 隔离带/框边封闭 4. 勾缝/塞口 5. 清洗
011209002 全玻（无框玻璃）幕墙	1. 玻璃品种、规格和颜色 2. 黏结/塞口材料种类 3. 固定方式		按设计图示尺寸以面积计算。带肋全玻幕墙按展开面积计算	1. 幕墙安装 2. 勾缝/塞口 3. 清洗

注：幕墙钢骨架按表 5-12 干挂石材钢骨架项目编码列项。

5. 隔断工程

隔断工程主要包括木隔断、金属隔断、玻璃隔断、塑料隔断、成品隔断和其他隔断等，它们的工程量清单项目设置、项目特征描述、计量单位及工程量计算规则应按表 5-18 中的规定执行。

表 5-18　隔断工程项目（编码：011210）

项目编码 和项目名称	项目特征	计量 单位	工程量计算规则	工作内容
011210001 木隔断	1. 骨架/边框材料种类和规格 2. 隔板材料品种、规格和颜色 3. 勾缝/塞口材料品种 4. 压条材料种类	m²	按设计图示框外围尺寸以面积计算。不扣除单个面积≤0.3m²的孔洞所占面积；浴厕门的材质与隔断相同时，门的面积并入隔断面积内	1. 骨架及边框的制作、运输和安装 2. 隔板的制作、运输和安装 3. 勾缝、塞口 4. 装钉压条
0112100012 金属隔断	1. 骨架/边框材料的种类和规格 2. 隔板材料品种、规格和颜色 3. 勾缝/塞口材料品种			1. 骨架的及边框制作、运输和安装 2. 隔板的制作和安装 3. 勾缝/塞口

续表

项目编码 和项目名称	项目特征	计量 单位	工程量计算规则	工作内容
011210003 玻璃隔断	1. 边框材料种类和规格 2. 玻璃品种、规格和颜色 3. 勾缝/塞口材料品种		按设计图示框外围尺寸 以面积计算。不扣除单个面 积≤0.3m²的孔洞所占面积	1. 边框的制作、运输和安装 2. 玻璃的制作、运输和安装 3. 勾缝/塞口
011210004 塑料隔断	1. 边框材料种类和规格 2. 隔板材料品种、规格和颜色 3. 勾缝/塞口材料品种			1. 骨架及边框制作、运输和 安装 2. 隔板的制作、运输和安装 3. 勾缝/塞口
011210005 成品隔断	1. 隔断材料品种、规格和颜色 2. 配件品种和规格	1. m² 2. 间	1. 以平方米计量，按设计图 示框外围尺寸以面积计算 2. 以间计量，按设计间的数 量计算	1. 隔断的运输和安装 2. 勾缝/塞口
011210006 其他隔断	1. 骨架勾边框材料种类和规格 2. 隔板材料品种、规格和颜色 3. 勾缝/塞口材料品种	m²	按设计图示框外围尺寸 以面积计算。不扣除单个面 积≤0.3m²的孔洞所占面积	1. 骨架及边框安装 2. 隔板安装 3. 勾缝/塞口

5.4.3　计算实例

【例 5-4】　某室内装饰工程有弧形内墙面，拟采用素水泥浆镶贴 600mm×400mm 规格的文化石（密缝）。其中顶端弧边长为 6.0m，室内净高为 3.6m，试计算该弧形内墙面工程量。设本工程所用文化石的损耗率为 10%，求它的用量。

【解】　弧形内墙面工程量：$6.0×3.6=21.6$（m²）

　　　　文化石用量：$21.6÷（0.6×0.4）÷（1-0.10）=100$（块）

【例 5-5】　某会议室室内装饰工程采用凹凸木墙裙（凹面：凸面=1：2），墙裙高 1.0m；室内净面积为 $(6.8×5.3)$m²，该会议室入口门的尺寸 $(1.2×2.1)$m²（全包门），2 个窗户尺寸为 $(1.8×1.5)$ m²（在墙裙上方）。工程做法：木龙骨采用 20×30@350×350 规格的。木龙骨与墙面用木钉固定，面板均采用普通切片的 3mm 规格的木夹板，凹进部分基层板采用一层 12mm 规格的杨木芯木夹板，凸出部分基层板采用一层杨木芯 12mm 规格的木夹板及一层 18mm 规格的木夹板。求木墙裙和木龙骨的工程量、木龙骨、12mm 规格的木夹板和 18mm 规格的木夹板的用量（木材损耗率为 5%）。

【解】

（1）木墙裙的工程量：$(6.8+5.3)×2×1.0-1.2×1.0=23.00$（m²）

（2）木龙骨的工程量：23.00（m²）

（3）木龙骨的用量。

木龙骨的净用量：$[（6.8÷0.35）_{(进位取整)}+1）+（5.3÷0.35）_{(进位取整)}+1）]×2×1.0+（6.8+5.3）×2×$ $[（1.0÷0.35）_{(进位取整)}+1]-（1.2÷0.35+1）×1.0-（1.0÷0.35+1）×1.2=163.00$（m）

木龙骨的消耗量：$163×（1+0.05）=171.15$（m）

木龙骨的材积：$163×（0.02×0.03）×（1+0.05）=0.102$（m³）

（4）12mm 规格的木夹板的用量。

12mm 规格的木夹板的净用量：$[（6.8+5.3）×2-1.2]×1.0=23$（m²）

12mm 规格的木夹板的数量：$23×（1+0.05）÷（1.22×2.44）=9$（块）

12mm 规格的木夹板的材积：$23×（1+0.05）×0.012=0.290$（m³）

（5）18mm 规格的木夹板的用量。

18mm 规格的木夹板的净用量：23×（2÷3）=15.34（m²）

18mm 规格的木夹板的数量：23×（2÷3）×（1+0.05）÷（1.22×2.44）=6（块）

18mm 规格的木夹板的材积：23×（2÷3）×（1+0.05）×0.018=0.290（m³）

【例5-6】 图5-4所示为某室内墙面设计图，试求该墙面工程的工程量。

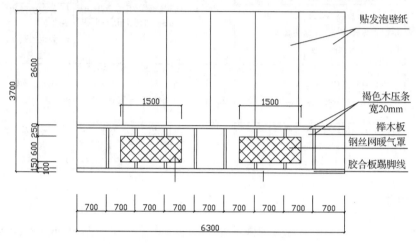

图 5-4　某室内墙面设计图

【解】

（1）墙面贴壁纸的工程量：6.30×2.6=16.38（m²）

（2）贴柚木板墙裙的工程量：

$$6.30×（0.15+0.60+0.25）-1.50×0.60×2=4.5（m²）$$

（3）铜丝网暖气罩的工程量：1.50×0.60×2=1.8（m²）

（4）木压条的工程量：6.3+（0.15+0.60+0.25-0.02）×8-0.6×4=11.84（m）

（5）踢脚线的工程量：6.3m 或 6.3×0.1=0.63（m²）

5.5　天棚装饰工程

5.5.1　基本内容

天棚装饰工程又称顶棚装饰工程，按项目特征分类，可分为天棚抹灰、天棚吊顶、采光天棚和其他装饰；按结构部位分类，又可分为天棚面层抹灰、天棚龙骨、天棚基层、天棚面层和特殊天棚吊顶等。

除烤漆龙骨天棚、H 形矿棉吸音板天棚、铝骨架铝条等特殊天棚吊顶为龙骨、面层应合并列项外，其余均为天棚龙骨、基层、面层，应分别列项编制。

天棚面层在同一标高的天棚称为平面天棚，天棚面层不在同一标高的天棚称为跌级天棚。跌级天棚面层的定额人工消耗量应乘以系数 1.1。对天棚面层不在同一标高的、高差在 400mm 以下、三级以内，并且必须满足不同标高的、少数面积占该间面积 15% 以上的一般直线型平面天棚，应按跌级天棚相应项目执行；对高差在 400mm 以上或超过三级的圆弧形/拱形等造型天棚，按吊顶天棚中的艺术造型天棚相应项目执行。

龙骨的种类、间距、规格，基层和面层材料的型号、规格，都是按常用材料和常用做法考虑的。若设计要求不同时，则可以调整材料型号和规格，但人工费和施工机具使用费不变。

轻钢龙骨和铝合金龙骨的不上人型吊杆长度为 0.6m，上人型吊杆长度为 1.4m，当设计吊杆长度与定额规定不同时，按实际情况调整，人工费保持不变。设计吊杆需增加反向支撑时，应另行计算。

天棚抹灰按设计图示尺寸，以水平投影面积计算。不扣除间壁墙、垛、柱、附墙烟囱、检查口和管道所占的面积，带梁天棚的梁两侧抹灰面积并入天棚面积内，板式楼梯底面抹灰按斜面积计算，锯齿形楼梯底板抹灰按展开面积计算。

天棚龙骨按主墙间净空水平投影面积计算，不扣除间壁墙、检查口、附墙烟囱、柱、垛和管道所占面积，扣除单个面积>0.3m² 的孔洞、独立柱及与天棚相连的窗帘盒所占的面积；斜面龙骨按斜面计算。

天棚吊顶的基层和面层均按设计图示尺寸以展开面积计算。天棚面中的灯槽及跌级、锯齿形、吊挂式、藻井式天棚面积，按展开面积计算。不扣除间壁墙、检查口、附墙烟囱、柱、垛和管道所占面积，扣除单个面积>0.3m² 的孔洞、独立柱及与天棚相连的窗帘盒所占的面积。

5.5.2　计算规则

1. 天棚抹灰

天棚抹灰的工程量清单项目设置、项目特征描述、计量单位及工程量计算规则应按表 5-19 中的规定执行。

表 5-19　天棚抹灰（编码：011301）

项目编码 项目名称	项目特征	计量单位	工程量计算规则	工作内容
011301001 天棚抹灰	1. 基层类型 2. 抹灰厚度，材料种类 3. 砂浆配合比	m²	按设计图示尺寸以水平投影面积计算。不扣除间壁墙、垛、柱、附墙烟囱、检查口和管道所占的面积，带梁天棚、梁两侧抹灰面积并入天棚面积内，板式楼梯底面抹灰按斜面积计算，锯齿形楼梯底板抹灰按展开面积计算	1. 基层清理 2. 底层抹灰 3. 抹面层

2. 天棚吊顶

天棚吊顶包括吊顶天棚、格栅吊顶、吊筒吊顶、藤条造型悬挂吊顶、织物软雕吊顶和装饰网架吊顶等，它们的工程量清单项目设置、项目特征描述、计量单位及工程量计算规则应按表 5-20 中的规定执行。

表 5-20　吊顶棚（编码：011302）

项目编码 项目名称	项目特征	计量单位	工程量计算规则	工作内容
011302001 吊顶棚	1. 吊顶形式，吊杆规格和高度 2. 龙骨材料种类、规格和中距 3. 基层材料种类和规格 4. 面层材料品种和规格 5. 压条材料种类和规格 6. 勾缝材料种类 7. 防护材料种类	m²	按设计图示尺寸以水平投影面积计算。天棚面中的灯槽及跌级、锯齿形、吊挂式、藻井式天棚面积不展开计算。不扣除间壁墙、检查口、附墙烟囱、柱垛和管道所占面积，扣除单个面积>0.3m² 的孔洞、独立柱及与天棚相连的窗帘盒所占的面积	1. 基层清理，吊杆安装 2. 龙骨安装 3. 基层板铺贴 4. 面层铺贴 5. 勾缝 6. 刷防护材料

续表

项目编码 项目名称	项目特征	计量单位	工程量计算规则	工作内容
011302002 格栅吊顶	1. 龙骨材料种类、规格和中距 2. 基层材料种类和规格 3. 面层材料品种和规格 4. 防护材料种类	m²	按设计图示尺寸以水平投影面积计算	1. 基层清理 2. 安装龙骨 3. 基层板铺贴 4. 面层铺贴 5. 刷防护材料
011302003 吊筒吊顶	1. 吊筒形状和规格 2. 吊筒材料种类 3. 防护材料种类			1. 基层清理 2. 吊筒制作安装 3. 刷防护材料
011302004 藤条造型悬挂吊顶	1. 骨架材料种类和规格 2. 面层材料品种和规格			1. 基层清理 2. 龙骨安装 3. 铺贴面层
011302005 织物软雕吊顶				
011302006 装饰网架吊顶	网架材料品种和规格			1. 基层清理 2. 网架制作安装

3. 采光天棚工程

采光天棚工程工程量清单项目设置、项目特征描述、计量单位及工程量计算规则应按表5-21中的规定执行。

表5-21　采光天棚工程（编码：011303）

项目编码 项目名称	项目特征	计量单位	工程量计算规则	工作内容
011303001 采光天棚	1. 骨架类型 2. 固定类型，固定材料品种和规格 3. 面层材料品种和规格 4. 勾缝/塞口材料种类	m²	按框外围展开面积计算	1. 清理基层 2. 面层的制作和安装 3. 勾缝/塞口 4. 清洗

注：采光天棚骨架不包括在本节中，应单独按《房屋建筑与装饰工程工程量计算规范》（GB 50854—2013）中的"金属结构工程"章节的相关项目编码列项。

4. 天棚其他装饰

天棚其他装饰主要包括灯带（槽）、送风口、回风口等，它们的工程量清单项目设置、项目特征描述、计量单位及工程量计算规则应按表5-22中的规定执行。

表5-22　天棚其他装饰工程（编码：011304）

项目编码 项目名称	项目特征	计量单位	工程量计算规则	工作内容
011304001 灯带（槽）	1. 灯带类型和尺寸 2. 格栅片材料品种和规格 3. 安装固定方式	m²	按设计图示尺寸以框外围面积计算	安装固定
011304002 送风口、回风口	1. 风口材料品种和规格 2. 安装固定方式 3. 防护材料种类	个	按设计图示数量计算	1. 安装固定 2. 刷防护材料

5.5.3　计算实例

【例 5-7】　图 5-5 所示的天棚为轻钢（不上人型）龙骨石膏板吊顶，试计算轻钢龙骨和石膏板的工程量。

【解】　天棚净面积：（1.50+3.96+1.50）×（1.50+4.16+1.50）=49.83（m²）。

凹天棚侧面面积：（3.96+4.16）×2×0.2=3.25（m²）。

（1）轻钢龙骨的工程量：49.83（m²）。

（2）石膏板的工程量：49.83+3.25=53.08（m²）。

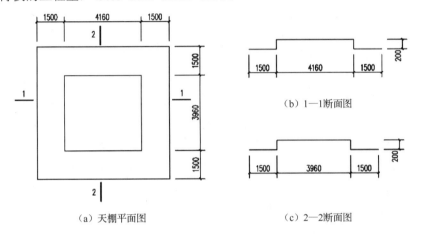

图 5-5　某顶棚设计图

【例 5-8】　某房间净尺寸为 6.6m×3.9m，采用木龙骨硅酸钙板吊平顶（吊在混凝土板下）。木吊筋规格为 40mm×50mm，高度为 350mm；大木龙骨断面为 55mm×40mm，中距为 600 mm（沿 3.9m 方向布置）；小木龙骨断面为 30mm×30mm，中距为 400mm（双向布置）；硅酸钙板规格为 1.22m×2.44m，厚度为 8mm，其四周采用 50mm×50mm 的红松阴角线，板缝用自黏胶带粘贴，清油封底、满刮腻子 2 遍，并刷白色乳胶漆 3 遍，试计算该顶棚各个项目的工程量和板材、线材的用量（木材损耗率和硅酸钙板损耗率均为 5%）。

【解】　（1）木龙骨的工程量：6.6×3.9=25.74（m²）。

木吊筋的用量：[（6.6÷0.6+1）×（3.9÷0.6+1）×0.35]×（1+0.05）=35.28（m）

木吊筋的材积：35.28×0.04×0.05=0.0706（m³）

大木龙骨的用量：（6.6÷0.6+1）×3.9×（1+0.05）=49.14（m）

大木龙骨的材积：32.76×0.055×0.04=0.072 1（m³）

小木龙骨的用量：[（6.6÷0.4+1）×3.9+（3.9÷0.4+1）×6.6]×（1.0+0.05）=149.94（m）

小木龙骨的材积：149.94×0.03×0.03=0.135（m³）

（2）硅酸钙板的工程量：6.6×3.9=25.74（m²）。

硅酸钙板的用量：25.74×（1+0.05）÷（1.22×2.44）=10（块）

（3）顶棚红松阴角线的工程量：（6.6+3.9）×2=21（m）。

红松阴角线的用量：21×（1+0.05）=22.05（m）

红松阴角线的材积：21×（1+0.05）×0.05×0.05=0.055（m³）

（4）顶棚红松阴角线清漆的工程量：21×0.35（m）。

（5）白色乳胶漆的工程量：25.74（m²）。

5.6 门窗和木结构装饰工程

5.6.1 基本内容

1. 门窗工程

随着社会的发展，门窗从单纯符合功能需要的普通型，向功能和美观兼备的装饰型发展。为适应这种变化，门窗项目划分为普通木门、金属门、金属卷帘（闸）门、厂库房大门、特种门、普通木窗、金属窗、门窗套、窗台板、窗帘、窗帘盒等部分。

普通木门分为镶板木门、企口木板门、实木装饰门、胶合板门、夹板装饰门、木纱门、全玻门、木质半玻门 8 类，每类又按带纱或不带纱、单扇或双扇、带亮或不带亮等情况划分项目。单独制作和安装的木门框按木门框项目编码列项。

金属门分为金属（塑钢）门、彩板门、钢质防火门、防盗门 4 类。其中，金属（塑钢）门又按金属平开门、金展推拉门、金屈地弹门、全玻门（槽金属扇框）、金属半玻门（带扇框）划分项目。

特种门分为冷藏门、冷冻间门、保温门、变电室门、隔音门、防射线门、人防门、金岸门等项目。

门的计量单位可分为樘和 m²。以樘计量时，在项目特征一栏必须描述洞口尺寸，若没有洞口尺寸，则必须描述门框或扇外周尺寸。以 m² 计量时，在项目特征一栏可不描述洞口尺寸及框、扇的外围尺寸；若无设计图示洞口尺寸，则按门框、扇外围面积计算。

普通木窗分为木质窗、木飘（凸）窗、木橱窗、木纱窗 4 类。其中，木质窗应区分木百叶窗、木组合窗、木天窗、木固定窗、木装饰空花窗等项目，分别编码列项。

金属窗分为金属（塑钢断桥）窗、金属防火窗、金属百叶窗、金属纱窗、金属格栅窗、金属（塑钢、断桥）橱窗、金属（塑钢、断桥）飘（凸）窗、彩板窗、复合材料窗 9 类。

窗的计量单位也可分为樘和 m²。以樘计量时，在项目特征一栏必须描述洞口尺寸，若没有洞口尺寸，则必须描述窗框外围尺寸。以 m² 计量时，在项目特征一栏可不描述洞口尺寸及框的外围尺寸；若无设计图示洞口尺寸，则按窗框外围面积计算。

门窗套分为木门窗套、木筒子板、饰面夹板筒子板、金属门窗套、石材门窗套、门窗木贴脸和成品木门窗套。木门窗套的计量单位可分为樘、m²、m 三种。以樘计量时，在项目特征中必须描述洞口尺寸、门窗套展开宽度。以 m² 计量时，在项目特征一栏可不描述洞口尺寸、门窗套展开宽度。以 m 计量时，在项目特征中必须描述门窗套展开宽度、筒子板及贴脸板宽度。

窗台板分为木窗台板、铝塑窗台板、金属窗台板和石材窗台板，它们的计量单位是 m²，按设计图示尺寸以展开面积计算。

窗帘若是双层的，则在项目特征一栏必须描述每层材质。窗帘以 m 计量时，在项目特征一栏必须描述窗帘的高度和宽度。

2．木结构装饰工程

木结构装饰工程是指采用方木、圆木、规格材、木基结构板材、石膏板、型钢等材料制作的装饰性构件。木结构装饰工程主要分为木屋架、木构件、屋面木基层 3 类。

木屋架分为圆木木屋架、方木木屋架、圆木钢屋架、方木钢屋架 4 种，每种又按跨度大小（10m 以内、10m 以外、15m 以内、20m 以内、25m 以内）划分项目。

木构件分为木柱、木梁、木檩、木楼梯、其他木构件 5 个项目，每个项目又可按材料细分为方木和圆木两类。

屋面木基层分为檩条、屋面板制作、钉椽子挂瓦条、钉屋面板油毡挂瓦条、钉屋面板、钉檩条、封檐板 7 种；按方檩或圆檩、平口或错口、檩木斜中距（1.0m 以内或 1.5m 以内），以及封檐板高（20cm 以内或 30cm 以内）划分项目。

此外，木结构装饰工程还包括门窗木贴脸、披水板、盖口条、明式暖气罩、木搁板、木格踏板 6 个项目。

5.6.2　计算规则

1．门

1）木门

木门主要包括木质门、木质门带套、木质连窗门、木质防火门、木门框和门锁安装等，它们的工程量清单项目设置、项目特征描述、计量单位及工程量计算规则应按表 5-23 中的规定执行。

表 5-23　木门（编码：010801）

项目编码 项目名称	项目特征	计量单位	工程量计算规则	工作内容
010801001 木质门				
010801002 木质门带套	1. 门代号及洞口尺寸 2. 镶嵌玻璃品种和厚度	1. 樘 2. m²	1. 以樘计量时，按设计图示数量计算 2. 以 m² 计量时，按设计图示洞口尺寸以面积计算	1. 门的安装 2. 玻璃配件的安装 3. 五金配件的安装
010801003 木质连窗门				
010801004 木质防火门				
010801005 木门框	1. 门代号及洞口尺寸 2. 框截面尺寸 3. 防护材料种类	1. 樘 2. m	1. 以樘计量时，按设计图示数量计算 2. 以 m 计量时，按设计图示框的中心线以延长米计算	1. 木门框的制作、安装和运输 2. 刷防护材料
010801006 门锁安装	1. 锁的品种 2. 锁的规格	个 （套）	按设计图示数量计算	锁的安装

注：① 对木质门，应区分镶板木门、企口木板门、实木装饰门、胶合板门、夹板装饰门、木纱门、全玻门（带木质扇框）、木质半玻门（带木质扇框）等项目，分别编码列项。

② 木门的五金配件应包括折页、插销、门碰珠、弓背拉手、搭机、木螺丝、弹簧折页（自动门）、管子拉手（自由门、地弹门）、地弹簧（地弹门）、角铁、门轧头（地弹门、自由门）等。

③ 木质门带套的计量按洞口尺寸以面积计算，不包括门套的面积，但门套应计算在综合单价中。

④ 以樘计量时，在项目特征一栏必须描述洞口尺寸；以 m² 计量时，在项目特征一栏可不描述洞口尺寸。

⑤ 对单独制作安装的木门框，按木门框项目编码列项。

2）金属门

金属门主要包括金属（塑钢）门、彩板门、钢质防火门、防盗门等，它们的工程量清单项目设置、项目特征描述、计量单位及工程量计算规则应按表5-24中的规定执行。

表5-24　金属门（编码：010802）

项目编码 项目名称	项目特征	计量 单位	工程量计算规则	工作内容
010802001 金属（塑钢）门	1. 门代号及洞口尺寸 2. 门框或扇外围尺寸 3. 门框、扇材质 4. 玻璃品种、厚度	1. 樘 2. m²	1. 以樘计量时，按设计图示数量计算 2. 以m²计量时，按设计图示洞口尺寸以面积计算	1. 门的安装 2. 五金配件的安装 3. 玻璃的安装
010802002 彩板门	1. 门代号及洞口尺寸 2. 门框或扇外围尺寸			
010802003 钢质防火门	1. 门代号及洞口尺寸 2. 门框或扇外围尺寸 3. 门框、扇材质			1. 门的安装 2. 五金配件的安装
010702004 防盗门				

注：① 对金属门，应区分金属平开门、金属推拉门、金属地弹门、全玻门（带金属扇框）、金属半玻门（带扇框）等项目，分别编码列项。

② 铝合金门的五金配件包括地弹簧、门锁、拉手、门插、门铰、螺丝等。

③ 金属门的五金配件包括L形执手插锁（双舌）、执手锁（单舌）、门轨头、地锁、防盗门机、门眼（猫眼）、门碰珠、电子锁（磁卡锁）、闭门器、装饰拉手等。

④ 以樘计量时，在项目特征一栏必须描述洞口尺寸，若没有洞口尺寸，则必须描述门框或扇外围尺寸；以m²计量时，在项目特征一栏可不描述洞口尺寸及框、扇的外围尺寸。

⑤ 以m²计量时，若无设计图示洞口尺寸，则按门框、扇外围以面积计算。

3）卷帘（闸）门

卷帘（闸）门主要包括金属卷帘（闸）门、防火卷帘（闸）门，它们的工程量清单项目设置、项目特征描述、计量单位及工程量计算规则应按表5-25中的规定执行。

表5-25　金属卷帘（闸）门（编码：010803）

项目编码 项目名称	项目特征	计量 单位	工程量计算规则	工作内容
010803001 金属卷帘（闸）门	1. 门代号及洞口尺寸 2. 门材质 3. 启动装置品种、规格	1. 樘 2. m²	1. 以樘计量时，按设计图示数量计算 2. 以m²计量时，按设计图示洞口尺寸以面积计算	1. 门的运输和安装 2. 启动装置、活动小门和五金配件的安装
010803002 防火卷帘（闸）门				

注：以樘计量时，在项目特征一栏必须描述洞口尺寸；以m²计量时，在项目特征一栏可不描述洞口尺寸。

4）厂库房大门、特种门

厂库房大门包括木板大门、钢木大门、全钢板大门、防护铁丝门、金属格栅门钢质大门等，特种门主要包括冷藏门、冷冻间门、保温门、变电室门、隔音门、防射线门、人防门、金库门等。它们的工程量清单项目设置、项目特征描述、计量单位及工程量计算规则应按表5-26中的规定执行。

表 5-26　厂库房大门、特种门（编码：010804）

项目编码 项目名称	项目特征	计量单位	工程量计算规则	工作内容
010804001 木板大门	1. 门代号及洞口尺寸 2. 门框或扇外围尺寸 3. 门框/扇材质 4. 五金配件种类和规格 5. 防护材料种类	1. 樘 2. m²	1. 以樘计量时，按设计图示数量计算 2. 以 m² 计量时，按设计图示洞口尺寸以面积计算	1. 门（骨架）的制作和运输 2. 门/五金配件的安装 3. 刷防护材料
010804002 钢木大门				
010804003 全钢板大门				
010804004 防护铁丝门			1. 以樘计量时，按设计图示数量计算 2. 以 m² 计量时，按设计图示门框或扇以面积计算	
010804005 金属格栅门	1. 门代号及洞口尺寸 2. 门框或扇外围尺寸 3. 门框/扇材质 4. 启动装置的品种和规格		1. 以樘计量时，按设计图示数量计算 2. 以 m² 计量时，按设计图示洞口尺寸以面积计算	1. 门的安装 2. 启动装置和五金配件的安装
010804006 钢质花饰大门	1. 门代号及洞口尺寸 2. 门框或扇外围尺寸 3. 门框/扇材质		1. 以樘计量时，按设计图示数量计算 2. 以 m² 计量时，按设计图示门框或扇以面积计算	1. 门的安装 2. 五金配件的安装
010804007 特种门			1. 以樘计量时，按设计图示数量计算 2. 以 m² 计量时，按设计图示洞口尺寸以面积计算	

注：① 对特种门，应区分冷藏门、冷冻间门、保温门、变电室门、隔音门、防射线门、人防门、金库门等项目，分别编码列项。

②　以樘计量时，在项目特征一栏必须描述洞口尺寸，若没有洞口尺寸，则必须描述门框或扇外围尺寸；以 m² 计量时，在项目特征一栏可不描述洞口尺寸及框、扇的外围尺寸。

③　以 m² 计量时，若无设计图示洞口尺寸，则按门框、扇外围以面积计算。

5）其他门

其他门主要有平开电子感应门、旋转门、电子对讲门、电动伸缩门、全玻自由门、镜面不锈钢饰面门和复合材料门等，它们的工程量清单项目设置、项目特征描述、计量单位及工程量计算规则应按表 5-27 中的规定执行。

表 5-27　其他门（编码：010805）

项目编码 项目名称	项目特征	计量单位	工程量计算规则	工作内容
010805001 电子感应门	1. 门代号及洞口尺寸 2. 门框或扇外围尺寸 3. 门框/扇材质 4. 玻璃品种和厚度 5. 启动装置品种和规格 6. 电子配件品种和规格	1. 樘 2. m²	1. 以樘计量时，按设计图示数量计算 2. 以 m² 计量时，按设计图示洞口尺寸以面积计算	1. 门的安装 2. 启动装置和五金/电子配件的安装
010805002 旋转门				
010805003 电子对讲门	1. 门代号及洞口尺寸 2. 门框或扇外围尺寸 3. 门材质 4. 玻璃品种和厚度 5. 启动装置品种和规格 6. 电子配件品种和规格			
010805004 电动伸缩门				

续表

项目编码 项目名称	项目特征	计量 单位	工程量计算规则	工作内容
010805005 全玻自由门	1. 门代号及洞口尺寸 2. 门框或扇外围尺寸 3. 框材质 4. 玻璃品种和厚度			1. 门的安装 2. 五金配件的安装
010805006 镜面不锈钢饰面门	1. 门代号及洞口尺寸 2. 门框或扇外围尺寸			
010805007 复合材料门	3. 框/扇材质 4. 玻璃品种和厚度			

注：① 以樘计量时，在项目特征一栏必须描述洞口尺寸，若没有洞口尺寸，则必须描述门框或扇外围尺寸；以 m² 计量时，在项目特征一栏可不描述洞口尺寸及框、扇的外围尺寸。

② 以 m² 计量时，若无设计图示的洞口尺寸，则按门框、扇外围以面积计算。

2. 窗

1）木窗

木窗的工程量清单项目设置、项目特征描述、计量单位及工程量计算规则应按表 5-28 中的规定执行。

表 5-28　木窗（编码：010806）

项目编码 项目名称	项目特征	计量 单位	工程量计算规则	工作内容
010806001 木质窗	1. 窗代号及洞口尺寸 2. 玻璃品种和厚度	1. 樘 2. m²	1. 以樘计量时，按设计图示数量计算 2. 以 m² 计量时，按设计图示洞口尺寸以面积计算	1. 窗的安装 2. 五金配件和玻璃的安装
010806002 木飘（凸）窗			1. 以樘计量时，按设计图示数量计算 2. 以 m² 计量时，按设计图示尺寸以框外围展开面积计算	
010806003 木橱窗	1. 窗代号 2. 框截面及外围展开面积 3. 玻璃品种和厚度 4. 防护材料种类			1. 窗的制作、运输和安装 2. 五金配件和玻璃的安装 3. 刷防护材料
010806004 木纱窗	1. 窗代号及框的外围尺寸 2. 窗纱材料品种和规格		1. 以樘计量时，按设计图示数量计算 2. 以 m² 计量时，按框的外围尺寸以面积计算	1. 窗的安装 2. 五金配件的安装

注：① 对木质窗，应区分木百叶窗、木组合窗、木天窗、木固定窗、木装饰空花窗等项目，分别编码列项。

② 以樘计量时，在项目特征一栏必须描述洞口尺寸，若没有洞口尺寸，则必须描述窗框外围尺寸；以 m² 计量时，在项目特征一栏可不描述洞口尺寸及框的外围尺寸。

③ 以 m² 计量时，若无设计图示洞口尺寸，则按窗框外围以面积计算。

④ 木橱窗、木飘（凸）窗以樘计量时，在项目特征一栏必须描述框截面及外围展开面积。

⑤ 木窗的五金配件包括折页、插销、风钩、木螺钉、滑轮滑轨（推拉窗）等。

2）金属窗

金属窗主要包裹金属（塑钢、断桥）窗、金属防火窗、金属百叶窗、金属纱窗、金属格栅窗、金属（塑钢、断桥）橱窗、金属（塑钢、断桥）橱飘（凸）窗、采板窗和复合材料窗等，它们的工程量清单项目设置、项目特征描述、计量单位及工程量计算规则应按表 5-29 中的规定执行。

表 5-29　金属窗（编码：010807）

项目编码 项目名称	项目特征	计量单位	工程量计算规则	工作内容
010807001 金属（塑钢、断桥）窗	1. 窗代号及洞口尺寸 2. 框/扇材质 3. 玻璃品种和厚度	1. 樘 2. m²	1. 以樘计量时，按设计图示数量计算 2. 以 m² 计量时，按设计图示洞口尺寸以面积计算	1. 窗的安装 2. 五金配件和玻璃的安装
010807002 金属防火窗				
010807003 金属百叶窗				
010807004 金属纱窗	1. 窗代号及框的外围尺寸 2. 框材质 3. 窗纱材料品种和规格		1. 以樘计量时，按设计图示数量计算 2. 以 m² 计量时，按框的外围尺寸以面积计算	1. 窗的安装 2. 五金配件的安装
010807005 金属格栅窗	1. 窗代号及洞口尺寸 2. 框外围尺寸 3. 框/扇材质		1. 以樘计量时，按设计图示数量计算 2. 以 m² 计量时，按设计图示洞口尺寸以面积计算	
010807006 金属（塑钢、断桥）橱窗	1. 窗代号 2. 框外围展开面积 3. 框/扇材质 4. 玻璃品种和厚度 5. 防护材料种类		1. 以樘计量时，按设计图示数量计算 2. 以 m² 计量时，按设计图示尺寸以框外围展开面积计算	1. 窗的制作、运输和安装 2. 五金配件和玻璃的安装 3. 刷防护材料
010807007 金属（塑钢、断桥）飘（凸）窗	1. 窗代号 2. 框外围展开面积 3. 框/扇材质 4. 玻璃品种和厚度			1. 窗的安装 2. 五金配件和玻璃的安装
010807008 彩板窗	1. 窗代号及洞口尺寸 2. 框外围尺寸 3. 框/扇材质 4. 玻璃品种和厚度		1. 以樘计量时，按设计图示数量计算 2. 以 m² 计量时，按设计图示洞口尺寸或框外围以面积计算	
010807009 复合材料窗				

注：① 金属窗应区分金属组合窗、防盗窗等项目，分别编码列项。

② 以樘计量时，在项目特征一栏必须描述洞口尺寸，若没有洞口尺寸，则必须描述窗框外围尺寸；以 m² 计量时，在项目特征一栏可不描述洞口尺寸及框的外围尺寸。

③ 以 m² 计量时，若无设计图示洞口尺寸，则按窗框外围以面积计算。

④ 金属橱窗、飘（凸）窗以樘计量时，在项目特征一栏必须描述框外围展开面积。

⑤ 金属窗的五金配件包括折页、螺钉、执手、卡锁、铰拉、风撑、滑轮、滑轨、拉把、拉手、角码、牛角制等。

3）门窗套

门窗套主要包括木门窗套、木筒子板、饰面夹板筒子板、金属门窗套、石材门窗套、门窗木贴脸和成品木门窗套等，它们的工程量清单项目设置、项目特征描述、计量单位及工程量计算规则应按表5-30中的规定执行。

表5-30 门窗套（编码：010808）

项目编码 项目名称	项目特征	计量单位	工程量计算规则	工作内容
010808001 木门窗套	1. 窗代号及洞口尺寸 2. 门窗套展开宽度 3. 基层材料种类 4. 面层材料品种和规格 5. 线条品种和规格 6. 防护材料种类			1. 清理基层 2. 立筋的制作和安装 3. 基层板安装 4. 面层铺贴 5. 线条的安装 6. 刷防护材料
010808002 木筒子板	1. 筒子板宽度 2. 基层材料种类	1. 樘 2. m²	1. 以樘计量时，按设计图示数量计算 2. 以m²计量时，按设计图示尺寸以展开面积计算 3. 以m计量时，按设计图示中心以延长米计算	
010808003 饰面夹板筒子板	3. 面层材料品种和规格 4. 线条品种和规格 5. 防护材料种类	3. m		
010808004 金属门窗套	1. 窗代号及洞口尺寸 2. 门窗套展开宽度 3. 基层材料种类 4. 面层材料品种和规格 5. 防护材料种类			1. 清理基层 2. 立筋的制作和安装 3. 基层板的安装 4. 面层铺贴 5. 刷防护材料
010808005 石材门窗套	1. 窗代号及洞口尺寸 2. 门窗套展开宽度 3. 黏结层厚度，砂浆配合比 4. 面层材料品种和规格 5. 线条品种和规格			1. 清理基层 2. 立筋的制作和安装 3. 基层抹灰 4. 面层铺贴 5. 线条的安装
010808006 门窗木贴脸	1. 门窗代号及洞口尺寸 2. 贴脸板宽度 5. 防护材料种类	1. 樘 2. m	1. 以樘计量时，按设计图示数量计算 2. 以m计量时，按设计图示尺寸以延长米计算	贴脸板的安装
010808007 成品木门窗套	1. 门窗代号及洞口尺寸 2. 门窗套展开宽度 3. 门窗套材料品种和规格	1. 樘 2. m² 3. m	1. 以樘计量时，按设计图示数量计算 2. 以m²计量时，按设计图示尺寸以展开面积计算 3. 以m计量时，按设计图示中心以延长米计算	1. 清理基层 2. 立筋的制作和安装 3. 板的安装

注：① 以樘计量时，在项目特征一栏必须描述洞口尺寸、门窗套展开的宽度。

② 以m²计量时，在项目特征一栏可不描述洞口尺寸、门窗套展开的宽度。

③ 以m计量时，在项目特征一栏必须描述门窗套展开的宽度、筒子板及贴脸板宽度。

④ 木门窗套适用于单独门窗套的制作和安装。

4）窗台板

窗台板主要包括木窗台板、铝塑窗台板、金属窗台板和石材窗台板等，它们的工程量清单项目设置、项目特征描述、计量单位及工程量计算规则应按表5-31中的规定执行。

表 5-31　窗台板（编码：010809）

项目编码 项目名称	项目特征	计量 单位	工程量计算规则	工作内容
010809001 木窗台板	1. 基层材料种类 2. 窗台面板材质、规格和颜色 3. 防护材料种类	m²	按设计图示尺寸以展开面积 计算	1. 基层清理 2. 基层的制作和安装 3. 窗台板的制作和安装 4. 刷防护材料
010809002 铝塑窗台板				
010809003 金属窗台板				
010809004 石材窗台板	1. 黏结层厚度，砂浆配合比 2. 窗台板材质、规格和颜色			1. 基层清理 2. 抹找平层 3. 窗台板的制作和安装

5）窗帘、窗帘盒和窗帘轨

窗帘、窗帘盒和窗帘轨的工程量清单项目设置、项目特征描述、计量单位及工程量计算规则应按表 5-32 中的规定执行。

表 5-32　窗帘、窗帘盒和轨（编码：010810）

项目编码 项目名称	项目特征	计量 单位	工程量计算规则	工作内容
010810001 窗帘	1. 窗帘材质 2. 窗帘高度、宽度 3. 窗帘层数 4. 带幔要求	1. m 2. m²	1. 以 m 计量时，按设计图示尺寸以成活后长度计算 2. 以 m² 计量时，按图示尺寸以成活后展开面积计算	窗帘的制作、运输和安装
010810002 木窗帘盒	1. 窗帘盒材质、规格 2. 防护材料种类	m	按设计图示尺寸以长度计算	1. 窗帘盒的制作、运输和安装 2. 刷防护材料
010810003 饰面夹板、 塑料窗帘盒				
010810004 铝合金窗帘盒				
010810005 窗帘轨	1. 窗帘轨材质、规格 2. 窗帘轨的数量 3. 防护材料种类			

注：① 若窗帘是双层的，则在项目特征一栏必须描述每层材质。

　　② 窗帘以 m 计量时，在项目特征一栏必须描述窗帘的高度和宽度。

3. 木结构工程

1）屋架

木屋架、钢木屋架的工程量清单项目设置、项目特征描述、计量单位及工程量计算规则应按表 5-33 中的规定执行。

表5-33　木屋架（编码：010701）

项目编码 项目名称	项目特征	计量 单位	工程量计算规则	工作内容
010701001 木屋架	1. 跨度 2. 材料品种和规格 3. 刨光要求 4. 拉杆及夹板种类 5. 防护材料种类	1. 榀 2. m³	1. 以榀计量时，按设计图示数量计算 2. 以 m³ 计量时，按设计图示的规格尺寸以体积计算	1. 木屋架的制作、运输和安装 2. 刷防护材料
010701002 钢木屋架	1. 跨度 2. 木材品种和规格 3. 刨光要求 4. 钢材品种和规格 5. 防护材料种类	榀	以榀计量时，按设计图示数量计算	

注：① 屋架的跨度应以上、下弦中心线两交点之间的距离计算。

　　② 对带气楼的屋架和马尾、折角，以及正交部分的半屋架，按相关屋架相目编码列项。

　　③ 以榀计量时，对按标准图设计的，在项目特征一栏应标明标准图号；对按非标准图设计的，在项目特征一栏必须按本表要求予以描述。

2）木构件

木柱、木梁、木檩、木楼梯和其他木构件的工程量清单项目设置、项目特征描述、计量单位及工程量计算规则应按表5-34中的规定执行。

表5-34　木构件（编码：010702）

项目编码 项目名称	项目特征	计量 单位	工程量计算规则	工作内容
010702001 木柱	1. 构件规格尺寸 2. 木材种类 3. 刨光要求 4. 防护材料种类	m³	按设计图示尺寸以体积计算	
010702002 木梁				
010702003 木檩		1. m³ 2. m	1. 以 m³ 计量时，按设计图示尺寸以体积计算 2. 以 m 计量时，按设计图示尺寸以长度计算	
010702004 木楼梯	1. 楼梯形式 2. 木材种类 3. 刨光要求 4. 防护材料种类	m²	按设计图示尺寸以水平投影面积计算。不扣除宽度≤300mm 的楼梯井，伸入墙内部分不计算	1. 木构件的制作、运输和安装 2. 刷防护材料
010702005 其他木构件	1. 构件名称 2. 构件规格尺寸 3. 木材种类 4. 刨光要求 5. 防护材料种类	1. m³ 2. m	1. 以 m³ 计量时，按设计图示尺寸以体积计算 2. 以 m 计量时，按设计图示尺寸以长度计算	

注：① 对木楼梯的栏杆（栏板）、扶手，应按本节5.8节"室内其他装饰工程"相关项目编码列项。

　　② 以 m 计量时，在项目特征一栏必须描述木构件的规格尺寸。

3）屋面木基层

屋面木基层的工程量清单项目设置、项目特征描述、计量单位及工程量计算规则应按表 5-35 中的规定执行。

表 5-35　屋面木基层（编码：010703）

项目编码 项目名称	项目特征	计量 单位	工程量计算规则	工作内容
010703001 屋面木基层	1. 椽子断面尺寸和椽距 2. 望板材料种类和厚度 3. 防护材料种类	m^2	按设计图示尺寸以斜面积计算。不扣除房上烟囱、风帽底座、风道、小气窗、斜沟等所占面积。小气窗的出檐部分不增加面积	1. 椽子的制作和安装 2. 望板的制作和安装 3. 顺水条与挂瓦条的制作和安装 4. 刷防护材料

5.6.3　计算实例

【例 5-9】　某室内装饰工程采用 70 系列银白色带上亮双扇铝合金推拉窗（框外围尺寸为 1450mm×2050mm，上亮高 650mm），型材厚 1.3mm，现场制作及安装，试计算其工程量。

【解】　铝合金推拉窗的工程量：1.45×2.05+1.45×0.65=3.92（m^2）。

【例 5-10】　某室内装饰工程有 15 樘实木门框单扇无纱切片板门（洞口尺寸为 900mm× 2 100mm），门扇为细木工板上双面贴花式切片板，门框设计断面尺寸为 52mm×95mm，每樘门装球形锁 1 把、100mm 厚的型铜铰链 1 副、铜门吸 1 只，试计算该项目工程量。

【解】　（1）实木门框工程量：15×（0.9+2.1×2）=58.5（m）。

门套工程量：15×（0.9+2.1×2）=58.5（m）

门套线工程量（外）：15×（0.9+2.1×2）=58.5（m）

门套线工程量（内）：15×（0.9+2.1×2）=58.5（m）

（2）门扇工程量：15×0.9×2.1=28.35（m^2）。

（3）门锁工程量：15（把）。

（4）门铰链工程量：15（副）。

（5）门吸工程量：15（只）。

5.7　油漆、涂料和裱糊装饰工程

5.7.1　基本内容

油漆装饰工程项目按基层的不同，分为木材面油漆、金属面油漆和抹灰面油漆，在此基础上，按油漆品种、刷漆部位分项。涂料、裱糊装饰工程按涂刷、裱糊和装饰部位分项，分为木材面油漆、金属面油漆、抹灰面油漆、喷（刷）涂料和喷塑等，以及墙面、梁柱面、天棚面的墙纸、金属墙纸、织锦缎等的裱糊。

5.7.2 计算规则

1. 门窗油漆

1）门油漆

门油漆工程量清单项目设置、项目特征描述、计量单位、工程量计算规则应按表 5-36 中的规定执行。

表 5-36 门油漆（编号：011401）

项目编码 项目名称	项目特征	计量单位	工程量计算规则	工作内容
011401001 木门油漆	1. 门类型 2. 门代号及洞口尺寸 3. 腻子种类	1. 樘 2. m²	1. 以樘计量时，按设计图示数量计量 2. 以 m² 计量时，按设计图示洞口尺寸以面积计算	1. 基层清理 2. 刮腻子 3. 刷防护材料和油漆
011401002 金属门油漆	4. 刮腻子的遍数 5. 防护材料种类 6. 油漆品种，刷油漆的遍数			

注：① 对木门，应区分木大门、单层木门、双层（一玻一纱）木门、双层（单裁口）木门、全玻自由门、半玻自由门、装饰门及有框门或无框门等项目，分别编码列项。

② 对金属门，应区分平开门、推拉门、钢制防火门等项目，分别编码列项。

③ 以 m² 计量时，在项目特征一栏可不描述洞口尺寸。

计算木门油漆工程量时，按不同木门类型、油漆品种、油漆工序、油漆遍数，以木门洞口单面面积乘以木门油漆工程量系数（执行单层木门定额）。木门油漆工程量计算规则和系数见表 5-37。

表 5-37 木门油漆工程量计算规则和系数

项　　目	木门油漆工程量系数	工程量计算规则（设计图示尺寸）
单层木门	1.00	门洞口面积
单层半玻门	0.85	
单层全玻门	0.75	
半截百叶门	1.50	
全百叶门	1.70	
车库房大门	1.10	
纱门扇	0.80	
特种门（包括冷藏门）	1.00	
装饰门扇	0.90	扇外围尺寸面积
间壁、隔断	1.00	单面外围面积
玻璃间壁露明墙筋	0.80	
木栅栏、木栏杆（带扶手）	0.90	

注：对多面涂刷项目，按单面计算工程量。

2）窗油漆

窗油漆工程量清单项目设置、项目特征描述、计量单位、工程量计算规则应按表 5-38 中的规定执行。

表 5-38　窗油漆（编号：011402）

项目编码 项目名称	项目特征	计量 单位	工程量计算规则	工作内容
011402001 木 窗油漆	1. 窗类型 2. 窗代号及洞口尺寸 3. 腻子种类	1. 樘 2. m²	1. 以樘计量时，按设计图示数量计量 2. 以 m² 计量时，按设计图示洞口尺寸以面积计算	1. 基层清理 2. 刮腻子 3. 刷防护材料和油漆
011402002 金 属窗油漆	4. 刮腻子的遍数 5. 防护材料种类 6. 油漆品种，刷油漆的遍数			1. 除锈，基层清理 2. 刮腻子 3. 刷防护材料和油漆

注：① 对木窗，应区分单层木窗、双层（一玻一纱）木窗、双层框扇（单裁口）木窗、双层框三层（二玻一纱）木窗、单层组合窗、双层组合窗、木百叶窗、木推拉窗等项目，分别编码列项。

② 对金属窗，应区分平开窗、推拉窗、固定窗、组合窗、金属隔栅窗等项目，分别编码列项。

③ 以 m² 计量时，在项目特征一栏可不描述洞口尺寸。

计算木窗油漆工程量时，按不同木窗类型、油漆品种、油漆工序、油漆遍数，以木窗洞口单面面积乘以木窗油漆工程量系数（执行单层木窗定额）。木窗油漆工程量计算规则和系数见表 5-39。

表 5-39　木窗油漆工程量计算规则和系数

项　　目	木窗油漆工程量系数	计算方法
单层玻璃窗	1.00	
双层（一玻一纱）木窗	1.36	
双层框扇（单裁口）木窗	2.00	
双层框三层（二玻一纱）木窗	2.60	按洞口单面面积
单层组合窗	0.83	
双层组合窗	1.13	
木百叶窗	1.50	

2. 木扶手及其他板条、线条油漆

木扶手、窗帘盒、封檐板、顺水板、挂衣板、黑板框、挂镜线、窗帘棍和单独木线条等油漆工程量清单项目设置、项目特征描述、计量单位及工程量计算规则应按表 5-40 中的规定执行。

表 5-40　木扶手及其他板条、线条油漆（编号：011403）

项目编码 项目名称	项目特征	计量 单位	工程量计算规则	工作内容
011403001 木扶手油漆	1. 断面尺寸 2. 腻子种类 3. 刮腻子的遍数 4. 防护材料种类 5. 油漆品种，刷油漆的遍数	m	按设计图示尺寸以长度计算	1. 基层清理 2. 刮腻子 3. 刷防护材料和油漆
011403002 窗帘盒油漆				
011403003 封檐板、顺水板油漆				

项目编码 项目名称	项目特征	计量 单位	工程量计算规则	工作内容
011403004 挂衣板、黑板框油漆				
011403005 挂镜线、窗帘棍、 单独木线条油漆				

注：对木扶手，应区分带托板与不带托板，分别编码列项。若以木栏杆替代扶手，则木扶手不应单独列项，应包含在木栏杆油漆中。

计算木扶手、窗帘盒、封檐板、顺水板、挂衣板、黑板框、单独木线条、挂镜线、窗帘棍和单独木线条油漆工程量时，按不同类型、油漆品种、油漆工序、油漆遍数，以其长度乘以木扶手工程量系数［执行木扶手（不带托板）定额］。木扶手油漆工程量计算规则和系数见表5-41。

表5-41　木扶手油漆工程量计算规则和系数

项　　目	木扶手油漆工程量系数	工程量计算规则（设计图示尺寸）
木扶手（不带托板）	1.00	
木扶手（带托板）	2.50	
封檐板、博风板	1.70	
黑板框、生活园地框	0.50	延长米
单独木线条（宽度）≤50mm	0.47	
单独木线条（宽度）≤100mm	0.80	
单独木线条（宽度）≤150mm	1.51	

3. 木材面油漆

木材面油漆工程主要包括木护墙、木墙裙、窗台板、筒子板、盖板、门窗套、踢脚线、清水板条天棚、檐口、木方格吊顶天棚、吸音板墙面、天棚面、暖气罩、木间壁、木隔断、玻璃间壁露明墙筋、木栅栏、木栏杆（带扶手）、衣柜、壁柜、梁柱饰面、零星木装修、木地板、纤维板、胶合板、木地板烫硬蜡面等项目，它们的工程量清单项目设置、项目特征描述、计量单位及工程量计算规则应按表5-42中的规定执行。

表5-42　木材面油漆（编号：011404）

项目编码 项目名称	项目特征	计量 单位	工程量计算规则	工作内容
011404001 木护墙、木墙裙油漆	1. 腻子种类 2. 刮腻子的遍数 3. 防护材料种类 4. 油漆品种和刷油漆的遍数	m²	按设计图示尺寸以面积计算	1. 基层清理 2. 刮腻子 3. 刷防护材料和油漆
011404002 窗台板、筒子板、盖板、门窗套、踢脚线油漆				
011404003 清水板条天棚、檐口油漆				
011404004 木方格吊顶天棚油漆				

续表

项目编码 项目名称	项目特征	计量单位	工程量计算规则	工作内容
011404005 吸音板墙面、天棚面油漆	1. 腻子种类 2. 刮腻子的遍数 3. 防护材料种类 4. 油漆品种和刷油漆的遍数	m²	按设计图示尺寸以单面外围面积计算	1. 基层清理 2. 刮腻子 3. 刷防护材料和油漆
011404006 暖气罩油漆				
011404007 其他木材面				
011404008 木间壁、木隔断油漆				
011404009 玻璃间壁露明墙筋油漆				
011404010 木栅栏、木栏杆（带扶手）油漆				
011404011 衣柜、壁柜油漆			按设计图示尺寸以油漆部分展开面积计算	
011404012 梁柱饰面油漆				
011404013 零星木装修油漆				
011404014 木地板油漆			按设计图示尺寸以面积计算。空洞、空圈、暖气包槽、壁龛的开口部分并入相应的工程量内	1. 基层清理 2. 烫蜡
011404015 木地板烫硬蜡面	1. 硬蜡品种 2. 面层处理要求			

计算木材面油漆工程量时，按不同类型、油漆品种、油漆工序、油漆遍数，以其油漆计算面积乘以其他木材面工程量系数（执行其他木材面定额）。木材面油漆工程量计算规则和系数见表 5-43。

表5-43　木材面油漆工程量计算规则和系数

项　目	木材面油漆工程量系数	工程量计算规则（设计图示尺寸）
木板、胶合板天棚	1.00	长×宽
屋面板带檩条	1.10	斜长×宽
清水板条檐口天棚	1.10	长×宽
吸音板（墙面或天棚）	0.87	
鱼鳞板墙	2.40	
木护墙、木墙裙、木踢脚	0.83	
窗台板、窗帘盒	0.83	
出入口盖板、检查口	0.87	
壁橱	0.83	展开面积
木屋架	1.77	跨度（长）×中高×1/2
以上未包括的其余木材面油漆	0.83	展开面积

注：当顶棚线脚和基面同时油漆时，其工程量以基面工程量乘以系数 1.05，不再重复计算其线脚的工程量。

4. 金属面油漆

金属面油漆工程量清单项目设置、项目特征描述、计量单位及工程量计算规则应按表 5-44 中的规定执行。

表 5-44　金属面油漆（编号：011405）

项目编码 项目名称	项目特征	计量 单位	工程量计算规则	工作内容
011405001 金属面油漆	1. 构件名称 2. 腻子种类 3. 刮腻子的要求 4. 防护材料种类 5. 油漆品种，刷油漆的遍数	1. t 2. m²	1. 以 t 计量，按设计图示尺寸以质量计算。 2. 以 m² 计量，按设计展开面积计算。	1. 基层清理 2. 刮腻子 3. 刷防护材料和油漆

5. 抹灰面油漆

抹灰面油漆主要有抹灰面、抹灰线条和满刮腻子等项目，它们的工程量清单项目设置、项目特征描述、计量单位及工程量计算规则应按表 5-45 中的规定执行。

表 5-45　抹灰面油漆（编号：011406）

项目编码 项目名称	项目特征	计量 单位	工程量计算规则	工作内容
011406001 抹灰面油漆	1. 基层类型 2. 腻子种类 3. 刮腻子的遍数 4. 防护材料种类 5. 油漆品种，刷油漆的遍数 6. 部位	m²	按设计图示尺寸以面积计算	
011406002 抹灰线条油漆	1. 线条宽度和道数 2. 腻子种类 3. 刮腻子的遍数 4. 防护材料种类 5. 油漆品种，刷油漆的遍数	m	按设计图示尺寸以长度计算	1. 基层清理 2. 刮腻子 3. 刷防护材料和油漆
011406003 满刮腻子	1. 基层类型 2. 腻子种类 3. 刮腻子的遍数	m²	按设计图示尺寸以面积计算	1. 基层清理 2. 刮腻子

6. 喷刷涂料

喷刷涂料主要包括墙面喷刷涂料、天棚喷刷涂料、空花格刷涂料、栏杆刷涂料、线条刷涂料、金属构件喷刷防火涂料、木材构件喷刷防火涂料等项目，它们的工程量清单项目设置、项目特征描述、计量单位及工程量计算规则应按表 5-46 中的规定执行。

表 5-46　喷刷涂料（编号：011407）

项目编码 项目名称	项目特征	计量 单位	工程量计算规则	工作内容
011407001 墙面喷刷涂料	1. 基层类型 2. 喷刷涂料部位 3. 腻子种类 4. 刮腻子的要求 5. 涂料品种，刷涂料的遍数	m²	按设计图示尺寸以面积计算	1. 基层清理 2. 刮腻子 3. 刷涂料
011407002 天棚喷刷涂料				
011407003 空花格、栏杆刷涂料	1. 腻子种类 2. 刮腻子的遍数 3. 涂料品种，刷涂料的遍数		按设计图示尺寸以单面外围面积计算	
011407004 线条刷涂料	1. 基层清理 2. 线条宽度 3. 刮腻子的遍数 4. 刷防护材料和油漆	m	按设计图示尺寸以长度计算	
011407005 金属构件刷 防火涂料	1. 需要刷防火涂料的构件名称 2. 防火等级要求 3. 涂料品种，刷涂料的遍数	1. m² 2. t	1. 以 t 计量，按设计图示尺寸以质量计算 2. 以 m² 计量，按设计展开面积计算	1. 基层清理 2. 刷防护材料和油漆
011407006 木材构件 喷刷防火涂料		m²	以 m² 计量，按设计图示尺寸以面积计算	1. 基层清理 2. 刷防火材料

注：对墙面需要刷涂料的部位，要注明内墙或外墙。

7. 裱糊

裱糊包括墙纸裱糊和织物锦缎裱糊项目，它们的工程量清单项目设置、项目特征描述、计量单位及工程量计算规则应按表 5-47 中的规定执行。

表 5-47　裱糊（编号：011408）

项目编码 项目名称	项目特征	计量 单位	工程量计算规则	工作内容
011408001 墙纸裱糊	1. 基层类型 2. 裱糊部位 3. 腻子种类 4. 刮腻子的遍数 5. 黏结材料种类 6. 防护材料种类 7. 面层材料品种、规格和颜色	m²	按设计图示尺寸以面积计算	1. 基层清理 2. 刮腻子 3. 面层铺贴 4. 刷防护材料
011408002 织物锦缎裱糊				

5.7.3 计算实例

【例 5-11】 某室内装饰工程中的天棚装饰采用纸面石膏板面层刷乳胶漆、石膏线脚，已知室内净尺寸为 4.5m×5.4m。试计算该天棚工程项目油漆工程的工程量。

【解】 室内顶棚净面积：4.5×5.4=24.3（m²）。

由于纸面石膏板面层和顶棚石膏线脚的乳胶漆同时进行（表 5-43 注），因此该顶棚乳胶漆的工程量为

$$24.3×1.0×1.05=25.52（m^2）$$

【例 5-12】 某室内装饰门窗工程包括双层（一玻一纱）木窗（760m²）、双层木门（170m²）、单层木门（420m²），试计算该工程木门窗的油漆工程量。

【解】 由表 5-37 和表 5-39 可查得木门窗油漆工程量计算系数。单层木门油漆工程量计算系数：1.00，双层木门油漆工程量计算系数：2.00，双层（一玻一纱）木窗油漆工程量计算系数：1.36，该木门窗的油漆工程量如下。

$$760×1.36+170×2.00+420×1.0=1793.60（m^2）$$

5.8 室内其他装饰工程

5.8.1 基本内容

室内其他装饰工程的内容包括家具、压条、装饰线、扶手、栏杆、栏板装饰、暖气罩、浴厕配件、雨篷、旗杆、招牌、灯箱、美术字等。

5.8.2 计算规则

1. 家具

家具包括各种柜类、货架及台类家具等项目，它们的工程量清单项目设置、项目特征描述、计量单位及工程量计算规则应按表 5-48 中的规定执行。

表 5-48 柜类、货架（编号：011501）

项目编码	项目名称	项目特征	计量单位	工程量计算规则	工作内容
011501001	柜台	1. 台柜规格 2. 材料种类和规格 3. 五金配件种类和规格 4. 防护材料种类 5. 油漆品种，刷油漆的遍数	1. 个 2. m 3. m³	1. 以个计量，按设计图示数量计量 2. 以 m 计量，按设计图示尺寸以延长米计算 3. 以 m³ 计量，按设计图示尺寸以体积计算	1. 台柜的制作、运输和安装（安放） 2. 刷防护材料和油漆 3. 五金配件的安装
011501002	酒柜				
011501003	衣柜				
011501004	存包柜				
011501005	鞋柜				
011501006	书柜				
011501007	厨房壁柜				
011501008	木壁柜				
011501009	厨房低柜				
011501010	厨房吊柜				
011501011	矮柜				

续表

项目编码	项目名称	项目特征	计量单位	工程量计算规则	工作内容
011501012	吧台背柜	1. 台柜规格 2. 材料种类和规格 3. 五金配件种类和规格 4. 防护材料种类 5. 油漆品种, 刷油漆的遍数	1. 个 2. m 3. m³	1. 以个计量, 按设计图示数量计量 2. 以 m 计量, 按设计图示尺寸以延长米计算 3. 以 m³ 计量, 按设计图示尺寸以体积计算	1. 台柜的制作、运输和安装（安放） 2. 刷防护材料和油漆 3. 五金配件的安装
011501013	酒吧吊柜				
011501014	酒吧台				
011501015	展台				
011501016	收银台				
011501017	试衣间				
011501018	货架				
011501019	书架				
011501020	服务台				

2. 装饰线（压条）

金属/木质/石材/石膏/铝塑/塑料装饰线、镜面玻璃线、铝塑装饰线和 GRC 装饰线条项目的工程量清单项目设置、项目特征描述、计量单位及工程量计算规则应按表 5-49 中的规定执行。

表 5-49　装饰线（压条）（编号：011502）

项目编码 项目名称	项目特征	计量单位	工程量计算规则	工作内容
011502001 金属装饰线	1. 基层类型 2. 线条材料品种、规格和颜色 3. 防护材料种类	m	按设计图示尺寸以长度计算	1. 线条的制作和安装 2. 刷防护材料
011502002 木质装饰线				
011502003 石材装饰线				
011502004 石膏装饰线				
011502005 镜面玻璃线				
011502006 铝塑装饰线				
011502007 塑料装饰线				
011502008GRC 装饰线条	1. 基层类型 2. 线条规格 3. 线条安装部位 4. 填充材料种类			线条的制作和安装

3. 扶手、栏杆、栏板装饰

金属/硬木/塑料/GRC 材质的扶手、栏杆、栏板，金属/硬木/塑料材质的靠墙扶手和玻璃栏板等项目的工程量清单项目设置、项目特征描述、计量单位、工程量计算规则应按表 5-50 中的规定执行。

表 5-50　扶手、栏杆、栏板装饰（编码：011503）

项目编码 项目名称	项目特征	计量单位	工程量计算规则	工作内容
011503001 金属扶手、栏杆、栏板	1. 扶手材料种类和规格 2. 栏杆材料种类和规格 3. 栏板材料种类、规格和颜色 4. 固定配件种类 5. 防护材料种类	m	按设计图示以扶手中心线长度（包括弯头长度）计算	1. 扶手、栏杆、栏板装饰的制作运输和安装 2. 刷防护材料
011503002 硬木扶手、栏杆、栏板				
011503003 塑料扶手、栏杆、栏板				
011503004 GRC 栏杆、扶手	1. 栏杆的规格 2. 安装间距 3. 扶手类型规格 4. 填充材料种类			
011503005 金属靠墙扶手	1. 扶手材料种类和规格 2. 固定配件种类 3. 防护材料种类			
011503006 硬木靠墙扶手				
011503007 塑料靠墙扶手				
011503008 玻璃栏板	1. 栏杆玻璃的种类、规格和颜色 2. 固定方式 3. 固定用配件的种类			

4. 暖气罩

以饰面板/塑料板/金属等为材质的暖气罩项目的工程量清单项目设置、项目特征描述、计量单位及工程量计算规则应按表 5-51 中的规定执行。

表 5-51　暖气罩（编号：011504）

项目编码 项目名称	项目特征	计量单位	工程量计算规则	工作内容
011504001 饰面板暖气罩	1. 暖气罩材质 2. 防护材料种类	m²	按设计图示尺寸以垂直投影面积（不展开）计算	1. 暖气罩的制作、运输、安装 2. 刷防护材料
011504002 塑料板暖气罩				
011504003 金属暖气罩				

5. 浴厕配件

浴厕配件主要包括洗漱台、晒衣架、帘子杆、浴缸拉手、卫生间扶手、毛巾杆（架）、毛巾环、卫生纸盒、肥皂盒、镜面玻璃和镜箱等，它们的工程量清单项目设置、项目特征描述、计量单位及工程量计算规则应按表 5-52 中的规定执行。

表 5-52　浴厕配件（编号：011505）

项目编码 项目名称	项目特征	计量单位	工程量计算规则	工作内容
011505001 洗漱台		1. m² 2. 个	1. 按设计图示尺寸以台面外接矩形面积计算。不扣除孔洞、挖弯、削角所占面积，挡板、吊沿板面积并入台面面积内 2. 按设计图示数量计算	1. 台面及支架的运输和安装 2. 杆、环、盒、配件的安装 3. 刷油漆
011505002 晒衣架	1. 材料品种、规格和颜色 2. 支架/配件的品种和规格	个	按设计图示数量计算	
011505003 帘子杆				
011505004 浴缸拉手				
011505005 卫生间扶手				
011505006 毛巾杆（架）		套		1. 台面及支架的制作、运输和安装 2. 杆、环、盒、配件的安装 3. 刷油漆
011505007 毛巾环		副		
011505008 卫生纸盒		个		
011505009 肥皂盒				
011505010 镜面玻璃	1. 镜面玻璃品种和规格 2. 框材质，断面尺寸 3. 基层材料种类 4. 防护材料种类	m²	按设计图示尺寸以边框外围面积计算	1. 基层安装 2. 玻璃及框的制作、运输和安装
011505011 镜箱	1. 箱体材质和规格 2. 玻璃品种和规格 3. 基层材料种类 4. 防护材料种类 5. 油漆品种，刷油漆的遍数	个	按设计图示数量计算	1. 基层安装 2. 箱体的制作、运输和安装 3. 玻璃安装 4. 刷防护材料和油漆

6. 雨篷和旗杆

雨篷和旗杆项目的工程量清单项目设置、项目特征描述、计量单位及工程量计算规则应按表 5-53 中的规定执行。

表 5-53　雨篷和旗杆（编号：011506）

项目编码 项目名称	项目特征	计量 单位	工程量计算规则	工作内容
011506001 雨篷吊挂饰面	1. 基层类型 2. 龙骨材料种类、规格和中距 3. 面层材料品种和规格 4. 吊顶（天棚）材料品种和规格 5. 嵌缝材料种类 6. 防护材料种类	m²	按设计图示尺寸以水平投影面积计算	1. 底层抹灰 2. 龙骨基层安装 3. 面层安装 4. 刷防护材料和油漆
011506002 金属旗杆	1. 旗杆材料、种类和规格 2. 旗杆高度 3. 基础材料种类 4. 基座材料种类 5. 基座面层材料、种类和规格	根	按设计图示数量计算	1. 土石的挖、填、运 2. 基础混凝土浇注 3. 旗杆的制作和安装 4. 旗杆台座的制作和饰面
011506003 玻璃雨篷	1. 玻璃雨篷固定方式 2. 龙骨材料种类、规格和中距 3. 玻璃材料品种和规格 4. 嵌缝材料种类 5. 防护材料种类	m²	按设计图示尺寸以水平投影面积计算	1. 龙骨基层安装 2. 面层安装 3. 刷防护材料和油漆

7. 招牌和灯箱

平面/箱式招牌、竖式标箱、灯箱和信报箱等项目的工程量清单项目设置、项目特征描述、计量单位及工程量计算规则应按表 5-54 中的规定执行。

表 5-54　招牌、灯箱（编号：011507）

项目编码 项目名称	项目特征	计量 单位	工程量计算规则	工作内容
011507001 平面/箱式招牌	1. 箱体规格 2. 基层材料种类 3. 面层材料种类 4. 防护材料种类	m²	按设计图示尺寸以正立面边框外围面积计算。复杂形的凸凹造型部分不增加面积	1. 基层安装 2. 箱体及支架的制作、运输和安装 3. 面层的制作和安装 4. 刷防护材料和油漆
011507002 竖式标箱		个	按设计图示数量计算	
011507003 灯箱				
011507004 信报箱	1. 箱体规格 2. 基层材料种类 3. 面层材料种类 4. 保护材料种类 5. 户数			

8. 美术字

美术字包括泡沫塑料字、有机玻璃字、木质字、金属字和吸塑字等项目，它们的工程量清单项目设置、项目特征描述、计量单位及工程量计算规则应按表 5-55 中的规定执行。

表 5-55　美术字（编号：011508）

项目编码 项目名称	项目特征	计量 单位	工程量计算规则	工作内容
011508001 泡沫塑料字	1. 基层类型 2. 镌字材料品种和颜色 3. 字的规格 4. 固定方式 5. 油漆品种，刷油漆的遍数	个	按设计图示数量计算	1. 美术字的制作、运输和安装 2. 刷油漆
011508002 有机玻璃字				
011508003 木质字				
011508004 金属字				
011508005 吸塑字				

5.9　室内拆除工程

5.9.1　基本内容

室内拆除工程主要包括建筑构件拆除、装修构件的拆除及开孔（打洞）等项目。

5.9.2　计算规则

1. 建筑构件拆除

1）砖砌体拆除

砖砌体拆除项目的工程量清单项目设置、项目特征描述、计量单位及工程量计算规则应按表 5-56 中的规定执行。

表 5-56　砖砌体拆除（编码：011601）

项目编码 项目名称	项目特征	计量 单位	工程量计算规则	工作内容
011601001 砖砌体拆除	1. 砌体名称 2. 砌体材质 3. 拆除高度 4. 拆除砌体的截面尺寸 5. 砌体表面的附着物种类	1. m³ 2. m	1. 以 m³ 计量时，按拆除的体积计算 2. 以 m 计量时，按拆除的延长米计算	1. 拆除 2. 控制扬尘 3. 清理 4. 建筑渣土的场内、外运输

注：① 砌体名称指墙、柱、水池等。

　　② 砌体表面的附着物种类指抹灰层、块料层、龙骨及装饰面层等。

　　③ 以 m 计量时，对砖地沟、砖明沟等，必须描述拆除部位的截面尺寸；以 m³ 计量时，则不必描述截面尺寸。

2）混凝土及钢筋混凝土构件拆除

混凝土及钢筋混凝土构件拆除项目的工程量清单项目设置、项目特征描述、计量单位及工程量计算规则应按表 5-57 中的规定执行。

表 5-57　混凝土及钢筋混凝土构件拆除（编码：011602）

项目编码 项目名称	项目特征	计量 单位	工程量计算规则	工作内容
011602001 混凝土构件拆除 011602002 钢筋混凝土 构件拆除	1. 构件名称 2. 拆除构件的厚度或规格尺寸 3. 构件表面的附着物种类	1. m³ 2. m² 3. m	1. 以 m³ 计量时，按拆除构件的混凝土体积计算 2. 以 m² 计量时，按拆除部位的面积计算 3. 以 m 计量时，按拆除部位的延长米计算	1. 拆除 2. 控制扬尘 3. 清理 4. 建筑渣土的场内、外运输

注：① 以 m³ 作为计量单位时，在项目特征一栏可不描述构件的规格尺寸；以 m² 作为计量单位时，在项目特征一栏必须描述构件的厚度；以 m 作为计量单位时，在项目特征一栏必须描述构件的规格尺寸。

②　构件表面的附着物种类指抹灰层、块料层、龙骨及装饰面层等。

3）木构件拆除

木构件拆除项目的工程量清单项目设置、项目特征描述、计量单位及工程量计算规则应按表 5-58 中的规定执行。

表 5-58　木构件拆除（编码：011603）

项目编码 项目名称	项目特征	计量 单位	工程量计算规则	工作内容
011603001　木构件拆除	1. 构件名称 2. 拆除构件的厚度或规格尺寸 3. 构件表面的附着物种类	1. m³ 2. m² 3 m	1. 以 m³ 计量时，按拆除构件的体积计算 2. 以 m² 计量时，按拆除面积计算 3. 以 m 计量时，按拆除延长米计算	1. 拆除 2. 控制扬尘 3. 清理 4. 建筑渣土的场内、外运输

注：① 对拆除的木构件，应按木梁、木柱、木楼梯、木屋架、承重木楼板等分别在构件名称中描述。

②　以 m³ 作为计量单位时，在项目特征一栏可不描述构件的规格尺寸；以 m² 作为计量单位时，在项目特征一栏必须描述构件的厚度；以 m 作为计量单位时，在项目特征一栏必须描述构件的规格尺寸。

③　构件表面的附着物种类指抹灰层、块料层、龙骨及装饰面层等。

2. 装修构件拆除

1）抹灰层拆除

抹灰层拆除包括平面、立面和天棚的抹灰层拆除等项目。抹灰层拆除项目的工程量清单项目设置、项目特征描述、计量单位及工程量计算规则应按表 5-59 中的规定执行。

表 5-59　抹灰层拆除（编码：011604）

项目编码 项目名称	项目特征	计量 单位	工程量计算规则	工作内容
011604001 平面抹灰层拆除 011604002 立面抹灰层拆除 011604003 天棚抹灰层拆除	1. 拆除部位 2. 抹灰层种类	m²	按拆除部位的面积计算	1. 拆除 2. 控制扬尘 3. 清理 4. 建筑渣土的场内、外运输

注：① 对单独拆除抹灰层，应按本表中的项目编码列项。

②　对抹灰层种类，可描述为一般抹灰或装饰抹灰。

2）块料面层拆除

块料拆除包括平面、立面块料拆除等项目。块料面层拆除项目的工程量清单项目设置、项目特征描述、计量单位及工程量计算规则应按表 5-60 中的规定执行。

表 5-60　块料面层拆除（编码：011605）

项目编码 项目名称	项目特征	计量 单位	工程量计算规则	工作内容
011605001 平面块料拆除	1. 拆除的基层类型 2. 饰面材料种类	m²	按拆除部位的面积计算	1. 拆除 2. 控制扬尘 3. 清理 4. 建筑渣土的场内、外运输
011605002 立面块料拆除				

注：① 若仅拆除块料面层，则对拆除的基层类型不作描述。

　　② 拆除的基层类型的描述指砂浆层、防水层、干挂或挂贴所采用的钢骨架层等。

3）龙骨及饰面拆除

龙骨及饰面拆除包括楼地面、墙柱面和天棚面的龙骨及饰面拆除等项目。龙骨及饰面拆除项目的工程量清单项目设置、项目特征描述、计量单位及工程量计算规则应按表 5-61 中的规定执行。

表 5-61　龙骨及饰面拆除（编码：011606）

项目编码 项目名称	项目特征	计量 单位	工程量计算规则	工作内容
011606001 楼地面龙骨及饰面拆除	1. 拆除的基层类型 2. 龙骨及饰面种类	m²	按拆除部位的面积计算	1. 拆除 2. 控制扬尘 3. 清理 4. 建筑渣土的场内、外运输
011606002 墙柱面龙骨及饰面拆除				
011606003 天棚面龙骨及饰面拆除				

注：① 基层类型的描述指砂浆层、防水层等。

　　② 若仅拆除龙骨及饰面，则对拆除的基层类型不作描述。

　　③ 若只拆除饰面，则不用描述龙骨材料种类。

4）屋面拆除

屋面拆除包括刚性层和防水层拆除等项目。屋面拆除项目的工程量清单项目设置、项目特征描述、计量单位及工程量计算规则应按表 5-62 中的规定执行。

表 5-62　屋面拆除（编码：011607）

项目编码 项目名称	项目特征	计量 单位	工程量计算规则	工作内容
011607001 刚性层拆除	刚性层厚度	m²	按铲除部位的面积计算	1. 拆除 2. 控制扬尘 3. 清理 4. 建筑渣土的场内、外运输
011607002 防水层拆除	防水层种类			

5）铲除油漆/涂料/裱糊面

铲除油漆/涂料/裱糊面项目工程量清单项目设置、项目特征描述、计量单位及工程量计算规则应按表5-63中的规定执行。

表5-63 铲除油漆涂料裱糊面（编码：011608）

项目编码 项目名称	项目特征	计量 单位	工程量计算规则	工作内容
011608001 铲除油漆面	1. 铲除部位名称 2. 铲除部位的截面尺寸	1. m² 2. m	1. 以m²计量时，按铲除部位的面积计算 2. 以m计量时，按铲除部位的延长米计算	1. 拆除 2. 控制扬尘 3. 清理 4. 建筑渣土的场内、外运输
011608002 铲除涂料面				
011608003 铲除裱糊面				

注：① 单独铲除油漆/涂料/裱糊面的工程时，按本表中的项目编码列项。

② 铲除部位名称的描述指墙面、柱面、天棚、门窗等。

③ 以m计量时，在项目特征一栏必须描述铲除部位的截面尺寸；以m²计量时，在项目特征一栏可不描述铲除部位的截面尺寸。

6）栏杆（板）、轻质隔断隔墙拆除

栏杆（板）、轻质隔断隔墙拆除项目的工程量清单项目设置、项目特征描述、计量单位及工程量计算规则应按表5-64中的规定执行。

表5-64 栏杆（板）、轻质隔断隔墙拆除（编码：011609）

项目编码 项目名称	项目特征	计量 单位	工程量计算规则	工作内容
011609001 栏杆（板）拆除	1. 栏杆（板）的高度 2. 栏杆（板）种类	1. m² 2. m	1. 以m²计量时，按拆除部位的面积计算 2. 以m计量时，按拆除的延长米计算	1. 拆除 2. 控制扬尘 3. 清理 4. 建筑渣土的场内、外运输
011609002 隔断隔墙拆除	1. 拆除隔墙的骨架种类 2. 拆除隔墙的饰面种类	m²	按拆除部位的面积计算	

注：以m²计量时，不用描述栏杆（板）的高度。

7）门窗拆除

门窗拆除包括木门窗和金属门窗拆除等项目。门窗拆除项目的工程量清单项目设置、项目特征描述、计量单位及工程量计算规则应按表5-65中的规定执行。

表5-65 门窗拆除（编码：011610）

项目编码 项目名称	项目特征	计量 单位	工程量计算规则	工作内容
011610001 木门窗拆除	1. 室内高度 2. 门窗洞口尺寸	1. m² 2. 樘	1. 以m计量时，按拆除面积计算 2. 以樘计量时，按拆除樘数计算	1. 拆除 2. 控制扬尘 3. 清理 4. 建筑渣土的场内、外运输
011610002 金属门窗拆除				

注：门窗拆除工程量以m²计量时，在项目特征一栏不必描述门窗的洞口尺寸；室内高度指室内楼地面至门窗上边框的高度。

8）金属构件拆除

金属构件拆除包括钢梁、钢柱、钢网架、钢支撑、钢墙架和其他金属构件拆除等项目。金属构件拆除项目的工程量清单项目设置、项目特征描述、计量单位及工程量计算规则应按表 5-66 中的规定执行。

表 5-66　金属构件拆除（编码：011611）

项目编码 项目名称	项目特征	计量 单位	工程量计算规则	工作内容
011611001 钢梁拆除	1. 构件名称 2. 拆除构件的规格尺寸	1. t 2. m	1. 以 t 计量时，按拆除构件的质量计算 2. 以 m 计量时，按拆除延长米计算	1. 拆除 2. 控制扬尘 3. 清理 4. 建筑渣土的场内、外运输
011611002 钢柱拆除				
011611003 钢网架拆除		t	按拆除构件的质量计算	
011611004 钢支撑、钢墙架拆除		1. t 2. m	1. 以 t 计量时，按拆除构件的质量计算 2. 以 m 计量时，按拆除延长米计算	
011611005 其他金属构件拆除				

9）管道和卫生洁具拆除

管道和卫生洁具拆除项目的工程量清单项目设置、项目特征描述、计量单位、工程量计算规则应按表 5-67 中的规定执行。

表 5-67　管道和卫生洁具拆除（编码：011612）

项目编码 项目名称	项目特征	计量 单位	工程量计算规则	工作内容
011612001 管道拆除	1. 管道种类和材质 2. 管道上的附着物种类	m	按拆除管道的延长米计算	1. 拆除 2. 控制扬尘 3. 清理 4. 建筑渣土的场内、外运输
011612002 卫生洁具拆除	卫生洁具种类	1. 套 2. 个	按拆除的数量计算	

10）灯具和玻璃拆除

灯具和玻璃拆除项目的工程量清单项目设置、项目特征描述、计量单位及工程量计算规则应按表 5-68 中的规定执行。

表 5-68　灯具、玻璃拆除（编码：011613）

项目编码 项目名称	项目特征	计量 单位	工程量计算规则	工作内容
011613001 灯具拆除	1. 拆除灯具高度 2. 灯具种类	套	按拆除的数量计算	1. 拆除 2. 控制扬尘 3. 清理 4. 建筑渣土的场内、外运输
011613002 玻璃拆除	1. 玻璃厚度 2. 拆除部位	m^2	按拆除的面积计算	

注：对拆除部位，应区分门窗玻璃、隔断玻璃、墙玻璃、家具玻璃等。

11）其他构件拆除

其他构件拆除包括暖气罩、柜体、窗台板、筒子板、窗帘盒和窗帘轨拆除等项目。其他构件拆除项目的工程量清单项目设置、项目特征描述、计量单位及工程量计算规则应按表 5-69 中的规定执行。

表 5-69　其他拆除（编码：011614）

项目编码 项目名称	项目特征	计量 单位	工程量计算规则	工作内容
011614001 暖气罩拆除	暖气罩材质	1. 个 2. m	1. 以个计量时，按拆除个数计算 2. 以 m 计量时，按拆除延长米计算	
011614002 柜体拆除	1. 柜体材质 2. 柜体尺寸：长、宽、高			1. 拆除 2. 控制扬尘 3. 清理 4. 建筑渣土的场内、外运输
011614003 窗台板拆除	窗台板平面尺寸	1. 块 2. m	1. 以块计量时，按拆除数量计算 2. 以 m 计量时，按拆除的延长米计算	
011614004 筒子板拆除	筒子板的平面尺寸			
011614005 窗帘盒拆除	窗帘盒的平面尺寸	m	按拆除的延长米计算	
011614006 窗帘轨拆除	窗帘轨的材质			

注：对双轨窗帘轨拆除项目，按双轨长度分别计算工程量。

3. 开孔（打洞）

开孔（打洞）项目的工程量清单项目设置、项目特征描述、计量单位及工程量计算规则应按表 5-70 中的规定执行。

表 5-70　抹灰面拆除（编码：0116015）

项目编码 项目名称	项目特征	计量 单位	工程量计算规则	工作内容
011615001 开孔（打洞）	1. 部位 2. 打洞部位材质 3. 洞尺寸	个	按数量计算	1. 拆除 2. 控制扬尘 3. 清理 4. 建筑渣土的场内、外运输

注：① 部位可描述为墙面或楼板。

　　② 对开孔（打洞）部位的材质，可描述为页岩砖或空心砖或钢筋混凝土等。

5.10　脚手架工程

5.10.1　基本内容

脚手架工程工程量包括对室内进行外墙面粉饰时所用的脚手架、顶棚的满堂脚手架，以及其他项目的成品保护工程中使用的脚手架的工程量。

5.10.2　计算规则

（1）对建筑物脚手架，分别按单项脚手架计算。计算脚手架的工程量时，不扣除门窗洞口、空圈洞口等所占面积。

（2）对无地下室的建筑物外脚手架（悬挑不翻转架除外），其工程量计算式为外墙结构外围长度乘以设计室外地坪至女儿墙顶面（或挑檐反口顶面）的高度，以面积计算。对有地下室的建筑物外脚手架（悬挑不翻转架除外），分两种情况：地上外脚手架的工程量计算式为地下室外墙结构外围长度乘以从地下室顶板顶面结构标高或从设计室外地坪至女儿墙顶面（或挑檐反口顶面），以面积计算；地下室外脚手架工程量计算式为地下室外墙结构外围长度乘以地下室底板底标高至地下室顶板顶面结构标高的高度，以面积计算。

（3）坡屋面山尖（屋脊）脚手架的面积按山尖高度（指檐口至屋脊的垂直高度）的 1/2 计算。

（4）套用定额时，高出檐口高度的女儿墙、屋面构件、梯间、设备操作间等可计脚手架的工程量并入以建筑檐高套用外脚手架定额的工程量中。

（5）对与钢筋混凝土楼板整体浇注的柱、墙、梁，一般不计算脚手架工程量。当独立的柱和钢筋混凝土墙、悬空的单梁和连续梁的高度超过 1.2m 时，按以下方法计算脚手架工程量：

① 对独立的砖、石、钢筋混凝土柱，其脚手架工程量计算式为柱结构外围周长加 3.6m 之和乘以柱高，以面积计算。高度在 3.6m 以下的，套用砌筑双排脚手架定额；高度在 3.6m 以上的，套用相应高度的外脚手架定额。

② 对独立的现浇钢筋混凝土墙，其脚手架工程量计算式为墙结构外围长度乘以高度，以面积计算，套用相应高度的外脚手架定额。

③ 对独立的现浇钢筋混凝土单梁或连续梁，其脚手架工程量计算式为梁结构长度乘以设计室外地坪面（或楼板面）至梁顶面的高度，以双面面积计算，套用相应高度的外脚手架定额，与之相关联的框架柱不再计算脚手架工程量。梁间距较密的（净间距≤2.4m），其脚手架工程量可按搭设的水平投影面积，套用装修满堂脚手架定额并乘以系数 0.6。

（6）对砌筑脚手架，其工程量按砌筑墙体垂直投影面积计算，不包括框架柱、梁。对围墙砌筑脚手架，砌筑高度按室外地坪至围墙顶面计算。对屋顶烟囱砌筑脚手架，其工程量计算式为烟囱外围周长加 3.6m 之和乘以烟囱出屋顶高度以面积计算。

（7）满堂脚手架工程量按搭设的水平投影面积计算，水平投影面不扣除面积在 $0.3m^2$ 以内的空洞、柱、垛所占面积。天棚高度大于 3.6m 的，套用基本层定额；天棚高度超过 5.2m 的，按每增高 1.2m 计算一个增加层，当增加层的高度小于 0.6m 时，不计增加层。在室内装饰工程中，凡计算了满堂脚手架的，其内墙面粉饰不再计算内墙面粉饰脚手架工程量。

（8）独立内墙装饰脚手架工程量计算式为需装饰墙面的净长乘以净高，以面积计算，不扣除门窗洞口所占面积，附墙柱、垛不增加脚手架工程量。独立柱面装饰脚手架工程量计算式为柱装饰面外围周长加 3.6m 之和乘以柱装饰高，以面积计算；独立单梁装饰脚手架工程量计算式为梁装饰长度乘以设计地面至梁顶面的高度，以双面面积计算。

（9）吊篮脚手架工程量按外墙垂直投影面积计算，不扣除门窗洞口所占面积。吊篮的安拆费、移位费按台次计算。

（10）垂直防护架工程量按实际垂直投影面积计算，水平防护架工程量按实际水平投影面积计算。

各项脚手架工程的工程量清单项目设置、项目特征描述、计量单位及工程量计算规则应按表 5-71 中的规定执行。

表 5-71　脚手架工程（编码：011701）

项目编码 项目名称	项目特征	计量 单位	工程量计算规则	工作内容
011701001 综合脚手架	1. 建筑结构形式 2. 檐口高度	m²	按建筑面积计算	1. 场内、外的材料搬运 2. 搭设或拆除脚手架、斜道和上料平台 3. 安全网的铺设 4. 选择附墙点与主体连接 5. 测试电动装置和安全锁等 6. 拆除脚手架后材料的堆放
011701002 外脚手架	1. 搭设方式 2. 搭设高度 3. 脚手架材质		按所服务对象的垂直投影面积计算	1. 场内、外的材料搬运 2. 搭设或拆除脚手架、斜道和上料平台 3. 安全网的铺设 4. 拆除脚手架后材料的堆放
011701003 里脚手架				
011701004 悬空脚手架	1. 搭设方式 2. 悬挑宽度 3. 脚手架材质		按搭设的水平投影面积计算	
011701005 挑脚手架		m	搭设长度乘以搭设层数，以延长米计算	
011701006 满堂脚手架	1. 搭设方式 2. 搭设高度 3. 脚手架材质	m²	按搭设的水平投影面积计算	
011701007 整体提升架	1. 搭设方式及启动装置 2. 搭设高度	m²	按所服务对象的垂直投影面积计算	1. 场内、外的材料搬运 2. 选择附墙点与主体连接 3. 搭设或拆除脚手架、斜道和上料平台 4. 安全网的铺设 5. 测试电动装置和安全锁等 6. 拆除脚手架后材料的堆放
011701008 外装饰吊篮	1. 升降方式及启动装置 2. 搭设高度及吊篮型号	m²	按所服务对象的垂直投影面积计算	1. 场内、外的材料搬运 2. 吊篮的安装 3. 测试电动装置、安全锁和平衡控制器等 4. 吊篮的拆卸

注：① 使用综合脚手架时，不再使用外脚手架、里脚手架等单项脚手架；综合脚手架的定额适用于能够按"建筑面积计算规则"计算建筑面积的建筑工程脚手架，不适用于房屋加层、构筑物及附属工程脚手架。

② 当同一建筑物有不同檐高时，按建筑物竖向切面分别给不同的檐高编列清单项目。

③ 整体提升架已包括 2m 高的防护架体设施。

5.10.3　计算实例

【例 5-13】　某建筑物室内平面图如图 5-6（a）所示，试计算天棚抹灰满堂脚手架工程量。

【解】　由图 5-6 可知，该建筑物房间 I：天棚高度 H_I=6.8m＞3.6m；房间Ⅱ：天棚高度 H_{II}=3.2m＜3.6m；房间Ⅲ：天棚高度 H_{III}=3.4m＜3.6m。因此，只有房间 I 应按满堂脚手架另计算脚手架费用，该房间天棚高度 H_I＞5.2m，应有增加层。

（1）确定增加层数。

$$N=（H_1-5.2）/1.2=（6.8-5.2）/1.2≈1$$

（2）室内净空面积。

$$（6.4-0.12×2）^2-（3.2+0.12×2）^2=26.12（m^2）$$

（3）天棚抹灰满堂脚手架工程量。

基本层的满堂脚手架工程量：26.12（m^2）

增加层的满堂脚手架工程量：26.12×1=26.12（m^2）

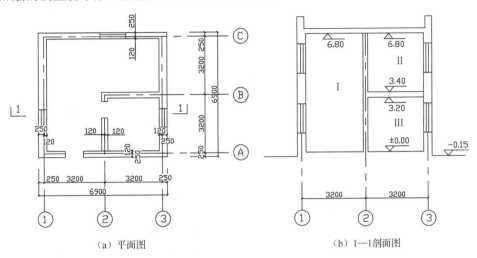

（a）平面图　　　　　　　　　　　（b）1—1剖面图

图 5-6　某建筑物室内平面图和剖面图

小　结

　　工程量是指以物理计量单位或自然计量单位表示的各个具体分项工程和构/配件的实物量，工程量的计量单位必须与定额规定的单位一致。

　　分部分项工程工程量是衡量室内装饰工程项目的量，是计算室内装饰工程造价的依据。因此，分部分项工程工程量计算原则关系到造价是否准确，预算是否科学。为此，本章系统地介绍了分部分项工程工程量的基本内容和计算规则。

习　题

　　1．某多功能室内地面的净面积为（6.8×12.0）m^2，以大理石铺设地面，具体施工要求如下：素水泥浆一道；15mm 厚且配合比为 1∶3 水泥砂浆找平层；8mm 厚且配合比为 1∶2 水泥砂浆粘贴 800mm×800mm 规格的大理石面层；大理石面层进行酸洗打蜡。试计算大理石面层的工程量和酸洗打蜡的工程量。

　　2．某室内地面铺设硬木企口木地板（成品），室内主墙间（建筑轴线间）的尺寸为（3.9×4.5）m^2，墙厚为 200mm，又已知木龙骨的规格为 60mm×40mm×4000mm，木地板的规格为900mm×80mm×18mm。试计算木地板的工程量和木龙骨的工程量，分析木龙骨和木地板的用量。

3. 图 5-7 所示为某室内墙面设计图，试计算该墙面工程的工程量。

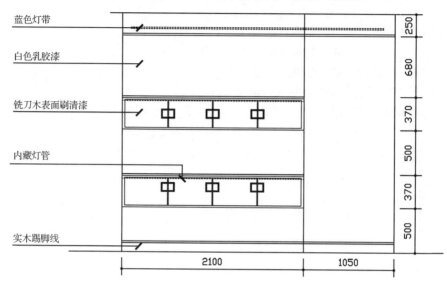

图 5-7　某室内墙面设计图

4. 某会议室的顶棚设计图如图 5-8（a）所示，从地坪到混凝土楼板底的高度为 4.80m。吊顶棚采用 400mm×600mm 规格的（上人型）轻钢龙骨双层、纸面石膏板面层，暗式窗帘盒为细木工板和 5mm 规格的木夹板。顶棚装饰线见右图 1—1 剖面，对石膏板，满刮腻子 2 遍，用清油封底，面刷白色乳胶漆 3 遍（不考虑自黏胶带）。顶棚装饰线及暗式窗帘盒刷聚氨酯漆 2 遍，试计算该顶棚工程的工程量。

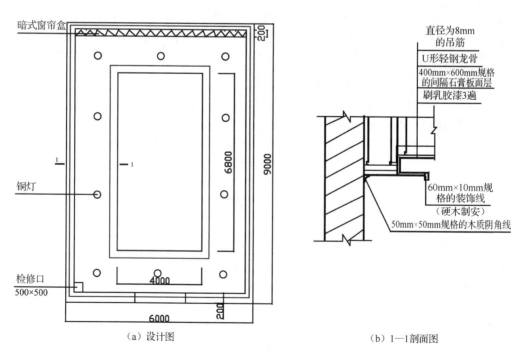

（a）设计图　　　　　　　（b）1—1剖面图

图 5-8　某会议室的顶棚设计图和剖面图（单位：mm）

5. 某个门的设计图如图 5-9（a）所示，采用木龙骨、3 mm 规格的木夹板基层，外贴白榉木切片板，整片开洞镶嵌红榉木百叶风口装饰，用红榉木收边线封门边。门表面刷硝基清漆，用亚光硝基清漆罩面。试计算该门的工程量。

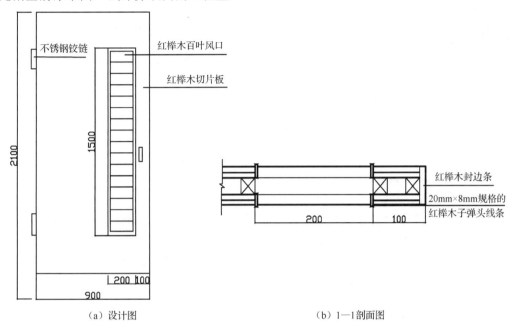

（a）设计图　　　　　　　　（b）1—1 剖面图

图 5-9　某个门的设计图和剖面图（单位：mm）

第6章

室内装饰工程设计概算及施工图预算

教学目标

本章介绍室内装饰工程设计概算、施工图预算的编制和审查，结合具体案例对施工图预算进行工料分析。通过本章的学习使读者了解室内装饰工程预算的定义、分类及其方法；重点掌握室内装饰工程设计概算和施工图预算的编制。

教学要求

知识要点	能力要求	相关知识
室内装饰工程预算的种类和编制方法	（1）了解工程预算、室内装饰工程预算的定义、种类和作用 （2）掌握单位估价法、实物造价法、工程量清单计价法的定义和计算程序	（1）设计概算、施工图预算、施工预算、施工决算、物理计量单位、自然计量 （2）单位估价法、实物造价法、工程量清单计价
室内装饰工程设计概算编制和审查	（1）掌握室内装饰工程设计概算的作用和编制依据 （2）掌握室内装饰工程设计概算的编制方法和审查方法	概算定额法、概算指标法、相似程度系数法、类似工程预算法、对比分析法、查询核实法、联合会审法
室内装饰工程施工图预算编制和审查	（1）掌握施工图预算的作用和编制依据 （2）掌握施工图预算的编制方法和审查方法	工料分析、全面审查法、重点审查法、经验审查法

 基本概念

设计概算、施工图预算、施工预算、施工决算、单位估价法、实物造价法、工程量清单计价法、概算定额法、概算指标法、相似程度系数法、类似工程预算法、对比分析法、查询核实法、联合会审法、工料或工料机分析、全面审查法、重点审查法、经验审查法

引例

在学习了工程项目费用构成、定额套用及工程量计算等知识后，请读者思考以下问题：

（1）如何把以上知识应用到室内装饰工程预算中？

（2）室内装饰工程预算有哪些内容？

（3）设计概算和施工图预算有什么区别？

（4）什么是单位估价法、实物造价法？

（5）如何进行工料或工料机分析？

（6）编制好预算后，如何进行审核？本章重点探讨以上问题。

引例一：对某施工完成的室内装饰工程，甲方预算造价1500元/m²，其中人工费占20%，材料费占65%，其他费用占15%。现拟建一个新的类似工程，其结构与该室内装饰工程相似、其他的分部分项工程也相似，但与该室内装饰工程的人工、材料和其他费用的差异系数分别为0.8、1.2、1.1。

1. 选用类似工程预算法编制该室内装饰工程设计概算，下列说法正确的是（　　）。

　　A. 当初步设计达到一定深度，建筑结构比较明确时，可选用类似工程预算法

　　B. 当设计对象的技术条件与已完工程或在建工程的相类似时，可选用类似工程预算法

　　C. 当初步设计深度不够，但工程设计采用的技术比较成熟且有类似工程概算指标时，可采用类似工程预算法

　　D. 当拟建工程的初步设计与已完工程设计类似且没有可用的概算指标时，可采用类似工程预算法

2. 该拟建工程的甲方概算造价为（　　）元/m。

　　A. 1657.5　　　　B. 1720.5　　　　C. 3680　　　　D. 4650

引例二：某建筑公司拟采用实物造价法对某项目进行投标报价。

1. 报价时首先应该做的工作是（　　）。

　　A. 准备资料，熟悉施工图　　　　B. 编制工料分析表

　　C. 计算工程量　　　　　　　　　D. 计算直接工程费

2. 计算人工、材料和施工机械台班消耗量时，需要采用的定额是（　　）。

　　A. 施工定额　　　　　　　　　　B. 预算定额

　　C. 概算定额　　　　　　　　　　D. 补充定额

3. 有关人工、材料和施工机械台班的单价，应当采用（　　）。

　　A. 国家颁布的价格

　　B. 地区统一的价格

　　C. 行业统一价格

　　D. 当时当地实际生产要素的市场价

4. 以分部分项工程工程量乘以对应分部分项工程单价后求和，得到的是（　　）。

    A. 分部工程直接费

    B. 单位工程直接工程费

    C. 单位工程直接工程费和间接费

    D. 单位工程预算造价

5. 采用预算单价法编制施工图预算，当分项工程的主要材料品种与预算单价或单位估价表中规定的材料品种不一致时，应当（　　）。

    A. 直接套用预算单价

    B. 调整材料用量但不调价

    C. 按实际使用材料换算预算单价

    D. 编制补充单位估价表

6.1　室内装饰工程预算的种类与编制方法

6.1.1　预算的定义和种类

1. 预算的定义

预算是指建设项目在开工前，根据室内装饰工程的不同设计阶段的设计图样具体内容和国家规定的定额、指标及各项取费标准，对所需的各种人力、物力资源及资金的预先估计和计算。其目的是有效地确定和控制建设项目的投资和进行人力、物力、财力的准备工作，以保证工程项目的顺利建成。

预算在广义上是指概预算编制这样一个完整的工作过程，狭义上是指这一过程必然产生的结果，即概预算文件。

2. 预算的种类

1）根据编制对象分类

（1）单位工程预算。单位工程预算是指根据设计文件和图样，结合施工方案和现场条件计算得到的工程量和套用预算费用定额，确定单位工程造价。

（2）工程建设其他费用预算。工程建设其他费用预算是指根据有关规定应在建设投资中计取的，除建筑安装工程费用、设备购置费用、工器具及生产工具购置费、预备费以外的一切费用（详见第4章第2节）。室内装饰工程建设其他费用预算以独立的项目列入单项工程综合预算和总预算中。

（3）单项工程综合预算。单项工程综合预算是由组成该单项工程的各个单位工程预算汇编而成的，用于确定单项工程（建筑单体）造价的综合性文件。

（4）建设项目总预算。建设项目总预算是由组成该室内装饰工程的各个单项工程综合预算、设备购置费用、工具器具及生产工具购置费、预留金、工程建设其他费用预算汇编而成的，用于确定室内装饰工程从筹建到竣工验收过程的全部建设费用的综合性文件。

2）根据建设活动开展的阶段分类

（1）投资估算。投资估算是指在编制建设项目建议书和可行性研究阶段，对建设项目总投资的粗略估算。它是室内装饰工程项目决策时的一项主要参考性经济指标。

（2）设计概算。设计概算是指在建设项目的初步设计阶段，根据初步设计文件和图样、概算定额（或概算指标）及其有关费用定额等，对建设项目应发生费用的概略计算。它是建设单位确定和控制基本建设投资额、编制基本建设计划、选择最优设计方案、推行限额设计的重要依据，也是计算工程设计收费、编制招标标底和投标报价、确定建设项目总承包合同价款的主要依据。

（3）施工图预算。施工图预算是指一般意义上的预算：在室内装饰工程项目的施工图设计完成后和单位工程开工前，根据施工图和设计说明、预算定额、预算基价以及费用定额等，对建设项目应发生费用进行较详细的计算。它是确定单位工程、单项工程预算造价的依据，是确定招标工程标底和投标报价、签订工程承包合同的依据，是建设单位与施工单位拨付工程价款项和竣工决算的依据，也是施工单位进行施工组织设计和成本核算时不可缺少的文件。在本书中，以介绍施工图预算为主。

（4）施工预算。施工预算是指施工单位在施工前，为确定建设项目发生的人工、材料和机械台班等而编制的工程预算。它是施工单位编制施工进度计划，实行定额管理、班组核算的依据。

上述几种概预算都是在建设项目开工前计算的。在工程项目动工兴建过程中和竣工后，还需要分阶段编制工程结算和竣工决算，以确定建设项目的实际建设费用。不同阶段的概预（决）算特点对比见表 6-1。

表 6-1　不同阶段的概预（决）算特点对比

类　别	编制阶段	编制单位	编制依据	用　途
投资估算	可行性研究	工程咨询机构	投资估算指标	投资决策
设计概算	初步设计或扩大初步设计	设计单位	概算定额	控制投资及造价
施工图预算	工程承发包	建设单位委托的工程咨询机构和施工单位	预算定额	编制标底、投标报价、确定合同总价
施工预算	施工阶段	施工单位	施工定额	企业内部成本、施工进度控制
竣工结算	竣工验收前	施工单位	预算定额、设计及施工变更资料	确定建设项目建造价格
竣工决算	竣工验收后	建设单位	预算定额、工程建设其他费用定额、竣工结算资料	确定建设项目实际投资

3）根据单位工程的专业项目分类

（1）建筑工程概预算，含土建工程及装饰工程。

（2）装饰工程概预算，专指二次装饰工程。

（3）安装工程概预算，含建筑电气照明、给排水、暖气空调等设备安装工程。

（4）市政工程概预算。

（5）仿古及园林建筑工程概预算。

（6）修缮工程概预算。

（7）煤气管网工程概预算。

（8）抗震加固工程概预算。

6.1.2　室内装饰工程预算的内容及其作用

1. 室内装饰工程预算的内容

室内装饰工程预算，是指在执行室内装饰工程建设程序过程中，根据不同的设计阶段、设计文件的具体内容和国家规定的定额指标及各种取费标准，预先计算和确定每项新建、扩建、改建和重建工程中的室内装饰工程所需投资额的经济文件。它是室内装饰工程不同建设阶段在经济上的反映，是按照国家规定的特殊计划程序，预先计算和确定室内装饰工程价格的计划文件。

根据我国现行的设计文件和预算文件编制方法及管理方法，国家对工业与民用建设项目做了如下规定。

（1）对采用两阶段设计的建设项目，在扩大初步设计阶段，必须编制设计概算；在施工图设计阶段，必须编制施工图预算。

（2）对采用三阶段设计的建设项目，除了在初步设计和施工图设计阶段必须编制相应的概算和施工图预算，还必须在技术设计阶段编制修正概算。因此，不同阶段设计的室内装饰工程，也必须编制相应的概算和预算。

室内装饰工程预算所确定的投资额实质上就是室内装饰工程的计划价格。这种计划价格在工程建设工作中，通常又称为"概算造价"或"预算造价"。

2. 室内装饰工程预算的作用

室内装饰工程预算的作用体现在以下 5 个方面。

（1）室内装饰工程预算是室内装饰工程施工单位（或称乙方）和建设单位（或称甲方）签订工程承包合同和办理工程结算价款的依据。经过甲乙双方编制、审定、认可的室内装饰工程预算，是双方结算的依据。在单位工程完工后，根据变更工程增、减项目调整预算，进行结算。如果条件具备，根据甲乙双方签订的工程承包合同，双方认可的室内装饰工程预算可以直接作为工程造价包干价款结算的依据。

（2）室内装饰工程预算是贷款银行拨付工程价款的依据。贷款银行根据甲乙双方审定的装饰工程预算，办理工程拨款，监督甲乙双方履行合同，按工程进度拨付工程进度款和竣工结算。若超出预算，则由建设单位与设计单位修改设计或增加项目投资。此时，需要编制补充预算。

（3）室内装饰工程预算是施工单位编制计划、统计施工产值的依据。具体地说，室内装饰工程预算是施工单位正确编制计划、进行施工准备、组织施工力量和材料供应、统计上报施工产值的依据。

（4）室内装饰工程预算是加强施工单位经济核算的依据。室内装饰工程预算是企业实行经济核算、考核经营成果的依据，有了工程预算，就可以进行人工和材料费核算，对比实际消耗量，进行经济活动分析和控制，加强企业内部管理。

（5）室内装饰工程预算在实行招标承包制的情况下，是建设单位确定标底和施工单位投标、报价的依据。

6.1.3　室内装饰工程预算的主要类型和编制方法

1. 室内装饰工程预算的种类

按照基本建设阶段和编制依据的不同，室内装饰工程预算可分为工程投资估算、设计概算、施工图预算、施工预算和竣工决算 5 种形式。

1）工程投资估算

根据室内装饰设计任务书规划的工程项目，依照概算指标确定的工程投资额、主要材料用量等经济指标，称为室内装饰工程"投资估算"。

作用：工程投资概算是室内装饰设计任务书的主要内容之一，也是审批项目、立项的主要依据之一。

2）设计概算

设计概算是指在初步设计阶段，由设计单位根据初步设计或扩大初步设计图样、概算定额或概算指标、各项费用定额或取费标准等有关资料，预先计算和确定室内装饰工程费用。具体地说，就是在工程投资估算的控制下，由设计单位根据初步设计（或技术设计）图样及说明、概算定额（概算指标）、各项费用定额或取费标准（指标）、设备、材料预算价格等资料，编制和确定室内装饰工程项目从筹建至竣工交付使用需要的全部建设费用。设计概算应该包括建设项目总概算、单项工程综合概算、单位工程及其他工程的费用概算。

作用：设计概算是控制室内装饰工程建设投资、编制工程计划的依据，也是确定工程投资最高限额和分期拨款的依据。

3）施工图预算

施工图预算是确定室内装饰工程造价的基础。施工图预算是指在施工图设计阶段，即在工程设计完成后、工程开工之前，由施工单位根据施工图计算得到的工程量、施工组织设计文件和国家或地方主管部门规定的现行预算定额、单位估价表，以及各项费用定额或取费标准等有关资料，预先计算确定室内装饰工程费用。施工图预算的内容应包括单位工程总预算、分部工程和分项工程预算、其他项目及费用预算三部分。

作用：施工图预算是确定工程施工造价、签订承建合同、实行经济核算、进行拨款决算、安排施工计划、核算工程成本的主要依据，也是工程施工阶段的法定经济文书。

4）施工预算

施工预算是施工单位内部编制的一种预算，是指施工阶段在施工图预算的控制下，施工单位根据施工图计算的工程量、施工定额、单位工程施工组织设计文件等资料，通过工料分析，预先计算和确定完成一个单位工程或其中的分部工程所需的人工、材料、机械台班消耗量及相应费用的文件。施工预算的主要内容包括工料分析、构件加工、材料消耗量、机械台班等资料，适用于劳动力组织、材料储备、加工定货、机具安排、成本核算、施工调度、作业计划、下达任务、经济包干、限额领料等项管理工作。

作用：施工预算是签发施工任务单、限额领料、开展定额经济包干、实行按劳分配的依据，也是施工单位开展经济活动分析和进行施工预算与施工图预算对比的依据。

室内装饰工程施工预算的作用是可以提供给施工单位准确的施工量，作为编制施工计划、劳动力使用计划、材料需用计划、机械台班使用计划、对外定货加工计划的依据。另外，它还是对班组实行经济核算、按定额下达任务单、限额领料、保证工程工期、考核施工图预算、降低工程成本的依据。施工预算确定的是室内装饰工程施工单位内部的工程计划成本。

室内装饰工程施工图预算的作用是组织施工管理，加强经济核算的基础；是签订施工合同、拨付工程进度款、甲乙双方办理竣工工程价款的依据。

对确定室内装饰工程计划成本的施工预算与确定室内装饰工程预算成本的施工图预算进行

对比，或者对施工预算与施工图预算或工程计划成本与工程预算成本进行相比较称为"两算"对比。它是室内装饰工程施工单位为了防止工程预算成本超支而采取的一种防范措施。施工预算和施工图预算是从不同角度计算的两本经济账，通过"两算"对比分析，可以预先找出节约的途径，防止预算超支。若发现预算超支，则可找出原因，研究解决的办法，更改施工方案，节约经费。

虽然施工预算和施工图预算编制的依据都是施工图，但两者编制的出发点不同、方法不同、深度不同，作用也不同。因此，两者不能混为一谈。

5）竣工决算

在室内装饰工程竣工后，施工单位根据实际施工完成情况，按照施工图预算的规定和编制方法，编制工程施工实际造价及各项费用，这一过程称为竣工决算。它是由施工单位编制的最终付款凭据，经建设单位和贷款银行审核无误后生效。

作用：是施工单位和建设单位进行最终付款的依据，是分析工程施工方案的依据。

2. 室内装饰工程预算的编制方法

室内装饰工程预算的编制方法主要有单位估价法、实物造价法和工程量清单计价法等。对一般的室内装饰工程预算，按常规应采用单位估价法编制施工图预算，但由于室内装饰工程多使用新材料、新技术、新机械设备，在必要时需要采用实物造价法编制工程预算。在室内装饰工程招投标时，预算编制多采用工程量清单计价法。

1）单位估价法

单位估价法是指利用分部分项工程单价计算工程造价的方法，即根据各个分部分项工程工程量、室内装饰预算定额或单位估价表，计算工程定额基价、其他直接费，并由此计算间接费、利润、税金和其他费用，最后汇总形成室内装饰工程预算造价。

单位估价法是目前普遍采用的方法，其计算程序如下。

（1）根据施工图计算出各个分部分项工程工程量。

（2）根据地区发布的室内装饰工程预算定额单位估价表或预算定额单价，计算各个分部分项工程直接费，把它们汇总为单位工程直接费。

（3）根据取费标准，计算间接费、利润、直接费，从而得出单位工程预算造价。

（4）进一步汇总得出综合预算和总预算造价。

2）实物造价法

实物造价法是指以实际人工、材料和机械台班消耗量计算工程造价的方法，即根据实际施工过程中所用的人工、装饰材料和机械使用数量，按现行的劳动定额、地区人工工资标准、装饰材料预算价格和机械台班价格，计算出人工费、材料费和施工机具使用费，在此基础上计算其他费用；然后按照相应的费用定额，计算出间接费、利润、税金、其他费用；最后汇总形成室内装饰工程预算造价。实物造价法主要用于新材料、新工艺、新设备或定额的缺项，其计算程序如下。

（1）利用施工图，计算材料消耗量。

（2）按照劳动定额计算人工工日。

（3）按照室内装饰机械台班费用定额，计算施工机具使用费。

（4）根据人工日工资标准、材料预算价格、机械台班单价等资料，计算单位工程直接费。

（5）算出间接费、利润，把它们与直接费汇总得到单位工程预算造价。

（6）进一步汇总，得出综合造价和总预算造价。

3）工程量清单计价法

工程量清单计价法是指依据招标文件规定的工程量清单计算工程造价的方法，即根据室内装饰工程建设单位提供的工程量清单、室内装饰工程的地区计价规定和相关的取费标准，计算出工程项目的各个分部分项工程费、措施项目费、其他项目费、利润和税金后，汇总得到室内装饰工程造价。工程量清单计价法的计算程序如下。

（1）编制分部分项工程工程量清单、措施项目清单和其他项目清单。

（2）计算分部分项工程工程量清单费用。

（3）计算措施项目费。

（4）计算其他项目费。

（5）计算规费和税金。

（6）汇总计算工程造价。

6.2　室内装饰工程设计概算编制与审查

6.2.1　设计概算编制

1．设计概算的编制目的

设计概算是室内装饰工程设计文件的重要组成部分，它包括分部分项工程概算、给排水及采暖工程概算、通风及空调工程概算、电气照明工程概算和弱电工程概算等。室内装饰工程属于单位工程的范畴，其设计概算为单位工程设计概算。设计概算的编制目的如下。

（1）设计概算是国家制定和控制建设投资的依据。对国家投资项目，需要按照规定报请有关部门或单位批准该项目的初步设计及总概算。一经上级批准，总概算就是总造价的最高限额，不得有任意突破。如有突破，须报原审批部门批准。

（2）设计概算是编制工程项目进度计划的依据。工程项目施工计划、投资需要量的确定和建设物资供应计划等，都以主管部门批准的设计概算为依据。若实际投资超过了总概算，可由设计单位和建设单位共同提出追加投资的申请报告，申请报告经上级计划部门批准后，方能追加投资。

（3）设计概算是进行拨款和贷款的依据。贷款银行根据批准的设计概算和项目进度计划，进行拨款和贷款，并严格实行监督。

（4）设计概算是签订总承包合同的依据。对施工期限较长的大中型室内装饰工程项目，可以根据批准的建设计划、初步设计和设计概算，确定本工程项目的总承包价，采用工程总承包的方式进行建设。

（5）设计概算是考核设计方案的经济合理性和控制施工图预算与施工图设计的依据。

（6）设计概算是考核和评价建设项目成本和投资效果的依据。建设项目的投资转化为该建设项目法人单位的新增资产，可根据建设项目的生产能力计算建设项目的成本、回收期及投资效果系数等技术经济指标，把以概算造价为基础计算得到的指标与以实际发生造价为基础计算得到的指标进行对比，从而对建设项目成本及投资效果进行评价。

2. 设计概算的编制依据

设计概算的编制依据如下。

（1）国家和地方政府有关建设和造价管理的法律、法规，以及行业有关规定。

（2）经批准的建设项目设计任务书（或经批准的可行性研究报告）。

（3）建设项目涉及的概算定额、概算指标和建设项目概算编制办法。

（4）资金筹措方式。

（5）经过校审并签字的、满足编制概算要求的初步设计图样、文字说明和主要材料设备表及工程量。

（6）常规或拟定的施工组织设计文件。

（7）建设项目涉及的设备材料供应及价格。

（8）建设场地的自然条件和施工条件。

（9）建设项目的技术复杂程度，以及新技术、专利使用情况等。

（10）有关文件、合同、协议等。

3. 设计概算的编制方法

室内装饰工程设计概算费用由 4 部分组成：工程费用、工程建设其他费用、预备费和专项费用。室内装饰工程设计概算的编制方法主要有概算定额法、概算指标法、相似程度系数和类似工程预算法等。

1）概算定额法

利用概算定额编制单位室内装饰工程设计概算的方法，与利用预算定额编制单位室内装饰工程施工图预算的方法基本相同，概算文件所用表式与预算文件所用表式也基本相同。不同之处是设计概算对项目的划分较施工图预算粗略，把施工图预算中的若干项目合并为一项，并且采用概算工程量计算规则。概算定额法要求设计具有一定深度，图样内容比较齐全、完善，可以较准确地算出工程量，其具体步骤如下。

（1）熟悉设计图样，了解设计意图、施工条件和施工方法。

（2）计算工程量。按照概算定额分部分项工程顺序，列出各个分部分项工程的名称，按概算定额中规定的工程量计算规则进行计算，把计算得到的各个分部分项工程工程量按概算定额编码顺序，填入工程概算表中。

（3）确定各个分部分项工程项目的概算定额单价。工程量计算完毕，逐项套用相应概算定额单价和人工、材料与机械台班消耗指标，然后分别把它们填入工程概算表和工料机分析表中。若遇到设计图样中的分部分项工程项目名称和内容，与所采用的概算定额手册中相应的项目不完全相符的情况，则按规定对定额进行换算后方可套用。

有些地区根据本地区人工工资、物价水平和概算定额编制与概算定额配合使用的扩大单位估价表，该表确定了概算定额中各个扩大分部分项工程或扩大结构构件所需的全部人工费、材料费、施工机械使用费之和，即概算定额单价。在采用概算定额法编制概算时，可以把已计算出的扩大分部分项工程工程量乘以扩大单位估价表中的概算定额单价，进行直接工程费的计算。概算定额单价的计算式如下。

$$概算定额单价=概算定额人工费+概算定额材料费+概算定额施工机械使用费 \qquad (6-1)$$

$$= \sum（概算定额人工消耗量×人工单价）+ \sum（概算定额材料消耗量×$$

$$材料预算单价）+ \sum（概算定额机械台班消耗量×机械台班单价） \quad (6\text{-}2)$$

（4）计算室内装饰工程直接工程费和直接费。将已计算出的各个分部分项工程项目的工程量、已在概算定额中查出的相应定额单价分别乘以单位人工、材料与机械台班消耗指标，即可得出各个分部分项工程的直接工程费和人工、材料与机械台班消耗量。然后，汇总各个分部分项工程的直接工程费及人工、材料与机械台班消耗量，即可得到该单位工程的直接工程费和工料总消耗量。再加上措施项目费，即可得到该单位工程的直接费。如果不同地区的定额中规定了本地区的人工、材料和机械价差调整指标，计算直接工程费时，按规定的调整系数或其他调整方法进行计算。

（5）根据直接费，结合其他各项取费标准，分别计算间接费、利润和税金。

（6）计算单位工程概算造价。

单位工程概算造价的计算式如下：

$$单位工程概算造价=直接费+间接费+利润+税金 \quad (6\text{-}3)$$

2）概算指标法

当室内装饰工程采用的技术比较成熟而且又有类似的工程资料可以利用时，可采用概算指标法编制设计概算。例如，根据类似室内装饰工程的预算或竣工结算的资料，编制拟建室内装饰工程的设计概算指标。概算指标法的计算精度较低，它是一种估算方法，但由于其编制速度快，故有一定实用价值。

在初步设计阶段编制设计概算时，若已有初步设计图样，则可根据初步设计图样、设计说明和概算指标，按设计的要求、条件和结构特征（如地面、墙面、顶棚等结构及其施工工艺等），先查阅概算指标中相似类型的室内装饰工程项目的简要说明和结构特征，再编制设计概算；若无初步设计图样，无法计算工程量或在可行性研究阶段只具有轮廓方案，则可用概算指标法编制设计概算。

（1）直接套用概算指标编制设计概算。若拟建的室内装饰工程项目在设计上与概算指标中的某室内装饰工程项目相符，则可直接套用已建项目的概算指标进行编制。当概算指标规定了室内装饰工程每百平方米或每平方米的人工、主要材料和施工机具消耗量时，可按以下步骤及计算式编制设计概算。

① 根据概算指标中的人工工日数及现行工资标准计算人工费。

$$每平方米建筑面积人工费=概算指标人工工日数×地区日工资标准 \quad (6\text{-}4)$$

② 根据概算指标中的主要材料数量及地区材料的预算价格计算主要材料费。

$$每平方米建筑面积主要材料费= \sum（主要材料数量×地区材料预算价格） \quad (6\text{-}5)$$

③ 根据步骤②求得的主要材料费和其他材料费占主要材料费的百分比，求出其他材料费，即

$$每平方米建筑面积其他材料费=每平方米建筑面积主要材料费×其他材料费的比例 \quad (6\text{-}6)$$

④ 施工机具使用费在概算指标中一般是用"元"或用其占直接费的百分比表示，可直接按概算指标规定计算。

⑤ 根据求得的人工费、主要材料费、施工机具使用费，求出直接费。

$$每平方米建筑面积直接费=人工费+主要材料费+其他材料费+施工机具使用费 \quad (6-7)$$

⑥ 按求得的直接费及地区现行取费标准，求出间接费、税金等其他费用和材料价差。

⑦ 把直接费和其他费用相加，得出概算单价。

$$每平方米建筑面积概算单价=直接费+间接费+材料价差+税金 \quad (6-8)$$

⑧ 把概算单价乘以建筑面积，得出概算价值。

$$设计工程概算价值=设计工程建筑面积×每平方米建筑面积概算单价 \quad (6-9)$$

（2）概算指标的修正。随着室内装饰技术的发展，新结构、新技术、新材料的应用不断更新，设计内容也在不断地变化。因此，在套用概算指标时，设计的内容不可能完全符合概算指标规定的结构特征。此时，就不能简单地套用类似的概算指标进行计算，而必须根据具体情况，对其中某一项或几项不符合设计内容加以修正。经修正后的概算指标，方可使用。修正方法如下。

$$单位建筑面积造价修正概算指标=原概算指标单价-换出结构构件单价+$$
$$换入结构构件单价 \quad (6-10)$$

式中，

$$换出（或换入）结构构件单价=换出（或换入）结构构件工程量×$$
$$相应的概算定额单价 \quad (6-11)$$

修正概算指标的目的是保证概算价值的正确性。具体编制步骤如下。

① 根据概算指标求出每平方米室内装饰面积的直接费。

② 根据求得的直接费，算出与拟建装饰工程不符合的结构构件的价值。

③ 把换入结构构件工程量与相应概算定额单价相乘，就可得出拟建装饰工程所要的结构构件价值。

④ 把每平方米建筑面积直接费减去与拟建装饰工程不符合的结构构件价值，再加上拟建装饰工程所需要的结构构件价值，就可得到修正后的每平方米建筑面积的直接费。

⑤ 求得修正后的每平方米建筑面积的直接费后，就可按照概算指标法，编制出单位工程概算。

【例6-1】 某地拟建一栋别墅（含中等装修），建筑面积为1420m²，装修结构及工艺与已建的某别墅装饰工程相同（层数同为3层；底层面积为500m²，层高相同）。已建的类似装饰工程每平方米建筑面积主要资源消耗如下：人工消耗8.92工日，钢材消耗44.68kg，水泥消耗276.90kg。原木消耗0.074m²，铝合金门窗消耗0.17m²，其他材料费为主要材料费的45%，施工机具使用费占定额直接费的8%。该拟建装饰工程主要资源的现行预算价格如下：人工价格为128元/工日，钢材价格为3.37元/kg，水泥价格为0.41元/kg，原木价格为1500元/m²，铝合金门窗价格为271元/m²，拟建装饰工程的综合费率为20%。与类似工程相比，该拟建装饰工程只有地面（相似工程花岗岩地面改为复合木地板地面）的装饰不同请应用概算指标法，计算拟建装饰工程概算造价。

【解】 （1）计算拟建装饰工程单位平方米建筑面积的人工费、材料费和施工机具使用费。

$$人工费=8.92×128=1141.76（元）$$

材料费=（44.68×3.37+276.90×0.41+0.074×1500+0.17×271）×（1+45%）
=610.70（元）

施工机具使用费=直接费×8%

直接费=人工费+材料费+施工机具使用费=1141.76+610.76+直接费×8%

直接费=（1141.76+610.70）÷（1-8%）=1904.85（元）

（2）计算拟建装饰工程概算指标。

概算指标=1904.85×（1+20%）=2285.81（元/m²）

（3）查相关室内装饰工程的政府指导价可知，花岗岩地面子项目的定额单价为 119.03 元/m²，复合地板的预算定额单价为 158.83 元/m²，则

预算结构差异额=500×（158.83-119.03）÷1420=14.01（元/m²）

（4）计算拟建装饰工程的修正概算指标和概算造价。

修正概算指标=2285.81+14.01×（1+20%）=2302.63（元/m²）

拟建装饰工程概算造价=1420×2303.63=3269730.20（元）=326.97（万元）

3）相似程度系数法

通常，在同一地区的一定时期内，同类建筑物的装饰工程在层高、开间、进深等技术指标方面具有一定的相似性。因此，建筑物各部位装饰的做法、所采用的装饰材料及装饰质量具有一定的可比性。具体要求如下：拟建装饰工程要与类似装饰工程的结构类型基本一致；拟建装饰工程要与类似装饰工程的施工方法基本相同；拟建装饰工程采用的装饰材料与类似装饰工程采用的装饰材料基本相同；拟建装饰工程的主要指标如建筑面积、层数、层高、开间、进深等技术指标，应与类似装饰工程基本相同；类似装饰工程的竣工日期越接近拟建装饰工程。在以上所列情况下，可以采用已建类似装饰工程的结算资料，通过相似程度系数法确定拟建装饰工程的造价。相似程度系数法的计算式如下。

拟建装饰工程造价=拟建装饰工程建筑面积×类似装饰工程每平米造价×

拟建装饰工程相似程度系数　　　　　　　　　　　　（6-12）

式中，

$$拟建装饰工程相似程度系数=\sum\left[\frac{类似装饰分部工程造价占装饰造价的百分比}{100}\times\frac{拟建装饰分部工程相似程度百分比}{100}\right] \quad (6\text{-}13)$$

$$\frac{类似装饰分部工程造价占装饰造价的百分比}{}=\frac{类似装饰分部工程造价}{类似装饰单位工程造价}\times100\% \quad (6\text{-}14)$$

$$\frac{拟建装饰分部工程相似程度百分比}{}=\frac{拟建装饰分部工程主要材料单价}{类似装饰分部工程主要材料单价}\times100\% \quad (6\text{-}15)$$

或

$$\frac{拟建装饰分部工程相似程度百分比}{}=\frac{拟建装饰分部工程主要项目定额基价}{类似装饰分部工程主要项目定额基价}\times100\% \quad (6\text{-}16)$$

【例 6-2】　根据表 6-2 中所列的甲酒店（类似装饰工程）和乙酒店（拟建装饰工程）的有关数据，用相似程度系数法估算乙酒店的装饰工程造价。

表 6-2　类似装饰工程及拟建装饰工程的有关数据表

序号	有关条件	甲酒店（类似装饰工程）	乙酒店（拟建装饰工程）	类似工程的分部工程造价占总造价的百分比
1	建筑面积	4181.68m²	4533.63m²	—
2	结构类型	框架	框架	—
3	建筑地点	××市	××市	—
4	竣工日期	2022 年 6 月	2022 年 10 月	—
5	主房间开间	3.60m	3.90m	—
6	主房间进深	5.40m	5.10m	—
7	层　高	3.0m	3.10m	—
8	层　数	8 层	7 层	—
9	每平方米装饰造价	786.48 元/m²	—	—
10	地面装饰（国产地面砖）	56.31 元/m²	（进口地面砖）106.28 元/m²	20.5%
11	顶棚装饰（甲酒店：石膏板，乙酒店：矿棉板）	定额基价 34.00 元/m²	定额基价 56.50 元/m²	14%
12	内墙面装饰（进口墙纸）	10.18 元/m²	12.35 元/m²	15%
13	装饰灯具（每间费用）	985 元/间	1104 元/间	16.5%
14	卫生设施（每间费用）	4625 元/间	6779 元/间	21.5%
15	外墙面装饰（面砖）	55 元/m²	68 元/m²	12.5%

【解】

$$\frac{\text{地面装饰分部工程}}{\text{相似程度百分比}}=\frac{\text{拟建装饰工程地砖单价}}{\text{类似装饰工程地砖单价}}\times100\%=106.28/56.31\times100\%=188.74\%$$

$$\frac{\text{顶棚装饰分部工程}}{\text{相似程度百分比}}=\frac{\text{拟建装饰工程矿棉板顶棚定额基价}}{\text{类似装饰工程石膏板顶棚定额基价单价}}\times100\%$$
$$=56.50\%/34.00\times100\%=166.18\%$$

$$\frac{\text{内墙面装饰分部工程}}{\text{相似程度百分比}}=\frac{\text{拟建装饰工程墙纸单价}}{\text{类似装饰工程墙纸单价}}\times100\%=12.35\%/10.18\times100\%=121.32\%$$

$$\frac{\text{外墙面装饰分部工程}}{\text{相似程度百分比}}=\frac{\text{拟建装饰工程外墙面砖单价}}{\text{类似装饰工程外墙面砖单价}}\times100\%=68/55\times100\%=123.64\%$$

$$\frac{\text{装饰灯具分部工程}}{\text{相似程度百分比}}=\frac{\text{拟建装饰工程每间灯具估算费用}}{\text{类似装饰工程每间灯具估算费用}}\times100\%$$
$$=1104/985\times100\%=112.08\%$$

本例题中的拟建装饰工程相似程度系数见表 6-3。

表 6-3　拟建装饰工程相似程度系数

序号	分部工程名称	类似装饰分部工程造价占装饰总造价百分比（%）	拟建装饰分部工程相似程度系数（%）	拟建装饰工程相似程度系数（%）
1	地面装饰	20.5	188.74	0.386 9
2	顶棚装饰	14.0	166.18	0.232 7
3	内墙面装饰	15.0	121.32	0.182 0
4	外墙面装饰	12.5	123.64	0.154 6
5	装饰灯具	16.5	112.08	0.184 9
6	卫生设施	21.5	146.57	0.315 1
	小计	100	—	1.456 2

根据表 6-2、表 6-3 和式（6-1）计算拟建装饰工程造价。

拟建装饰工程造价 = 拟建装饰工程建筑面积×类似装饰工程每平米造价×

拟建装饰工程相似程度系数

=4533.63 ×786.48 ×1.4562 =529224.30 （元）

4）类似工程预算法

类似工程预算法是利用技术条件与拟建装饰工程相似的已建装饰工程或在建装饰工程的造价资料，编制拟建装饰工程设计概算的方法。该方法适用于拟建装饰工程初步设计与已建装饰工程或在建装饰工程的初步设计相似且没有可用的概算指标的情况，但必须对装饰结构差异和价差进行调整。

（1）装饰结构差异的调整。此项调整方法与概算指标法的调整方法相同：首先确定有差别的项目，然后按每个项目算出结构构件的工程量和单位价格（按拟建装饰工程所在地区的单价），最后以类似预算中相应（有差别）的结构构件的工程数量和单价为基础，计算出总差价。把类似预算的直接工程费总额减去（或加上）这部分差价，就得到结构差异换算后的直接工程费，再行取费，得到结构差异换算后的造价。

（2）价差调整。类似装饰工程造价的价差调整方法通常有 2 种：

① 类似装饰工程造价资料有具体的人工、材料、机械台班消耗量时，可把类似装饰工程造价资料中的主要材料用量、工日数量、机械台班用量分别乘以拟建装饰工程所在地区的主要材料预算价格、人工工日单价、机械台班单价，计算出直接工程费，再进行取费，即可得出所需的造价指标。

② 类似装饰工程造价资料只有人工费、材料费、机械台班费和其他费用时，可进行如下调整。

$$D=A \cdot K \tag{6-17}$$

$$K=a\%K_1+b\%K_2+c\%K_3+d\%K_4+e\%K_5 \tag{6-18}$$

式中，

D——拟建装饰工程单位概算造价；

A——类似装饰工程单位预算造价；

K——综合调整系数；

$a\%$、$b\%$、$c\%$、$d\%$、$e\%$——类似装饰工程预算的人工费、材料费、机械台班费、措施项目费、间接费占预算造价的百分比；

K_1、K_2、K_3、K_4、K_5——拟建装饰工程地区与类似装饰工程所在地区的人工费、材料费、机械台班费、措施项目费、间接费的价差系数。

$$K_1 = \frac{拟建装饰工程概算的人工费（或工资标准）}{类似装饰工程概算的人工费（或工资标准）} \tag{6-19}$$

$$K_2 = \frac{\sum 拟建装饰工程概算的人工费（或工资标准）}{\sum 类似装饰工程所在地区各主要材料费} \tag{6-20}$$

类似地，可得出其他定额指标的表达式。

【例 6-3】 某室内装饰工程施工单位拟承包某公共建筑物的室内装饰工程，该工程建筑面积为 4200m^2，适用现行取费标准：间接费的费率为 25%，计划（成本）利润率为 7%，税金率为 3.659%。在编制该工程概算时，可利用的类似装饰工程建筑面积 100m^2。预算成本（直接工程费+间接费）为 85000 元，其中，直接费占 63.32%，其他直接费占 1.5%，现场管理费占 15.5%。经测算，拟建装饰工程直接费的修正系数为 1.35，其他直接费的修正系数为 1.12，现场管理费的修正系数为 1.08，间接费的修正系数为 1.02。应用类似装饰工程的预算资料，编制拟建装饰工程概算。

【解】 （1）对应类似装饰工程，拟建装饰工程总的修正系数如下。

$K=a \times K_1+b \times K_2+c \times K_3+d \times K_4$=63.32%×1.35+1.5%×1.12+15.5%×1.08+19.68%×1.02=1.24

（2）总预算成本：A=85000×1.24 元=105400（元）。

（3）利润：B=105400×7%=7378（元）。

（4）税金：C=（A+B）×3.659%=4126.55（元）。

（5）概算单位造价=A+B+C=116904.55（元）。

（6）拟装饰工程的概算指标：116904.55/100=1169.05（元）。

拟装饰工程的概算造价：1169.05×4200=4910010（元）。

6.2.2 设计概算审查

1. 设计概算审查的内容

设计概算编制得准确合理，才能保证投资计划的真实性。审核设计概算的目的，就是敦促编制单位严格实行国家有关概算编制规定和费用标准，提高概算编制质量；使设计技术保持先进性和合理性；防止任意修改装饰项目和减少漏项的可能，减少投资缺口；加强投资管理，编制基本装饰计划，落实装饰投资。设计概算的审查一般包括以下 6 个内容。

1）审查设计概算的编制依据

审查编制依据的合法性、时效性和适用范围。设计概算所采用的各种编制依据必须经过国家和授权机关的批准，符合国家的现行编制规定，并且在规定的适用范围之内。

2）审查设计概算的规模和标准

审查设计概算的规模和标准是否与原计划一致，若概算总投资超过已批准投资估算的 10% 以上，应进一步审查超估算的原因。

3）审查装饰构件的规格、数量和配置

审查所选用的装饰构件规格、数量是否与设计图样要求的一致，例如，门窗、卫生洁具和灯具的规格、型号是否是与设计图样要求的一致。

4）审查工程量

室内装饰工程投资随其工程量的增加而增加，要认真审查室内装饰工程量有无多算、重算、漏算的现象。

5）审查计价指标

审查室内装饰工程所采用的工程所在地区的定额、价格指数，以及有关人工、材料、机械台班单价是否符合现行定额规定；审查安装工程所采用的专业或地区定额是否符合工程所在地区的市场价、概算指标调整系数是否合理，以及主要材料价格、人工、机械台班和辅材的调整系数是否按当时最新定额规定执行。

6）审查其他费用

审查其他费用项目是否按国家统一规定计列，其具体费率或取费标准是否按国家、行业或有关部门的规定计算，有无随意列项，有无多列、交叉计列和漏项等。

2. 设计概算审查的方法

1）对比分析法

对比分析法主要是指通过建设规模、标准与立项批文的对比，工程数量与设计图样要求的数量的对比，综合范围、内容与编制方法和规定的对比，各项取费与规定取费标准的对比，人工材料、机械台班单价与统一信息的对比，引进设备、技术投资与报价要求的对比，技术指标与同类装饰工程的对比，发现设计概算存在的主要问题和偏差。

2）主要问题复核法

对审查中发现的偏差大的工程进行复核，复核时尽量按照编制规定或对照设计图样进行详细核查，慎重、公正地纠正概算偏差。

3）查询核实法

查询核实法是指对一些关键设备、设施、重要生产装置，以及引进工程图样不全、难以核算的较大投资进行多方查询核对，逐项落实。关于关键设备的市场价，应向设备供应部门或招标公司查询核实；关于重要生产装置、设施的市场价，应向同类企业（工程）查询了解；关于引进设备价格及有关费税，应向进出口公司调查落实，关于复杂的建筑安装工程造价，应向同类工程的建设单位、总承包单位、施工单位征求意见；对深度不够或不清楚的问题，可直接向概算编制人、设计者询问清楚。

4）联合会审法

联合会审前，可先采取多种形式分头审查，包括设计单位的自审，主管部门、建设单位、承包人的初审，工程造价咨询公司的评审，同行专家的预审，审批部门的复审等。经过层层审查把关后，由有关单位和专家进行联合会审。在联合会审大会上，由设计单位介绍概算编制情况及有关问题，由各有关单位、专家汇报初审及预审意见。然后进行认真分析、讨论，对各个专业技术方案的审查意见所产生的投资增减，逐一核实原概算出现的问题。经过充分协商，认真听取设计单位意见后，实事求是地处理和调整概算。

6.3 室内装饰工程施工图预算编制

室内装饰工程施工图预算编制，就是根据经过联合会审后的施工图和既定的施工方案，按照现行工程消耗量定额（或预算定额）和工程量计算规则，计算分部分项工程工程量。在此基础上，根据现行的市场预算价格逐项套用相应的单价，计算直接费。然后，根据间接费定额和有关取费标准，计算间接费、材料差价、税金等，最后计算单位工程总造价，填写编制说明，装订成册，并进行工料分析，汇总单位工程人工、材料和施工机具使用数量。

6.3.1　施工图预算概述

1. 编制依据和编制条件

1）编制依据

室内装饰工程施工图预算是确定本工程造价的依据，既可以作为建设单位招标的"标底"，也可以作为施工单位投标报价参考；既是实行装饰工程预算包干的依据，也是施工单位进行施工准备、编制施工进度计划、计算室内装饰工程人工和材料消耗量的依据。因此，编制室内装饰工程施工图预算时要认真负责、要有充分的编制依据。一般地，室内装饰工程施工图预算的编制依据以下列文件和资料为依据。

（1）经过审定的设计图样和说明书。经过建设单位、设计单位、施工单位联合会审并经主管部门批准后的施工图和说明，是计算装饰工程量的主要依据之一。设计图样和说明书内容主要包括施工图及其文字说明、室内平面图、剖面图、立面图和各部位或构/配件的大样图，如墙柱面、门窗、楼地面、天棚、门窗套、装饰线条、装饰造型等的大样图。

（2）通用标准图集。计算室内装饰工程量时需要全套施工图，还必须有施工图所引用的一切通用标准图集（这些通用标准图集一般不详细绘到施工图上，而是把它所引用的图集名称及索引号标出），通用标准图集是计算工程量的重要依据之一。

（3）经批准的工程设计总概算文件。主管部门在批准拟装饰项目的总投资概算后，将在拟装饰项目投资最高限额的基础上，对各个单位工程也限定相应的投资额。因此，在编制装饰工程施工图预算时，必须以此为依据，使其预算造价不能突破单项工程概算中规定的限额。

（4）经审定的施工组织设计文件。施工组织设计文件规定了室内装饰工程中各个分部分项工程的施工方法、施工机具、材料及构/配件的加工方式、技术组织措施和现场平面布置等内容。它直接影响整个装饰工程的预算造价，是计算工程量、套用定额（换算调整的依据）和计算其他费用的重要依据。

（5）现行建筑装饰工程预算定额或地区单位估价表。现行建筑装饰工程预算定额或地区单位估价表是编制室内、外装饰工程预算的基础和依据，编制室内装饰工程施工图预算时，分部分项工程项目的划分、工程量的计算及预算价格的确定都必须以上述预算定额作为标准。

（6）人工、材料和施工机具使用费的调整价差。由于时间的变化和室内装饰工程所在地区定额的不同，必然要对人工、材料和施工机具使用费的定额取定价进行调整，以符合实际情况，因此，必须以一定时间内该地区的人工、材料和施工机具使用的市场价进行定额调整或换算，把调整价差作为编制装饰工程造价的依据。

（7）取费标准。编制室内装饰工程造价时还必须参考工程所在地区的其他直接费、间接费、利润及税金等费率标准，从而计算定额基价以外的其他费用。这些取费标准成为确定室内装饰工程造价的依据。

（8）室内装饰工程施工合同。室内装饰工程施工合同是甲乙双方在施工阶段履行各自承担的责任和分工的经济契约，也是当事人按有关法令、条例签订的关于权利和义务的协议。它明确了甲乙双方的责任及分工协作、互相促进、互相制约的经济关系。经甲乙双方签订的施工合同包括双方同意的有关修改承包合同的设计和变更文件、承包范围、结算方式、包干系数、工期、质量、奖惩措施及其他资料和图表等，这些都是编制室内装饰工程施工图预算的主要依据。

（9）其他资料，如预算定额或预算员手册等。预算定额或预算员手册等资料是快速、准确地计算工程量、进行工料分析、编制室内装饰工程预算的主要基础资料。

2）编制条件

（1）施工图经过审批、交底和联合会审，必须由建设单位、施工单位、设计单位等共同认可。

（2）施工单位编制的施工组织设计文件或施工方案必须经其主管部门批准。

（3）建设单位和施工单位对材料、构件和半成品等的加工、订货及采购，都必须有明确分工或按合同执行。

（4）参加编制预算的人员必须持有相应专业的编审资格证书。

2. 室内装饰工程施工图预算编制的步骤

在满足编制条件的前提下，室内装饰工程施工图预算的编制过程一般分为施工图预算准备阶段、工程量计算阶段、费用计算阶段和整理审核阶段，具体步骤如下。

（1）收集有关预算的基础资料。基础资料主要包括经过交底和联合会审的施工图，经批准的设计总概算，施工组织设计文件或施工方案，现行的室内装饰工程预算定额或单位估价表，现行室内装饰工程取费标准，室内装饰工程造价信息，有关的预算手册、标准图集，现场勘探资料，室内装饰工程施工合同等。

（2）熟悉并审核施工图。施工图是计算室内装饰工程量的重要依据。预算人员在编制预算之前，必须认真、全面地审核图，了解设计意图，掌握工程全貌。只有这样，才能正确地划分出定额子目，正确地计算出每个子目的工程量并正确地套用和调整定额。

（3）熟悉施工组织设计文件或施工方案。施工组织设计文件或施工方案具体规定了组织拟建装饰工程的施工方法、施工进度、技术组织措施和施工现场布置等内容。因此，编制室内装饰工程施工图预算时，必须熟悉和注意施工组织设计文件或施工方案中可能影响造价的内容，严格按施工组织设计文件或施工方案所确定的施工方法和技术组织措施的要求，准确计算工程量，套用和调整定额子目，使施工图预算真正反映客观实际情况。

（4）熟悉预算定额或单位估价表。确定室内装饰工程定额基价的主要依据是预算定额或单位估价表。因此，在编制预算时，必须非常熟悉室内装饰预算定额或单位估价表的内容、组成、工程量计算规则及相关说明。只有这样，才能准确、迅速地确定定额子目，以便计算工程量和套用定额。

（5）确定工程量计算项目。在熟悉施工图的基础上，结合预算定额或单位估价表，列出全部需要编制预算的定额子目。对预算定额或单位估价表中没有但施工图上有的工程项目名称，也应单独列出，以便编制补充性定额或采用实物造价法进行计算。

（6）计算工程量。按室内装饰工程预算定额或单位估价表的计算规则，计算所列定额子目的工程量，这是正确确定预算造价的关键。

（7）工程量汇总。在工程量计算复核无误后，根据定额的内容和计量单位的要求，按分部分项工程的顺序逐项汇总工程量，为套用定额提供方便。

（8）套用室内装饰预算定额或单位估价表。根据所列计算项目和汇总后的工程量，套用装饰市场价（预算定额）或单位估价表，从而确定定额基价。在套用定额时应注意实际工程内容与定额工程内容的一致性，若不一致，则进行换算。定额的套用多采用预算表进行，即把汇总后的工程量、通过查定额所得的数据、定额计量单位及计算出的数据等填入室内装饰工程预算表（见表6-4）中。

表 6-4　室内装饰工程预算表

序号	项目编码	分部分项工程名称	定额号	单位	工程量	单价	其　中			总价
							材料费	人工费	施工机具使用费	
(1)	(2)	(3)	(4)	(5)	(6)	(7)	(8)	(9)		(10)

（9）进行工料分析。根据分部分项工程的工程量，套用装饰工程的消耗量定额，计算单位工程的人工消耗量和各种材料消耗量。

（10）计算各项费用。在总的定额基价求出后，按有关费用标准，即可计算出其他直接费、间接费、材料差价、利润、税金及其他费用。

（11）主管部门审核。整理好各种文件资料，一并交给主管部门审核，主管部门若对比没有疑义或提出修改意见，则可把这些文件资料送去装订部门进行装订。

（12）编制室内装饰工程预算书并装订成册。室内装饰工程预算书的内容和装订顺序一般为封面、编制说明、各个工程造价计算表及汇总表、材料差价计算表、工程预算表、工程量计算书、主要材料及施工机具用量表。

（13）送交有关部门审批。

上述步骤的示意图如图 6-1 所示。

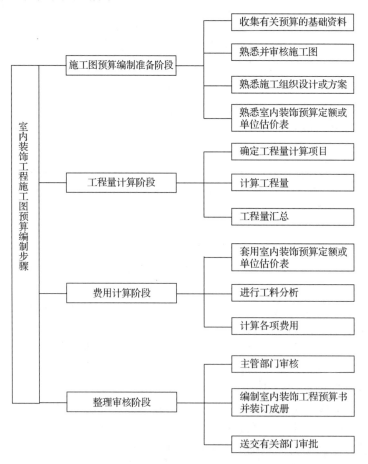

图 6-1　室内装饰工程施工图预算编制步骤示意图

6.3.2　工料机的分析

1.　工料机分析的作用

工料机分析是指确定完成拟建室内装饰工程项目所需消耗的各种劳动力、各种规格型号的材料及主要施工机械的台班数量。

人工、材料、机械台班消耗量的分析是室内装饰工程预算的重要组成部分，其作用主要表现在以下 5 个方面。

（1）工料机分析是装饰工程施工单位编制施工进度计划、材料供应，以及劳动物资部门编制装饰材料供应和劳动力调配计划的依据。

（2）工料机分析是签发装饰工程施工任务单、考核工料机消耗和各项经济活动分析的依据。

（3）工料机分析是进行"两算"对比的依据。

（4）工料机分析是甲乙双方进行"甲供材料"结算的依据。

（5）工料机分析是装饰工程施工单位进行成本分析、制定降低成本措施的依据。

2.　工料机分析的步骤

工料机分析一般按一定的表格进行，其步骤如下。

（1）以填好的预算表为依据，把分部分项工程名称、定额编码、工程量、定额计量单位，以及定额所含的人工、材料、施工机具的消耗量，分别填入表 6-5 中。

表 6-5　工料机分析表

序号	定额编码	分部分项工程名称	计量单位	工程量	人工工日数		主要施工机械		主要材料名称		…
					工　日		台　班		…（单位）		…
					定额消耗量	合计	定额消耗量	合计	定额消耗量	合计	…
（1）	（2）	（3）	（4）	（5）	（6）	（7）	（8）	（9）			…
											…

（2）根据定额计算出各个分项工程的人工、各种规格型号的材料、主要施工机械台班消耗量，并分别汇总得出各个分部工程所需人工、材料、施工机械台班的消耗量。

（3）把各个分部工程相应的人工、材料、施工机械台班进行同类项合并，即可计算出本室内装饰工程所需人工、不同规格型号的材料和主要机械台班的消耗量，并分别列于表 6-6、表 6-7 及表 6-8 中。

表 6-6　人工分析情况汇总表

序号	工种名称	工日数	备注
1	木工		
2	油漆工		
3	泥水工		

表 6-7　材料分析情况汇总表

序号	材料名称	规格	单位	数量	备注
1	龙牌纸面石膏板	1200mm×3000mm×12mm	m²		
2	镜面抛光地面砖	500mm×500mm	块		

表 6-8　主要施工机械台班分析情况汇总表

序号	机械名称	型号	单位	数量	备注
1	灰浆拌和机	200 L	台班		
2	木工平抛机	450 mm	台班		

3. 进行工料机分析时的注意事项

1）按配合比组成的混合性材料消耗量分析

室内装饰工程的工料机分析还涉及按配合比组成的混合性材料的消耗量分析，如混凝土、砌筑砂浆和抹灰砂浆等的消耗量分析。这些混合性材料一般均在施工现场制作，在进行工料机分析时，应对其中的原材料消耗量进行分析。目前，在室内装饰工程预算定额材料一览表中，有些地区已把按配合比组成的原材料逐一列出，但有些地区在该材料一览表中给出的仍然是混合性材料半成品的用量，必须根据定额附录中的配合比表，计算出混合性材料中的原材料消耗量。

2）购入构件成品安装分项工程的工料机分析

室内装饰工程预算定额子目中已包括购入构件成品项目的制作和安装，在进行工料机分析时，应把定额中成品制作的部分扣除。

3）其他说明

室内装饰工程最显著的特点是各个分部工程在材料的量和质上的差别很大。因此，在进行工料机分析时，应对各个分部工程所需材料、配件、成品及半成品，按不同的品种、规格分别进行分析及汇总，以便材料采购部门能按施工进度计划和材料需要量提前采购，为室内装饰工程保质、保量、按期或提前完工创造有利条件。

【例 6-4】　某室内装饰工程包含 180m² 玻化砖楼面，其主要施工内容如下：在基层现浇板上刷素水泥砂浆一道，配合比为 1∶3 的水泥砂浆找平层厚度为 20mm，刷 3mm 厚的素水泥砂浆，以粘贴 500mm×500mm 规格的玻化砖，试确定综合单价并进行工料机分析（只分析主要材料）。

【解】　该工程所在地区的 500mm×500mm 规格的玻化砖预算单价为 33.48 元/块，泥水工单价为 250 元/工日，配合比为 1∶3 的水泥砂浆单价为 287.53 元/m³。该地区 500mm×500mm 规格的玻化砖地面政府指导价为 105.73 元/m²，玻化砖的价格为 68.00 元/m²，玻化砖定额消耗量为 1.025m²/m²；1∶2 水泥砂浆单价为 347.60 元/m³，其定额消耗量为 0.0202m³/m²；素水泥浆价格为 706.69 元/m³，素水泥浆定额消耗量为 0.002m³/m²；人工工资为 100 元/工日，工日消耗量为 0.269 工日/m²；施工机具使用费单价为 0.33 元/m²，灰浆搅拌机消耗量为 0.0035 台班/m²，石料切割机消耗量为 0.0151 台班/m²；白水泥消耗量为 0.1g/m²。

该玻化砖地面的每平方米综合计价：

105.73+1×1.025/（0.5×0.5）×33.48-68+ 0.269×（250-100）+0.0202×（287.53-347.60）+（0.003/0.002×0.002）×706.69-0.002×706.69=214.84（元）

（1）综合价格=214.84×180=38 672.04（元）。

（2）人工消耗量分析。

综合人工日数=0.269×180=48.42（工日）

石料切割机消耗量=0.0151×180=2.72（台班）

灰浆拌和机消耗量=0.0035×180=0.63（台班）

（3）材料消耗量分析。

500mm×500mm 规格的玻化砖消耗量：1.025/（0.5×0.5）×180=738（块）

配合比为 1∶3 的水泥砂浆消耗量：0.0202×180=3.636（m³）

素水泥浆消耗量：0.0020×180=0.36（m³）

白水泥消耗量：0.1×180=18（kg）

【例 6-5】　在某室内装饰工程中，地面用配合比为 1∶3 的水泥砂浆找平；对水泥砂浆贴供货商供应的 600mm×600mm 规格的花岗岩板材，要求对格对缝，由施工单位在现场切割，切割后剩余的花岗岩板材应充分使用；墙边用黑色板镶边线，边线宽度为 180mm，门档处不贴花岗岩。地面花岗岩拼花大样图如图 6-2 所示。

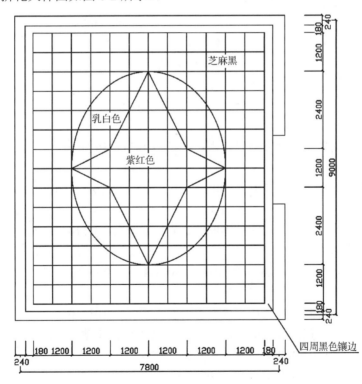

图 6-2　地面花岗岩拼花大样图

施工单位采购的各种颜色花岗岩的市场价如下。芝麻黑花岗岩：280 元/m²，紫红色花岗岩：600 元/m²，黑色花岗岩：300 元/m²，乳白色花岗岩：350 元/m²，贴好的花岗岩楼地面应酸洗打蜡，进行成品保护，不考虑其他材料的调差。签订承包合同时已明确以下事项：人工工资单价为 250 元/工日，企业管理费的费率为 11%，税率为 3.445%，利润按 3% 计算。请按题意和施工图要求，对该工程进行工料机分析。

【知识链接】

（1）芝麻黑花岗岩那部分工程量套用花岗岩镶贴地面定额、四周黑色镶边那部分工程量套用花岗岩圈边地面定额，中间的圆形图案按方形面积扣除。

（2）中间的圆形图案按方形面积套用多色复杂图案镶贴地面定额，弧形部分的花岗岩损耗率按实计算。

（3）花岗岩楼地面酸洗打蜡项目未包含在定额内，应另列项目执行，花岗岩楼地面成品保护工程量套用相应定额子目。

（4）取费计算材料价差时，施工单位是按原价采购材料，计算材料价差时，也要按定额原价计算，注意限价材料价差。

【解】 该分部工程套用项目名称：石材楼地面，项目编码：011102001。

1）计算工程量

（1）计算四周黑色镶边的工程量。

$$0.18×（7.56+8.76-0.18×2）×2=5.75（m^2）$$

（2）计算大面积芝麻黑花岗岩镶贴地面的工程量。

$$7.56×8.76-4.80×6.00-5.75=31.68（m^2）$$

（3）计算中间多色复杂图案的花岗岩镶贴地面的工程量。

$$4.80×6.00=28.80（m^2）$$

（4）计算花岗岩楼地面酸洗打蜡和成品保护的工程量。

$$7.56×8.76=66.23（m^2）$$

2）套用室内装饰工程预算定额

（1）水泥砂浆花岗岩镶贴地面项目套用定额子目 10111036。

芝麻黑花岗岩镶贴地面单价：

$$20101062_{换}=162.77+0.26740×（250-100）+1.020×（280-123.42）$$
$$=362.59（元/m^2）$$

（2）水泥砂浆花岗岩四周镶边镶贴地面项目套定额子目 10111043。

四周黑色花岗岩镶边单价：

$$10111043_{换}=166.70+0.25870×（250-100）+1.06×（300-123.42）$$
$$=392.68（元/m^2）$$

（3）水泥砂浆花岗岩多色复杂镶贴地面项目套定额子目 10111038。

按实计算弧形部分的花岗岩板材的面积（其中 2% 为施工切割损耗）。

乳白色花岗岩面积：$0.60×0.60×9×4×1.02=13.22（m^2）$

芝麻黑花岗岩面积：$0.60×0.60×6×4×1.02=8.81（m^2）$

紫红色花岗岩面积：$0.60×0.60×30×1.02=11.02（m^2）$

计算弧形部分花岗岩板材的实际损耗量：$13.22+8.81+11.02=33.05（m^2）$

弧形部分花岗岩板材的实际损耗率：$33.05÷28.8×100\%=115\%$

定额子目 10111038 中的换算单价：

$$10111038_{换}=163.92+0.27890\times(250-100)-1.02\times123.42+115\%\times$$
$$(13.22\div33.05\times350+8.81\div33.05\times280+11.02\div33.05\times600)$$
$$=550.78（元/m^2）$$

（4）花岗岩楼地面成品保护项目套定额子目 10111135。

单价：7.04 元/m²

（5）楼地面块料面层的酸洗打蜡项目套定额子目 10111137。

单价：5.86 元/m²

3）制作花岗岩楼地面工程清单与计价表（见表 6-9）

表 6-9　花岗岩楼地面工程清单与计价表

序号	项目编码	项目名称	项目特征描述	计量单位	工程数量	金额/元		
						综合单价	合价	其中（暂估价）
1	011102001	石材楼地面						
		石板材楼地面，水泥砂浆结合层，圈边		m²	5.75	381.09	2191.27	
		石板材楼地面，水泥砂浆结合层，单色，周长在 3200mm 以内		m²	31.68	411.83	13046.77	
		石板材楼地面，水泥砂浆结合层，多色，周长在 3200mm 以内		m²	28.80	575.25	16567.20	
		石材养护（石材表面刷保护液，光面）		m²	66.23	7.33	485.47	
		楼地面块料面层（酸洗打蜡）		m²	66.23	5.05	334.46	
总　计								

表 6-10 为花岗岩楼地面工程清单综合单价分析表。

表 6-10　花岗岩楼地面工程清单综合单价分析表

工程名称：　　　　　　　　　　标段：　　　　　　　　　　　　　　　　　第　页 共　页

项目编码		011102001	项目名称		石材楼地面		计量单位		m²

清单组成单价明细

定额编码	定额名称	计量单位	数量	单价/元				合价/元			
				人工费	材料费	施工机具使用费	企业管理费和利润	人工费	材料费	施工机具使用费	企业管理费和利润
10111036换	石板材楼地面，水泥砂浆结合层，圈边	m²	1					66.85	295.35	0.39	18.50
10111043换	石板材楼地面，水泥砂浆结合层，单色，周长在 3200mm 以内	m²	1					64.68	327.74	0.27	19.14
10111038换	石板材楼地面，水泥砂浆结合层，多色周长在 3200mm 以内	m²	1					69.73	480.67	0.39	24.47

续表

项目编码		011102001	项目名称	石材楼地面		计量单位		m²

清单组成单价明细

定额编码	定额名称	计量单位	数量	单价/元				合价/元			
				人工费	材料费	施工机具使用费	企业管理费和利润	人工费	材料费	施工机具使用费	企业管理费和利润
10111135	石材养护（石材表面刷保护液，光面）	m²	1					0.74	6.30	0	0.29
10111137	楼地面块料面层（酸洗打蜡）	m²	1					4.82	1.04	0	0.19
人工单价				小计							
元/工日				未计价材料费							
清单综合单价											

材料费明细	主要材料的名称、规格和型号		单位	数量	单价/元	合价/元	暂估单价/元	暂估合价/元
	其他材料费							
	材料费小计							

4）材料分析（见表6-11）

表6-11 花岗岩楼地面工程材料分析

定额编码	项目名称	计量单位	数量	人工工日	机械台班	花岗岩/m²			
						黑色	芝麻黑	乳白色	紫红色
10111036换	石板材楼地面，水泥砂浆结合层，圈边	m²	5.75	1.54	0.13	5.87			
10111043换	石板材楼地面，水泥砂浆结合层，单色，周长在3200mm以内	m²	31.68	8.20	0.49		32.31		
10111038换	石板材楼地面，水泥砂浆结合层，多色，周长在3200mm以内	m²	28.80	8.03	0.63		8.81	13.22	11.02
10111135	石材养护（石材表面刷保护液，光面）	m²	66.23	0.60	0				
10111137	楼地面块料面层（酸洗打蜡）	m²	66.23	3.19	0				
总 计				21.56	0.95	5.87	41.12	13.22	11.02

【例6-6】 某办公室内墙面装饰设计图如图6-3所示，墙顶部用60mm规格的阴角线压顶，用200mm规格的枫木切片板贴面腰线，用子弹头线条收边。中间用枫木木夹板拼花，底部用枫木切片板作为踢脚线板高120mm，其上压15mm规格的阴角线。签订承包合同时已明确以下事项：人工工资单价为250元/工日，企业管理费的费率11%，综合税率为3.445%，利润率为3%。不计算油漆工程量，求该墙面装饰工程的价格并进行工料机分析。

【解】该工程包括墙面装饰板、木质踢脚线、木质装饰线等分部分项工程，对应的定额编码分别是011207001（墙面装饰板）、011105005（木质踢脚线）、011502002（木质装饰线）。

1）计算工程量

（1）计算木龙骨和9mm规格的木夹板基层的工程量。

$$4.80 \times 3.75 = 18.00 \ (\text{m}^2)$$

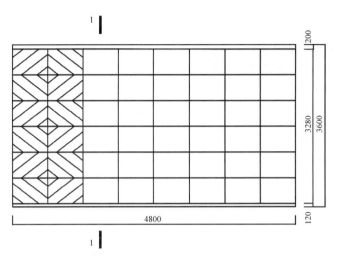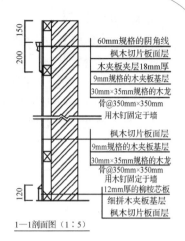

图 6-3　某办公室室内墙面装饰设计图和剖面图（单位：mm）

（2）计算枫木切片板拼花的工程量。

$$4.80×（3.60-0.20-0.12）=15.74（m^2）$$

（3）计算顶部腰线和踢脚线的工程量：4.80m。

（4）计算顶部阴角线的工程量：4.80m。

2）套用室内装饰工程预算定额

（1）断面面积为 30mm×35mm 木龙骨墙面基层项目套定额子目 10112219。

350mm×350mm 间距换间距 300mm×300mm 材料用量：

$$（300÷350）×0.0107=0.0092（m^3/m^2）$$

定额子目 10112219 换单价：

$$10112219_换=34.47+0.12600×（250-100）+0.009\,2×1890-0.0107×1890$$
$$=56.21（元/m^2）$$

（2）9mm 规格的木夹板用木钉固定在木龙骨上的项目套用定额子目 20102264，已知 9mm 规格的木夹板的市场价格为 21.00 元/m²，换算后的 20102264 换单价。

$$20102264_换=42.00+0.11760×（250-100）+1.05×（21.00-28.20）$$
$$=52.08（元/m^2）$$

（3）枫木切片板粘贴在基层上的项目套用定额子目 20102325，已知枫木胶合板的市场价格为 25.34 元/m²，计算换算后的 20102325 换单价。

$$20102325_换=50.49+0.30030×（250-100）+1.1×（25.34-17.47）$$
$$=104.20（元/m^2）$$

（4）枫木饰面踢脚线制作安装项目套用定额子目 20101272，计算换算后的 20101272 换1 单价。

$$20101272_{换1}=18.86+0.07640×（250-100）+0.17000×（25.34-17.47）$$
$$=31.66（元/m）$$

（5）200mm 规格的枫木顶部腰线制作安装项目套用定额子目 20101272 换2，已知枫木胶合板的市场价格为 25.34 元/m²，12mm 规格的枫木胶合板的市场价为 28.20 元/m²，计算换算后的 20101272 换2 单价。

定额单价：

$$20101272_{换2}=18.86+0.07640×（250-100）+（200÷150）×0.17×25.34-$$
$$0.17×17.47+（200÷150）×0.17×28.20-0.17×21.00$$
$$=35.91（元/m）$$

（6）60mm 规格的阴角线安装套定额子目 20106096，定额单价：7.67 元/m。

3）制作墙面装饰工程清单与计价表（见表 6-12）

表 6-12　某办公室墙面装饰工程清单与计价表

序号	项目编码	项目名称	项目特征描述	计量单位	工程数量	金额/元		
						综合单价	合价	其中（暂估价）
1	011207001	墙面装饰板						
		30mm×35mm 规格的木龙骨墙面基层		m²	18.00	61.49	1106.82	
		9mm 规格的木夹板基层		m²	18.00	57.00	1026.00	
		枫木切片板面层		m²	15.74	115.92	1824.58	
2	011502002	木质装饰线						
		60mm 规格的阴角线的安装		m	4.8	8.20	39.36	
3	011105005	木质踢脚线						
		120mm 规格的枫木饰面板踢脚线的制作和安装		m	4.8	34.78	166.94	
		200mm 规格的枫木饰面板顶部腰线的制作和安装		m	4.8	39.15	187.92	
总计								

表 6-13 为某办公室墙面装饰工程清单综合单价分析表。

表 6-13　某办公室某墙面装饰工程清单综合单价分析表

工程名称：　　　　　　　　　　　标段：　　　　　　　　　　　　第 1 页 共 3 页

项目编码		011207001		项目名称		墙面装饰板		计量单位		m²

清单组成单价明细										
定额编码	定额名称	计量单位	数量	单价/元				合价/元		
				人工费	材料费	施工机具使用费	企业管理费和利润	人工费	材料费	施工机具使用费	企业管理费和利润
20102238换	30mm×35mm规格的木龙骨墙面基层	m²	1					31.50	24.48	0.23	5.28
20102264换	9mm 规格的木夹板基层	m²	1					29.40	22.45	0.23	4.92
20102325换	枫木切片板面层	m²	1					75.08	28.37	0.75	11.72
人工单价			小计								
元/工日			未计价材料费								
清单综合单价											

材料费明细	主要材料的名称、规格和型号		单位	数量	单价/元	合价/元	暂估单价/元	暂估合价/元
	其他材料费							
	材料费小计							

工程名称：　　　　　　　　　　　　标段：　　　　　　　　　　　　第 2 页 共 3 页

| 项目编码 | 011105005 | 项目名称 | 木质踢脚线 | 计量单位 | m |

清单组成单价明细

定额编码	定额名称	计量单位	数量	单价/元				合价/元			
				人工费	材料费	施工机具使用费	企业管理费和利润	人工费	材料费	施工机具使用费	企业管理费和利润
20101272 换1	枫木饰面踢脚线	m	1					19.10	12.53	0.03	3.12
20101272 换2	200mm 规格的枫木顶部腰线	m	1					19.10	16.78	0.03	3.24
人工单价				小计							
元/工日				未计价材料费							
清单综合单价											

材料费明细	主要材料的名称、规格和型号			计量单位	数量	单价/元	合价/元	暂估单价/元	暂估合价/元
	其他材料费								
	材料费小计								

工程名称：　　　　　　　　　　　　标段：　　　　　　　　　　　　第 3 页 共 3 页

| 项目编码 | 011502002 | 项目名称 | 木质装饰线 | 计量单位 | m |

清单组成单价明细

定额编码	定额名称	计量单位	数量	单价/元				合价/元			
				人工费	材料费	施工机具使用费	企业管理费和利润	人工费	材料费	施工机具使用费	企业管理费和利润
20106096	60mm 规格的阴角线的安装	m	1					2.52	5.06	0.09	0.53
人工单价				小计							
元/工日				未计价材料费							
清单综合单价											

材料费明细	主要材料的名称、规格和型号			计量单位	数量	单价/元	合价/元	暂估单价/元	暂估合价/元
	其他材料费								
	材料费小计								

4）材料分析（见表6-14）

表6-14 某办公室墙面装饰工程材料分析表

定额编码	项目名称	单位	数量	人工工日	机械台班	30mm×35mm木龙骨/m³	木夹板/m²			
							9mm规格的木夹板	12mm规格的木夹板	18mm规格的木夹板	枫木板
20102238 换	30mm×35mm规格的木龙骨墙面基层	m²	18	2.27	0.48元	0.129				
20102264 换	9mm规格的木夹板钉在木龙骨基层上	m²	18	2.11	4.14元		19.80			
20102325 换	枫木拼贴在9mm规格的木夹板上	m²	15.74	4.73	11.83元					18.89
20101272 换1	枫木饰面踢脚线的制作和安装	m	4.8	0.37	0.14元			0.63		0.69
20101272 换2	200mm规格的枫木顶部腰线的制作和安装	m	4.8	0.37	0.14元				1.06	1.15
20106096	60mm规格的阴角线的安装	m	4.8	0.12	0.45元					
总　计				9.97		0.129	19.80	0.63	1.06	20.73

【例 6-7】 某室内装饰工程包含不锈钢镜面板方柱包圆柱饰面。混凝土方柱断面尺寸为400mm×400mm，包成圆柱后，半径为400mm，柱高为6 000mm。其大样图如图6-4所示，竖向龙骨断面尺寸为60mm×80mm，圆弧形横向龙骨由18mm厚的细木工板（3层）加工而成；连接方柱的木筋断面尺寸为40mm×50mm@500，水平木支撑断面尺寸为40mm×50mm@500，用膨胀螺栓固定在混凝土方柱侧；采用五夹板圆柱面夹层，整平圆柱面后包定型的1.2mm厚的不锈钢镜面板（不锈钢镜面板加工成型后的市场价为30元/m²），在其上安装镀钛不锈钢装饰条。已知：不锈钢镜面板的市场价为160元/m²，镀钛不锈钢装饰条的市场价为15元/m，杉木成材的市场价为1890元/m³，18mm规格的细木工板的市场价为160元/张，5mm规格的木夹板的市场价为80元/张。杉木龙骨的损耗率为5%，圆弧形夹板龙骨的损耗率为10%，对辅材不做调整，综合管理费的费率为11%，工资单价为250元/工日，利润率为3%，综合税率为3.445%，计算该不锈钢镜面板方柱包圆柱饰面的造价并分析其工料机和造价构成。

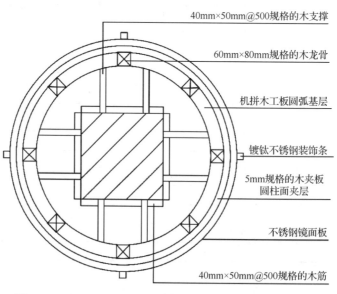

图6-4 不锈钢镜面板方柱包圆柱饰面大样图（单位：mm）

【知识链接】

（1）不锈钢镜面板方柱包圆柱饰面定额里有完整的项目信息，其中不锈钢镜面板成型费未包括在内，应按市场价另行计算并入取费基价。

（2）柱高超过 3.6m 时，要按外脚手架（011702002）的相关子目计算脚手架工程费。

【解】 该工程包括柱（梁）面装饰分部分项及外脚手架措施项目等，它们的项目编码分别是 011208001［柱（梁）面装饰］、011702002（外脚手架）。

1）计算工程量

（1）不锈钢镜面板方柱包圆柱饰面的工程量：

$$3.14×2×0.4×6=15.07（m^2）$$

（2）镀钛不锈钢装饰线条的安装工程量：

$$6.00×4=24.00（m）$$

（3）计算柱高超过 3.6m 时的脚手架工程量：

$$（3.14×2×0.40+3.60）×6.00=36.67（m^2）$$

2）套用装饰工程预算定额

（1）不锈钢镜面板方柱包圆柱饰面套用定额子目 20102308。

按设计图计算实需龙骨用量（因为所用的是木龙骨，所以无须使用刨光系数，仅按定额规定增加 5% 的损耗量）。

竖向龙骨用量：$0.06×0.08×6.00×8×（1+5\%）=0.242（m^3）$

圆弧形横向龙骨用量（木材损耗率为 10%）：

$$（6÷0.5+1）×3.14×（0.42-0.322）×3×（1+10\%）=7.76（m^2）$$

包柱时每平方米所需的 18mm 规格的木夹板用量：

$$7.76÷15.07=0.51（m^2/m^2）$$

横向水平木筋：

$$0.04×0.05×0.40×（6÷0.5+1）×4×（1+5\%）=0.04368（m^3）$$

横向水平木支撑：

$$0.04×0.05×0.20×（6÷0.5+1）×8×（1+5\%）=0.04368（m^3）$$

包柱时每平方米所需的杉木方用量：

$$（0.242+0.04368×2）÷15.07=0.02186（m^3/m^2）$$

定额子目 20102308 的换算单价：

$$20102308_{换}=414.38+\underbrace{［（250-100）×1.19210+30］}_{人工费增加和不锈钢镜面板成型费增加}+\underbrace{［1.11×（160-125）］}_{不锈钢镜面板材料费增加}+$$

$$\underbrace{［0.02186×1\,890-0.01500×1\,890-0.00010×1550］}_{木龙骨材料费增加}+$$

$$\underbrace{［0.51×160÷（1.22×2.44）-0.15×28.20］}_{用18mm规格的木夹板换12mm规格的木夹板时，木夹板材料费增加}+$$

$$\underbrace{1.11×［80÷（1.22×2.44）-13.6］}_{用5mm规格的木夹板换3mm规格的木夹板时，木夹板的材料费增加}$$

$$=712.77（元/m^2）$$

（2）镀钛不锈钢装饰条安装满足金属装饰线安装分部分项工程（项目编码：011502001），可套用定额子目 20106067。

用镀钛不锈钢装饰条换不锈钢镜面板时的定额单价：

$20106067_{换}=26.97+（250-100）×0.12470+1.03×（15-12.51）=48.24（元/m）$

（3）当抹灰脚手架高 3.6m 以上时，套用定额子目 20107003。

定额单价：4.6 元/m²

3）不锈钢镜面板方柱包圆柱饰面项目的分部分项工程清单与计价表和措施项目清单与计价表（见表 6-15 和表 6-16）

表 6-15　不锈钢镜面板方柱包圆柱饰面项目的分部分项工程清单与计价表

序号	项目编码	项目名称	项目特征描述	计量单位	工程数量	金额/元		
						综合单价	合价	其中（暂估价）
1	011208001	柱（梁）面装饰						
		不锈钢镜面板方柱包圆柱饰面		m²	15.07	771.34	11624.05	
2	011502001	金属装饰线						
		镀钛不锈钢装饰条的安装		m	24	53.28	1278.72	
总　计								

表 6-16　外脚手架措施项目清单与计价表

工程名称：　　　　　　　　　　　　　　标段：　　　　　　　　　　　　　　第　页共　页

序号	项目编码	项目名称	项目特征描述	计量单位	工程量	金额/元	
						综合单价	合价
1	011702002	外脚手架		m²	36.67	4.6	168.68
合　计							

表 6-17 为不锈钢镜面板方柱包圆柱饰面项目的分部分项工程清单综合单价分析表。

表 6-17　不锈钢镜面板方柱包圆柱饰面项目的分部分项工程清单综合单价分析表

工程名称：　　　　　　　　　　　　　　标段：　　　　　　　　　　　　第 1 页共 3 页

项目编码		011208001		项目名称	柱（梁）面装饰	计量单位		m²
清单组成单价明细								
定额编码	定额名称	计量单位	数量	单价/元				合价/元			
				人工费	材料费	施工机具使用费	企业管理费和利润	人工费	材料费	施工机具使用费	企业管理费和利润
20102308换	不锈钢镜面板方柱包圆柱饰面	m²	1					328.03	384.59	0.16	58.57
人工单价				小计							
元/工日				未计价材料费							
清单综合单价											

续表

材料费明细	主要材料的名称、规格和型号		单位	计量数量	单价/元	合价/元	暂估单价/元	暂估合价/元
	其他材料费							
	材料费小计							

工程名称：　　　　　　　　　　标段：　　　　　　　　　　第 2 页 共 3 页

项目编码	011502001	项目名称	金属装饰线	计量单位	m

清单组成单价明细

定额编码	定额名称	计量单位	数量	单价/元				合价/元			
				人工费	材料费	施工机具使用费	企业管理费和利润	人工费	材料费	施工机具使用费	企业管理费和利润
20106067 换	镀钛不锈钢装饰条的安装	m						31.18	16.52	0.54	5.04
人工单价			小计								
元/工日			未计价材料费								

清单综合单价

材料费明细	主要材料的名称、规格和型号		计量单位	数量	单价/元	合价/元	暂估单价/元	暂估合价/元
	其他材料费							
	材料费小计							

4）工料分析（见表 6-18）

表 6-18　不锈钢镜面板方柱包圆柱饰面工料分析

定额编码	项目名称	单位	计量数量	工日/个	杉木方/m³	18mm规格的细木工板/m²	5mm规格的木夹板/m²	不锈钢镜面板/m²	镀钛不锈钢装饰条/m
20102308 换	不锈钢镜面板方柱包圆柱饰面	m²	15.07	17.96	0.33	7.69	16.73	16.73	
20106067 换	镀钛不锈钢装饰条的安装	m	24	2.99					24.72
20107003	抹灰脚手架高度在 3.6m 以上	m²	36.67	1.38					
总　计				22.33	0.33	7.69	16.73	16.73	24.72

5）造价分析（见表6-19）

表6-19　不锈钢镜面板方柱包圆柱饰面造价分析

序号	费用名称	计算式	合价/元
1	人工费	20.95×250	5237.50
	人工费调增	20.95×（250.00-100.00）	3142.50
2	机械台班费	0.16×15.07+0.54×24	15.37
3	材料费	384.59×15.07+16.52×24	6156.25
4	企业管理费	［(1)＋(2)］×11%	577.82
5	利润	［(1)＋(2)＋(3)＋(4)］×3%	359.61
一	分部分项工程费	(1)＋(2)＋(3)＋(4)＋(5)	12311.18
二	措施项目费	36.67×4.6	168.68
三	其他项目费		0
四	规费	(1)×38.7%	2026.91
五	税费	（一+二+三+四）×3.445%	499.76
	工程造价	一+二+三+四+五	15006.53

【例6-8】　某幼儿园练琴房的吊顶天棚设计图如图6-5所示，采用木龙骨和5mm规格的木夹板面层，对木龙骨刷防火漆2遍，对5mm规格的木夹板面层刷清漆封底，满刮腻子2遍，刷水泥漆2遍。已知：木龙骨吊在混凝土楼板下，建筑层高为3.30m，普通木龙骨断面尺寸为50mm×40mm；木吊筋断面尺寸为50mm×40mm，吊顶天棚与墙面用50mm规格的成品木阴角线收边并刷聚氨酯漆2遍。求此吊顶天棚的综合单价并分析其工料机和造价构成（材料价格与人工费均以定额为准，不做调整，其他费率也和定额相同）。

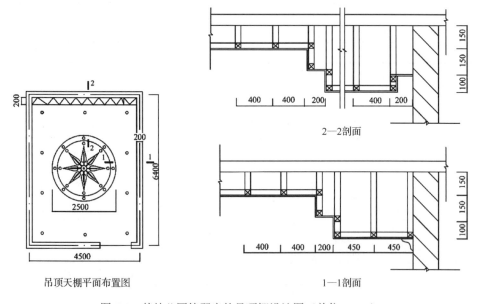

图6-5　某幼儿园练琴房的吊顶棚设计图（单位：mm）

【解】　该工程的分部分项工程包含吊顶天棚（011302001）、木窗帘盒（010810002）、木质装饰线（011502002）、单独木线条油漆（011403005）、胶合板油漆（011403002）。

1）计算工程量

（1）普通木龙骨的工程量（墙厚 0.20mm，木窗帘盒宽 0.20mm）为

$$(4.50-0.20)×(6.40-0.20)-2.50×2.50=20.41（m^2）$$

（2）圆弧形天棚木龙骨的工程量为

$$2.50×2.50=6.25（m^2）$$

（3）普通天棚 5mm 规格的木夹板面层的工程量为

$$20.41+0.1×4.3=20.84（m^2）$$

（4）圆弧形天棚 5mm 规格的木夹板面层的工程量为

$$2.50×2.50+2×3.14×1.05×0.15+2×3.14×1.25×0.10=8.02（m^2）$$

（5）50mm 规格的成品木阴角线的工程量为

$$(4.50-0.20)×2+（6.40-0.20-0.20)×2=20.60（m）$$

（6）木龙骨刷防火漆 2 遍的工程量分 2 个步骤计算。

① 木龙骨的净消耗量为

$[(4.5-0.20)÷0.4+1]×(6.4-0.20)-（2.5÷0.4+1)×2.5+$

$[(6.40-0.20)÷0.45+1]×(4.50-0.20)-（2.5÷0.45+1)×2.5+$

$[(4.5-0.20)÷0.4+1]×[(6.40-0.20)÷0.45+1]×(0.15+0.15+0.1)-$

$(2.5÷0.45+1)×(2.5÷0.4+1)×(0.15+0.15+0.1)+$

$(2.1÷0.4+1)×2.1×2+（2.5×4+2.1×4)+$

$(2.1÷0.4+1)×(2.1÷0.4+1)×0.15+[(2.1÷0.4+1)×4-4]×0.15$

$=209.75（m）$

② 木龙骨刷防火漆 2 遍的工程量为

$$209.75×（1+5\%)=220.24（m）。$$

（7）天棚面层刷清漆封底，满刮腻子 2 遍和刷水泥漆 2 遍的工程量为

$$20.84+8.02=28.86（m^2）$$

（8）50mm 规格的成品木阴角线刷清漆的工程量为 20.60m。

（9）石膏板面开筒灯孔的工程量为 26 个。

（10）细木工板窗帘盒的工程量为 4.5-0.2=4.3（m）。

2）套用室内装饰工程预算定额

（1）木龙骨吊在混凝土楼板下项目工程量套用定额子目 20103029。

木龙骨的实际消耗量（木材损耗率为 5%）为

$\{[(4.5-0.20)÷0.4+1]_{进位取整}×(6.4-0.20)+[(6.40-0.20)÷0.45+1]_{进位取整}×$

$(4.50-0.20)-（2.5÷0.4+1)_{进位取整}×2.5-（2.5÷0.45+1)_{进位取整}×2.5\}×$

$(0.04×0.05)×（1+5\%)$

$=0.21294（m^3）$

木吊筋的实际消耗量（木材损耗率为 5%）为

$\{[(4.5-0.20)÷0.4+1]_{进位取整}×[(6.40-0.20)÷0.45+1]_{进位取整}-（2.5÷0.45+1)_{进位取整}×$

$(2.5÷0.4+1)_{进位取整}\}×(0.15+0.15+0.1)×0.04×0.05×（1+5\%)$

$=0.10416（m^3）$

每平方米所消耗的木材量为（0.21294+0.10416）÷19.55=0.01622（m³）

套用定额子目20103029后的换算定额单价为

$$20103029_{换1}=52.23+0.11830×（220-100）+（0.01622-0.01760）×1\,890$$
$$=63.82（元/m^2）$$

（2）圆弧形天棚木龙骨套用定额子目20103029。

按设计图调整木龙骨用量，套用定额子目20103029计算木龙骨用量。其中，半径为2.1m的小圆跌级处的木龙骨用量为

$$（2.1÷0.4+1）×2.1×2×0.04×0.05×（1+5\%）=0.052\,9（m^3）$$

小圆跌级处仅需增加2.5m和2.1m的木龙骨各4根，木龙骨用量为

$$（2.5×4+2.1×4）×0.04×0.05×（1+5\%）=0.038\,6（m^3）$$

木吊筋用量为

$$\{（2.1÷0.4+1）×（2.1÷0.4+1）×0.15+[（2.1÷0.4+1）×4-4]×0.15\}×（0.04×0.05）×（1+5\%）$$
$$=0.017\,6（m^3）$$

因此，每平方米圆弧形天棚木龙骨的用量为

$$（0.0529+0.0386+0.0176）÷6.25=0.0175（m^3）$$

套用定额子目20103029后的换算单价为

$$20103029_{换2}=52.23+0.11830×（220-100）+（0.017\,5-0.0176）×1890$$
$$=66.24（元/m^2）$$

（3）木龙骨刷防火漆2遍的工程量套用定额子目20105119。

定额单价：$20105119_{换}=3.93+0.02940×（165-100）=5.84（元/m）$

（4）普通天棚5mm规格的木板面层的工程量套用定额子目20103091。

定额单价：$20103091_{换}=24.64+0.07090×（220-100）=33.15（元/m^2）$

（5）3mm规格的木板弧形面层的工程量套用定额子目20103209。

定额单价：$20103209_{换}=61.60+0.37310×（220-100）=106.37（元/m^2）$

（6）50mm规格的成品木阴角线安装的工程量套用定额子目20106096。

定额单价：$20106096_{换}=7.67+0.02520×（220-100）=10.69（元/m）$

（7）5mm规格的木板面层刷清漆封底，满刮腻子2遍、刷水泥漆2遍的工程量套用定额子目20105409。

定额单价：$20105409_{换}=8.73+0.03300×（165-100）=10.88（元/m^2）$

（8）阴角线刷聚氨酯清漆的工程量套用定额子目20105091。

定额单价：$20105091_{换}=11.06+0.09740×（210-100）=21.77（元/m）$

（9）石膏板面开筒灯孔的工程量套用定额子目20106322。

定额单价：$20106322_{换}=5.11+0.04550×（220-100）=10.12（元/个）$

（10）细木工板窗帘盒工程量套用定额子目20104212。

定额单价：$20104212_{换}=26.68+0.07280×（220-100）=35.42（元/m）$

3）制作该吊顶天棚装饰清单与计价表

某幼儿园练琴房的吊顶天棚装饰清单与计价表见表6-20。

表6-20 某幼儿园练琴房的吊顶天棚装饰清单与计价表

序号	项目编码	项目名称	项目特征描述	计量单位	工程数量	综合单价	合价	其中（暂估价）
1	011302001	吊顶天棚						
		木龙骨吊在混凝土楼板下		m²	20.41	68.69	1401.96	
		圆弧形天棚木龙骨		m²	6.25	72.21	451.31	
		木龙骨刷防火漆		m	220.24	6.57	1450.92	
		普通天棚5mm规格的夹板面层		m²	20.84	33.91	678.20	
		3mm规格的夹板弧形面层		m²	8.02	118.86	953.26	
2	011502002	木质装饰线						
		50mm规格的成品木阴角线安装		m	20.60	11.31	232.98	
3	010810002	木窗帘盒						
		细木工板窗帘盒		m	4.3	38.31	164.75	
4	011403005	单独木线条油漆						
		阴角线刷聚氨酯漆2遍		m	20.60	24.89	512.74	
5	011403002	胶合板油漆						
		天棚面层刷水泥漆2遍		m²	28.86	11.82	341.22	
6	011615001	开孔（打洞）						
		石膏板面开筒灯孔		个	26	12.46	324.00	
总 计								

某幼儿园练琴房的吊顶天棚装饰清单综合单价分析表见表6-21。

表6-21 某幼儿园练琴房的吊顶天棚装饰清单综合单价分析表

工程名称：　　　　　　　　　　　　标段：　　　　　　　　　　　　第1页 共1页

项目编码		011302001	项目名称		吊顶天棚		计量单位		m²

清单组成单价明细

定额编码	定额名称	计量单位	数量	单价/元				合价/元			
				人工费	材料费	施工机具使用费	企业管理费和利润	人工费	材料费	施工机具使用费	企业管理费和利润
20103029换1	木龙骨吊在混凝土楼板下	m²	1					26.03	37.75	0.04	4.87
20103029换2	圆弧形天棚木龙骨	m²	1					26.03	40.17	0.04	4.94
20105119	木龙骨刷防火漆	m	1					4.85	0.99	0	0.73
20103091换	普通天棚5mm规格的木夹板面层	m²	1					15.60	17.55	0	2.76
20103209换	3mm规格的木夹板弧形面层	m²	1					82.08	24.29	0	12.49
20106096换	50mm规格的成品木阴角线	m	1					5.54	5.06	0.09	0.62
20105091换	阴角线刷聚氨酯漆	m	1					20.45	1.32	0	3.12
20105409换	天棚面层水泥漆刷2遍	m²	1					5.45	5.43	0	0.94
20106322	石膏板面开筒灯孔	个	1					10.01	0.30	0.26	2.34
20104212换	细木工板窗帘盒	m	1					16.02	19.31	0.09	2.89
人工单价				小计							
元/工日				未计价材料费							
清单综合单价											

续表

材料费明细	主要材料的名称、规格和型号	单位	数量	单价/元	合价/元	暂估单价/元	暂估合价/元
	其他材料费						
	材料费小计						

其他分部分项工程清单计价综合分析表和表 6-21 相同，这里不再细述。

4）工料机分析（见表 6-22 和表 6-23）

表 6-22　某幼儿园练琴房的吊顶天棚项目工料机分析

定额编码	项目名称	单位	数量	工日/个	杉木方/m³	3mm 规格的木夹板、5mm 规格的木夹板/m²	15mm 规格的木夹板/m²	50mm 规格的木装饰线/m
20103029 换 1	木龙骨吊在混凝土楼板下	m²	20.41	2.41	0.317			
20103029 换 2	圆弧形天棚木龙骨	m²	6.25	0.74	0.109			
20103091 换	普通天棚 5mm 规格的木夹板面层	m²	20.84	1.48		21.84		
20103209 换	3mm 规格的木夹板弧形面层	m²	8.02	2.99		8.82		
20106096 换	50mm 规格的成品木阴角线的安装	m	20.60	0.52				21.63
20104212 换	细木工板窗帘盒	m	4.3	0.31			1.93	
20106322 换	石膏板面开筒灯孔	个	26	1.2				
	总　计			9.62	0.426	30.66	1.93	21.63

表 6-23　某幼儿园练琴房的吊顶天棚油漆项目工料机分析

定额编码	项目名称	单位	数量	工日/个	油漆/kg	
20105119 换	木龙骨刷防火漆	m	220.24	6.48	防火漆	8.33
20105409 换	天棚面层刷水泥漆 2 遍	m²	28.86	0.95	水泥面漆	7.22
					水泥底漆	4.27
	合　计			7.43		
20105091 换	阴角线刷聚氨酯漆 2 遍	m	20.60	2.00	聚氨酯漆	0.845
	总　计			2.00		

5）造价分析（见表 6-24）

表 6-24　某幼儿园练琴房的吊顶天棚造价分析

序号	费用名称	计算式	合价/元
1	人工费	9.62×220+7.43×165+2.00×210	3762.35
2	机械台班费	0.04×20.41+0.04×6.25+0+0+0.09×20.60+0.09×4.3+0.26×26	10.07
	木质材料费	0.426×1890.00+21.84×16.50+8.82×13.60+1.93×41.50+21.63×4.73	1467.86
	油漆材料费	8.33×23.50+7.22×16.00+4.27×9.00+0.845×24.70	422.06
	其他材料费	20.41×37.75+6.25×40.17+220.24×0.94+20.84×17.55+8.02×24.29+20.60×1.32+20.60×5.06+28.86×5.43+4.3×19.31+26×0.30-1467.86-422.06	278.16
3	材料费	杉木方材料费+油漆材料费+其他材料费	2168.08

续表

序号	费用名称	计算式	合价/元
4	企业管理费	$[(1)+(2)]\times11\%$	414.97
5	利润	$[(1)+(2)+(3)+(4)]\times3\%$	190.67
一	分部分项工程费	$(1)+(2)+(3)+(4)+(5)$	6546.13
二	措施项目费	0	0
三	其他项目费	0	0
四	规费	$(1)\times38.7\%$	1456.23
五	税费	$(一+二+三+四)\times3.445\%$	275.67
	工程造价	一+二+三+四+五	8278.03

6.3.3 施工图预算审查

由于室内装饰材料品种繁多、装饰技术日益更新、装饰类型各具特色，因此，影响室内装饰工程造价的因素较多。为了合理确定室内装饰工程造价，保证建设单位和施工单位合法的经济利益，必须加强施工图预算的审查。

审查施工图预算是一项严肃而细致的工作。审查人员必须坚持实事求是、清正廉洁、公平公正的原则，以定额为基准，深入现场勘察，理论联系实际，以确保室内装饰工程造价准确、合理。

1. 审查的依据和方法

1）审查的依据

（1）审查该室内装饰工程是否已列入年度基建计划，其建筑面积、装饰等级有否提高，是否采用不适当的施工方法和不必要的施工机械。

（2）根据编制说明书和预算书，确认所采用的定额是否符合有关规定或施工合同，对二次装饰工程、高级装饰工程、家庭装饰工程、包工不包料工程、隐蔽工程等应特别注意。

（3）审查建设单位和施工单位核准并送审的预算包含的内容，例如，某些配套工程、管线工程、零星工程、二次装饰工程的处理及清理等内容是否包括在送审的预算中。

（4）审查施工图预算是否严格执行当地的预算定额、工程量计算规则、材料预算价格、取费标准等规定。

2）审查的方法

（1）全面审查法。全面审查法是指从工程量计算、定额套用、定额换算、工料机分析、"三费"调整、费用取值等方面逐项审查。其步骤类似预算的编制步骤。这种方法的优点是全面、细致，审查质量高，缺点是工作量大。

（2）重点审查法。

① 对工程量大、费用高的项目进行重点审查。

② 对补充定额进行重点审查，主要审查补充定额的编制依据、编制方法是否符合规定，"三量"和"三价"的组成是否准确。

③ 对各项费用的取值进行重点审查，主要审查各项费用的编制依据、编制方法和程序是否符合规定。工程性质、承包方式、施工单位性质、开竣工时间、施工合同等都直接影响费用的计算，应根据当地有关规定仔细审查。

重点审查法主要适用于工作量大、时间性强的情况，其特点是速度快，审查质量基本能得到保证。

（3）经验审查法。经验审查法是指采用长期积累的经验指标，对照送审的预算进行审查。这种方法不仅能加快审查速度，而且在发现问题后可结合其他方法审查。

2. 审查内容

室内装饰工程施工图预算审查内容应包含以下三大项。

1）审查定额直接费

室内装饰工程定额直接费是根据施工图、消耗量定额和计价标准或预算定额等计算得到的。为保证其计算结果的正确性，应注意核查以下4项内容。

（1）工程量计算。首先，审查所列分项工程的工程内容与定额项目所包括的工程内容是否相符，是否存在重复列项或漏项现象。其次，审查工程量的计算规则是否符合定额规则的要求。再次，审查工程量的计量单位是否与相应定额项目的计量单位一致。最后，审查各个分项工程的计算结果。

（2）定额项目选套。此部分往往容易出现故意高套定额项目的问题，审查中应根据定额单价执行的有关规定，核查各个分项工程所执行的价格是否恰当。

（3）审查未计价材料费的计算是否符合规定，特别要审查工程所在地区不同品种、规格的材料市场价与设计是否一致。

（4）审查计算过程，包括审查工程量、定额套用、汇总等计算过程的正确性。

2）审查费用计算

审查费用计算主要从以下内容入手。

（1）费用项目。根据各地对费用计算的规定，有的费用项目是属于有条件收取的。对此类费用项目，必须核查其收取条件是否满足有关规定，如远地施工增加费等。

（2）取费基础。一般情况下，室内装饰工程的取费基础是定额人工费，而税金和定额管理费以企业的收入为计算基础。在审查时，必须复核其计算基础的正确性。

（3）费用标准。当前，在室内装饰工程费用标准中，部分费用按工程类别计取，如其他直接费、现场管理费等；部分费用按企业性质和企业业绩计取，如利润等；部分费用由甲乙双方协商计取，如远地施工增加费。此外，还有国家指令性费用和按实计取的费用。以上费用的计取标准是有区别的，在审查时必须注意其是否符合有关规定。

3）材料价差调整

材料价差调整包括地区材料预算价格的差价调整和材料市场价与地区材料预算价格的差价调整。在审查时，必须核查价格来源是否属实，价差计算是否符合有关规定等。

3. 提高审查质量的办法

1）审查单位应注意对室内装饰工程施工图预算信息资料的收集

由于装饰材料日新月异，新技术、新工艺不断涌现，因此，审查单位应不断收集、整理新的材料价格信息、新的施工工艺的用工和用料量，以适应装饰市场的发展变化，不断提高施工图预算审查的质量。

2）建立健全审查管理制度

（1）健全各项审查制度。审查制度包括建立单审和会审的登记制度；建立针对审查过程中的工程量计算、定额单价及各项取费标准等依据的留存制度；建立审查过程中核增、核减等台账填写与留存制度；建立室内装饰工程审查人、复查人审查责任制度；确定各项考核指标，以考核审查工作的准确性。

（2）应用计算机建立审查档案。建立施工图预算审查信息系统，可以加快审查速度，提高审查质量。该信息系统可包括工程项目、审查依据、审查程序、补充单价、造价等子系统。

3）实事求是，以理服人

在审查过程中遇到列项或计算中的有争议的问题，可主动沟通，了解实际情况，及时解决问题。对疑难问题不能取得一致意见时，可请示造价管理部门或其他有关部门调解、仲裁等。

小　结

室内装饰工程预算在狭义上是指室内装饰工程预算文件，它是室内装饰工程的重要文件，是室内装饰工程施工单位进行成本核算的依据，是设计单位进行估算的重要依据，也是室内设计、室内装修技术人员、管理人员必须掌握的技术。从室内装饰工程的不同阶段看，室内装饰工程预算分为投资估算、设计概算、施工图预算。其中，设计概算是指在初步设计阶段，由设计单位根据初步设计或扩大初步设计图样、概算定额或概算指标、各项费用定额或取费标准等有关资料，预先计算和确定室内装饰工程费用的文件。利用概算定额法、概算指标法、相似程度系数法等是估算室内装饰工程造价的重要方法，第一部分内容通过经典实例加以剖析。施工图预算是确定室内装饰工程造价的基础文件。施工图预算是指在施工图设计阶段，当工程设计完成还未开工时，由施工单位根据施工图计算的工程量、施工组织设计文件、国家或地方主管部门规定的现行预算定额与单位估价表，以及各项费用定额或取费标准等有关资料。

人工、材料、机具消耗量的分析简称工料机分析，它是室内装饰工程预算的重要组成部分，其主要内容是确定完成拟建室内装饰工程所需消耗的各种劳动力、各种规格和型号的材料及主要施工机械的台班数量。这一部分内容也通过室内装饰工程的各个分部分项工程的经典实例加以剖析。

习　题

一、选择题

1～25 为单选题

1. 某装配车间新建项目的土建工程概算为 200 万元，给排水和电气照明工程概算为 10 万元，通风空调工程概算为 10 万元，设计费为 20 万元，装配生产设备及安装工程概算为 150 万元，联合试运转费概算为 10 万元，则该装配车间单项工程综合概算为（　　）万元。

　　A. 370　　　　　　　B. 380　　　　　　　C. 390　　　　　　　D. 400

2. 关于项目决策与工程造价的关系，下列说法正确的是（　　）。

    A. 项目不同决策阶段的投资估算精度要求是一致的

    B. 项目决策的内容与工程造价无关

    C. 项目决策的正确性不影响设备选型

    D. 工程造价的金额影响项目决策的结果

3. 设计概算的作用不包括（　　）。

    A. 确定和控制建设项目投资   B. 选择最佳方案

    C. 编制建设计划   D. 考核项目投资效果

4. 对编制总概算的一般工业与民用建筑工程而言，单项工程综合概算的组成内容不包括（　　）。

    A. 建筑单位工程概算   B. 机械设备及安装单位工程概算

    C. 工程建设其他费用概算   D. 电气设备及安装单位工程概算

5. 下列不属于建设项目设计概算编制依据的是（　　）。

    A. 设计文件   B. 综合概算表

    C. 概算指标   D. 设备材料的预算价格

6. 下列关于概算定额的说法，正确的是（　　）。

    A. 概算定标中不仅包括人工、材料和施工机具的数量标准，还包括费用标准

    B. 概算定额与预算定额的项目划分和综合扩大程度相同

    C. 概算指标是在概算定额的基础上进行编制的

    D. 综合概算指标的准确性高于单项概算指标

7. 建设项目总概算表能够反映（　　）。

    A. 年度投资   B. 工程建设费

    C. 静态投资   D. 静态投资和动态投资

8. 下列不属于建设工程总概算中工程建设其他费用的是（　　）。

    A. 土地使用费   B. 勘测设计费   C. 预备费   D. 生产准备费

9. 对设计概算编制依据的审查，主要是审查其（　　）。

    A. 合法性、时效性、经济性   B. 合法性、适用范围、合理性

    C. 合理性、经济性、时效性   D. 合法性、时效性、适用范围

10. 在综合概算和总概算的审查过程中，如果发现概算总投资超过已批准投资估算（　　）以上，应进一步审查超估算的原因。

    A. 10%   B. 15%   C. 20%   D. 25%

11. 某公司承包一个宿舍楼的建筑与装饰工程，当地同期类似工程概算指标为 900 元/m²，该工程基础为混凝土结构，而概算指标对应的基础为毛石混凝土结构。已知该工程与概算指标每 100m² 建筑面积中分摊的基础工程量均为 15m²，同期毛石混凝土基础综合单价为 580 元/m³，混凝土基础综合单价为 640 元/m³，则经结构差异修正后的概算指标为（　　）元/m²。

    A. 891   B. 909   C. 906   D. 993

12. 当初步设计深度不够，不能准确地计算工程量，但工程设计采用的技术比较成熟又有类似工程概算指标可以利用时，编制工程概算可以采用（　　）。

    A. 单位工程指标法   B. 概算指标法

    C. 概算定额法   D. 类似工程概算法

13. 采用全费用综合单价法编制施工图预算，以各个分项工程量乘以综合单价后汇总，可得到（　　）。

    A．分部工程直接费   B．单位工程直接工程费

    C．直接工程费和间接费之和   D．工程承发包价

14. 采用预算单价法和实物造价法编制施工图预算的主要区别是（　　）。

    A．计算工程量的方法不同   B．计算直接工程费的方法不同

    C．计算间接费的方法不同   D．计算其他税费的程序不同

15. 采用工料单价法和综合单价法编制施工图预算的主要区别是（　　）。

    A．预算造价的构成不同   B．预算所起的作用不同

    C．预算编制依据不同   D．单价包含的费用内容不同

16. 2022年某水泥厂建设工程中的建筑安装工程造价为7.31亿元。其中，矿山工程造价为7800万元，定额编制期同类项目的矿山工程造价为6000万元。该水泥厂建设工程造价综合指数为1.20，则矿山工程的造价指数是（　　）。

    A．1.30   B．0.77   C．0.92   D．1.56

17. 对于住宅工程或不具备全面审查条件的工程，适合采用的施工图预算审查方法是（　　）。

    A．重点审查法   B．"筛选"审查法

    C．对比审查法   D．逐项审查法

18. 在施工图预算审查方法中，审查效果好但审查时间较长的方法是（　　）。

    A．标准预算审查法   B．分组计算审查法

    C．逐项审查法   D．重点审查法

19. 拟建工程与已建或在建工程预算采用同一个施工图，但基础部分和现场施工条件不同，则对相同部分的施工图预算，可采用的审查方法是（　　）。

    A．分组计算审查法   B．标准预算审查法

    C．逐项审查法   D．对比审查法

20. 在进行施工图预算审查时，利用计算出的底层建筑面积或楼地面面积，对楼地面找平层、顶棚抹灰等的工程量进行审查。这种审查方法是（　　）。

    A．逐项审查法   B．分组计算审查法   C．对比审查法   D．"筛选"审查法

21. 对采用标准图设计的工程，其施工图预算宜采用的审查方法是（　　）。

    A．分组计算审查法   B．重点审查法

    C．标准预算审查法   D．对比审查法

22. 关于编制施工图预算时建设工程其他费用的计费原则，下列说法正确的是（　　）。

    A．若建设工程其他费用已发生，则发生部分按合理发生金额计列

    B．若建设工程其他费用已发生，则发生部分按本阶段的计费标准计列

    C．无论建设工程其他费用是否发生，均按原批复概算的计费标准计列

    D．无论建设工程其他费用是否发生，均按原批复概算的计费标准计列

23. 关于设计概算的说法，正确的是（　　）。

    A．设计概算是工程造价在设计阶段的表现形式，具备价格属性

    B．三级概算编制形式适用于单项工程建设项目

C．概算中工程费用应按预测的建设期价格水平编制

D．概算应考虑货款的时间价值对投资的影响

24．施工图预算以二级预算编制形成（　　）。

　　A．总预算和单位工程预算　　　　　　　　B．单位工程综合预算和单位工程预算

　　C．总预算和单位工程综合预算　　　　　　D．建筑工程预算和设备安装工程预算

25．采用概算定额法编制设计概算的主要工作包括①列出各个分部分项工程项目名称并计算其工程量；②搜集基础资料；③确定各个分部分项工程费；④编制概算编制说明；⑤计算措施项目费；⑥列出各个分部分项工程项目名称并计算其工程量。下列工作排序正确的是（　　）。

　　A．②⑥①③⑤④　　　　　　　　　　　　B．②③①⑤④⑥

　　C．③②①④⑤⑥　　　　　　　　　　　　D．②①③⑤④⑥

26～40 为多选题

26．当建设项目包含多个单项工程时，单项工程综合概算的组成内容包括（　　）。

　　A．建筑单位工程概算　　　　　　　　　　B．设备及安装单位工程概算

　　C．预备费概算　　D．建设期贷款利息　　E．铺底流动资金

27．在室内装饰工程概算审查工作中，下列属于主要审查内容的是（　　）。

　　A．工程量　　　　B．设计方案　　　　　　C．材料预算价格

　　D．采用的定额或指标　　　　　　　　　　E．建设规模和标准

28．设计概算编制依据的审查内容包括（　　）。

　　A．编制依据的合法性　　　　　　　　　　B．概算文件的组成

　　C．编制依据的时效性　　　　　　　　　　D．编制依据的适用范围

　　E．工程量或设备清单

29．审查室内装饰工程概算时，主要依据（　　）对工程量进行审查。

　　A．初步设计图样　　　　　　　　　　　　B．预算定额

　　C．工程量计算规则　　　　　　　　　　　D．取费标准

　　E．概算定额

30．某单位室内装饰工程的初步设计采用的技术比较成熟，但由于设计深度不够，不能准确计算出工程量。若急需该单位室内装饰工程概算，则可采用的概算编制方法有（　　）。

　　A．预算单价法　　B．概算定额法　　　　　C．概算指标法

　　D．类似工程预算法　　　　　　　　　　　E．扩大单价法

31．施工图预算具有多方面的作用，包括（　　）。

　　A．确定建设项目筹资方案的依据

　　B．施工期间安排建设资金计划和使用建设资金的依据

　　C．招投标的重要基础

　　D．控制施工成本的依据

　　E．工程价款结算的依据

32．在采用工料单价法计价时，分部分项工程单价中包括已完成分部分项工程所需的（　　）。

　　A．人工费　　　B．材料费　　　　　　C．施工机具使用费

　　D．措施项目费　　　　　　　　　　　E．间接费

33．在采用工料单价法计算工程承发包价时，需要在已计算出的单位工程直接工程费的基础上加（　　）。

　　A．措施项目费　　B．工程保险费　　　　C．间接费

　　D．利润　　　　　E．税金

34．采用部分费用综合单价法编制施工图预算，计算工程承发包价：以各个分项工程量乘以部分费用综合单价并汇总，还需加上（　　）。

　　A．间接费　　　　B．措施项目费　　　　C．管理费

　　D．规费　　　　　E．税金

35．关于下列各类工程计价定额的说法，正确的是（　　）。

　　A．概算定额基价可以是工料单价、综合单价或全费用综合单价

　　B．概算指标分为建筑工程概算指标和设备及装工程概算指标

　　C．综合概算指标的准确性高于单项概算指标

　　D．概算指标是在概算定额的基础上进行编制的

　　E．投资估算指标必须反映项目建设前期和交付使用期内发生的动态投资

36．关于施工图预算的编制，下列说法正确的是（　　）。

　　A．施工图总预算应控制在已批准的设计总概算范围内

　　B．施工图预算采用的价格水平应与设计概算编制时期的保持一致

　　C．只有一个单项工程的建设项目应采用三级预算编制形式

　　D．单项工程综合预算由组成该单项工程的各个单位工程预算汇总而成

　　E．编制施工图预算时已发生的工程建设其他费用按合理发生的金额计列

37．采用全费用综合单价法编制施工图预算，下列说法中正确的是（　　）。

　　A．计算直接费后编制工料分析表

　　B．全费用综合单价中应包括规费和税金

　　C．综合计取的措施项目费以分部分项工程费和可计量的措施项目费之和为基数

　　D．编制综合单价分析表时，工料机消耗量与单价均应来自预算定额

　　E．分项工程的工程量与措施项目费之和即建筑安装工程施工图预算费用

38．关于投资估算指标反映的费用内容和计价单位，下列说法中正确的是（　　）。

　　A．单位工程指标反映建筑安装工程费，以 m^2、m^3、m、座等单位投资表示

　　B．单项工程指标反映工程费用，以 m^2、m^3、m、座等单位投资表示

　　C．单项工程指标反映建筑安装工程费，以单项工程生产能力单位投资表示

　　D．建设项目综合指标反映项目固定资产投资，以项目综合生产能力单位投资表示

　　E．建设项目综合指标反映项目总投资，以项目综合生产能力单位投资表示

39．施工图预算对投资方、施工单位都具有十分重要的作用。下列选项中属于对施工单位的作用的是（　　）。

　　A．确定合同价款的依据　　　　　　　　B．控制资金合理使用的依据

　　C．控制工程施工成本的依据　　　　　　D．调配施工力量的依据

　　E．办理工程结算的依据

40．某工程的建筑面积为 $10×10^4 m^2$，是当地外形较为新颖、功能较全的综合大厦。现要求在较短时间内对该工程的施工图预算进行审查。

（1）在正式进行施工图预算审查前，应做的工作包括（　　）。

    A．熟悉施工图　　　　　　　　　　B．了解预算包括的工程范围

    C．确定预算调整方案　　　　　　　D．与编制单位协商审查方法

    E．熟悉有关单价及定额资料

（2）应避免采用的审查方法是（　　）。

    A．逐项审查法　　B．分组计算审查法　　C．"筛选"审查法

    D．重点审查法　　E．标准预算审查法

（3）施工图预算审查的具体内容包括（　　）。

    A．审查预算文件组成　　　　　　　B．审查编制手段

    C．审查工程量　　D．审查单价　　　E．审查其他有关费用

二、计算题

1．某个室内电梯间内墙面镶贴进口金花米黄大理石，电梯门套镶贴进口大花绿大理石，采用 150mm×80mm 规格的异形大花绿石材线条盖缝，采用水泥砂浆挂贴工艺，成品需进行酸洗打蜡。施工单位包工包料且一次性结算，预留尾款的 5% 作为保修金，施工单位在竣工后应结算的价款是多少？

已知：金花米黄大理石指导价为 780 元/m^2，大花绿大理石指导价为 850 元/m^2，150mm×80mm 规格的异形大花绿石材线条单价为 500 元/m。综合费率为 27%，利润率为 7%，综合税率为 3.659%，经甲乙双方商定的人工工资为 50 元/工日，仅计算石材价差。该电梯间的设计图如图 6-6 所示。

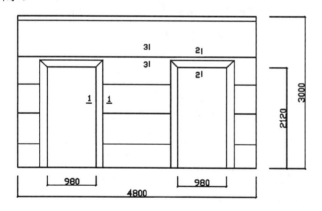
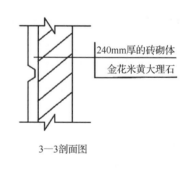
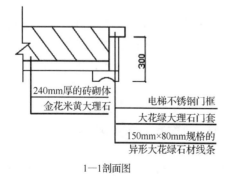
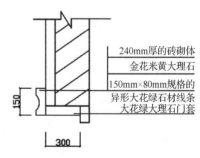

图 6-6　电梯间设计图（单位：mm）

2. 某学院舞蹈教室的室内净面积为（12×21）m²，采用木地板楼面，木龙骨与现浇楼板用 M8×80 膨胀螺栓固定，其间距为 300mm；硬木踢脚线总长度为 63mm，高度为 120mm，厚度为 20mm，刷聚氨酯清漆 3 遍。该教室地面实木地板结构图如图 6-7 所示，试求该木地板工程的综合计价并进行工料机分析和造价分析。

3. 某室内有一个混凝土矩形柱，柱高为 5.60m，柱的断面尺寸及装饰结构图如图 6-8 所示，求该柱装饰工程的综合计价并进行工料机分析。

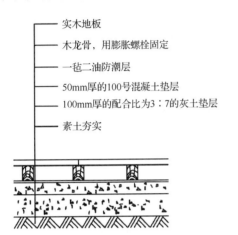

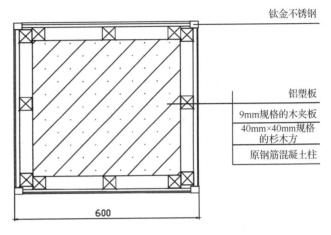

图 6-7　某学院舞蹈教室地面实木地板结构图　　　　图 6-8　柱的断面尺寸及装饰结构图（单位：mm）

4. 某市一个餐饮营业大厅的天棚设计图如图 6-9 所示。建筑层高为 4.80m，天棚面层距地面的高度为 4.00m。采用钢筋做天棚吊筋，木龙骨规格为 50mm×50mm@400，吊在混凝土楼板下。5mm 规格的木板基层上贴双面铝塑板分格。天棚上装饰格栅灯。木龙骨刷防火漆 2 遍，求此天棚工程的综合计价并进行工料机分析。

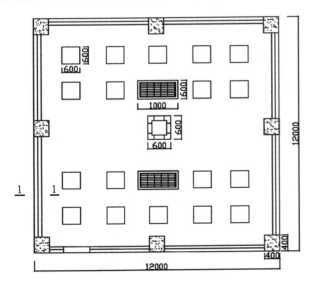

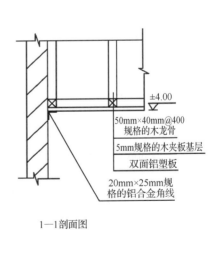

1—1剖面图

图 6-9　某市一个餐饮营业大厅的天棚设计图（单位：mm）

三、案例分析题

1. 某酒店装饰改造项目采用工程量清单计价模式进行招投标，该项目施工合同工期为 3 个月，合同总价为 400 万元。该合同约定实际完成工程量超过估计工程量的 15%以上时调整综合单价，调整后的综合单价为原综合单价的 90%。该合同还约定客房地面铺地毯工程量为 3800m²，单价为 140 元/m²；墙面贴壁纸工程量为 7500m²，单价为 88 元/m²。施工过程中发生以下事件：

（1）装饰进行 2 个月后，发包人以设计变更的形式，通知承包人把公共走廊作为增加项目进行装饰改造。公共走廊地面装饰标准与客房装饰标准相同，其工程量为 980m²；走廊墙面装饰为高级乳胶漆，其工程量为 2300m²，因工程量清单中无此项目，故发包人与承包人依据合同协商，确定该高级乳胶漆的综合单价为 15 元/m²。

（2）在等待新设计图样期间承包人停工待料 5 天，造成窝工 50 工日（每工日工资 20 元）。

（3）施工图中浴厕间的毛巾环为不锈钢材质，但由发包人编制的工程量清单中无此项目，因此承包人投标时未对此进行报价。在施工过程中，承包人自行采购了不锈钢毛巾环并进行安装。在进行工程结算时，承包人按毛巾环实际采购价要求发包人进行结算。

问题：

（1）当工程量变更时，施工合同中的综合单价应如何确定？

（2）客房及对走廊地面、墙面装饰工程应结算的工程价款为多少？

（3）对公共走廊设计变更造成的工期及费用损失，承包人是否应得到补偿？

（4）承包人关于毛巾环的结算要求是否合理？为什么？

2. 某企业为丰富职工业余生活，决定把一座三层办公楼改为职工活动中心。该改造工程采用公开招标形式，最后确定某装饰公司中标。现以其中一间健身房为例，考核其工程造价的计价过程。

（1）招标人委派的代理机构根据招标文件、工程量清单计价规范、本地区定额和本地区信息价方面的有关规定，编制了"分部分项工程工程量清单"（见表 6-25），清单中列明了装饰做法。

表 6-25　分部分项工程工程量清单

工程名称：某企业职工之家装饰工程（健身房改造部分）

序号	项目编码	项目名称	计量单位	工程数量
1	011104001001	楼地面地毯 CP-01 1. 基层清理 2. 抹找平层：找平层厚度、水泥砂浆配合比分别为 20mm 厚和 1：2.5 3. 铺贴面层：山花地毯 4. 装钉压缝条和收口条：压缝条材料种类为木压条 5. 黏结材料种类：建筑胶	m²	55.44
2	011302001001	天棚吊顶 PT-01（吊顶形式：平顶） 1. 基层清理 2. 龙骨安装：U 形轻钢龙骨（龙牌） 3. 面层铺贴：纸面石膏板（龙牌） 4. 勾缝，贴网格布 5. 刮腻子（耐水腻子） 6. 刷防护材料和油漆：用多乐士（Dulux）牌五合一墙面乳胶漆刷 3 遍 7. 材料运输	m²	55.44

续表

序号	项目编码	项目名称	计量单位	工程数量
3	011408001001	壁纸墙面 CL-01 1. 基层清理 2. 刮腻子：腻子材料种类为防裂腻子 3. 面层粘贴：壁纸（欧雅牌） 4. 勾缝	m²	70.5
4	010805005001	全玻门（无扇框）M-01 1. 门扇的制作、运输和安装：双扇平开玻璃门（玻璃材料品种和厚度分别为胶合强化玻璃，6mm+6mm） 2. 五金安装：地弹簧 2 个，门夹 2 个，锁夹 1 个 3. 刷防护材料和油漆	樘	1

（2）招标文件中说明：

① 为了不影响旁边其他办公楼人员的正常办公，投标人必须采取防噪措施，降低噪声。

② 对原有的设施要进行保护。

③ 工程完工后，必须进行室内空气污染检测。

④ 考虑到改造工程不可避免地会发生设计变更和由此造成的洽商，预留 1000 元作为预留金，总包服务费为 1000 元。

⑤ 暂不考虑各种规费。

（3）施工单位结合自身情况，采用低费率报价：对企业管理费，按人工费的 70%报价，对利润，按人工费的 50%计算，税金税率为 3.4%。

（4）施工单位最终确定的各项费用如下。

① 文明施工费：1500 元（降噪）

② 已完工程保护费：2000 元

③ 室内空气污染检测费：1000 元

问题：

（1）根据本地区室内装饰工程消耗量、预算价格，按照《建设工程工程量清单计价规范》中综合单价的编制要求，编制"分部分项工程工程量清单综合单价分析表"。

（2）编制分部分项工程工程量清单计价表。

（3）编制措施项目清单计价表。

（4）编制其他项目清单计价表。

（5）编制单位工程费汇总表。

四、思考题

1. 设计概算的作用是什么？

2. 室内装饰工程施工图预算编制的依据和条件是什么？

3. 室内装饰工程施工图预算编制的步骤是什么？

4. 室内装饰工程工料机分析的作用是什么？

5. 室内装饰工程工料机分析的步骤是什么？

第7章

室内装饰工程工程量清单及其计价

教学目标

本章主要介绍室内装饰工程工程量清单及其计价的定义、特点、意义、作用和工程量清单计价格式。通过本章的学习，读者须了解工程量清单的定义、特点和工程量清单计价内容，熟悉《建设工程工程量清单计价规范》（GB 50500—2013）及《房屋建筑与装饰工程计量规范》（GB 50854—2013），重点掌握室内装饰工程工程量清单及其计价的编制原则和方法。

教学要求

知识要点	能力要求	相关知识
《建设工程工程量清单计价规范》	了解《建设工程工程量清单计价规范》中的基本概念、主要内容、特点和优点	计价规范、计量规范、工程量清单
室内装饰工程工程量清单及其计价内容	（1）掌握室内装饰工程工程量清单内容 （2）掌握室内装饰工程工程量清单计价内容	分部分项工程工程量清单、措施项目清单、其他项目清单、规费项目清单、税金项目清单、综合单价

基本概念

计价规范、计量规范、工程量清单、分部分项工程工程量清单、措施项目清单、其他项目清单、规费项目清单、税金项目清单、综合单价

引例

自从 2013 年施行《建设工程工程量清单计价规范》以来，我国已经从传统的定额计价模式过渡到现在的工程量清单计价模式。工程量清单及其计价有什么变化？有什么特点？学习本章前，可先回答以下 2 个

问题。

1. 措施项目清单中应包括为完成工程项目施工而发生在施工前和施工过程中的非工程实体项目。在编制措施项目清单时，若出现《建设工程工程量清单计价规范》中的措施项目一览表未列的项目，清单编制人（　　）。

    A. 不得对措施项目一览表进行补充

    B. 可以将其与其他措施项目合并

    C. 可以根据拟建工程的实际情况进行补充

    D. 可以将其费用综合在分部分项工程工程量清单中

2. 按照《建设工程工程量清单计价规范》的规定，工程量清单包括（　　）。

    A. 分部分项工程工程量清单　　　　B. 零星工程项目清单

    C. 措施项目清单　　　　　　　　　　D. 其他项目清单

    E. 工程量表

7.1 概述

7.1.1 简要说明

中华人民共和国住房和城乡建设部联合原国家质量监督检验检疫总局（现为国家市场监督管理总局）在 2013 年，修订并颁布了《建设工程工程量清单计价规范》（以下简称《计价规范》）和《房屋建筑与装饰工程工程量计算规范》（以下简称《计量规范》）。这些文件的发布是为了统一常规的经营性、政策性、技术性活动，并将其纳入行政性规定范畴，这是一种衡量准则、国家标准的范畴，旨在为建设工程招投标及其计价活动的健康有序发展提供有效的依据。《计价规范》和《计量规范》在政府宏观调控和规范建设工程施工承发包双方的计价行为等方面有指导意义。

《计价规范》还对工程量清单计价模式的编制依据、适用范围、构成内容、相关术语、指导思想与原则、合同执行与索赔、工程量清单与计价编制方法和计价标准格式等做了明确的规定和说明。2013 版《计价规范》由 15 章内容和附录构成，包括总则、术语、一般规定、招标工程量清单、招标控制价、投标报价、工程计量、合同价款约定与调整以及中期支付、竣工结算与支付、合同价款争议的解决、工程计量资料与档案、计价表格。2013 版《计价规范》主要针对2003 版和 2008 版《计价规范》在执行中存在的问题，特别是在清理拖欠工程价款工作中普遍存在的问题，即在工程实施阶段有关工程价款的调整、支付、结算等方面缺乏依据的问题，修订了旧版《计价规范》正文中不尽合理、可操作性不强的条款及计价表格格式，特别增加了如何采用工程量清单计价编制工程量清单和招标控制价、投标报价、合同价款约定，以及工程计量与价款支付、工程价款调整、索赔、竣工结算、工程计价争议处理等内容，同时增加了条文说明。对工程量清单及其计价应包括的内容、编制方法与统一格式都做了明确规定。

《计量规范》用于规范房屋建筑与装饰工程造价计量行为，旨在统一房屋建筑与装饰工程工程量清单的编制、项目设置和计量规则，主要适用于房屋建筑与装饰工程施工承发包双方计价活动中的工程量清单编制和工程量计算。《计量规范》共 4 章，包括总则、术语、工程计量、工程量清单编制和 17 个附录，和室内装饰工程密切相关的附录如下：附录 H 门窗工程，附录 L 楼地面装饰工程，附录 M 墙柱面装饰与隔断、幕墙工程，附录 N 天棚工程，附录 P 油漆、涂料、裱糊工程，附录 Q 其他装饰工程，附录 R 拆除工程及附录 S 措施项目。

7.1.2 《计价规范》的特点

1. 统一性

《计价规范》统一了工程量清单的项目和组成；统一了各个分部分项工程的项目名称、计量单位、项目编码和工程量计算规则，即"四统一"规则。把非实体项目统一在措施项目和其他项目中，规定了分部分项工程的项目清单和措施项目清单一律以"综合单价"报价，为建立全国统一计价模式和计价行为提供了依据。

2. 强制性

工程量清单计价是由建设主管部门按照强制性国家标准的要求批准颁布的，它规定全部使用国有资金或以国有资金投资为主的大中型建设工程，应按计价规范规定执行；明确工程量清单是招标文件的组成部分，规定招投标人在编制清单时和投标人编制报价时，必须遵守《计价规范》的规定。

3. 实用性

《计价规范》附录中的工程量清单项目及计算规则的项目名称表现为工程实体项目，项目名称明确清晰，工程量计算规则简洁明了；还列有项目特征和工程内容，在编制工程量清单时有助于确定具体项目名称和投标报价。投标人还可根据所描述的工程内容和项目特征，结合自身的实际情况计算并确定报价。

4. 自主性和市场性

《计价规范》特别强调由企业自主报价，由市场形成价格。《计价规范》中的实体项目没有规定人工、材料、施工机具的消耗量，可由企业根据自身的实际情况确定，人工、材料、施工机具的单价可根据市场行情确定；相关的措施项目，投标人也可根据工程的实际情况和施工组织设计文件自行确定，视具体情况以企业的个别成本报价，最后由市场形成价格。这种方式不仅为企业的报价提供了适用于自身生产效率的自主空间，体现出企业的实力，还会促使企业总结经验，努力提高自身的管理水平和技术能力。同时，引导企业积累资料，编制适合本企业的消耗量定额，以适应市场发展的需要。根据我国建设市场现状，今后一段时期还需要全国性和地方性统一定额共存，但其主要作用是指导市场，而不是一种法定性指标，旨在鼓励企业制定本企业定额。

5. 通用性

采用工程量清单计价将与国际建设市场接轨，符合工程量计算方法标准化、工程量计算规则统一化、工程造价市场化的要求。

7.1.3　工程量清单计价的优点

工程量清单计价是指投标人完成招标人所提供的工程量清单中的各个项目的内容、数量所需的全部费用，包括分部分项工程费、措施项目费、其他项目费、规费和税金。它不同于传统的定额计价模式，具有以下优点。

1. 工程量清单给投标人提供了公平竞争的基础

作为招标文件的组成部分，工程量清单包括拟建工程的分部分项工程项目、措施项目、其他项目的名称和相应数量的明细清单，由招标人负责统一提供，从而有效地保证了投标人公平竞争，减少了因投标人编制投标文件时出现的偶然性技术误差而导致投标失败的可能，充分体现招标公平竞争的原则。同时，由于工程量清单是统一提供的，简化了投标报价的计算过程，节省了时间，减少了不必要的重复劳动。

2. 采用工程量清单招标体现企业的自主性

工程的质量、造价、工期之间存在着必然的联系，投标人报价时必须综合考虑工程的质量、造价、工期及招标文件规定完成工程量清单所需的全部费用；不仅要考虑工程的实际情况，还要求企业把施工进度、质量、工艺及管理技术等方案落实到清单项目报价中，在竞争中真正体现企业的综合实力。

3. 工程量清单计价有利于风险的合理分担

由于室内装饰工程的特性，即其工程量的不确定性和变更因素较多，因此工程建设报价的风险较大。采用工程量清单计价模式后，投标人只对自己所报的成本、单价等负责，而对工程量的变更或计算错误等不负责任，这些因素引起的风险也由业主承担，符合风险合理分担与责任权利关系对等的原则。

4. 采用工程量清单招标有利于工程的管理和控制

在传统的招投标方法中，标底一直是个关键的要素，标底的正确与否、保密程度如何一直是招投标双方关注的焦点。采用工程量清单招标时，工程量清单作为招标文件的一部分，是公开的。同时，标底的作用也在招标中淡化，只起到一定的控制或最高限价作用，对评定标的影响越来越小。有时候甚至可以不设标底，这就从根本上消除了标底泄露所带来的负面影响。

工程量清单招标有利于企业精心控制成本，促使企业建立自己的定额库。工程中标后，中标企业可以根据中标价及投标文件中的承诺，通过对单位工程成本、利润进行分析，统筹考虑，精心选择施工方案，逐步建立企业的定额库；通过在施工过程中不断地调整、优化组合，加强现场管理，合理控制措施项目费的使用，促进企业自身的发展和进步。

5. 工程量清单有利于控制工程索赔

在传统的招标方式中，"低价中标、高价索赔"的现象屡见不鲜。其中，设计变更、现场签证、措施项目费的调整是索赔的主要内容。而在工程量清单计价招标中，由于单项工程的综合单价不因施工数量、施工难易程度、施工技术措施差异、取费的变化而调整，因此大大减少了施工单位不合理索赔的可能。

7.1.4　工程量清单计价的意义

1.　工程造价管理深化改革的产物

在计划经济体制下，我国对承发包计价和定价以工程预算定额为主要依据。20 世纪 90 年代以后，为了适应市场经济对建设市场改革的要求，提出了"控制量、指导价、竞争费"的改革措施。其中，对工程预算定额改革的主要思路和原则如下：把工程预算定额中的人工、材料、施工机具的消耗量和相应的单价分离，人工、材料、施工机具的消耗量是国家根据有关规范、标准及社会平均消耗量确定的。"控制量"的目的就是保证工程质量，"指导价"的目的就是使工程造价逐步市场化。

然而，随着建设市场化进程的发展，这种做法仍然难以改变工程预算定额中国家指令性的状况，难以满足招投标和评标的择优要求。因为控制量反映的是社会平均消耗量，特别是现行工程预算定额未区分施工实物性消耗和施工措施性消耗，在定额消耗量中只包含了施工措施项目的消耗量。长期以来，我国对措施项目费的规定大都考虑正常的施工条件和合理的施工组织，由此反映出一个社会平均消耗量，然后以一定的摊销量或一定比例，按定额规定的统一的计算方法计算后并入工程实体项目。它不能准确地反映各个企业的实际消耗量，不能全面地体现企业装备技术水平、管理水平和劳动生产率，不利于企业发挥优势，也就不能充分体现公平竞争。

工程量清单计价提供了一种由市场形成价格的新模式，改革了以工程预算定额为计价依据的计价模式。自改革开放以来，我国工程建设成就巨大，但是资源浪费也极为严重，重复建设和"三超"现象（概算超估算、预算超概算、决算超预算）仍较严重。其根本问题在于政府（包括制度、法律法规）、建设行业（包括业主、监理单位、咨询单位、工程承包人和银行、保险公司、材料与设备配套供应商和租赁行业等）与市场之间没有形成良性的工程造价管理与控制的有效市场运行机制。为了改变工程建设中存在的种种问题，推行工程量清单计价是充分发挥市场竞争机制的作用，形成和完善工程造价政府宏观调控，市场竞争决定价格，把工程造价管理纳入法治的轨道。这是规范建设市场秩序的一项治本之策，将会给我国的建设市场和工程建设与行业的发展带来更大的活力。

2.　规范建设市场秩序，适应社会主义市场经济发展的需要

工程造价是工程建设的核心内容，也是建设市场运行的核心内容，建设市场上存在许多不规范行为，大都与工程造价有关。工程预算定额定价在公开、公平、公正竞争方面，缺乏合理完善的机制。实现建设市场的良性发展，除了法律法规和行政监管，发挥市场机制的"竞争"和"价格"作用是治本之策。工程量清单计价是市场形成工程造价的主要形式，它把报价权交给了企业，从而规范建设市场秩序，主要体现在以下 3 个方面。

（1）有利于人们转变传统定额依据观念，树立新的市场观，变"靠政府"为"靠自己"，运用法律法规保护企业利益，凭借改善营销策略和挖掘技术潜力，以获得最大回报。

（2）有利于规范业主招标盲目压价、暗箱操作等不正之风，体现公开、公平、公正的原则。同时，也有利于发挥建筑企业自主报价的能力，促进企业在营销决策、技术管理和企业定额等基础工作上下工夫，努力创品牌。

（3）有利于实现由政府定价到由市场定价的转变，发挥政府宏观调控和行业管理作用。

总之，工程量清单计价模式有利于充分发挥政府、社会机构、业主、承包人之间的协调作用，营造政府宏观调控、企业自主定价的市场环境，保障了投资单位、建设单位、施工单位各方的利益。

3. 促进建设市场有序竞争和企业健康发展的需要

采用工程量清单计价模式招投标时，由于工程量清单是招标文件的组成部分，招标人必须编制出准确的工程量清单并承担相应的风险，因此，促使招标人提高管理水平。又由于工程量清单是公开的，避免了工程招标中的弄虚作假、暗箱操作等不规范行为。采用工程量清单报价，施工单位必须对单位工程成本、利润进行分析，统筹考虑、精心选择施工方案，根据本企业定额合理确定人工、材料、施工机具等生产要素的投入与配置，优化组合，合理控制现场人工费、材料费、施工机具使用费和措施项目费，从而确定本企业具有竞争力的投标价。

工程量清单计价的实行有利于规范建设市场的计价行为，规范建设市场秩序，促进建设市场有序竞争；有利于控制建设项目投资，合理利用资源；有利于促进技术进步，提高劳动生产率。而建设市场计价行为和市场秩序的规范反过来又有利于控制建设项目投资，合理利用资源，提高工程质量，加快工程建设周期，从根本上提高建设业整体（设计、咨询、监理、承包等）的素质和企业间的协调能力，改善协作条件。

4. 有利于我国工程造价管理中的政府职能的转变

按照"经济调节、市场监管、社会管理和公共服务"政府职能的要求，政府对工程造价管理的模式要相应改变，推行政府宏观调控、企业自主报价、市场形成价格、社会全面监督的工程造价管理思路。实行工程量清单计价，有利于我国工程造价管理中的政府职能的转变：由过去政府控制的指令性定额转变为制定适应市场经济规律的工程量清单计价方法，由过去行政直接干预转变为对工程造价依法监管，有效地强化政府对工程造价的宏观调控。

5. 适应国际建设市场的需要

随着我国改革开放的进一步深化，中国经济日益融入全球市场，特别是在我国加入世界贸易组织（WTO）后，建设市场进一步对外开放。国外企业投资的项目越来越多地进入国内市场，我国企业走出国门在海外投资和经营的项目也在增加。为了适应这种对外开放建设市场的形势，就必须与国际通行的计价方法相适应，为建设市场主体创造一个与国际惯例接轨的市场竞争环境。工程量清单计价是国际通行的计价方法，在我国实行工程量清单计价，有利于提高国内建设各方主体参与国际化竞争的能力，有利于提高工程建设的管理水平，规范国内建设市场，形成有序竞争的新机制。

此外，实行工程量清单计价会给我国工程总承包管理体制和总承包单位与工程项目管理企业的建立创造更有利的条件，起到积极的推动作用。工程总承包是指从事工程总承包的单位受业主委托，按照合同约定对工程项目的勘察、设计、采购、施工、试运行（竣工验收）等实行全过程或若干阶段的承包。工程总承包单位按照合同约定的工程项目的质量、工期、造价等对业主负责。工程总承包单位可依法将所承包工程中的部分工作发包给具有相应资质的分包单位；分包单位按照分包合同的约定对总承包单位负责。可见，我国工程承包管理体制和计价模式改革是相辅相成、相互渗透的。

7.2 室内装饰工程量清单及其计价内容

7.2.1 基本概念

工程量清单是招标文件的组成部分，是对招标人和投标人都具有约束力的重要文件。工程量清单体现了招标人要求投标人完成的工程项目及相应的工程数量，全面反映了报价的要求。工程量清单是编制标底和投标报价的依据，是由招标人或招标代理机构根据实际工程情况编写的。

制作工程量清单时，把拟建室内装饰工程中的实体项目和非实体项目，按照《计价规范》的要求，罗列出名称和相应数量，包括分部分项工程项目清单、措施项目清单、其他项目清单、规费项目清单和税金项目清单，这些清单反映拟建室内装饰工程的全部工程内容和为实现这些工程内容而进行的一切工作。

工程量清单计价是指投标人完成招标人所提供的工程量清单中的各个项目的内容、数量所需的全部费用，包括分部分项工程费、措施项目费、其他项目费、规费和税金。施工单位可根据拟建室内装饰工程的施工组织设计文件或施工方案，结合自身的实际情况对室内装饰工程涉及的 3 种清单的费用自主报价。为了简化计价程序，实现与国际接轨，采用综合单价（该单价包括人工费、材料费、施工机具使用费、企业管理费、利润），规费和税金按照国家及各行业的规定执行。

对招标人来说，工程量清单的计算对象主要是工程实物，一般不考虑施工方法和施工工艺等对工程量的影响，清单编制相对简单，而且采用综合单价的计价方法，不因各种因素的变化而调整施工进度，有利于控制工程造价；对投标人来说，有利于明确实体与非实体费用支出的性质，在统一工程量的基础上，考虑工程实际情况，按照所采取的施工工艺、施工方法等，充分发挥能动性，挖掘潜力，根据自身的能力报价，以个别成本参加竞争。这样，可针对同一产品在竞争中反映出的不同价格，按市场竞争的原则，选择最低价格进行定价。其实质就是市场定价，即通过规范的市场竞争，得到合理的室内装饰产品的价格，体现了室内装饰工程产品生产的单件性、地域性和生产方式的多样性。

7.2.2 工程量清单内容

工程量清单应由具有编制招标文件能力的招标人，或受其委托具有相应资质的中介机构进行编制。编制工程量清单是一项专业性、综合性很强的工作，完整、准确的工程量清单是保证招标质量的重要条件。

1. 分部分项工程工程量清单

分部分项工程工程量清单为不可调整清单。投标人对招标文件提供的分部分项工程工程量清单认真复核后，必须逐一计价，该清单所列项目和内容不允许任何更改变动。投标人如果认为该清单项目和内容有遗漏或不妥之处，只能提出疑问，由清单编制人进行统一的修改更正，把修正后的工程量清单项目或内容作为工程量清单的补充，以招标答疑的形式发给所有投标人。

1）工程量清单项目编码

工程量清单项目编码主要指分部分项工程工程量清单的项目编码。室内装饰工程涉及的施工方法繁多、施工工艺复杂、装饰材料多，必须对其工程量清单项目进行编码。例如，墙面装饰工程就涉及墙面类型、材料类型、不同施工工艺和墙体面层的不同组合。识别不同墙面装饰，就必须依靠科学的编码，不然，其清单分项就无法正确地表达与描述。此外，信息技术已在工程造价软件中得到广泛运用，若无统一编码，则无法让公众得到信息技术的支持。没有清单分项的科学编码，招标响应、企业定额的制定等就缺乏统一的依据。《计价规范》以上述因素为前提，对分部分项工程工程量清单项目编码有严格的规定，把它作为必须遵循的条款。

（1）《计量规范》中的第 4.2.1 条规定：分部分项工程工程量清单由项目编码、项目名称、项目特征、计量单位和工程量计算规则组成，这 5 个要件在分部分项工程工程量清单中缺一不可。

（2）《计量规范》中的第 4.2.2 条规定了工程量清单项目编码方式：应采用 12 位阿拉伯数字表示，第 1～9 位应按规范附录的规定设置，第 10～12 位应根据拟建工程的工程量清单项目名称和项目特征设置；同一个招标工程的项目编码不得有重码。

各位阿拉伯数字的含义如下：第 1 位和第 2 位阿拉伯数字为专业工程代码，例如，01—房屋建筑与装饰工程；02—仿古建筑工程；03—通用安装工程；04—市政工程；05—园林绿化工程；06—矿山工程；07—构筑物工程；08—城市轨道交通工程；09—爆破工程。第 3 位和第 4 位阿拉伯数字为附录分类顺序码；第 5 位和第 6 位阿拉伯数字为分部工程项目名称顺序码；第 7 位、第 8 位和第 9 位阿拉伯数字为分项工程项目名称顺序码；第 10 位、第 11 位和第 12 位阿拉伯数字为清单项目名称顺序码。项目编码组成如图 7-1 所示。

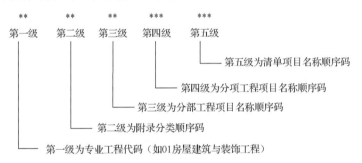

图 7-1　项目编码组成

当同一个标段（或合同段）的一份工程量清单中，含有多个单位工程且工程量清单以单位工程为编制对象时，应特别注意项目编码第 10～12 位的设置不得有重码的规定。例如，一个标段的工程量清单中含有 3 个单位工程，每个单位工程中都有项目特征相同的实心砖墙砌体，在工程量清单中又需要反映 3 个不同单位工程的实心砖墙砌体工程量，则第 1 个单位工程的实心砖墙砌体的项目编码应为 010401003001，第 2 个单位工程的实心砖墙砌体的项目编码应为 010401003002，第 3 个单位工程的实心砖墙砌体的项目编码应为 010401003003，还要分别列出这 3 个单位工程实心砖墙砌体的工程量。

2）项目名称

《计量规范》中的第 4.2.3 条规定：分部分项工程工程量清单的项目名称应按附录中对应的项目名称，结合拟建工程的实际情况而确定。

《计量规范》中的第 4.1.3 条规定：随着工程建设中新材料、新技术、新工艺等的不断涌现，本规范附录所列的工程量清单项目不可能包含所有项目。在编制工程量清单时，出现本规范附录中未包括的清单项目，编制人应作补充。在编制补充项目时，应注意以下 3 个事项。

（1）补充项目的编码应按本规范的规定确定。具体做法如下：补充项目的编码由本规范的代码（01）、B 和 3 位阿拉伯数字组成，并且从 01B001 起顺序编制，同一个招标工程的补充项目不得有重码。

（2）在工程量清单中应附上补充项目的名称、项目特征、计量单位、工程量计算规则和工作内容。

（3）把编制的补充项目报省或行业工程造价管理机构备案。

3）项目特征

《计量规范》条文说明中的第 4.2.4 条规定：工程量清单中的项目特征是确定一个清单项目的综合单价不可缺少的重要依据，在编制工程量清单时，必须对项目特征进行准确和全面的描述。但有些项目特征难以用文字准确和全面地描述。为了规范、简洁、准确、全面地描述项目特征，应遵循以下原则。

（1）项目特征描述的内容应按《计价规范》附录中的规定，结合拟建工程的实际情况，满足计算综合单价的需要。

（2）若采用标准图集或施工图能够全部或部分满足项目特征描述的要求，则项目特征可直接描述为"详见××图集或××图号"。对不能满足项目特征描述要求的部分，仍用文字描述。

4）计量单位

《计量规范》条文说明中的第 3.0.3 条规定：本规范附录中有两个或两个以上计量单位的项目时，应结合拟建工程的实际情况，确定其中一个为计量单位。同一个工程项目的计量单位应一致。

5）工程数量

《计量规范》条文说明中的第 3.0.4 条规定：在工程计量时，每个项目的汇总工程量的有效位数应遵循下列原则：

（1）若以"t"为单位，则应保留小数点后 3 位数字，第 4 位小数四舍五入。

（2）若以"m^3""m^2""m"和"kg"为单位，则应保留小数点后 2 位数字，第 3 位小数四舍五入。

（3）若以"个""件""根""组"和"系统"为单位，则应取整数。

表 7-1 所示为《计量规范》中的块料面层工程量清单，读者可参考该表的格式。

表 7-1 块料面层工程量清单（编码：011102）

项目编码	项目名称	项目特征	计量单位	工程量计算规则	工作内容
011102001	石材楼地面	1. 找平层厚度，砂浆配合比 2. 结合层厚度，砂浆配合比 3. 面层材料的品种、规格和颜色 4. 勾缝材料种类 5. 防护层材料种类 6. 酸洗打蜡要求	m^2	按设计图示尺寸以面积计算。门洞、空圈、暖气包槽、壁龛的开口部分并入相应的工程量内	1. 基层清理 2. 抹找平层 3. 面层铺设、磨边 4. 勾缝 5. 刷防护材料 6. 酸洗打蜡 7. 材料运输
011102002	碎石材楼地面				
011102003	块料楼地面				

注：① 在描述碎石材项目的面层材料特征时可不用描述规格和颜色。

② 石材、块料与黏结材料的结合面所刷防渗材料的种类在防护层材料种类中描述。

③ 本表工作内容中的磨边指施工现场磨边，后面章节涉及的磨边含义相同。

2. 措施项目清单

措施项目是相对工程实体的分部分项工程项目而言的，它是指在实际施工过程中必须发生的施工准备和施工过程中技术、生活、安全、环境保护等方面的非工程实体项目的总称，如安全文明施工、模板工程、脚手架工程等。任何一个建设项目成本一般包括完成工程实体项目所需的费用、施工前期和施工过程中的措施项目费，以及工程建设过程中发生的经营管理费。在定额计价体系中，措施项目费大多以一定的摊销量或一定比例，按定额规定的统一的计算方法计算后并入工程实体定额的消耗量中。显然，定额所含施工措施消耗量的标准是社会平均消耗量。《计价规范》和《计量规范》把非工程实体项目（措施项目）与工程实体项目进行了分离。工程量清单计价规范规定，措施项目清单金额应根据拟建工程的施工方案或施工组织设计文件，由投标人自主报价。这项改革的重要意义是与国际惯例接轨，把措施项目费这一反映施工单位综合实力的指标纳入了市场竞争的范畴。这一费用的竞争反映施工单位技术与管理的竞争、个别成本的竞争，体现公平和优胜劣汰，极大地调动了施工单位以提高施工技术、加强施工管理为手段降低工程成本的主动性和积极性。

措施项目清单为可调整清单，投标人对招标文件中的工程量清单所列项目和内容，可根据企业自身特点和施工组织设计文件进行变更或增减。投标人要对拟建工程可能发生的措施项目及其费用进行全面考虑，清单计价一经报出，即被认为包括了所有应该发生的措施项目的全部费用。如果报出的清单中没有列项，而在施工过程中又必须发生该项目，那么招标人有权认为，该项目费用已经并入分部分项工程工程量清单的综合单价中，将来措施项目发生时，投标人不得以任何理由提出索赔与调整。

措施项目清单也必须列出项目编码、项目名称、项目特征、计量单位。由于影响措施项目设置的因素太多，因此，《计量规范》不可能把施工过程中可能出现的措施项目一一列出。在编制措施项目清单时，因工程情况不同而出现本规范及附录中未列的措施项目，可根据工程的具体情况对措施项目清单进行补充，并且补充项目的有关规定应按《计量规范》条文说明中的第4.1.3 条执行。

3. 其他项目清单

其他项目清单包括暂列金额、暂估价（包括材料暂估单价、工程设备暂估单价、专业工程暂估价）、计日工和总承包服务费等方面的内容，还包括人工费、材料费、施工机具使用费、企业管理费、利润及风险费。其他项目清单包含招标人和投标人所列内容，对以上没有列出的内容，根据工程实际情况补充。

4. 规费项目清单

规费是指按规定必须计入工程造价的行政事业性收费，即按照国家或省、自治区、直辖市人民政府规定，必须缴纳并允许计入工程造价的各项税费之和。规费项目清单主要包括社会保障费（包括养老保险费、工伤保险、医疗保险费、失业保险费）、住房公积金和工程排污费（已停征）。

1）社会保障费

（1）养老保险费。养老保险指劳动者在达到法定退休年龄或因年老、疾病而丧失劳动能力时，按国家规定退出工作岗位并享受社会给予的一定物质帮助的一种社会保险制度。我国的离休/退休、退职制度属于养老保险范畴。养老保险待遇包括离休/退休费、退职生活费以及物价补贴和生活补贴等。

（2）工伤保险费。工伤保险费是指按照建筑法规定，企业为从事危险作业的建筑安装施工人员支付的意外伤害保险费。危险作业意外伤害保险费作为不可竞争费用，在编制施工图预算、招标控制价和投标报价时应按照定额规定的取费标准计算。

（3）医疗保险费。医疗保险指劳动者因疾病、伤残或生育等原因需要治疗时，由国家和社会提供必要的医疗服务和物质帮助的一种社会保险制度。

（4）失业保险费。失业保险指国家通过建立失业保险基金的办法，对因某种情形失去工作而暂时中断生活来源的劳动者，提供一定的基本生活需要，帮助其重新就业的一种社会保险制度。

2）住房公积金

住房公积金是指职工及其所在单位按照职工工资收入的一定比例逐月缴存，它是一种具有保障性和互助性的职工个人住房储金。职工缴存的住房公积金和职工所在单位为职工缴存的住房公积金属于职工个人所有。

国务院发布的《住房公积金管理条例》规定，国家机关、企事业单位、外资企业及城镇私营企业都必须为职工缴存住房公积金。

3）工程排污费

工程排污费是一项行政事业性收费，是针对室内装饰过程中污染物排放收费，收费内容包括废气、废水、废物等各种废弃原材料和物资的费用，一般由环保部门根据工程实际情况制定收费标准。自2018年1月1日起，在全国范围内统一停征排污费和海洋工程污水排污费，但对早于2018年1月1日的建设项目，仍需征收工程排污费。

5. 税金项目清单

税金是指按国家税法规定应计入工程造价内的增值税、城市维护建设税、教育附加费及地方教育费附加。根据《关于全面推开营业税改征增值税试点的通知》（财税〔2016〕36号）和《关于做好建筑业营改增建设工程计价依据调整准备工作的通知》（建办标〔2016〕4号），以及"价税分离"的原则，建筑业税金项目清单中的营业税改成增值税。营改增后的工程造价由税前工程造价和税金组成。税前工程造价为人工费、材料费、施工机具使用费、企业管理费、利润、规费之和，税金为增值税。税前各项费用均不包含增值税可抵扣进项税额。现行的建设工程计价依据中的增值税适用税率为9%。

建筑装饰公司作为一般纳税人适用一般计税法，一般计税法的应纳税额计算式为

$$应纳税额 = 当期销项税额 - 当期进项税额$$
$$= 当期销售额 \times 9\% - 当期进项税额 \tag{7-1}$$

《关于全面推开营业税改征增值税试点的通知》确认了施工单位在以下4种情况下，可采用简易计税法计税：

（1）纳税人为小规模纳税人。

（2）以清包工方式提供建筑服务。

（3）为甲供工程提供建筑服务。

（4）为建筑工程老项目提供建筑服务。

以简易计税法计税的建筑装饰工程项目可适用 3%的增值税适用税率,同时不得抵扣进项税额。简易计税法的应纳税额计算式为

$$应纳税额 = 销售额×增值税适用税率 \qquad (7-2)$$

7.2.3　工程量清单计价内容

建设工程造价由分部分项工程费、措施项目费、其他项目费、规费和税金组成。分部分项工程工程量清单,应采用综合单价计价。招标文件中的工程量清单标明的工程量是投标人投标报价的基础,竣工结算的工程量按承发包双方在合同中约定应予计量且实际完成的工程量确定。措施项目清单计价应根据拟建工程的施工组织设计文件,对可以计算工程量的措施项目,应按分部分项工程工程量清单的方式采用综合单价计价;其余的措施项目可以"项"为单位的方式计价,应包括除规费和税金以外的全部费用。措施项目清单中的安全文明施工费应按照国家或省级、行业建设主管部门的规定计价,不得作为竞争性费用。

其他项目清单应根据工程特点和《计价规范》中的规定计价。对于招标人在工程量清单中提供了暂估价的材料和专业工程,若两者都属于依法必须招标的,则由承包人和招标人共同通过招标确定材料单价与专业工程分包价;若材料不属于依法必须招标的,则经承发包双方协商确认单价后计价;若专业工程不属于依法必须招标的,则由发包人、承包人与分包人按有关计价依据进行计价。规费和税金应按国家或省级、行业建设主管部门的规定计算,不得作为竞争性费用。对采用工程量清单计价的工程,应在招标文件或合同中明确风险内容及其范围,不得采用"无限风险""所有风险"或类似语句规定风险内容及其范围。

1. 综合单价及其内涵

综合单价是完成规定计量单位、合格产品所需的全部费用,即一个规定计量单位工程所需的人工费、材料费、施工机具使用费、企业管理费和利润。综合单价计价法不但适用于分部分项工程工程量清单,也适用于措施项目清单和其他项目清单。

综合单价计价法与传统预算定额法有着本质的区别,其最基本的特征表现为分项工程项目费用的综合性强。按照上述定义,它不仅包括传统预算定额中的直接费,还增加了企业管理费和利润两部分,同时,因为考虑了风险因素而形成最终单价,所以称其为综合单价。对某一项具体的分部分项工程而言,综合单价计价法又具有单一性的特征。综合单价基本上能够反映一个分项工程单价,再加上相应的措施项目费、其他项目费、规费和税金,就是某种意义上的"产品"(分部工程或分项工程)完整(或称全费用)的单价或价格,即把分部分项工程看作产品,使分部分项工程费用成为某种意义上的产品综合单价。

2. 招标控制价

国有资金投资的建设项目应实行工程量清单招标,并且应编制招标控制价。当招标控制价超过已批准的概算时,招标人应把招标控制价报原概算部门审核。当投标人的投标报价高于招标控制价时,其投标应予以拒绝。招标控制价应由具有编制能力的招标人或受其委托具有相应资质的工程造价咨询人编制。招标控制价应根据下列文件编制。

(1)《计价规范》。

(2)国家或省级、行业建设主管部门颁发的计价定额和计价方法。

(3)建设工程设计文件及相关资料。

（4）招标文件中的工程量清单及有关要求。

（5）与建设项目相关的标准、规范、技术资料。

（6）工程造价管理机构发布的工程造价信息。若工程造价信息还没有发布，则参照市场价。

（7）其他相关资料。

3. 投标价

投标价是由投标人按照招标人提供的工程量清单报价。投标人报价时，除了《计价规范》中的强制性规定，其他的（分部分项工程费、措施项目费）可由投标人自主确定，但不得低于成本。投标人填写的项目编码、项目名称、项目特征、计量单位、工程量必须与招标人提供的一致。投标价应由投标人或受其委托具有相应资质的工程造价咨询人编制。投标报价应根据下列文件编制。

（1）《计价规范》。

（2）国家或省级、行业建设主管部门颁发的计价方法。

（3）企业定额及国家或省级、行业建设主管部门颁发的计价定额。

（4）招标文件、工程量清单及其补充通知和答疑纪要。

（5）工程设计文件及相关资料。

（6）施工现场情况、工程特点及拟定的投标施工组织设计文件或施工方案。

（7）与建设项目相关的标准、规范等技术资料。

（8）市场价信息或工程造价管理机构发布的工程造价信息。

（9）其他相关资料。

7.3 室内装饰工程工程量清单及其计价的编制

7.3.1 工程量清单编制原则、依据和步骤

1. 编制原则

（1）符合《计价规范》的原则。编制工程量清单时，项目分项类别、分项名称、清单分项编码、计量单位、分项项目特征、工作内容等都必须符合《计价规范》的规定和要求。

（2）符合工程量实物分项与描述准确的原则。工程量清单是对招标人和投标人都有很强约束力的重要文件，专业性强，内容复杂，对编制人的业务技术水平和能力要求高。能否编制出完整、严谨、准确的工程量清单，是招标成败的关键。工程量清单是传达招标人要求，便于投标人响应和完成招标工程实体、工程任务目标及相应分项工程数量，全面反映投标报价要求的直接依据。因此，招标人向投标人提供的清单必须与施工图相符合，能充分体现设计意图，充分反映施工现场的实际施工条件，为投标人的合理报价创造有利条件，贯彻互利互惠的原则。

（3）工作认真审慎的原则。应当认真学习《计价规范》、相关政策法规、工程量计算规则、施工图、工程地质与水文资料和相关的技术资料等，熟悉施工现场情况，注重现场施工条件分析。对初定的工程量清单中的各个分项工程，按有关的规定进行认真核对、审核，避免错漏项、少算或多算工程数量等现象发生；对措施项目与其他项目的工程量清单，也应当认真反复核实，最大限度减少人为因素造成的错误发生。重要的问题是不留缺口，防止日后追加工程投资，增加工程造价。

2．编制依据

工程量清单的编制依据是国家颁布的《计价规范》、本地区相关计价条例及相关法律法规等。其中，《计价规范》是编制工程量清单的最重要依据，该规范第 4 章内容包括编制招标工程量清单的一般规定、分部分项工程工程量清单、措施项目清单、其他措施项目清单 4 个部分。

施工图、工程勘察资料及其相关技术规范、标准等技术文件，以及施工现场和周边环境及其施工条件等情况也是工程量清单的编制依据。

3．编制步骤

（1）工程量清单的编制步骤如图 7-2 所示。

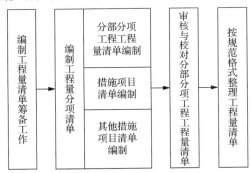

图 7-2　工程量清单编制步骤

（2）分部分项工程工程量清单编制步骤如图 7-3 所示。

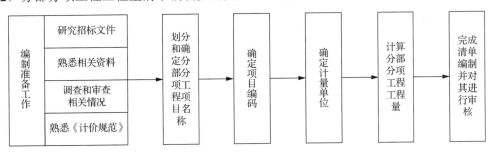

图 7-3　分部分项工程工程量清单编制步骤

编制分部分项工程工程量清单应按项目编码、项目名称、计量单位和工程量计算规则的有关规定进行编制，具体步骤如下。

（1）做好清单编制准备工作。熟悉《计价规范》及相应的工程量计价规则，熟悉工程所处的位置及相关的资源资料，熟悉设计图样和相关的施工规范、施工工艺和操作规程；了解现场及施工条件，调查施工单位情况和协作施工的条件等。

（2）划分和确定分部分项工程项目名称。严格根据《计价规范》的相关规定划分和确定分部分项工程项目名称并做好编码工作。

（3）按《计价规范》规定的工程量计算规则，计算分部分项工程工程量并严格套用计量单位。

（4）编制工程量清单并对其进行反复核对，检查无误后再进行综合的造价编制。

7.3.2　工程量清单计价的编制

1. 综合单价和工程项目总价的编制原则和依据

1）编制原则

工程量清单中各个分项工程综合单价和工程项目总价的编制及工程造价管理的全过程，应遵循下列原则。

（1）质量与效益相结合原则。既要保证产品质量又要不断提高效益，是企业长期发展的基本目标和动力。长时期以来不少室内装饰工程承包人由于种种原因，往往将质量和效益对立起来。事实上，在质量、施工进度、成本、安全、环境、方法等因素中，必有最佳的组合方式。有的施工单位不是在如何解决矛盾、如何把质量与效益相结合上下工夫，不提高自身管理水平，而是想方设法如何降低成本，甚至冒险偷工减料，这必然会导致工程质量下降和效益降低。只有运用和实施优秀的管理和科学合理的施工方案，才能有效地把质量和效益统一起来，从而求得长期的发展。因此，决策者和编制人必须坚持施工管理、施工方案的科学性，从始至终贯彻质量与效益相结合原则。

（2）优胜劣汰原则。市场竞争是市场经济一个重要的规律，有商品生产就会有竞争。建设市场是买方市场，市场竞争更加激烈多变。这里所说的竞争，就是要求造价编制人考虑合理因素的同时，使确定的清单价格具有竞争优势，提高中标的可能性与可靠度。在经济合理的前提下，尽量选择可信度高、施工质量好的装饰工程施工单位，真正做到优胜劣汰。

（3）优势原则。具有竞争优势的价格从何而来，关键在于企业优势，如品牌、诚信、管理、营销、技术、质量和价格优势等。因此，编制工程造价必须善于"扬长避短"，运用价值工程的观念和方法，采取多种施工方案和技术措施进行比价；采用"合理低价"和"不平衡报价"等方法，体现报价的优势，不断提高中标率，不断提高市场份额。

（4）市场风险原则。在编制招投标的标底或投标报价前，必须注重市场风险研究，充分预测市场风险，脚踏实地进行充分的市场调查研究，采取行之有效的措施与对策。

2）编制依据

（1）《建筑工程施工发包与承包计价管理办法》（建设部第 107 号令）、《建设工程工程量清单计价规范》（GB 50500—2013），以及相关政策、法规、标准、规范、操作规程等。

（2）招标文件和室内施工图、地质与水文资料、施工组织设计文件或施工方案，以及技术专利、质量、环保、安全措施方案及施工现场资料等。

（3）市场劳动力、材料、设备等价格信息，以及工程造价主管部门公布的价格信息及其相应价差调整的文件规定等。

（4）承包人投标营销方案与投标策略意向、施工单位消耗与费用定额、企业技术与质量标准、企业"工法"资料、新技术新工艺标准，以及过去存档的类似工程资料等。

（5）省、市、地区发布的室内装饰工程综合单价定额，或相关消耗与费用定额，或地区综合估价表（或基价表）；省、市、地区发布的季度室内装饰工程或劳动力及机械台班的指导价。

2. 综合单价和工程总价的编制步骤和方法

1）综合单价的编制步骤

确定综合单价是承包人准备响应和承诺招标人发标的核心工作，也是能否中标的关键环节。因此，要做好充分的准备工作。综合单价的编制步骤如图 7-4 所示。

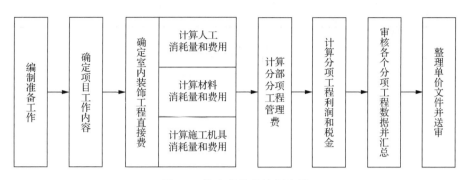

图 7-4　综合单价的编制步骤

2）综合单价的编制方法

下面以福建省某个墙面镶贴块料面层项目为例，介绍综合单价的编制方法。

（1）应选择费用定额（或单价表）。以《福建省建筑安装工程费用定额》和《福建省房屋建筑与装饰工程预算定额》等文件为依据进行编制，这对综合单价的编制方法没有影响。传统预算定额法与工程量清单计价法虽有本质区别，但对定额编制方法而言，只是分项划分与费用组合的区别，在制定方法上并无本质差别。在上述定额基价中，直接给出了分部分项工程综合单价，即除了给出人工费、材料费、施工机具使用费 3 项费用，还包含企业管理费和利润。

（2）根据以上确定的工程内容，进一步查找相应的定额（单价表或基价表）分项的人工费、材料费、施工机具使用费等费用，并按定额规定调整差价。

（3）计算企业管理费、利润和税金。

（4）整理并审核。

3）工程总价的编制步骤和方法

工程总价的编制步骤，如图 7-5 所示。其具体编制工作首先是以工程量清单规定的分项工程工程量、项目特征和工作内容为依据，按照设计图样的要求，以分部分项工程工程量清单和相对应的施工方案为主要依据，结合相关措施项目工程量清单进行综合考虑，编制出分部分项工程综合单价。然后考虑编制相关措施项目的综合单价。

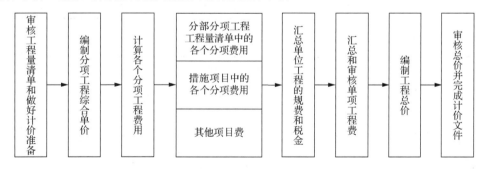

图 7-5　工程总价的编制步骤

7.3.3　工程量清单及其计价格式

1. 表格构成内容

《计价规范》中对所涉及的工程量清单项目都做出了相应的规定，具体内容如下。

1）工程量清单封面（封1）

_____工程

工程量清单

工程造价

招标人：_____ 咨询人：_____

  （单位盖章）   （单位盖章或资质专用章）

法定代表人   法定代表人

或其授权人：_____ 或其授权人：_____

  （签字或盖章）   （签字或盖章）

编制人：_____ 复核人_____

 （造价人员签字并盖专用章） （造价工程师签字并盖专用章）

编制时间： 年 月 日 复核时间： 年 月 日

2）招标控制价封面（封2）

_____工程

招标控制价

招标控制价（小写）：_____

   （大写）：_____

工程造价

招标人：_____ 咨询人：_____

  （单位盖章）   （单位盖章或资质专用章）

法定代表人   法定代表人

或其授权人：_____ 或其授权人：_____

  （签字或盖章）   （签字或盖章）

编制人：_____ 复核人：_____

 （造价人员签字并盖专用章） （造价工程师签字并盖专用章）

编制时间： 年 月 日 复核时间： 年 月 日

3）投标总价封面（封3）

投 标 总 价

招　标　人：_____

工　程　名　称：_____

投标总价（小写）：_____

   （大写）：_____

        法定代表人

投标人：_____或其授权人：_____

  （单位盖章）   （签字或盖章）

编制人：_____

  （造价人员签字并盖专用章）

时　　间： 年 月 日

4）竣工结算报送总价封面（封4）

_____工程
竣工结算总价
中标价（小写）：_____（大写）：_____
结算价（小写）：_____（大写）：_____
工程造价
发包人：_____承包人：_____咨询人：_____
（单位盖章） （签字或盖章） （单位资质盖章）
法定代表人 法定代表人 法定代表人
或其授权人：_____ 或其授权人：_____ 或其授权人：_____
（签字或盖章） （签字或盖章） （签字或盖章）
编制人：_____核对人：_____
（造价人员签字并盖专用章） （造价工程师签字并盖专用章）
编制时间： 年 月 日 核对时间： 年 月 日

5）总说明（见表7-2）

表7-2 总说明

工程名称： 第 页 共 页

××××

6）工程项目招标控制价（投标报价）汇总表（见表7-3）

表7-3 工程项目招标控制价（投标报价）汇总表

工程名称： 第 页 共 页

| 序号 | 单项工程名称 | 金额/元 | 其中 | | |
			暂估价/元	安全文明施工费/元	规费/元
	合　计				

7）单项工程招标控制价（投标报价）汇总表（见表7-4）

表7-4 单项工程招标控制价（投标报价）汇总表

工程名称：　　　　　　　　　　　　　　　　　　　　　　　　　　　　　　　　　第　页　共　页

序号	单位工程名称	金额/元	其中		
			暂估价/元	安全文明施工费/元	规费/元
	合　计				

注：本表适用于工程项目招标控制价或投标报价的汇总。

8）单位工程招标控制价（投标报价）汇总表（见表7-5）

表7-5 单位工程招标控制价（投标报价）汇总表

工程名称：　　　　　　　　　　　　　标段：　　　　　　　　　　　　　第　页　共　页

序号	汇 总 内 容	金额/元	其中：暂估价/元
1	分部分项工程费		
1.1			
1.2			
	……		
2	措施项目费		
2.1	其中：安全文明施工费		
3	其他项目费		
3.1	其中：暂列金额		
3.2	其中：计日工		
3.3	其中：总承包服务费		
4	规费		
5	税金		
	合计=1+2+3+4+5		

注：本表适用于单项工程招标控制价或投标报价的汇总。

9）工程项目竣工结算汇总表（见表7-6）

表7-6 工程项目竣工结算汇总表

工程名称：　　　　　　　　　　　　　　　　　　　　　　　　　　　　　　　　　第　页　共　页

序号	汇 总 内 容	金额/元	其中	
			安全文明施工费/元	规费/元
	合　计			

10）单项工程项目竣工结算汇总表（见表 7-7）

表 7-7 单项工程项目竣工结算汇总表

工程名称：　　　　　　　　　　　　　　　　　　　　　　　　　　　　　第　页共　页

序号	汇 总 内 容	金额/元	其中	
			安全文明施工费/元	规费/元
	合　计			

11）单位工程项目竣工结算汇总表（见表 7-8）

表 7-8 单位工程项目竣工结算汇总表

工程名称：　　　　　　　　　　　　标段：　　　　　　　　　　　　第　页共　页

序号	汇 总 内 容	金额/元
1	分部分项工程费	
1.1		
1.2		
	……	
2	措施项目费	
2.1	其中：安全文明施工费	
3	其他项目费	
3.1	其中：暂列金额	
3.2	其中：计日工	
3.3	其中：总承包服务费	
3.4	索赔与现场签证费	
4	规费	
5	税金	
	合计=1+2+3+4+5	

12）分部分项工程工程量清单及其计价表（见表 7-9）

表 7-9 分部分项工程工程量清单及其计价表

工程名称：　　　　　　　　　　　　标段：　　　　　　　　　　　　第　页共　页

序号	项目编码	项目名称	项目特征	计量单位	工程量	金额/元		
						综合单价	合价	其中：暂估价
	本页小计							
	合　计							

13）分部分项工程工程量清单综合单价分析表（见表7-10）

表7-10　分部分项工程工程量清单综合单价分析表

工程名称：　　　　　　　　　　　　　　　标段：　　　　　　　　　　　　　第　页　共　页

项目编码			项目名称			计量单位		
清单组成单价明细								

定额编码	定额名称	计量单位	数量	单价/元				合价/元			
				人工费	材料费	施工机具使用费	企业管理费和利润	人工费	材料费	施工机具使用费	企业管理费和利润
人工单价			小计								
元/工日			未计价材料费								
清单综合单价											

材料费明细	主要材料的名称、规格和型号	单位	数量	单价/元	合价/元	暂估单价/元	暂估合价/元
	其他材料费						
	材料费小计						

注：① 如果不使用省级或行业建设主管部门发布的计价依据，可不填定额名称和编号等。

② 对招标文件提供了暂估价的材料，可填写"暂估单价"栏和"暂估合价"栏。

14）措施项目清单及其计价表1（见表7-11）

表7-11　措施项目清单及其计价表1

工程名称：　　　　　　　　　　　　　　　标段：　　　　　　　　　　　　　第　页　共　页

序号	项目编码	项 目 名 称	计 算 基 础	费率（%）	金额/元
1		安全文明施工费			
2		夜间施工增加费			
3		二次搬运费			
4		冬雨季施工增加费			
5		已完工程及设备保护费			
6		工程定位复测费			
7		特殊地区施工增加费			
8		大型机械设备进出场费及安拆费			
9		脚手架工程费			
10		各类专业工程的措施项目费			
		……			
合 计					

注：本表适用于以"项"为单位计价的措施项目。

15）措施项目清单及其计价表2（见表7-12）

表7-12 措施项目清单及其计价表2

工程名称： 标段： 第 页 共 页

序号	项目编码	项目名称	项目特征	计量单位	工程量	金额/元	
						综合单价	合价
合　计							

注：本表适用于以综合单价形式计价的措施项目。

16）其他项目清单及其计价汇总表及相关表格（见表7-13～表7-18）

表7-13 其他项目清单及其计价汇总表

工程名称： 标段： 第 页 共 页

序号	项 目 名 称	计 量 单 位	金额/元	备注
1	暂列金额			明细见表7-14
2	暂估价			
2.1	材料（设备）暂估价			明细见表7-15
2.2	专业工程暂估价			明细见表7-16
3	计日工			明细见表7-17
4	总承包服务费			明细见表7-18
5				
3				
	······			
合　计				—

表7-14 暂列金额明细表

工程名称： 标段： 第 页 共 页

序号	项 目 名 称	计 量 单 位	暂列金额/元	备注
1				
2				
3				
4				
5				
合　计				—

注：本表由招标人填写，若不能详细列出各项暂列金额，则可填写暂列金额总额，投标人应将上述暂列金额计入投标总价中。

表 7-15　材料（工程设备）暂估单价表

工程名称：　　　　　　　　　　　　　　标段：　　　　　　　　　　　　　　　　第　页　共　页

序号	材料（工程设备）的名称、规格和型号	计 量 单 位	单价/元	备注
合　　计				—

注：① 本表由招标人填写，在备注栏说明暂估价的材料拟用在哪些项目上，投标人应将上述材料暂估单价计入工程量清单综合单价报价中。

② 材料包括原材料、燃料、构/配件及按规定应计入建筑安装工程造价的设备。

表 7-16　专业工程暂估价表

工程名称：　　　　　　　　　　　　　　标段：　　　　　　　　　　　　　　　　第　页　共　页

序号	工程名称	工程内容	金额/元	备注
合　　计				—

注：本表由招标人填写，投标人应将上述专业工程暂估价计入投标总价中。

表 7-17　计日工表

工程名称：　　　　　　　　　　　　　　标段：　　　　　　　　　　　　　　　　第　页　共　页

序号	项目名称	单位	暂定数量	综合单价/元	合价/元
	人工				
	……				
人工小计					
	材料				
	……				
材料小计					
	施工机具				
	……				
施工机具小计					
合　　计					

注：本表项目名称、暂定数量由招标人填写，编制招标控制价时，单价由招标人按有关计价规定确定；投标时，单价由投标人自主报价并计入投标总价中。

表 7-18 总承包服务费计价表

工程名称： 标段： 第 页 共 页

序号	项目名称	项目价值/元	服务内容	费率（%）	金额/元
	发包人发包专业工程				
	发包人供应材料				
合　　计					

17）索赔与现场签证计价相关的表格（见表 7-19～表 7-21）

表 7-19 索赔与现场签证计价汇总表

工程名称： 标段： 第 页 共 页

序号	索赔与现场签证项目名称	计量单位	数量	单价/元	合价/元	索赔与现场签证依据
	本页小计					
	合计					
合　　计						

注：索赔与现场签证依据是指经承发包双方认可的签证单和索赔依据的编号。

表 7-20 费用索赔申请（核准）表

工程名称： 标段： 编号：

致：＿＿＿＿＿＿＿＿＿＿＿＿＿＿＿＿＿＿＿＿＿＿＿＿＿＿＿＿＿＿＿＿＿＿＿＿＿（发包人全称）

　　根据施工合同条款＿＿＿＿＿条的约定＿＿＿＿＿＿＿＿＿＿＿＿，由于＿＿＿＿＿＿＿＿原因，我方要求索赔金额（大写）＿＿＿＿＿＿＿＿（小写）＿＿＿＿＿＿＿＿，请予核准。

附：1. 费用索赔的详细理由和依据。

　　2. 索赔金额的计算。

　　3. 证明材料。

承包人（章）

承包人代表＿＿＿＿＿＿＿＿

日期＿＿＿＿＿＿＿＿

复核意见： 　　根据施工合同条款＿＿＿＿＿＿条的约定，你方提出的费用索赔申请经复核： □不同意此项索赔，具体意见见附件。 □同意此项索赔，索赔金额的计算由造价工程师复核。 <div align="right">监理工程师＿＿＿＿＿＿＿＿ 日期＿＿＿＿＿＿＿＿</div>	复核意见： 　　根据施工合同条款＿＿＿＿＿条的约定，你方提出的费用索赔申请经复核，索赔金额为（大写）＿＿＿＿＿＿＿＿＿＿（小写＿＿＿＿＿＿＿＿＿＿）。 <div align="right">造价工程师＿＿＿＿＿＿＿＿ 日期＿＿＿＿＿＿＿＿</div>

审核意见：

□不同意此项索赔。

□同意此项索赔，与本期进度款同期支付。

发包人（章）

发包人代表＿＿＿＿＿＿＿＿

日期＿＿＿＿＿＿＿＿

注：① 在选择栏中的"□"内标"√"符号。

　　② 本表一式四份，由承包人填报，发包人、监理人、造价咨询人、承包人各存一份。

表 7-21　现场签证表

工程名称：　　　　　　　　　　　　标段：　　　　　　　　　　　　　　编号：

施工部位		日期	

致：_____（发包人全称）

　　根据_____（指令人姓名）　年　月　日的口头指令或你方_____（或监理人）　年　月　日的书面通知，我方要求此项工程应该支付价款金额（大写）_____（小写_____），请予核准。

附：1. 签证事由及原因

　　2. 附图及计算式

承包人（章）

承包人代表_____

日期_____

复核意见： 　　你方提出的此项签证申请经复核： □不同意此项签证，具体意见见附件。 □同意此项签证，签证金额的计算由造价工程师复核。 　　　　　　　　监理工程师_____ 　　　　　　　　　　日期_____	复核意见： 　　□此项签证按承包人中标的计日工单价计算，金额为（大写）（小写_____）。 　　□此项签证因无计日工单价，金额为（大写）_____（小写_____）。 　　　　　　　　造价工程师_____ 　　　　　　　　　　日期_____

审核意见：

　　□不同意此项签证。

　　□同意此项签证，与本期进度款同期支付。

发包人（章）

发包人代表_____

日期_____

注：① 在选择栏中的"□"内标"√"符号。

　　② 本表一式四份，由承包人在收到发包人（监理人）的口头或书面通知后填写，发包人、监理人、造价咨询人、承包人各存一份。

18）规费、税金项目清单及其计价表（见表 7-22）

表 7-22　规费、税金项目清单及其计价表

工程名称：　　　　　　　　　　　标段：　　　　　　　　　　　　第　页共　页

序号	项目名称	计算基础	费率（%）	金额/元
1	规费			
1.1	社会保障费			
（1）	养老保险费			
（2）	失业保险费			
（3）	医疗保险费			
1.2	住房公积金			
1.3	工伤保险			
2	税金	分部分项工程费+措施项目费+其他项目费+规费		
合计=1+2				

19）工程价款支付申请（核准）表（见表 7-23）

表 7-23　工程价款支付申请（核准）表

工程名称：　　　　　　　　　　　　标段：　　　　　　　　　　　　编号：

· 致：＿＿＿＿＿＿＿＿＿＿＿＿＿＿＿＿＿＿＿＿＿＿＿＿＿＿＿＿＿＿（发包人全称）

　　我方于＿＿＿＿＿＿至＿＿＿＿＿＿期间已完成了＿＿＿＿＿工作，根据施工合同的约定，现申请支付本周期工程价款金额，应支付金额为（大写）＿＿＿＿＿＿（小写＿＿＿＿＿），请予核准。

序号	名称	金额/元	备注
1	累计已完成的工程价款		
2	累计已实际支付的工程价款		
3	本周期已完成的工程价款		
4	本周期完成的计日工金额		
5	本周期应增加和扣减的变更金额		
6	本周期应增加和扣减的索赔金额		
7	本周期应抵扣的预付款		
8	本周期应扣减的质保金		
9	本周期应增加或扣减的其他金额		
10	本周期实际应支付的工程价款		

承包人（章）

承包人代表＿＿＿＿＿＿

日期＿＿＿＿＿＿

复核意见：	复核意见：
□与施工情况不相符，修改意见见附件。 □与实际施工情况相符，具体金额由造价工程师复核。 　　　　　监理工程师＿＿＿＿＿＿ 　　　　　日期＿＿＿＿＿＿	你方提出的支付申请经复核，本周期已完成工程价款金额为（大写）＿＿＿＿＿＿（小写＿＿＿＿＿），本周期应支付金额为（大写）＿＿＿＿＿＿（小写＿＿＿＿＿）。 　　　　　造价工程师＿＿＿＿＿＿ 　　　　　日期＿＿＿＿＿＿

审核意见：

□不同意

□同意，支付时间为本表签发后的 15 天内。

发包人（章）

发包人代表＿＿＿＿＿＿

日期＿＿＿＿＿＿

注：① 在选择栏中的"□"内标 "√"符号。

　　② 本表一式四份，由承包人填报，发包人、监理人、造价咨询人、承包人各存一份。

2. 表格应用说明

表格内容组合应用说明如下。

具体使用工程量清单及其计价表格时，需要按不同编制阶段，把它们分为工程量清单、招标控制价（投标报价）、竣工结算核对总价和竣工结算报送总价等表格，具体表格目录及其应用说明见表 7-24。

表 7-24　表格目录及其应用说明

编号	表格名称	工程量清单	招标控制价	投标报价	竣工结算
封-1	工程量清单	√			
封-2	招标控制价		√		
封-3	投标总价			√	
封-4	竣工结算报送总价				√
表 7-2	总说明	√	√	√	√
表 7-3	工程项目招标控制价（投标报价）汇总表		√	√	√
表 7-4	单项工程招标控制价（投标报价）汇总表		√	√	√
表 7-5	单位工程招标控制价（投标报价）汇总表		√	√	√
表 7-6	工程项目竣工结算汇总表		√	√	
表 7-7	单项工程项目竣工结算汇总表		√	√	
表 7-8	单位工程项目竣工结算汇总表		√	√	
表 7-9	分部分项工程工程量清单及其计价表	√	√	√	√
表 7-10	分部分项工程工程量清单综合单价分析表		√	√	√
表 7-11	措施项目清单及其计价表 1	√	√	√	√
表 7-12	措施项目清单及其计价表 2	√	√	√	√
表 7-13	其他项目清单及其计价汇总表	√	√	√	√
表 7-14	暂列金额明细表	√	√	√	√
表 7-15	材料（工程设备）暂估单价表	√	√	√	√
表 7-16	专业工程暂估价表	√	√	√	√
表 7-17	计日工表	√	√	√	√
表 7-18	总承包服务费计价表	√	√	√	√
表 7-19	索赔与现场签证计价汇总表				√
表 7-20	费用索赔申请（核准）表				√
表 7-21	现场签证表				√
表 7-22	规费、税金项目清单及其计价表	√	√	√	√
表 7-23	工程价款支付申请（核准）表	√	√	√	√

3. 填表说明

1）封面的填写

（1）在编制工程量清单时，其封面应按规定的内容填写、签字和盖章。造价人员编制的工程量清单上应有负责审核的造价工程师的签字并盖章。

（2）编制各类招标控制价（投标报价）汇总表和竣工结算汇总表时，其封面应按规定的内容填写、签字、盖章。除承包人自行编制的投标报价和竣工结算汇总表外，受委托编制的招标控制价（投标报价）汇总表、竣工结算汇总表若由造价人员编制的，则这些表格上应有负责审核的造价工程师的签字、盖章以及造价咨询人的盖章。

2）总说明的填写

在不同工程计价阶段，总说明应按以下内容填写。

（1）编制工程量清单时，总说明的内容应包括以下 5 项。

① 工程概况，如建设地址、建设规模、工程特征、交通状况、环保要求等。

② 工程发包、分包范围。

③ 工程量清单编制依据，如采用的标准、施工图、标准图集等。

④ 使用材料设备、施工的特殊要求等。

⑤ 其他需要说明的问题。

（2）编制招标控制价时，总说明的内容应包括以下 5 项。

① 采用的计价依据。

② 采用的施工组织设计文件。

③ 采用的人工、材料、施工机具价格来源。

④ 综合单价中的风险因素和风险范围（程度）。

⑤ 其他需要说明的问题。

（3）编制投标报价时，总说明的内容应包括以下 5 项。

① 采用的计价依据。

② 采用的施工组织设计文件及投标工期。

③ 综合单价中的风险因素和风险范围（程度）。

④ 措施项目的依据。

⑤ 其他需要说明的问题。

4）编制竣工结算时，总说明的内容应包括以下 6 项。

① 工程概况。

② 编制依据。

③ 工程变更。

④ 工程价款的调整。

⑤ 索赔。

⑥ 其他需要说明的问题。

小　结

　　工程量清单是工程量清单计价的重要手段和工具，也是我国推行的新的建设工程计价制度和方法，它彻底改革传统计价制度和方法，改革招投标程序和模式。工程量清单计价法和模式是一套符合市场经济规律的、科学的报价体系。工程量清单的编制是招标人进行招标前的一项重要的准备工作，是招标文件中不可缺少的、十分重要的文件之一，是工程造价合同管理与系统控制的重要依据之一。工程量清单的编制必须符合相关原则和规定，如果出现差错，就会给招投标与计价带来较多问题。

　　工程量清单是指表现拟建工程的分部分项工程项目、措施项目、其他项目、规费项目和税金项目名称和相应数量的明细清单，即招标人按照招标要求和施工图规定，把拟建工程的全部项目和内容，依据工程量清单计价规范附录中的项目编码、项目名称、计量单位和工程量计算规则进行编制。

习 题

一、选择题

1～25 为单选题

1. 关于建设工程工程量清单的编制，下列说法正确的是（ ）。

　　A. 招标文件必须由专业咨询机构编制，由招标人发布

　　B. 材料的品牌档次应在设计文件中体现，在工程量清单编制中不再说明

　　C. 专业工程暂估价中包括企业管理费和利润

　　D. 税金、规费是政府规定的，在工程量清单中可不列项

2. 下列工程量清单正确的是（ ）。

　　A. $\sum$ 分部分项工程工程量×工料单价

　　B. $\sum$ 措施项目工程量×措施项目工料单价

　　C. 其他项目=暂列金额+暂估价+计日工+总承包服务费

　　D. 单项工程费=分部分项项目费+措施项目费+其他项目费+税金

3. 在编制工程量清单时，出现《计价规范》附录中未包括的清单项目时，编制人应作补充。下列关于编制补充项目的说法正确的是（ ）。

　　A. 第三级项目编码对应的是分项工程

　　B. 《计价规范》中就某一清单项目给出两个及以上计量单位时，应选择最方便计算的单位

　　C. 当同一个标段的工程量清单中含有多个项目特征相同的单位工程时，可采用相同的项目编码

　　D. 补充项目的编码是 6 位

4. 关于分部分项工程工程量清单中的项目编码，下列说法正确的是（ ）。

　　A. 第二级编码为分部工程顺序码

　　B. 第五级编码为分项工程项目名称顺序码

　　C. 对同一个标段内多个单位工程中项目特征完全相同的分项工程，可采用相同编码

　　D. 补充项目的编码是 6 位

5. 分部分项工程工程量清单的 12 位项目编码中，由清单编制人设置的是（ ）。

　　A. 第 8～10 位　　　　　　　　　　　　B. 第 9～11 位

　　C. 第 9～12 位　　　　　　　　　　　　D. 第 10～12 位

6. 关于建设工程工程量清单的编制，下列说法正确的是（ ）。

　　A. 总承包服务费应计列在暂列金额项目下

　　B. 对分部分项工程工程量清单中所列工程量，应按专业工程量计算规范规定的工程计算规则计算

　　C. 措施项目清单的编制不用考虑施工技术方案

　　D. 对在专业工程量计算规范中没有列项的分部分项工程，不得编制补充项目

7. 分部分项工程工程量清单中项目的工程量是以完成后的净值计算的。若投标人所采取的施工方法使实际工程量超过项目实体净值量，则超出部分所需费用应（ ）。

　　A．计入工程索赔款项　　　　　　　　B．计入零星工作费用

　　C．计入分项工程综合单价　　　　　　D．计入预留金

8．对投标人报出的措施项目清单中没有列项且在施工过程中必须发生的项目，招标人（　　）。

　　A．要给予投标人以补偿

　　B．应允许投标人进行补充

　　C．可认为其包括在其他措施项目中

　　D．可认为其包括在分部分项工程工程量清单的综合单价中

9．编制措施项目清单时，施工排水/降水项目的设置主要参考（　　）。

　　A．拟建工程的常规施工方案　　　　　B．相关的施工规程

　　C．拟建工程的设计文件　　　　　　　D．相关的施工规范

10．建设工程工程量清单中的其他项目清单中不包括（　　）。

　　A．预留金　　　　B．总承包服务费　　　　C．材料购置费　　　　D．规费

11．招标人提出的不能以实物计量的零星工作项目所需费用应列入（　　）。

　　A．分部分项工程工程量清单　　　　　B．措施项目清单

　　C．其他项目清单中的招标人部分　　　D．其他项目清单中的投标人部分

12．为配合协调招标人进行的工程分包和材料采购所需的费用应列入（　　）。

　　A．分部分项工程工程量清单　　　　　B．措施项目清单

　　C．其他项目清单中的投标人部分　　　D．其他项目清单中的招标人部分

13．工程量清单封面的填写、签字、盖章应由（　　）进行。

　　A．工程标底审查机构　　　　　　　　B．工程招标人

　　C．工程咨询公司　　　　　　　　　　D．招投标管理部门

14．投标人应填报工程量清单计价格式中列明的所有需要填报的单价和合价，如未填报，则（　　）。

　　A．招标人应要求投标人及时补充

　　B．招标人可认为此项费用包含在工程量清单的其他单价和合价中

　　C．投标人应该在开标之前补充

　　D．投标人可以在中标后提出索赔

15．按照《建设工程工程量清单计价规范》的规定，工程量清单应采用（　　）计价。

　　A．全费用综合单价　　　　　　　　　B．不完全费用综合单价

　　C．直接费单价　　　　　　　　　　　D．工料单价

16．在工程量清单计价模式下，已知某分项工程的工程量为 $3250m^3$，计价工程量为 $423.9m^3$；完成该分项工程所需的直接工程费为 38723.69 元，现场管理费为 813.04 元，利润为 513.77 元。若不考虑风险费，则该分项工程的综合单价为（　　）元/m^3。

　　A．11.91　　　　　B．12.32　　　　　C．91.35　　　　　D．94.48

17．根据现行工程量计算规范，适宜采用分部分项工程工程量清单计价法计价的措施项目费是（　　）。

　　A．二次搬运费　　　　　　　　　　　B．超高施工增加费

　　C．已完工程及设备保护费　　　　　　D．地上/地下设施临时保护费

18. 措施项目清单为可调整清单，投标人在进行措施项目计价时（　　　）。

    A. 不得对措施项目清单做任何调整

    B. 对措施项目清单的调整可以在中标之后进行

    C. 可以根据施工组织设计文件中的措施增加项目

    D. 可以在招标后采用索赔的方式要求对新增措施项予以补偿

19. 在建设工程工程量清单的各个组成部分中，投标人在计价过程中可以进行调整的　是（　　　）。

    A. 分部分项工程工程量清单中的项目

    B. 措施项目清单中的项目

    C. 其他项目清单中招标人部分的数量和金额

    D. 其他项目清单中招标人提供的工程量

20. 在工程量清单计价中，下列费用项目应计入总承包服务费的是（　　　）。

    A. 承包人的工程分包费

    B. 承包人的管理费

    C. 承包人对发包人自行采购材料的保管费

    D. 总承包工程的竣工验收费

21. 关于分部分项工程工程量清单的编制，下列法正确的是（　　　）。

    A. 所列项目应该是施工过程中以其自身构成工程实体的分项工程或可以精确计量的措施分项项目

    B. 若拟建工程的施工图有体现但专业工程量计算规范附录中没有相对应的项目，则必须编制这些分项工程的补充项目

    C. 补充项目的工程量计算规则，应符合"计算规则要具有可计算性"且"计算结果要具有唯一性"的原则

    D. 对采用标准图集的分项工程，其特征描述应直接采用"详见××图集"方式

22. 编制招标工程量清单时，应根据施工图的设计深度、暂估价设定的水平、合同约定的价款调整因素及工程实际情况合理确定的清单项目是（　　　）。

    A. 措施项目清单　　　　　　　　　　B. 暂列金额

    C. 专业工程暂估价　　　　　　　　　D. 计日工

23. 采用工程量清单计价法计算某单位工程的含税工程造价。已知该单位工程的分部分项工程费为 26640.19 元，措施项目费为 2500 元，其他项目费为 0；规费的费率为 4.6%，规费的计费基础为分部分项工程费、措施项目费与其他项目费之和；综合税率为 3.41%，则该单位工程的含税工程造价为（　　　）元。

    A. 31389.07　　　B. 31434.78　　　　　C. 31474.32　　　　D. 31520.03

24. 按照工程量清单计价格式的规定，单位工程费汇总表中不包括（　　　）。

    A. 其他项目费合计　　　　　　　　　B. 规费

    C. 工程建设其他费用合计　　　　　　D. 税金

25. 根据《计价规范》，关于其他项目清单的编制和计价，下列说法正确的是（　　　）。

    A. 暂列金额由招标人在工程量清单中暂定

    B. 暂列金额包括暂不能确定价格的材料暂定价

C．专业工程量暂估价中包括规费和税金

D．计日工单价中不包括企业管理费和利润

26～40 为多选题

26．在下列费用中，属于建设工程工程量清单中其他措施项目清单编制内容的有（　　）。

A．暂列金额　　　B．暂估价　　　　　C．计日工

D．总承包服务费　　　　　　　　　E．措施项目费

27．编制分部分项工程工程量清单时，为使投标人能够准确计价，在确定了各个项目的名称、编码、计量单位并计算工程量后，还应确定（　　）。

A．各项目的项目特征　　　　　　　B．工程项目总说明

C．填表须知　　　　　　　　　　　D．各项目的工作内容

E．措施项目清单内容

28．在编制措施项目清单时，其中项目的设置应（　　）。

A．参考拟建工程的施工组织设计文件或施工方案

B．考虑设计文件中必须通过一定的技术措施才能实现的内容

C．全面执行《计价规范》中列出的"项目不得调整"的规定

D．参阅相关的施工规范及工程验收规范

E．考虑招标文件中提出的必须通过一定的技术措施才能实现的要求

29．关于其他项目清单及其计价表的编制，下列说法正确的是（　　）。

A．材料暂估单价进入清单项目综合单价，不汇总到其他项目清单计价表总额中

B．暂列金额归招标人所有，投标人应将其扣除后再进行投标报价

C．专业工程暂估价的费用构成类别应与分部分项工程综合单价的构成保持一致

D．计日工的名称和数量应由投标人填写

E．总承包服务费的内容和金额应由投标人填写

30．投标人在确定综合单价时需要注意的事项有（　　）。

A．清单项目特征描述　　　　　　　B．清单项目的编码顺序

C．材料暂估价的处理　　　　　　　D．材料、设备市场价的变化风险

E．税金、规费的变化风险

31．根据《计价规范》，关于工程量清单的特点和应用，下列说法正确的是（　　）。

A．分为招标工程量清单和已标价工程量清单

B．以单位（项）工程为单位编制

C．是招标文件的组成部分

D．是载明发包工程内容和数量的清单，不涉及金额

32．根据我国现行《建筑安装工程造价计价方法》，在下列情况中可用简易计税方法的是（　　）

A．小规模纳税人发生的应税行为

B．一般纳税人以清包工方式提供的建筑服务

C．一般纳税人为甲供工程货提供的建筑服务

D．《施工许可证》注明的开工日期在 2016 年 4 月 30 日前

E．实际开工日期在 2016 年 4 月 30 日前的新建工程

33. 按照《计价规范》的规定，工程量清单采用不完全费用综合单价计价，综合单价中应包括（　　）。

    A. 施工机具使用费   B. 企业管理费

    C. 利润   D. 税金   E. 风险费

34. 在计算分部分项工程费时，需要按照一定的程序计算不完全费用综合单价。下列关于综合单价计算的表述正确的是（　　）。

    A. 在计算综合单价中的直接工程费时，应以清单工程量为计算基数

    B. 在计算综合单价中的直接工程费时，应以施工作业量为计算基数

    C. 采用的分项工程施工方案不同，其综合单价就会不同

    D. 分项工程的综合单价只由施工工程量、生产要素消耗量及其价格确定

    E. 分项工程的综合单价中应包括直接工程费、间接费和利润

35. 下列关于措施项目计价的表述，正确的是（　　）。

    A. 对脚手架搭拆费，可以采用实物量法进行计价

    B. 对二次搬运费，可以采用分包法进行计价

    C. 对夜间施工增加费，可以采用参数法进行计价

    D. 采用分包法计价时，应在分包价格的基础上增加投标人的管理费及风险费

    E. 在对措施项目计价时，所用单价是综合单价

36. 采用工程量清单计价法进行工程项目的投标报价是国际通行的报价方法。进行工程量清单报价可以依据（　　）。

    A. 招标文件   B. 企业定额

    C. 招标会议记录   D. 招投标双方的有关协议

    E. 生产要素的市场价信息

37. 在工程量清单编制中，施工组织设计文件、施工范围和验收规范可以用于确定（　　）。

    A. 项目名称   B. 项目编码   C. 项目特征

    D. 计量单位   E. 工程数量

38. 关于分部分项工程工程量清单的编制，下列说法正确的是（　　）。

    A. 项目编码第7～9位为分项工程子目名称顺序码

    B. 项目名称应按工程量计算规范附录中给定的名称确定

    C. 项目特征应按工程量计算规范附录中规定的项目特征予以描述

    D. 计量单位应按工程量计算规范附录中给定的选用，宜选用最能表现项目特征并方便计量的单位

    E. 工程量应按实际完成的工程量计算

39. 根据《计价规范》，关于投标文件措施项目计价表的编制，下列说法正确的是（　　）。

    A. 单价措施项目计价表应采用综合单价方式计价

    B. 总价措施项目计价表应包含规费和建筑业增值税

    C. 对不能精确计量的措施项目，应编制总价措施项目计价表

    D. 总价措施项目的内容确定与招标人拟定的措施项目清单无关

    E. 总价措施项目的内容确定与投标人投标时拟定的施工组织设计文件无关

40. 关于工程量清单计价的基本程序和方法，下列说法正确的是（　　）。
    A. 单位工程造价包括直接费、间接费、利润
    B. 计价过程包括工程量清单的编制和应用两个阶段
    C. 项目特征和计量单位的确定与施工组织设计文件无关
    D. 招标文件中划分的由投标人承租的风险费包含在综合单价中
    E. 工程量清单计价活动伴随竣工结算而结束

二、案例分析题

某开发商对一幢综合性写字楼建设工程进行公开招标。该工程建筑面积为 35285m²，主体结构为框架-剪力墙结构，建筑檐高为 44.8m，基础类型为桩箱复合基础，地上楼层为 14 层。该工程地处繁华商业区，距离周围建筑物较近。工期为 350 天。业主要求按工程量清单计价规范进行报价。

某建筑公司参与投标，经过对设计图样的详细会审、计算，汇总得到的单位工程费用如下：分部分项工程工程量计价合计 3698 万元，措施项目计价占分部分项工程工程量计价的 8.8%，其他项目清单计价占分部分项工程工程量计价的 2.1%，规费的费率为 6.5%，增值税适用税率为 9.0%。

问题：

（1）工程量清单计价单位工程费包括哪些费用？列表计算该单位工程的工程费。
（2）按工程量清单计价时，措施项目清单通用项目和专业项目各包括哪些内容？
（3）按工程量清单计价时，其他项目清单应包括哪些内容？

三、思考题

1. 工程量清单的概念、内容和意义是什么？
2. 工程量清单计价的特点和优点有哪些？
3. 工程量清单计价的意义和作用有哪些？
4. 工程量清单计价编制原则、依据、步骤和方法各是什么？
5. 工程量清单由哪些内容构成？工程量清单项目编码是怎么编制的？
6. 工程量清单综合单价的编制原则、方法和步骤各是什么？

第8章

室内装饰工程招投标报价

室内装饰工程招投标报价

教学目标

　　本章介绍室内装饰工程招投标制度的发展过程和基本知识，同时，结合实例分析招投标中工程量清单及其计价。通过本章的学习，使读者了解室内装饰工程招投标的基本概念及其制度的发展过程；熟悉室内装饰工程招投标所需的文件及工程量招投标的基本特点；重点掌握编制室内装饰工程工程量清单及其报价的基本操作技能和方法。

教学要求

知识要点	能力要求	相关知识
室内装饰工程招投标	（1）了解招投标基本概念、招投标基本文件。 （2）掌握室内装饰工程评标程序与方法	招标、投标、公开招标、邀请投标、议标或指定招标、评标、定标、综合评分法、最低价中标法
室内装饰工程招投标案例分析	（1）掌握室内装饰工程工程量清单的编制方法。 （2）掌握室内装饰工程招标控制价的编制方法。 （3）掌握室内装饰工程投标报价的编制方法	招投标报价技能

基本概念

　　招标、投标、公开招标、邀请投标、议标或指定招标、评标、定标、综合评分法、最低价中标法

引例

　　招投标是工程交易的一种形式，招标时需要提供工程量清单，投标报价时需要工程量清单计价表。学习本章前，请读者思考以下3个问题：工程量清单及其计价表在招投标工作中如何应用？室内装饰工程工程量

清单及其报价的基本操作技能和方法有哪些？如何进行招投标？

例如，某院校计划启动新校区办公楼室内装饰工程，为此，由后勤部门调动 1 位副处长及 4 名管理人员，新组建了基建处，负责该工程的筹建工作。通过公开招标和资格预审程序，共 6 个投标人参与投标，这些单位均按规定的投标截止日期递交了投标文件。在招标文件未标明的情况下，在开标时发生了下列事件：

根据工程设计文件，该院校基建处自行编制了招标文件和工程量清单。在开标时，由某地招标办公室的工作人员主持开标会议，按以上 6 个投标文件送达的时间，拟定了唱标顺序，以最后送达投标文件的单位为第一开标人，以最早送达投标文件的单位为最后唱标单位。

招标文件中明确了有效标的条件，即投标人的报价在招标人编制的标底的-3%～3%以内为有效标，但是 6 个投标人的报价均超过了上述要求。

在此情况下，招标人通过专家对各个投标人的经济标和技术标的综合评审结果进行打分，以低价中标为原则，选择了报价最低的投标人，把它作为中标人。

问题：

（1）本工程中，由招标人编制招标文件是否符合有关法律规定？

（2）在本工程的开标过程中有哪些不妥之处？请分别说明。

（3）招标人制作的招标文件应包含哪些内容？

（4）投标人制作的投标文件应包含哪些内容？

8.1　工程建设招投标制度概述

8.1.1　工程建设招投标制度的发展阶段

我国的工程建设招投标制度大致经历了 3 个发展阶段。

1. 初步发展阶段

20 世纪 80 年代，我国的工程建设招投标制度经历了试行—推广—兴起的初步建立阶段。该阶段的招投标侧重宣传和实践，主要呈现以下几个特点。

（1）20 世纪 80 年代中期，招投标管理机构在全国各地陆续成立。

（2）有关招投标方面的法律、法规建设开始起步。1984 年实行招投标，大力推行工程招投标承包制。各地也相继制定了适合本地区的招标管理办法，开始探索我国的招投标管理和操作程序。

（3）这一阶段，我国的招标方式基本以议标为主，工程交易活动比较分散，没有固定场所。这种招标方式在很大程度上违背了招投标的宗旨，不能充分体现竞争机制。

（4）招投标在很大程度上还流于形式，招标的公正性得不到有效监督。

2. 规范发展阶段

20 世纪 90 年代初期到中后期，全国各地普遍加强对招投标的管理和规范工作，相继出台了一系列法规和规章，招标方式从以议标为主转变为以邀请招标为主。这一阶段是我国招投标制度发展史上最重要的阶段，招投标制度得以发展，全国的招投标管理体系基本形成，为完善我国的招投标制度打下了坚实的基础。这一阶段的招投标制度主要呈现以下 3 个特点。

（1）全国各省、自治区、直辖市、地级以上城市和大部分县级市都相继成立了招投标监督管理机构，建设工程招投标专职管理队伍不断壮大，全国已初步形成招投标监督管理网络，招投标监督管理水平不断提高。

（2）招投标法制建设步入正轨，从 1998 年正式施行的《中华人民共和国建筑法》，到各地区制定的有关招投标的政府令，都对全国规范建设工程招投标行为和制度建设起到极大的推动作用，特别是有关招投标程序的管理细则也陆续出台，为招投标在公开、公平、公正环境下的顺利开展提供了有力保障。

（3）自 1995 年起，全国各地陆续开始建立工程交易中心。该中心把管理和服务有效地结合起来，初步形成以招投标为龙头，相关职能部门相互协作的、具有"一站式"管理和"一条龙"服务特点的建设市场监督管理新模式，为招投标制度的进一步发展和完善开辟了新的道路。工程交易活动已由无形转为有形，由隐蔽转为公开，信息公开化和招投标程序规范化，有效遏制了工程建设领域的违法违规行为，为在全国推行公开招投标制度创造了有利条件。

3. 全新发展阶段

随着各地建设工程交易中心的有序运行和健康发展，全国开始推行建设工程的公开招投标。这一阶段招投标制度主要呈现以下 5 个特点。

（1）招投标法规和规章不断完善和细化，招标程序不断规范，必须招标的范围和必须公开招标的范围得到了明确，招标覆盖面进一步扩大和延伸，工程招标已从单一的土建安装延伸到道桥、装潢、建筑设备和工程监理等领域。

（2）全国范围内开展整顿和规范建设市场工作，加大对工程建设领域违法违规行为的查处力度。这些措施为工程建设招投标制度的进一步规范提供了有力保障。

（3）工程质量和优良品率呈逐年上升态势，同时涌现出一大批工程建设领域的优秀企业和优秀项目经理。本领域企业沿着"围绕市场和竞争，讲究质量和信誉，突出科学管理"的道路迈进。

（4）工程建设招投标管理全面纳入建设市场管理体系，其管理的手段和水平得到全面提高，逐步形成建设市场管理的"五结合"：一是专业人员监督管理与计算机辅助管理相结合；二是建筑现场管理与交易市场管理相结合；三是工程评优治劣与评标定标相结合；四是管理与服务相结合；五是规范市场与执法监督相结合。

（5）公开招标的全面实施对节约国有资金、保障国有资金有效使用及从源头防止腐败孳生，都起到了积极作用。

8.1.2　工程建设招投标制度的发展趋势

随着公开招标和相关法规的深入实施，建设市场必将形成政府依法监督、招投标活动当事人在工程交易中心依据法定程序进行交易活动、各中介组织提供全方位服务的市场运行新格局。我国的工程建设招投标制度也必将走向成熟，这是招投标制度发展的必然趋势。

（1）建设市场规则将趋于规范和完善。市场规则是有关机构制定的或沿袭下来的由法规、制度所规定的市场行为准则，其内容如下。

① 市场准入规则。进入市场需遵循一定的法规并具备相应的条件。对不具备条件或采取挂靠、出借证书、制造假证书等欺诈行为，根据清出制度处理。逐步完善资质和资格管理，特别是进一步加强工程项目经理的动态管理。

② 市场竞争规则。这是保证各种市场主体在平等的条件下开展竞争的行为准则，为保证公平竞争，政府制定了相应的规则。

③ 市场交易规则。交易必须公开（涉及保密和特殊要求的工程除外），交易必须公平，交易必须公正。

（2）工程交易中心将办成"程序规范，功能齐全，手段多样，质量一流"的服务型有形招投标市场。除了提供各种信息咨询服务，其主要职责是能保证招标全过程的公开、公平和公正，确保进场交易各方主体的合法权益。对法律规定的必须进行招标的项目，特别要保障其招标程序规范合法。

（3）招标代理机构依法设立评委专家库，工程交易中心应制定专业齐全、管理统一的《评委专家名册》。同时，应充分发挥《评委专家名册》的作用，改变目前专家评委只进行评标的现状，充分利用这一有效资源为招投标管理服务。《评委专家名册》的具体作用如下。

① 可作为投标资格审查的评审专家库，提高资格审查的公正性和科学性。

② 可作为《工程投标名册》（指由政府组织的、每年进行评审的投标免审单位名单）的评审委员库，提高《工程投标名册》的权威性。

③ 分组设立主任委员，由其负责定期组织评委专家讨论和研究新问题及相关政策，开辟专家论坛，倡导招投标理论研究；联系大专院校进行相关课题研究，以便更好地为管理和决策提供理论依据。

④《评委专家名册》内应增设法律方面的专家，开辟法律方面的咨询服务，以便逐步开展招标仲裁活动。

（4）招投标管理机构是法律赋予的对招投标活动实施监督的部门，理应成为独立的行政管理和监督机构。应将目前这些机构的实物性监督管理转为程序性监督，使之负责有关工程建设招投标法规的制定和检查，负责招标纠纷的协调和仲裁，负责招标代理机构的资质认定等。

（5）招标代理机构是从事招标代理业务并提供相关服务的社会中介组织。从国际情况看，招标代理机构是建设市场和招投标活动中不可缺少的重要力量。随着我国建设市场的健康发展和招投标制度的完善，招标代理机构必将在数量和质量上获得突破，同时也推动我国的招投标制度尽快同国际接轨。

（6）借鉴国际工程管理的通行做法，我国的工程保证担保制度将得到大力推行和发展，特别是投标保证、履约保证和支付保证在我国工程管理领域得到广泛运用。它是充分保障工程合同双方当事人合法权益的有效途径，同时推动我国的招投标制度逐步走向成熟。

8.2 室内装饰工程招投标

8.2.1 室内装饰工程招标

1. 基本概念

工程招投标是建设单位和施工单位（或买卖双方）进行工程承发包交易的一种手段和方法。

招标是指招标人（建设单位或业主）择优选择承包人（施工单位）的一种做法。在工程招标之前，把拟建工程委托设计单位或技术咨询公司编制估算或概预算，俗称编制标底。标底是个不公开的数字，它是工程招投标中的机密，切不可泄露。招标人准备好一切条件，发布招标公告或邀请若干家施工单位投标，利用投标企业之间的竞争，从中择优选定承包人（施工单位）。

2. 招标方式

招标可分为公开招标、邀请投标、议标（指定招标）。

1）公开招标

公开招标是通过发布招标公告公开进行的一种招标方式。凡符合规定条件的施工单位都可自愿参加投标。由于参与投标报名的施工单位很多，因此，公开招标是一种"无限竞争"的招标。公开招标有助于施工单位之间展开竞争，打破垄断，促使承包人加强管理，提高工程质量，缩短工期，降低工程成本；公开招标还会使招标人选择报价合理、工期短、质量好、信誉高的施工单位承包，达到招标的目的；公开招标促进室内装饰行业向健康方向发展，营造公平、公正、合理的竞争环境。

2）邀请招标

邀请招标是招标人向一些施工单位发出邀请信，邀请它们参加某项工程的投标，被邀请的施工单位数量一般是3～7个。当采用邀请招标方式时，招标人对被邀请的施工单位一般是较为了解的，因此被邀请的施工单位不宜过多，以免浪费招投标双方的人力和物力。此时，只有被邀请的施工单位才有资格参加投标。因此，邀请招标是一种"有限竞争"的招标。

3）议标

议标是指由建设单位挑选一个或多个施工单位，采用协商的方法确定承包人；一旦达成协议，就把拟建工程发包给其中一个或几个施工单位承包。实质上，议标是一种谈判性采购，是采购人和被采购人通过一对一谈判最终达到采购目的的一种采购方式，不具有公开性和竞争性。议标这种形式适用于工程造价较低、工期紧、专业性强或保密工程。其优点是可以节省时间，容易达成协议，迅速展开工作；缺点是无法获得有竞争力的报价。需要指出的是，我国现代的招投标法规不允许议标。

3. 招标人应具备的条件

招标人自行组织招标，必须具备下列条件并设立专门的招标组织，经招投标管理机构审查合格后发放招标组织资格证书。

（1）有与招标工程相适应的技术、经济、管理人员。

（2）有组织编制招标文件的能力。

（3）有审查投标人投标资格的能力。

（4）有组织开标、评标、定标的能力。

不具备上述条件的，招标人必须委托具备相应资质（资格）的招标代理机构组织招标。

4. 招标工程应当具备的条件

（1）招标人已经依法成立。

（2）初步设计及概算应当履行审批手续的，已经过批准。

（3）招标范围、招标方式和招标组织形式等应当履行核准手续的，已经核准。

（4）有相应资金或资金来源已经落实。

（5）有招标所需的设计图样及技术资料。

5. 招标文件

招标人在进行招标前，必须编制招标文件。招标文件是招标人说明招标工程要求和标准的书面文件，也是投标报价的主要依据。因此，招标文件应该尽量详细和完善，其内容如下。

（1）投标人须知。

（2）招标工程的综合说明。它应说明招标工程的规模、工作内容、工程范围和承包的方式，以及对投标人施工能力和技术力量的要求、工程质量和验收规范、施工条件和建设地点等。

（3）设计图样和资料。如果是初步设计招标，应有主要结构图样、重要设备安装图样和装饰工程的技术说明。

（4）工程量清单。

（5）合同条件，包括计划开工/竣工期限、延期罚款的决定、技术规范和采用标准。

（6）材料供应方式、材料（设备）订货情况及价格说明。

（7）对特殊工程和特殊材料的要求及说明。

（8）辅助条款。包括招标文件交底时间、地点，投标的截止日期，开标日期、时间和地点，组织现场勘察的时间，投标保证的规定，不承担接受最低标的声明，投标的保密要求等。

6. 室内装饰工程合同的确定

室内装饰工程招标人在招标前，应根据拟建工程难度、设计深度等因素确定合同的形式。室内装饰工程合同按付款方式分为以下 4 类。

1）总价合同

总价合同是指在合同中明确工程总价，承包人据此完成工程全部内容的合同。总价合同又细分为以下 3 种。

（1）固定总价合同。在施工过程中若设计图样和工程质量无变更要求，工期无提前要求，则工程总价不变。在这种情况下，由承包人承担全部风险。因此，这种合同适用于设计图样详细、全面且施工工期较短的工程。

（2）调值总价合同。在合同中双方约定，当合同执行中因通货膨胀引起成本变化达到某一限度时，应调整工程总价。在这种情况下，由建设单位承担通货膨胀的风险，由施工单位承担其他风险。因此，这种合同适用于设计文件明确但施工工期较长的工程。

（3）固定工程量总价合同。招标人要求投标人按单价合同分别填报分项工程单价，然后汇总计算出工程总价。在原定工程项目完成后，按合同总价付款。若在施工过程中发生设计图样变更，则用合同中已确定的单价调整并计算工程总价。因此，这种合同适用于工程变化不大的项目。

2）单价合同

单价合同是指投标人按招标文件列出的分部分项工程工程量，分别确定分部分项工程单价的合同。单价合同又细分为以下 3 种。

（1）估计工程量单价合同。利用招标文件中的工程量清单，投标人填入分部分项工程单价，并据此计算出工程总价。在施工过程中，按实际完成的工程量结算工程价款。竣工时按竣工图编制竣工结算。在这种情况下，双方共担风险。因此，这种合同比较常用。

（2）纯单价合同。招标人不能准确地计算出分部分项工程工程量，招标文件仅列出工程范围、工作内容一览表及必要的说明，投标人给出表中各项目的单价即可。施工时按实际完成的工程量结算。

（3）单价与报价混合式合同。对能用计量单位计算工程量的工作内容，均报单价；对不能或很难计算工程量的工作内容，采用包干的方法计价。

3）成本加酬金合同

成本加酬金合同是指建设单位向承包人支付工程项目的实际成本，并按事先约定的方式支付一定的酬金。在这种情况下，由建设单位承担实际发生的一切费用，承包人对降低成本没有积极性，建设单位很难控制工程造价。因此，这类合同仅适用于建设单位对承包人高度信任的新型或试验性工程，或者是风险很大的工程。

4）合同类型的选择

一般说来，选择合同类型时，建设单位占有一定的主动权，但也应考虑施工单位的承受能力，选择双方都能认可的合同类型。影响合同类型选择的主要因素如下。

（1）装饰规模与工期。项目规模小，工期短，建设单位比较愿意选用总价合同，施工单位也较愿意接受，因为这类工程风险较小。项目规模大，工期长，不可预见因素多，这类项目不宜采用总价合同。

（2）设计深度。若设计详细，工程量明确，则上述 3 类合同均可选用；若设计深度可以划分出分部分项工程，但不能准确计算工程量，应优先选用单价合同。

（3）项目准备时间的长短。对室内装饰工程招投标及合同签订，招标人与投标人都要做准备工作，不同的合同类型需要不同的准备时间与费用。总价合同的准备时间和准备费用最高，成本加酬金合同的准备时间和费用最低。

（4）项目的施工难度及竞争情况。若项目施工难度大，则对施工单位的技术要求高，风险也较大，此时选择总价合同的可能性较小；若项目施工难度小且愿意施工的企业较多，竞争激烈，业主拥有较大的主动权，此时可按总价合同、单价合同、成本加酬金合同的顺序选择。

此外，选择合同类型时，还应考虑外部环境因素。若外部环境恶劣，如通货膨胀率高、气候条件差等，则施工成本高、风险大，投标人很难接受总价合同。

8.2.2　室内装饰工程投标

1. 基本概念

投标是指承包人（施工单位）根据招标人（建设单位或业主）发出的招标文件的各项要求，提出可满足这些要求的报价及各种与报价相关的条件。工程施工投标除了单指报价，还包括一系列建议和要求。投标是获取工程施工承包权的主要手段，也是对建设单位发出要约的承诺。施工单位一旦提交投标文件后，就必须在规定的期限内信守承诺，不得随意反悔或拒不认账。投标是一种法律行为，投标人必须承担因反悔违约可能产生的经济和法律责任。

投标是响应招标、参与竞争的一种法律行为。《中华人民共和国招标投标法》明文规定，投标人应当具备承担招标项目的能力，应当具备国家有关规定及招标文件明文提出的投标资格条件，遵守规定时间，按照招标文件规定的程序和做法，公平竞争，不得行贿，不得弄虚作假，不能凭借关系、渠道搞不正当竞争，不得以低于成本的报价竞标。施工单位根据自身的经营状况有权决定参与或拒绝投标竞争。

2. 投标时必须提交的资料

施工单位投标时或在参与资格预审时必须提交以下资料。

（1）企业的营业执照和资质证书。

（2）企业简历。

（3）自有资金情况。

（4）全员职工人数，包括技术人员和技术工人的数量及其平均技术等级等。

（5）企业自有主要施工机具一览表。

（6）近两年承建的主要工程及质量情况。

（7）现有主要施工任务，包括在建和尚未开工工程一览表。

（8）招标邀请书（特指邀请招标）。

（9）工程报价清单和工程预算书等。

3. 投标文件

投标文件应包括下列内容。

（1）综合说明。

（2）按照工程量清单计算的标价及钢材、木材、水泥等主要材料的用量（近年来由于市场经济的逐步发展，很多工程施工投标已不要求列出钢材、木材及水泥的用量，投标人可根据统一的工程量计算规则自主报价）。

（3）施工方案和选用的主要施工机具。

（4）保证工程质量、进度、施工安全的主要技术组织措施。

（5）计划开工/竣工日期和工程总进度。

（6）对合同条款主要条件的认定。

4. 投标中应注意的问题

（1）从计算标价开始到工程完工为止往往时间较长，在建设期内，工资、材料价格、设备价格等可能上涨。对这些因素，在投标时应该予以充分考虑。

（2）公开招标的工程，投标人在接到资格预审合格的通知以后，或采用邀请招标方式的投标人在收到招标人的投标邀请通知后，即可按规定购买招标文件。

（3）取得招标文件后，投标人首先要详细弄清全部内容，然后对现场进行勘察。重点要了解劳动力、水电、材料等供应条件。这些因素对报价影响颇大，招标人有义务组织投标人参观现场，对提出的问题给予必要的介绍和解答。除对设计图样、工程量清单和技术规范、质量标准等要进行详细审核外，对招标文件中规定的其他事项如开标、评标、决标、保修期、保证金、保留金、竣工日期、拖期罚款等，一定要搞清楚。

（4）投标人对工程量要认真审核，若发现重大错误时，应通知招标人，未经许可，投标人无权变动和修改。投标人可以根据实际情况提出补充说明或计算出相关费用，写成函件作为投标文件的一个组成部分。招标人对因工程量计算差错而引起的投标计算错误不承担任何责任，投标人也不能据此索赔。

（5）估价计算完毕，可根据相关资料计算出最佳工期和可能提前完工的时间，以供决策。报出工期、费用、质量等具有竞争力的报价。

（6）投标的一切费用均由投标人自理。

（7）注意投标的职业道德，不得行贿，营私舞弊，更不能串通一气哄抬标价或出卖标价，损害国家和企业的利益。若有违反行为，则取消投标资格，对情节严重者给予必要的经济和法律制裁。

5. 投标报价原则

投标报价是投标人根据招标文件和有关工程造价资料计算工程造价，考虑投标策略以及影响工程造价的因素而提出的报价。投标报价是工程施工投标的关键环节，投标报价应遵循以下原则。

（1）根据承包要求做到"细算粗报"。如果选择固定总价报价，就要考虑材料和人工费调整的因素及风险系数；如果是单价合同，则工程量只需大致估算；如果总价不是一次包死，而是"调价结算"，那么风险系数可少考虑，甚至不考虑。报价的项目不必过细，但是在编制投标文件过程中要做到对内细、对外粗，即细算粗报，进行综合归纳。

（2）报价的计算方法要简明，数据资料要有理有据。影响报价的因素多而复杂，应把实际或可能发生的一切费用逐项计算。一个成功的报价必然涉及不同条件下的不同系数，这些系数是许多工程实际经验累积的结果。

（3）考虑优惠条件和改进设计的影响。投标人往往在投标竞争激烈的情况下，对招标人提出种种优惠的条件。例如，帮助串换甲供材、提供贷款或延迟付款、提前交工、免费提供一定的维修材料等优惠条件。

在投标报价时，如果发现该工程中某些设计不合理并可改进，或可利用某项新技术以降低造价时，除了按正规的报价，还可另附修改设计后的比较方案，提出有效措施以降低造价和缩短工期。这种方式往往会得到建设单位的赏识而大大提高中标机会。

（4）选择合适的报价策略。对某些专业性强、难度大、技术条件高、工种要求苛刻、工期紧这类一般施工单位不敢轻易承揽的工程，若投标人拥有特殊的技术力量和设备，则可以略微提高报价，以提高利润率；如果为了在某一地区打开局面，则可考虑低利润报价的策略。

8.2.3 室内装饰工程标底

1. 室内装饰工程标底的内容和作用

招标控制价是《计价规范》中引入的新概念，它是指招标人根据国家或省级、行业建设主管部门颁发的有关计价依据和办法，按施工图计算的、对招标工程限定的最高工程造价。标底的作用与招标控制价是相类似的。

1）室内装饰工程标底的内容

（1）招标工程综合说明。它包括招标工程名称、招标工程的设计概算、工程施工质量要求、定额工期、计划工期天数、计划开工/竣工日期等内容。

（2）室内装饰招标工程一览表。它包括工程名称、建筑面积、结构类型、建筑层数、灯具管线、水电工程、庭院绿化工程等内容。

（3）标底和各项费用的说明。它包括工程总价和单方造价，主要材料用量和价格，工程项目分部分项单价，措施项目单价和其他项目单价，以及招标工程直接费、间接费、计划利润、税金及其费用的说明。

2）室内装饰工程标底的作用

标底是评标的主要尺度，也是核实投资的依据和衡量投标报价的准绳。一个工程只能对应编制一个标底，室内装饰工程施工招标可以编制标底。标底的作用表现在以下 3 个方面。

（1）标底是投资方核实投资的依据。标底是施工图预算的转化形态，它必须受概算控制，标底超出概算时，要认真分析其中原因。若标底编制正确而概算有误，则应修正概算并报原审批机关调整；若因为施工图的设计扩大了建设规模而引起概算错误，则应修改施工图，并重新编制标底。

（2）标底是衡量投标人报价的准绳。投标人的报价若高于标底，就失去了竞争优势；若报价比标底低很多，则招标人有理由怀疑该报价的合理性，并进一步分析报价低于标底的原因。若发现低价的原因是分项工程工料估算不切实际、技术方案片面、节减费用缺乏可靠性或故意漏项等，则可认为该报价不可信；若投标人通过优化技术方案、节约管理费用、节约各项物质消耗而降低工程造价，这种报价则是合理可信的。

（3）标底是评标的重要尺度。对招标工程，必须以严肃认真的态度和科学的方法编制标底。只有编制出科学、合理、准确的标底，定标时才能做出正确的选择；否则，评标就是盲目的。

当然，报价不是选择中标人的唯一依据，要对投标人的报价、工期、企业信誉、协作配合条件和其他资质条件进行综合评价，才能选择出合适的中标人。

2. 标底编制原则和依据

1）标底编制原则

室内装饰工程标底是招标人控制投资、确定招标工程造价的重要手段，在计算标底时要求科学合理、计算准确。应当参考建设行政主管部门制定的工程造价计价方法、计价依据及其他有关规定，根据市场价信息，由招标人或委托具有相应资质的招标代理机构、工程造价咨询单位及监理单位等组织编制标底。在标底的编制过程中，应该遵循以下原则。

（1）根据国家公布的统一的工程项目编码、项目名称、计量单位、工程量计算规则、施工图、招标文件，参照国家、行业或地方批准发布的定额和国家、行业、地方规定的技术标准规范，以及生产要素市场价确定的工程量编制标底。

（2）标底作为建设单位的期望价格，应力求与市场价的实际变化相吻合，有利于竞争和保证工程质量。

（3）按工程项目类别计价。

（4）编制标底时，标底应由直接费、间接费、利润、税金等组成，一般应控制在已批准的总概算（或修正概算）及投资包干的限额内。

（5）编制标底时，应考虑人工费、材料费、施工机具使用费等价格变化因素，还应包括不可预见费（特殊情况）、预算包干费、保险费，以及采用固定价格的风险费等。对工期紧迫的工程，若需要赶工完成，则应增加缩短定额工期增加费；对要求优良的工程，应增加优质工程增加费。

（6）一个工程只能编制一个标底。

（7）标底编制完成后，直到开标时，所有接触过标底的人员均负有保密责任，不得泄露。

2）标底编制的依据

标底编制的依据主要有以下基本资料和文件。

（1）国家的有关法律、法规，以及国务院和省、自治区、直辖市人民政府建设行政主管部门制定的有关工程造价的文件和规定。

（2）工程招标文件中确定的计价依据和计价方法，招标文件的商务条款，包括合同条件中规定由工程承包人承担义务而可能发生的费用，以及招标文件的澄清、答疑等补充文件和资料。在计算标底时，计算规则和取费内容必须与招标文件中的有关取费标准等的要求一致。

（3）国家、行业、地方的工程建设标准，包括建设工程施工必须执行的建设技术标准、规范和规程。

（4）工程设计文件、设计图样、技术说明及招标时的设计交底，按设计图样确定的或招标人提供的工程量清单等相关基础资料。

（5）采用的施工组织设计文件或施工方案、施工技术措施等。

（6）工程施工现场的地质、水文勘探资料，现场环境和条件及反映相应情况的有关资料。

（7）招标时的人工、材料、施工机具等生产要素的市场价信息，以及国家或地方有关政策性调价文件的规定。

3）影响标底编制的因素

（1）标底必须适应招标人的质量要求，优质优价，对高于国家相关的施工及验收规范要求的质量因素有所反映。在标底中对工程质量的反映应按国家相关的施工及验收规范的要求。但招标人往往还会提出高于国家相关的施工及验收规范的质量要求。为此，施工单位要付出比合格水平更多的费用。

（2）标底必须适应目标工期的要求，对能提前完工的因素有所反映。应把目标工期对照工期定额，按提前天数给出必要的赶工费和奖励，把这两项费用列入标底。

（3）标底必须适应建筑材料采购渠道和市场价的变化，考虑材料差价因素，把差价列入标底。

（4）标底必须合理考虑招标工程所在地的自然地理条件和招标工程范围等因素。由于自然地理条件导致的施工不利因素造成的费用也应计入标底。

（5）编制标底时，应根据招标文件或合同条件的规定，按规定的工程承发包模式，确定相应的计价模式，同时考虑相应的风险费。

3. 编制标底的方法和步骤

1）编制标底的方法

目前，我国建设工程招标标底的编制主要采用定额计价法和工程量清单计价法。

（1）以定额计价法编制标底。定额计价法编制标底采用的是分部分项工程工程量的直接费单价法（或称为工料单价法），仅包括人工费、材料费、施工机具使用费。直接费单价法又可以分为单价法和实物量法两种。单价法即利用消耗量定额中各个分项工程相应的定额单价编制标底：首先，按施工图计算各个分项工程的工程量，并把它乘以相应单价，汇总得到单位工程的直接费；其次，加上按规定程序计算出来的间接费、利润和税金；最后，加上材料调价系数和适当的不可预见费。实物量法：首先，计算出各个分项工程的工程量，分别套取消耗量定额中的人工、材料、施工机具消耗指标，并按类相加，求出单位工程所需的各种人工、材料、施工机具的总消耗量即实物量，然后，把它们分别乘以当时当地的人工、材料、施工机具使用费单价，求出人工费、材料费、施工机具使用费。间接费、利润和税金等费用的计算则根据当时当地建设市场的供求情况确定。

（2）以工程量清单计价法编制标底。按工程量清单计价法计算出的单价按其综合的内容不同，可以划分为以下两种形式。一种是 FIDIC（国际咨询工程师联合会）综合单价法，FIDIC 综合单价即分部分项工程的完全单价，其综合了直接费、间接费、利润、规费、税金及风险费等全部费用。根据统一的项目划分，按照统一的工程量计算规则计算工程量，形成工程量清单。然后估算分项工程的综合单价，该单价是根据具体项目分别估算的。FIDIC 综合单价确定以后，把它与各个分部分项工程工程量相乘得到合价，最后求和，即可得到标底。另一种是计价规范综合单价法，它是《计价规范》规定的方法。

工程量清单综合单价是指完成一个规定计量单位的分部分项工程工程量清单项目或措施项目的人工费、材料费、施工机具使用费、企业管理费和利润，并考虑一定的风险因素。用清单规范综合单价编制标底时，要根据工程量清单（分部分项工程工程量清单、措施项目清单和其他项目清单），估算各个工程量清单综合单价，再把它们与各个工程量清单相乘得到合价，最后按规定计算规费和税金，汇总之后即可得到标底。

2）编制标底的步骤

室内装饰工程标底的编制主要采用以施工图预算和以工程量清单为基础的编制方法。以施工图预算为基础编制标底的具体做法如下：根据施工图及技术说明，按照装饰预算定额与施工图确定的分部分项工程项目，逐项计算出工程量，再套用装饰预算定额基价，确定直接费；然后，按规定的取费标准确定施工管理费、其他间接费、利润和税金，最后加上调整后的材料差价及一定量的不可预见费，汇总得到工程预算，即标底的基础。以工程量清单为基础编制标底的具体做法如下：标底编制人依据招标文件中的工程量清单，依据当时当地的常用施工工艺及装饰市场行情，采用社会平均合理生产水平，计算出各个分项工程的综合单价，把它们乘以清单中对应的工程量，得到分部分项费用；然后，估算措施项目费及其他项目费，最后，汇总求和，得到招标工程的标底。

标底的编制步骤如图 8-1 所示，分为以下 6 个方面的内容。

（1）认真研究招标文件。招标文件是招标工作的大纲，编制标底时必须以招标文件为准绳，尤其应注意招标文件所规定的招标范围、材料供应方式、材料价格的取定方法、构件加工、材料及施工的特殊要求等影响工程造价的内容。标底的表示方式也应符合招标文件的统一要求。

（2）熟悉施工图，勘察施工现场。编制标底前应充分熟悉施工图、设计文件，勘察施工现场，调查施工现场的供水、供电、交通及场地等情况。

（3）计算工程量。在上述工作的基础上，依据工程量计算规则，计算分部分项工程工程量。工程量计算结果是标底编制工作中最重要的数据。若工程量作为招标文件的组成内容，则投标人可依据工程量清单进行报价。

（4）确定分部分项工程工程量清单中的分项工程单价。分项工程单价一般依据当地现行室内装饰工程预算定额确定该项单价，对定额中的缺项或有特殊要求的项目，应编制补充单价表。

（5）计算措施项目费。合理计算施工措施项目费用是编制标底过程中的一项十分重要的工作。例如，幕墙工程、石材饰面等施工措施的确定，必须以当地的施工技术水平为基础，正确拟定合理的施工方法、施工工期。因此，标底编制人平时要注意积累和收集相关资料，并认真分析和理解。

（6）计算各项费用并汇总，形成标底。在正确计算工程量和分项工程单价的基础上，汇总计算出工程直接费；然后按当时当地相关规定计算其他直接费、间接费、材料差价、利润和税金等；最后，汇总，得到预算总造价，即招标工程标底。

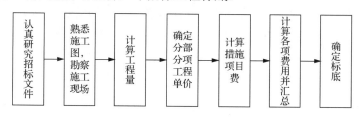

图 8-1　标底的编制步骤

8.2.4　开标、评标和定标

1. 开标

1）开标会的准备工作

开标会是招投标工作中的一个重要的法定程序。开标会上将公开各个投标人的投标文件、当众宣布标底、宣布评标办法等，这表明招投标工作进入了一个新的阶段。举行开标会前应做好下列各项准备工作。

（1）成立评标组织，制定评标办法。

（2）委托公证，通过公证人的公证，从法律上确认开标是合法有效的。

（3）按招标文件规定的投标截止日期密封标箱。

2）开标会的程序

开标、评标、定标活动应在招投标代理机构的有效管理下进行，由招标人或其上级主管部门主持，公证机关当场公证。开标会的程序如下。

（1）宣布到会的评标专家及有关工作人员，宣布开标会的主持人。

（2）投标人代表向主持人及公证人员送验法人代表授权委托书。

（3）当众检验和启封投标文件。

（4）各投标人代表宣读投标文件中的投标报价、工期、质量目标、主要材料用量等内容。

（5）招标人公布标底。

（6）填写室内装饰工程投标文件中的开标汇总表。

（7）有关各方签字。

（8）公证人口头发表公证。

（9）主持人宣布评标办法（也可在启封投标文件前宣布）及日程安排。

3）审查投标文件的有效性

含有下列情况之一的投标文件为无效投标文件。

（1）投标文件未密封。投标人应将投标文件装入公文袋内，在封口处用白纸条贴封并加盖骑缝章。

（2）投标文件（包括投标文件情况汇总表、密封表）未加盖法人印章和法定代表人或其委托代理人的印鉴。

（3）投标文件未按规定的时间和地点送达。

（4）投标人未按时参加开标会。

（5）投标文件主要内容不全或与本工程无关，字迹模糊不清，无法辨认，无法对其进行评估。

（6）投标文件情况汇总表与投标文件相关内容不符。

（7）投标文件情况汇总表经涂改后未在涂改处加盖法定代表人或其委托代理人印鉴。

2．评标

评标是决定中标人的重要招投标程序，由评标组织执行。评标组织应由建设单位及其上级主管部门、招标代理机构、设计单位、资金提供单位（投资公司、基金会、银行）及建设行政主管部门建立的评标委员会成员组成。评委人数根据工程大小、复杂程度等情况确定，一般为7～11人，评标组织负责人由建设单位派员担任。

为贯彻"合法、合理、公证、择优"的评标原则，应在开标前制定评标办法并告知各投标人。通常应将评标办法作为招标文件的组成部分，与招标文件同时发出；并组织投标人答辩，对投标文件中的疑问，应要求投标人予以澄清和确认，然后，才能按评标办法考核。

室内装饰工程的评标、定标通常采用综合评分法和经评审的最低价中标法。

1）综合评分法

综合评分法是指把报价、施工组织设计、质量等级、工期目标、施工实绩等评审内容分类后赋予不同权重（分值分布），分别评审打分。其中，报价部分以满足招标文件要求且最低的投标报价为评标基准价，其价格得分为满分，其余报价按比例折减计算得分。总累计分值反映投标人的综合水平，最后以得分最高的投标人为中标人。

综合评分法常采用百分比，各个评价要素的权重可根据招标工程的具体情况确定。常用权重如下。报价：50～60分，工期目标：5分，质量等级目标：5～8分，施工组织设计：10～30分，施工实绩0～10分，总分为100分。

综合评分法常将评委分成经济和技术两组分别打分。评分时，可由评委独自对各个投标人打分。计分时，去掉一个最高分，去掉一个最低分，对其余分值取平均值。

各投标得分汇总后，全体评委根据总得分和总报价综合评定，择优推荐中标人。

2）经评审的最低价中标法

经评审的最低价中标法是指投标人根据招标人提供的工程量清单对每项内容报出单价，评标委员会先对投标人的资格条件和投标文件进行符合性鉴定；然后对投标文件中的商务部分进行评审，依据工程量清单对投标人的投标报价进行评价，逐项分析其合理性；最后以经过评审的最低评标价中标，但不一定是最低投标价中标。这种方法一般适用于具有通用的技术和性能标准，或者招标人对其技术性能没有特殊要求的招标工程。

经评审的最低价中标法对技术文件的评审结果分为可行与不可行两个等级，只对其定性但不进行相互比较。技术文件被定为可行的投标人方可进入价格文件的评审程序。

评标委员会应对投标文件是否满足招标文件的实质性要求、投标价格是否低于其企业成本做出评审，在此基础上评审确定最低投标价，经评审的最低投标价的投标人应当推荐为中标候选人。

3. 定标

定标也称决标，是指评标小组对各个投标文件按既定的评标方法和程序确定评标结论。不论采用何种评标办法，均应撰写评标综合报告，向招标（领导）小组推荐中标候选人，再由招标（领导）小组召开定标（决标）会议，确定中标人。

确定中标人后，招标人应及时发出中标通知书，在规定期限内与中标人签订招标工程的承包合同。若中标人放弃中标，招标人有权没收其投标保证金，重新评定中标人。招标人应将定标消息及时告知其他投标人，要求他们在规定期限内退回招标文件等资料。招标人向投标人退投标保证金。

8.3 工程量清单招投标

8.3.1 工程量清单招标的基本内容

1. 传统招标方式的不足之处

传统的招标一般在施工图设计完成后进行，主要的招标方式有"施工图预算招标"、"部分子项招标选定施工单位"和"综合费率招标"等。从运行实践看，上述传统招标方式主要存在以下不足之处。

（1）招标工作需要在施工图设计全面完成后进行，这可能导致工程规模大、出图周期长、进度要求急的招标工程的开工时间严重拖后。采用部分子项招标选定施工单位或进行综合费率招标等方法，虽可解决开工时间问题，但不能有效地控制工程投资，工程结算难度很大。

（2）传统招标方式采用"量价合一"的定额计价方法作为投标文件编制的依据，不能把工程实物消耗和施工技术等其他消耗分离开来，投标人的管理水平和技术、装备优势难以体现，而且在价格和取费方面未考虑市场竞争因素。同时，评标和定标受标底有效范围的限制，往往会把有竞争力的报价视为废标。即使是工程规模大、施工技术复杂、方案选择性大的项目也是如此，这会误导投标人把注意力放在如何使投标价更靠近标底的"预算竞赛"上，从而难以体现综合实力的竞争。此外，招标人和投标人均要重复进行工程量的计算，浪费了大量人力和物力。

2. 工程量清单招标的优点

由于工程量清单明细表反映了工程的实物消耗和有关费用，因此，这种计价模式易于结合招标工程的具体情况，把现行以预算定额为基础的静态计价模式变为把各种因素考虑在单价内的动态计价模式。在旧的招投标制度下，招投标双方针对某一建筑产品，依据同一个施工图，运用相同的预算定额和取费标准，一个编制招标标底，另一个编制投标报价。由于两者角度不同，出发点不同，因此，估算的工程造价差异很大。而且大多数招标工程实施标底评标制度，评标和定标时把报价控制在标底的一定范围内，超过标底范围者为废标，扩大了标底的作用，不利于市场竞争。

采用工程量清单招标，要求招投标双方严格按照规范的工程量清单标准格式填写，招标人在表格中详细、准确地描述应该完成的工作内容；投标人根据工程量清单中描述的工作内容，结合工程情况、市场竞争情况和本企业实力，充分考虑各种风险因素，自主填报清单，列出包括人工费、材料费、施工机具使用费、企业管理费和利润等项目在内的综合单价与汇总价，以所报综合单价作为竣工结算调整价的招投标方式。它明确划分了招投标双方的工作，招标人计算工程量，投标人确定其价格，互不交叉、重复，不仅有利于业主控制造价，也有利于承包人自主报价；不仅提高了业主的投资效益，还促使承包人在施工过程中采用新技术、新工艺、新材料，努力降低成本、增加利润，在激烈的市场竞争中保持优势地位。

在评标过程中，评标委员会在保证质量、工期和安全等条件下，根据有关法规，按照"合理低价中标"原则，择优选择技术能力强、管理水平高、信誉可靠的承包人承建工程，既能优化资源配置，又能提高工程建设效益。

3. 工程量清单招标的特点

工程量清单报价均采用综合单价形式。综合单价包括人工费、材料费、施工机具使用费、企业管理费、利润及一定范围的风险费。不像传统定额计价模式，单位工程造价由直接工程费、间接费、利润和税金构成，计价时先计算直接费，再以直接费（或其中的人工费）为基数计算各项费用、利润和税金，汇总得出单位工程造价。相比之下，工程量清单报价简单明了，更适合工程的招投标。与其他行业一样，室内装饰工程的招投标很大程度上是工程单价的竞争，若仍采用以往的定额计价模式，就不能体现竞争，招投标也就失去了意义。

采用工程量清单计价招标，可以把各种经济、技术、质量、进度、风险等因素充分细化和量化，把它们体现在综合单价上，还可以依据工程量计算规则、工程量计算单位，方便地进行工程管理和工程计量。与传统的招标方式相比，工程量清单计价招标法具有以下特点。

（1）符合我国当前工程造价体制改革——"控制量、指导价、竞争费"的大原则，真正实现市场机制决定工程造价。

（2）有利于室内装饰工程施工进度控制，提高投资效益。在工程方案、初步设计完成后，施工图设计之前即可进行招投标工作，使工程开工时间提前，有利于工程施工进度控制，提高投资效益。

（3）有利于业主在极限竞争状态下获得最合理的工程造价。因为投标人不必在工程量计算上煞费苦心，可以减少投标标底的偶然性技术误差，让投标人有足够的余地选择合理标价的下浮幅度；同时，也增加了综合实力强、社会信誉好的企业中标的机会，更能体现招投标宗旨。此外，通过极限竞争，按照工程量招标确定的中标价格，在不提高设计标准的情况下与最终结算价是基本一致的，这样可为建设单位的工程成本控制提供准确、可靠的依据。

（4）有利于中标人精心组织施工，控制成本。中标后，中标人可以根据中标价及投标文件中的承诺，通过对本单位工程成本、利润进行分析，统筹考虑、精心选择施工方案；并根据企业定额或劳动定额合理确定人工、材料、施工机具生产要素的投入与配置，实行优化组合，加强现场管理，合理控制措施项目费的使用，以便更好地履行承诺，抓好工程质量和控制工期。

（5）有利于控制工程索赔，做好合同管理。在传统的招标方式中，施工单位"低报价、高索赔"的策略屡见不鲜。在工程量清单招标方式中，由于单项工程的综合单价不因施工数量的变化、施工难易的不同、施工技术措施的差异、价格及取费的变化而调整，这就消除了施工单位不合理索赔的可能性。

4. 工程量清单招标的作用

工程量清单计价招标的作用体现在以下3个方面。

1）充分引入市场竞争机制，规范招投标行为

作为市场主体的室内装饰工程施工单位，应具有根据其自身的生产经营状况和市场供求关系自主决定其产品价格的权利，而原有工程预算由于定额项目和定额水平总是与市场相脱节，价格由政府确定，投标竞争往往蜕变为预算人员水平的较量，还容易诱导投标人采取不正当手段去探听标底，严重阻碍了招投标市场的规范化运作。

把定价权交还给企业和市场，取消定额的法定作用，在工程招投标程序中增加"询标"环节，让投标人对报价的合理性、低价的依据、如何确保工程质量及落实安全措施等进行详细说明。通过询标，不但可以及时发现错、漏、重等报价，保证招投标双方的合法权益，而且还能将不合理报价、低于成本的报价排除在中标范围之外，有利于维护公平竞争和市场秩序，又可改变过去"只看投标总价，不看价格构成"的现象，排除了"投标价格严重失真也能中标"的可能性。

2）实行量价分离、风险分担，强化中标价的合理性

现阶段实行的工程预算定额及相应的管理体系在工程承发包计价中，对调整承发包双方利益和反映市场实际价格、需求还有许多不相适应的地方。市场供求失衡，使一些业主不顾客观条件，人为压低工程造价，导致标底不能真实反映工程价格，招投标缺乏公平公正，承包人的利益受到损害。还有一些业主在发包工程时带有强烈的主观性，或因收受贿赂，或因碍于关系、情面，总是希望自己想用的承包人中标，因此，标底泄露现象时有发生，保密性差。

"量价分离、风险分担"，是指招标人只对工作内容及其计算的工程量负责，承担"量"方面的风险；投标人仅根据市场的供求关系自行确定人工费、材料费、施工机具使用费、利润和企业管理费，只承担"价"方面的风险。由于成本是价格的最低界限，投标人减少了投标报价的偶然性技术误差，就有足够的余地选择合理标价的下浮幅度，掌握一个合理的临界点，既使报价最低，也有一定的利润空间。另外，由于制定了合理的衡量投标报价的基础标准，把工程量清单作为招标文件的重要组成部分，既规范了投标人的计价行为，又在技术上避免了招标中弄虚作假和暗箱操作。

合理低价中标是在其他条件相同的前提下，选择所有投标人中报价最低但又不低于成本的报价，力求工程价格更加符合其价值基础。在评标过程中，增加询标环节，通过综合单价、工

料机分析，对投标报价进行全面的经济评价，以确保中标价是合理低价。

3）增加招投标的透明度，提高评标的科学性

当前，招投标工作中仍存在一些弊端，例如，有些招标人发布了招标公告，开展了登记、审查、开标、评标等一系列程序，表面上按照程序操作，实际上却存在着出卖标底、互相串标、互相陪标等现象。有的投标人为了中标，打通业主和评委，打人情牌、受贿牌，或者干脆编造假投标文件，提供假证件、假资料。有的工程在开标前就已暗定了承包人。

要体现招投标的公平合理，评标和定标是最关键的环节，必须有一个公正合理、科学先进、操作准确的评标办法。目前，国内还缺乏这样一套评标办法，一些业主仍单纯看重报价高低，以取低标为主。评标过程中自由性、随意性大，规范性不强；评标中定性因素多，定量因素少，缺乏客观公正；开标后议标现象仍然存在，甚至把公开招标演变为透明度极低的议标。

工程量清单的公开提高了招投标工作的透明度，为投标人的竞争提供了一个共同的起点。由于淡化了标底的作用，仅把标底作为评标的参考条件，标底设与不设均可，它不再成为中标的直接依据，因此，消除了编制标底给招标活动带来的负面影响，彻底避免了标底的跑、漏、靠现象，使招标工程真正做到了符合"公开、公平、公正和诚实信用"的原则。

承包人"报价权"的回归和"合理低价中标"的评定标原则，杜绝了建设市场可能的权钱交易，堵住了建设市场恶性竞争的漏洞，净化了建设市场环境，确保了建设工程的质量和安全，促进了我国有形建设市场的健康发展。

总之，工程量清单计价是建筑业发展的必然趋势，是市场经济发展的必然结果，也是适应国际国内建设市场竞争的必然选择，它对招投标制度的完善和发展建设市场公平竞争秩序的建立都起到非常积极的推动作用。

8.3.2　工程量清单投标报价的基本内容

1. 编制投标报价的原则

采用工程量清单招标，投标人真正有了报价的自主权。但投标人（施工单位）在充分合理地发挥自身优势进行自主定价时，还应遵守有关文件的规定。

（1）《建筑工程施工发包与承包计价管理办法》中明确指出以下内容。

① 投标报价应当满足招标文件要求。

② 应当依据企业定额和市场价信息。

③ 按照国务院和省、自治区、直辖市人民政府建设行政主管部门发布的工程造价计价方法进行编制。

（2）在《计价规范》中规定，投标报价应根据以下内容进行。

① 招标文件中的工程量清单和有关要求。

② 施工现场实际情况。

③ 拟定的施工方案或施工组织设计文件。

④ 依据企业定额和市场价信息。

⑤ 参照建设行政主管部门发布的社会平均消耗量定额。

2. 编制投标报价时应注意的问题

由于《计价规范》在工程造价的计价程序、项目的划分和具体的计量规则上与传统的计价模式有较大的区别，因此，标底编制人要做好有关的准备工作。

（1）应掌握《计价规范》的各项规定，明确各清单项目所包含的工作内容和要求、各项费用的组成等，投标时仔细研究清单项目的特征描述，真正把自身的管理优势、技术优势和资源优势等落实到细微的清单项目报价中。

（2）建立企业内部定额，提高自主报价能力。企业定额是指根据本企业施工技术、管理水平及有关工程造价资料制定的，供本企业使用的人工、材料和施工机具的消耗量标准。通过制定企业定额，施工单位可以清楚地计算出完成项目所需消耗的成本与工期，从而准确地投标报价。

（3）在投标文件中，没有填写单价和合价的项目将不予支付。因此，投标人应仔细填写每个单项项目的单价和合价，做到报价时不漏项和不缺项。

（4）若需编制技术标及相应报价，应避免技术标报价与商务标报价出现重复，尤其是技术标中已经包括的措施项目。

（5）掌握一定的投标报价策略和技巧，根据各种影响因素和招标工程具体情况灵活机动地调整报价，提高本企业的市场竞争力。

3. 工程量清单投标报价的基本流程

工程量清单投标报价是由招标人提供统一的工程量清单和招标文件，投标人以此为投标报价的依据并根据现行计价定额，结合自身优势，考虑可竞争的现场管理费、措施项目费、企业预期的利润及所承担的风险费，最终确定单价和总价进行投标。工程量清单投标报价的基本流程如下。

1）招标人计算工程量清单

招标人在工程方案、初步设计或部分施工图设计完成后，即可委托标底编制单位（或招标代理机构）按照当地统一的工程量计算规则，以单位工程为对象，计算并列出分部分项工程工程量清单（应附上施工内容说明），作为招标文件的组成部分发放给各个投标人。工程量清单的粗细程度、准确程度取决于工程的设计深度及标底编制人的技术水平和经验。在工程量清单招标方式中，工程量清单的作用如下：

（1）为投标人提供一个共同的投标基础，供投标人使用。

（2）便于评标和定标，进行工程价格比较。

（3）进行工程进度款支付的依据。

（4）进行合同总价调整、工程结算的依据。

2）招标人计算工程直接费并进行工料分析

标底编制人按工程量清单计算直接费，进行工料分析，然后按现行定额或招标人拟定的人工费、材料费、施工机具使用费单价及其取费标准、取费程序和其他条件计算综合单价（含完成该项工作内容所需的所有费用，包括人工费、材料费、施工机具使用费、企业管理费、利润），把综合单价乘以招标工程量清单中的工程量得到综合合价，再加上规费和税金，最后汇总得到标底。在实际招标中，根据投标人的报价能力和水平，对分部分项工程中的每个子项的单价，可只列出直接费，而材料价差、措施项目费、其他项目费等费用以单项工程形式统一计算。但材料价格、取费标准应同时确定并明确以后不再调整；相应投标人的报价表也应按相同办法报价。

3）投标人投标报价

投标人根据工程量清单及招标文件的内容，结合自身的实力和竞争优势，采取合适的投标策略，评估施工期间所要承担的价格、取费等风险，提出有竞争力的综合单价、综合合价、总价及相关材料进行投标。

4）招投标双方合同约定说明

在项目招标文件或施工合同中，规定中标人投标的综合单价在工程结算时不做调整；而当实际施工的工程量与原提供的工程量相比较，出入超过一定范围时，可以按实调整，即"量调价不调"。对不可预见的工程施工内容，可进行虚拟工程量招标单价或明确工程结算时补充综合单价的确定原则。

8.4　室内装饰工程工程量清单招投标报价实例

8.4.1　某二层敞开式办公区域室内装饰工程工程量清单招标实例

该室内装饰工程的有关图样、定额依据、地理环境和施工条件以某省建设厅和某市建设局的有关文件为准；并根据国家《计价规范》而进行招标工程工程量清单的编制。具体编制过程如下，部分表格内容有删减。

工程量计算表

单位（专业）工程名称：某二层敞开式办公区域室内装饰工程　　　　　　　　　　第 1 页 共 1 页

序号	项目编码	项目名称	计算式	计量单位	工程量
二层敞开式办公区域					
1	011104002001	竹木地板	（4.08×5.3+1.52×0.3）	m²	22.080
2	011105005001	木质踢脚线	（4.055×2+5.22×2+−0.98−1.72）×0.15	m²	2.378
3	011302001001	吊顶天棚	[4.08×（5.3−0.2）]−4.055×0.3	m²	19.592
4	010801001001	木质门（实木装饰门）	1.52×2.55	m²	3.876
5	010808001001	木门窗套	（1.52+2.55×2）×0.35	m²	2.317
6	010810002001	木窗帘盒	4.055	m	4.055
7	011408001001	墙纸裱糊	（4.08+5.3）×2×3.0−（0.98×2.4+2.38+1.72×2.65+2.7×2.1+3.02×2.25）+[0.2×0.48×2+（2.62+2.7）×0.1×2]	m²	35.781
8	011502002001	木质装饰线	（1.52+2.65×2）×2	m²	13.640
9	011702006002	满堂脚手架	4.08×5.3	m²	21.624
……	……	……	……	……	……

某二层敞开式办公区域室内装饰工程

招 标 控 制 价

招标控制价

（小写）：＿＿＿＿＿＿＿＿＿＿＿＿＿＿＿＿

（大写）：

＿＿＿＿＿＿＿＿＿＿＿＿＿＿＿＿

工程造价

招标人：＿＿＿＿＿＿＿＿＿　　咨询人：＿＿＿＿＿＿＿＿＿

（单位盖章）　　　　　　　　　　（单位资质专用章）

法定代表人　　　　　　　　　　法定代表人

或其授权人：＿＿＿＿＿＿＿＿＿　或其授权人：＿＿＿＿＿＿＿＿＿

（签字或盖章）　　　　　　　　　（签字或盖章）

编制人：＿＿＿＿＿＿＿＿＿　　复核人：＿＿＿＿＿＿＿＿＿

（造价人员签字并盖专用章）　　　（造价工程师签字并盖专用盖）

编辑时间：　　　　　　　　　　复核时间：

总　说　明

单位（专业）工程名称：某二层敞开式办公区域室内装饰工程　　　　　　　　　　　　　　　　第 1 页 共 1 页

> 一、工程概况
>
> 本工程为××省××市××区科技创新园 F-5 总部楼二层，拟装饰敞开式办公区面积为 21.29m²，室内建筑高度为 3.50m。
>
> 二、编制依据
>
> 1. 本投标报价是依据"××××招标公告"的投标须知、技术要求、工程量清单、合同条件和答疑文件、工程建设标准及技术要求和设计图样等文件进行编制的。
>
> 2. 报价执行《建设工程工程量清单计价规范》、《房屋建筑与装饰工程工程量计算规范》（GB 50854—2013）××省实施细则、依据 20××年《××省房屋建筑与装饰工程预算定额》、20××年《××市价目表》、人工执行××元/定额工日、20××年 8 月 1 日后费用定额中的取费程序。
>
> 3. 材料价格参考 20××年×月造价信息及市场价。
>
> 4.《建筑装饰装修工程质量验收标准》（GB 50210—2018）。
>
> 三、取费标准
>
> 1. 计价计量规范
>
> 《建设工程工程量清单计价规范》（GB 50500—2013）、各专业工程工程量清单计算。
>
> 2. 预算定额
>
> 《××省房屋建筑与装饰工程预算定额》（2017 版）；《××省通用安装工程预算定额》（FTYD-301-2017～FTYD-311-2017）；《××省建设工程混凝土、砂浆等半成品配合比》（2017 版）；《××省市政维护工程消耗量定额》（FTID-6012007）；《××省混凝土和砂浆等半成品配合比》（2017 版）。
>
> 3. 费用定额
>
> 《××省建筑安装工程费用定额》（2017 版）。

分部分项工程工程量清单及其计价表

单位（专业）工程名称：某二层敞开式办公区域室内装饰工程　　　　　　　　　　　　　　　　第 1 页 共 1 页

序号	项目编码	项目名称	项目特征	计量单位	工程量	金额/元	
						综合单价/元	合价/元
1	011104002001	竹木地板	1. 木龙骨 2. 20mm 厚的水泥砂浆找平层 3. 长条实木复合地板 4. 木龙骨刷防火涂料 3 遍，刷防腐油 1 遍	m²	22.080		
2	011105005001	木质踢脚线	1. 高度为 150mm 2. 多层板基底 3. 成品踢脚板木饰面	m²	2.378		
3	011302001001	天棚吊顶	1. U 形 60 系列轻钢龙骨 2. 纸面石膏板基底 3. 石膏板面层 4. 141mm 宽的石膏角线总长为 18.71m 5. 石膏板面层刷乳胶漆 3 遍	m²	19.592		
4	010801001001	实木装饰门	成品装饰门扇	m²	3.876		
5	010808001001	木门窗套	1. 木龙骨 2. 18mm 厚的细木工板基层 3. 木龙骨刷防火涂料 3 遍，刷防火油 1 遍 4. 成品木饰面，刷底油、调和漆 2 遍	m²	2.317		
6	010810002001	木窗帘盒	1. 木龙骨胶合板窗帘盒 2. 刷乳胶漆 3 遍 3. 单轨暗装	m²	4.055		
7	011408001001	墙纸裱糊	墙面墙纸对花	m²	35.781		
8	011502002001	木质装饰线	平面线，宽度≤100mm	m	13.640		

总价措施项目清单及其计价表

单位（专业）工程名称：某二层敞开式办公区域室内装饰工程　　　　第 1 页 共 1 页

序号	项目名称	计算基数/元	费率（%）	金额/元
1	安全文明施工费			
2	其他总价措施费			
3	防尘措施费			
……	……	……	……	……
合　计				

单价措施项目清单及其计价表

单位（专业）工程名称：某二层敞开式办公区域室内装饰工程　　　　第 1 页 共 1 页

序号	项目编码	项目名称	项目特征描述	计量单位	工程量	综合单价/元	合价/元
1	011701006001	满堂装饰脚手架	1. 天棚和墙面 2. 基本层高度为3.9m	m²	21.624		
……	……	……	……	……	……	……	……
合　计							

其他项目清单及其计价汇总表

单位（专业）工程名称：某二层敞开式办公区域室内装饰工程　　　　第 1 页 共 1 页

序　号	项目名称	金额/元	备　注
1	暂列金额		
2	专业工程暂估价		
3	总承包服务费		
……	……	……	……
合　计			

暂列金额明细表

单位（专业）工程名称：某二层敞开式办公区域室内装饰工程　　　　第 1 页 共 1 页

序　号	项　目　名　称	金额/元	备　注
1	设计变更和现场签证暂列金额		
2	优质工程增加费		
3	缩短定额工期增加费		
4	发包人检测费		
5	渣土收纳费		
6	加固工程检测费用		
……	……	……	……
合　计			

专业工程暂估价明细表

单位（专业）工程名称：某二层敞开式办公区域室内装饰工程　　　　　　　　　第 1 页 共 1 页

序　号	项目名称	金额/元	备　注
……	……	……	……
合　计			

总承包服务费计价表

单位（专业）工程名称：某二层敞开式办公区域室内装饰工程　　　　　　　　　第 1 页 共 1 页

序　号	项 目 名 称	计算基数/元	费率（%）	金额/元
……	……	……	……	……
合　计				

人工、材料、设备、施工机具汇总表

单位（专业）工程名称：某二层敞开式办公区域室内装饰工程　　　　　　　　　第 1 页 共 1 页

序号	编码	名称	规格和型号等特殊要求	单位	数量	单价/元	合价/元
一		人工					
1							
2							
二		材料					
1							
2							
三		设备					
1							
2							
四		施工机具					
1							
2							
……	……	……	……	……	……	……	……

8.4.2 某二层敞开式办公区域室内装饰工程工程量清单投标实例

投 标 总 价

招 标 人：　　××工程顾问有限公司　　

工 程 名 称：　某二层敞开式办公区域室内
　　　　　　　　　装饰工程

投标总价（小写）：　　　29397 元　　　
　　　　　　（大写）：贰万玖仟叁佰玖拾柒元整

法定代表人

投标人：　　　　　　　 或其授权人：　　　　　
（单位盖章）　　　　　　　　（签字或盖章）

编制人：　　　　　　　　　　　　　　　　
（造价人员签字并盖专用章）

时 间：　　年　　月　　日

总 说 明

单位（专业）工程名称：某二层敞开式办公区域室内装饰工程　　　　　　　　　　　　第 1 页 共 1 页

一、工程概况

本工程为××省××市××区科技创新园 F-5 总部楼二层，拟装饰敞开式办公区域面积为 21.29m²，室内建筑高度为 3.50m。

二、编制依据

1. 本投标报价是依据"××××招标公告"的投标须知、技术要求、工程量清单、合同条件和答疑文件、工程建设标准及技术要求和设计图样等文件进行编制的。

2. 报价执行《建设工程工程量清单计价规范》、《房屋建筑与装饰工程工程量计算规范》（GB 50854—2013）××省实施细则、依据 20××年《××省房屋建筑与装饰工程预算定额》、20××年《××市价目表》、人工执行××元/定额工日、20××年 8 月 1 日后费用定额中的取费程序。

3. 材料价格参考 20××年×月造价信息及市场价。

4.《建筑装饰装修工程质量验收标准》（GB 50210—2018）。

三、取费标准

1. 计价计量规范

《建设工程工程量清单计价规范》（GB 50500—2013）、各专业工程工程量清单计算。

2. 预算定额

《××省房屋建筑与装饰工程预算定额》（2017 版）；《××省通用安装工程预算定额》（FTYD-301-2017~FTYD-311-2017）；《××省建设工程混凝土、砂浆等半成品配合比》（2017 版）；《××省市政维护工程消耗量定额》（FTID-6012007）；《××省混凝土和砂浆等半成品配合比》（2017 版）。

3. 费用定额

《××省建筑安装工程费用定额》（2017 版）。

工程项目投标总价汇总表

工程名称：某二层敞开式办公区域室内装饰工程　　　　　　　　　　　　　　　　　　第 1 页 共 1 页

序　号	单项工程名称	金额/元	其中:安全文明施工费/元
1	单体建筑	29829.00	139.00
1.1	装饰工程	29829.00	139.00
	楼地面工程	13701.00	64.00
	天棚工程	4576.00	21.00
	门窗工程	9358.00	44.00
	油漆工程	1752.00	8.00
	其他装饰工程	442.00	2.00
合　计		29829.00	139.00

单位工程投标总价汇总表

工程名称：某二层敞开式办公区域室内装饰工程　单体建筑　装饰工程　　　　　　　　第 1 页 共 1 页

序号	汇 总 内 容	计算基数/元	费率（%）	金额/元
1	分部分项工程费	29397		29397.00
1.1	楼地面工程	0		13622.00
1.2	天棚工程	0		4289.00
1.3	门窗工程	0		9304.00
1.4	油漆工程	0		1742.00
1.5	其他装饰工程	0		440.00

续表

序号	汇总内容	计算基数/元	费率（%）	金额/元
2	措施项目费	432		432.00
2.1	总价措施项目费	171		171.00
2.1.1	安全文明施工费	139		139.00
2.1.2	其他总价措施费	32		32.00
2.2	单价措施项目费	261		261.00
3	其他项目费	0		
3.1	暂列金额	0		
3.2	专业工程暂估价	0		
3.3	总承包服务费	0		
4	总造价	29829		29829.00
	人工费合计	5161		5161.00
	材料费合计	18116		18116.00
	其中：工程设备费合计	0		
	其中：甲供材料费含税合计	0		
	施工机具使用费	103		103.00
	企业管理费合计	2291		2291.00
	利润合计	1540		1540.00
	规费合计	0		
	税金合计	2449		2449.00

分部分项工程工程量清单及其计价表

单位（专业）工程名称：某二层敞开式办公区域室内装饰工程　　　　　　　　　　　　第 1 页 共 1 页

序号	项目编码	项目名称	项目特征	计量单位	工程量	金额/元	
						综合单价/元	合价/元
			单体建筑				
			装饰工程				
			楼地面工程				
1	011104002001	竹木地板	1. 20mm 厚的水泥找平层 2. 木龙骨刷防火涂料 3 遍，刷防腐油 1 遍 3. 长条实木复合地板	m²	22.08	5885.03	6.96
2	011105005001	木质踢脚线	1. 高度为 150mm 2. 多层板基底 3. 成品踢脚板木饰面	m²	2.378	43.45	103.32
			天棚工程				
3	011302001001	吊顶天棚	1. U 形 60 系列轻钢龙骨 2. 纸面石膏板基底 3. 石膏板面层 4. 141mm 宽的石膏角线总长为 18.71m 5. 石膏板面层刷乳胶漆 3 遍	m²	19.592	218.94	4289.47

续表

序号	项目编码	项目名称	项目特征	计量单位	工程量	综合单价/元	合价/元
						金额/元	
门窗工程							
4	010801001001	木质门	成品装饰门扇	m²	3.876	2111.21	8183.05
5	010808001001	木门窗套	1. 木龙骨 2. 18mm 厚的细木工板基层 3. 木龙骨刷防火涂料 3 遍，刷防火油 1 遍 4. 成品木饰面，刷底油、调和漆 2 遍	m²	2.317	261.64	606.22
6	010810002001	木窗帘盒	1. 木龙骨胶合板窗帘盒 2. 刷乳胶漆 3 遍 3. 单轨暗装	m	4.055	126.99	514.94
油漆工程							
7	011408001001	墙纸裱糊	墙面墙纸对花	m²	35.781	48.69	1742.18
其他装饰工程							
8	011502002001	木质装饰线	平面线，宽度≤100mm	m	13.640	32.23	439.62
合　计							29397.94

总价措施项目清单与计价表

单位（专业）工程名称：某二层敞开式办公区域室内装饰工程　　　　　　　　　　　　　　　　第 1 页 共 1 页

序号	项目名称	计算基数/元	费率（%）	金额/元
1	安全文明施工费	29658.00	0.470	139.00
2	其他总价措施费	29658.00	0.110	32.00
3	防尘措施费	139.00		
合　计				171.00

单价措施项目清单及其计价表

单位（专业）工程名称：某二层敞开式办公区域室内装饰工程　　　　　　　　　　　　　　　　第 1 页 共 1 页

序号	项目编码	项目名称	项目特征	计量单位	工程量	综合单价/元	合价/元
						金额	
单体建筑							
装饰工程							
楼地面工程							
天棚工程							
1	011701006001	满堂装饰脚手架	1. 天棚和墙面 2. 基本层高度为 3.9m	m²	21.624	12.07	261.00
门窗工程							
油漆工程							
其他装饰工程							
合　计							261.00

其他项目清单及其计价汇总表

单位（专业）工程名称：某二层敞开式办公区域室内装饰工程　　　　　　　　　　　第 1 页 共 1 页

序　号	项目名称	金额/元	备　注
1	暂列金额		
2	专业工程暂估价		
3	总承包服务费		
合　计			—

暂列金额明细表

单位（专业）工程名称：某二层敞开式办公区域室内装饰工程　　　　　　　　　　　第 1 页 共 1 页

序　号	项　目　名　称	金额/元	备　注
1	设计变更和现场签证暂列金额		
2	优质工程增加费		
3	缩短定额工期增加费		
4	发包人检测费		
5	渣土收纳费		
6	加固工程检测费用		
合　计			—

专业工程暂估价明细表

单位（专业）工程名称：某二层敞开式办公区域室内装饰工程　　　　　　　　　　　第 1 页 共 1 页

序　号	项　目　名　称	金额/元	备　注
合　计			

总承包服务费计价表

单位（专业）工程名称：某二层敞开式办公区域室内装饰工程　　　　　　　　　　　第 1 页 共 1 页

序　号	项　目　名　称	计算基数/元	费率（%）	金额/元
合　计				

分部分项工程工程量清单综合单价分析表

单位（专业）工程名称：某二层敞开式办公区域室内装饰工程　　　　　　　　　　　　第 1 页 共 3 页

序号	项目编码	项目名称及特征描述	单位	工程量	综合单价组成/元								综合单价/元
					人工费	材料费	其中：设备费	施工机具使用费	企业管理费	利润	规费	税金	
					单体建筑								
					装饰工程								
					楼地面工程								
1	011104002001	竹木地板 1. 木龙骨 2. 20mm 厚的水泥砂浆找平层 3. 长条实木复合地板 4. 木龙骨刷防火涂料 3 遍，刷防腐油 1 遍	m²	22.080	89.17	391.30		2.17	47.30	31.79		50.55	612.28
1.1	10111002	水泥砂浆找平层（在混凝土或硬基层面上，20mm 厚）	m²	22.080	13.12	7.79		0.46	2.09	1.41		2.24	27.11
1.2	10111079	木地板（木地板铺在木龙骨上，木龙骨规格为 40mm×60mm，间距为 300mm）	m²	22.080	22.68	21.09			4.29	2.88		4.58	55.52
1.3	10111086	木地板（实木地板铺在木龙骨上）	m²	22.080	37.56	357.86		1.71	38.92	26.16		41.60	503.81
1.4	10114083T	其他油漆（单向木龙骨刷防火涂料 3 遍）	m²	22.080	13.69	4.26			1.76	1.18		1.88	22.77
1.5	10114089	其他油漆（单向木龙骨刷防腐油 1 遍）	m²	22.080	2.12	0.30			0.24	0.16		0.25	3.07
2	011105005001	木质踢脚线 1. 高度为 150mm 2. 多层板基底 3. 成品踢脚板木饰面	m²	2.378	15.39	18.82		0.03	3.36	2.26		3.59	43.45
2.1	10111102	多层板基底、面饰榉木板踢脚板（150mm 高）	m	2.378	15.39	18.82		0.03	3.36	2.26		3.59	43.45
					天棚工程								
3	011302001001	吊顶天棚 1. U 形 60 系列轻钢龙骨 2. 纸面石膏板基底 3. 石膏板面层 4. 宽度为 141mm 的石膏角线总长为 18.71m 5. 石膏板面层刷乳胶漆 3 遍	m²	19.592	84.02	86.26		2.30	16.91	11.36		18.08	218.94
3.1	10113019	天棚龙骨（装配式 U 形轻钢（不上人型）面层，规格为 600mm×600mm，平面）	m²	19.592	20.89	31.82		2.30	5.39	3.62		5.76	69.78
3.2	10113071	纸面石膏板天棚基层	m²	19.592	12.91	14.67			2.70	1.82		2.89	34.99
3.3	10113085	石膏板天棚面层（安装在 U 形轻钢龙骨上）	m²	19.592	14.70	14.89			2.90	1.95		3.10	37.54

序号	项目编码	项目名称及特征描述	单位	工程量	综合单价组成（元）								综合单价/元
					人工费	材料费	其中：设备费	施工机具使用费	企业管理费	利润	规费	税金	
3.4	10114134T	乳胶漆（室内天棚面刷3遍）	m²	19.592	25.19	10.07			3.46	2.32		3.69	44.73
3.5	10115068	其他装饰线（石膏角线宽度＞100mm）	m	18.710	10.82	15.51			2.58	1.73		2.76	33.40
4	010801001001	木质门 成品装饰门扇	m²	3.876	55.65	1608.51			163.09	109.64		174.32	2111.21
4.1	10108002T	成品木门安装（成品实木木门扇安装）	m²	3.876	55.65	1608.51			163.09	109.64		174.32	2111.21
5	010808001001	木门窗套 1. 木龙骨 2. 18mm厚的细木工板基层 3. 木龙骨刷防火涂料3遍，刷防火油1遍 4. 成品木饰面，刷底油、调和漆2遍	m²	2.317	94.84	110.98		0.42	20.21	13.59		21.60	261.64
5.1	10108090	门窗套（木龙骨）	m²	2.317	13.99	22.58			3.58	2.41		3.83	46.39
5.2	10108092	门窗套（木工板安在龙骨上，带止口）	m²	2.317	10.80	54.07			6.36	4.27		6.80	82.30
5.3	10108094	门窗套（木装饰面板）	m²	2.317	20.76	21.91		0.42	4.22	2.84		4.51	54.66
5.4	10114083T	其他油漆（单向木龙骨刷防火涂料3遍）	m²	2.317	13.69	4.26			1.76	1.18		1.88	22.77
5.5	10114088	其他油漆（双向木龙骨刷防腐油1遍）	m²	2.317	4.25	0.56			0.47	0.32		0.50	6.10
5.6	10114001	单层木门（刷底油、调和漆2遍）	m²	2.317	31.35	7.60			3.82	2.57		4.08	49.42
6	010810002001	木窗帘盒 1. 木龙骨胶合板窗帘盒 2. 刷乳胶漆3遍 3. 单轨暗装	m	4.055	56.62	42.83		0.66	9.81	6.59		10.48	126.99
6.1	10108098	窗帘盒（不带轨木龙骨胶合板窗帘盒，现场制作）	m	4.055	26.69	14.40		0.66	4.09	2.75		4.37	52.96
6.2	10108101	成品窗帘轨(单轨暗装)	m	4.055	4.74	18.36			2.26	1.52		2.42	29.30
6.3	10114134T	乳胶漆（室内天棚面刷3遍）	m²	4.055	25.19	10.07			3.46	2.32		3.69	44.73
油漆工程													
7	011408001001	墙纸裱糊 墙面墙纸对花	m²	35.781	17.46	20.92			3.76	2.53		4.02	48.69
7.1	10114189	墙面（普通壁纸对花）	m²	35.781	17.46	20.92			3.76	2.53		4.02	48.69

序号	项目编码	项目名称及特征描述	单位	工程量	人工费	材料费	其中：设备费	施工机具使用费	企业管理费	利润	规费	税金	综合单价/元
							综合单价组成/元						
其他装饰工程													
8	011502002001	木质装饰线 平面线，宽度≤100mm	m	13.640	6.49	18.88		0.04	2.49	1.67		2.66	32.23
8.1	10115028	木装饰线（平面线，宽度≤100mm）	m	13.640	6.49	18.88		0.04	2.49	1.67		2.66	32.23

单价措施项目清单综合单价分析表

工程名称：某二屋敞开式室内装饰工程　　　　　　　　　　　　　　　　　　　　　　　　　　第1页 共1页

序号	项目编码	项目名称及特征描述	单位	工程量	人工费	材料费	施工机具使用费	企业管理费	利润	规费	税金	综合单价/元
							综合单价组成/元					
单体建筑												
装饰工程												
楼地面工程												
天棚工程												
1	011701006001	满堂装饰脚手架 1. 天棚和墙面 2. 基本层高度为3.9m	m²	21.624	6.04	3.23	0.24	0.93	0.63		1.00	12.07
1.1	10117019	装修脚手架（装修满堂脚手架，基本层高度为3.6～5.2m）	m²	21.624	6.04	3.23	0.24	0.93	0.63		1.00	12.07
门窗工程												
油漆工程												
其他装饰工程												

人工、材料（设备）和施工机具汇总表

工程名称：某二屋敞开式室内装饰工程　　　　　　　　　　　　　　　　　　　　　　　　　　第1页 共2页

序号	编码	名称	规格和型号等特殊要求	单位	数量	单价/元	合价/元
一		人工					0
1	00010040	定额人工费		元			5160.72
二		材料					
1	01610250	铁件	综合	kg	7.837	6.504	50.97
2	03030530	铝合金窗帘轨	单轨，成套	m	4.055	17.700	71.77
3	03050110	不锈钢合页		副	4.460	7.080	31.58
4	04010001	水泥	32.5级	kg	33.164	0.449	14.89
5	04010170	散装水泥	42.5级	kg	212.984	0.450	95.84
6	04030230	净干砂（机制砂）		m³	0.461	131.400	60.52
7	05030001	杉板枋材		m³	0.314	1611.110	505.14

序号	编码	名称	规格和型号等特殊要求	单位	数量	单价/元	合价/元
8	05030210	杉木锯材		m³	0.040	1666.670	67.10
9	05030650	板枋材		m³	0.294	1581.200	464.34
10	05050010	胶合板	5mm 厚	m²	1.907	12.540	23.92
11	05050030	胶合板	9mm 厚	m²	0.404	20.060	8.11
12	05050120	榉木胶合板		m²	0.404	59.830	24.19
13	05090050	细木工板	18mm 厚，夹心板	m²	3.039	40.200	122.16
14	09010040	纸面石膏板	1220mm×2440mm×9mm	m²	45.062	12.390	558.31
15	09030001	白枫木饰面板		m²	2.549	18.630	47.48
16	09030040	烤漆地板木	（600～900）mm×90mm×18mm 成品	m²	23.184	313.270	7262.85
17	09310010	墙纸		m²	41.506	15.380	638.36
18	10010090	轻钢龙骨（不上人型）	平面，600mm×600mm	m²	20.572	24.340	500.71
19	11010430	成品木门扇	实木	m²	3.876	1600.000	6201.60
20	12010200	木压条	30mm×10mm	m	2.521	3.870	9.76
21	12010650	木平面装饰线条	100mm×20mm	m	14.458	17.700	255.91
22	12070080	石膏阴角线	150mm×150mm	m	19.833	13.270	263.18
23	13010160	酚醛调和漆		kg	1.083	11.970	12.96
24	13010670	内墙用乳胶漆底漆		kg	2.748	9.720	26.71
25	13030480	腻子粉		kg	48.268	2.300	111.02
26	13030680	内墙用乳胶漆面漆		kg	9.499	9.960	94.61
27	13050001	防火涂料		kg	6.834	15.090	103.12
28	14050060	油漆溶剂油		kg	0.190	8.330	1.58
29	14070050	防腐油		kg	1.422	9.870	14.04
30	14070240	清油		kg	0.040	11.790	0.47
31	14070290	熟桐油		kg	0.099	16.430	1.62
32	14411030	壁纸专用胶黏剂		kg	9.951	6.730	66.97
33	17010310	焊接钢管		kg	1.587	5.671	9.00
34	33010040	吊杆		kg	5.329	4.960	26.43
35	34110080	水		m³	0.147	3.280	0.48
36	35030001	底座		个	0.032	2.500	0.08
37	35030190	扣件		个	0.616	8.550	5.27
38	35030310	木脚手板	500	m³	0.013	2113.000	27.41
39	49010040	其他材料费		元	335.603	1.000	335.60
40	80010500	现拌抹灰砂浆	配合比为1：3 M30（42.5），砂子最大粒径为 4.75mm 稠度为 50～70mm	m³	0.468	335.032	156.83
41	80110110	素水泥浆		m³	0.022	675.382	14.91
三		设备					
四		施工机具					
1	99050210	灰浆搅拌机	拌筒容量为200L	台班	0.075	136.640	10.26

续表

序号	编码	名称	规格和型号等特殊要求	单位	数量	单价/元	合价/元
2	99070530	载货汽车	装载质量为 6t	台班	0.013	404.260	5.25
3	99210001	木工圆锯机	直径为 500mm	台班	1.568	24.130	37.83
4	99250020	交流弧焊机	容量为 32kV·A	台班	0.560	80.300	44.99
5	99430160	电动空气压缩机	排气量为 0.3m³/min	台班	0.057	27.980	1.58
6	99430180	电动空气压缩机	排气量为 1m³/min	台班	0.057	47.200	2.68
7	99450550	其他施工机具使用费		元	0.066	1.000	0.07

8.4.3　某二层敞开式办公区域室内装饰工程施工图

该室内装饰工程的平面布置图如图 8-2 所示，各方向的立面图如图 8-3～图 8-6 所示。

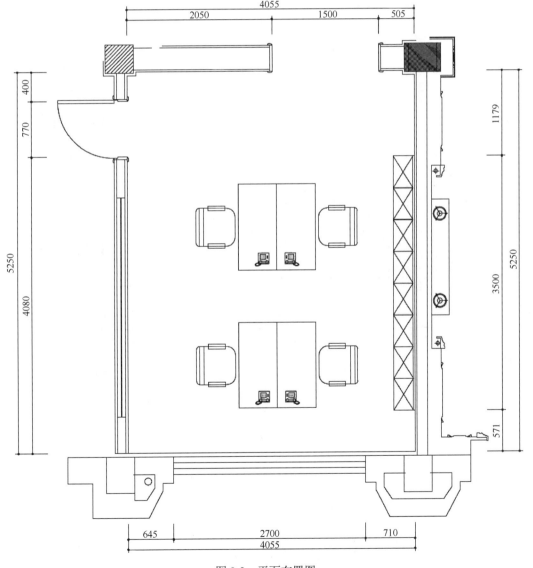

图 8-2　平面布置图

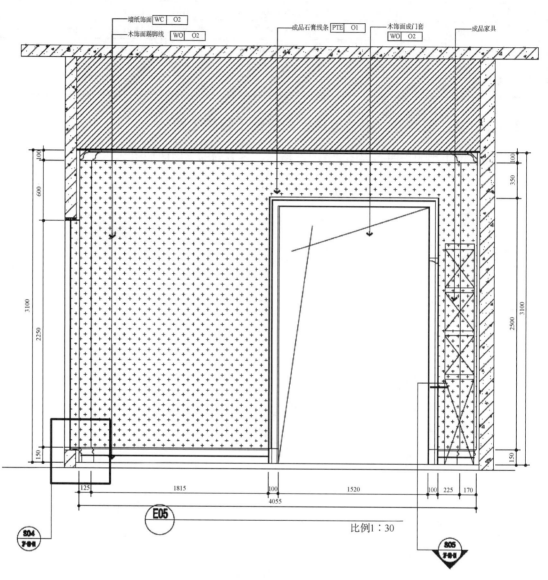

图8-3 南向立面图

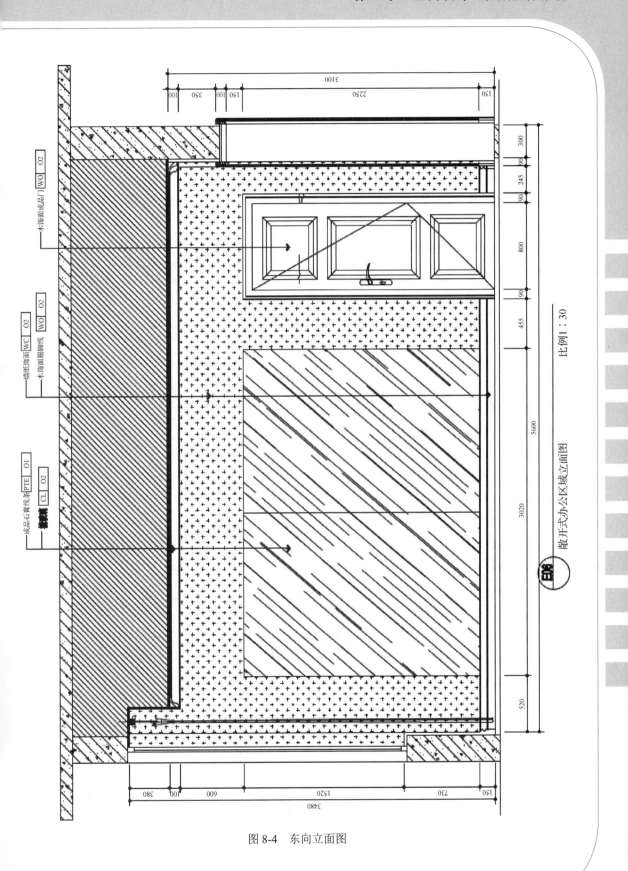

图 8-4　东向立面图

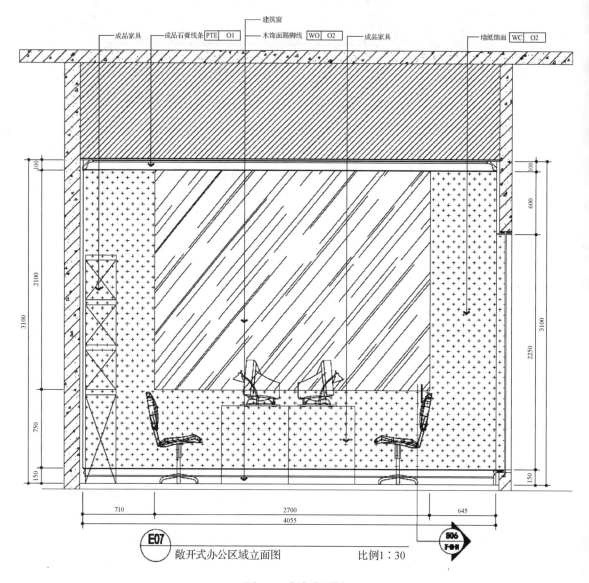

成品家具　成品石膏线条 PTE　O1　建筑窗　木饰面踢脚线 WO　O2　成品家具　墙纸饰面 WC　O2

E07　敞开式办公区域立面图　比例1：30

图 8-5　北向立面图

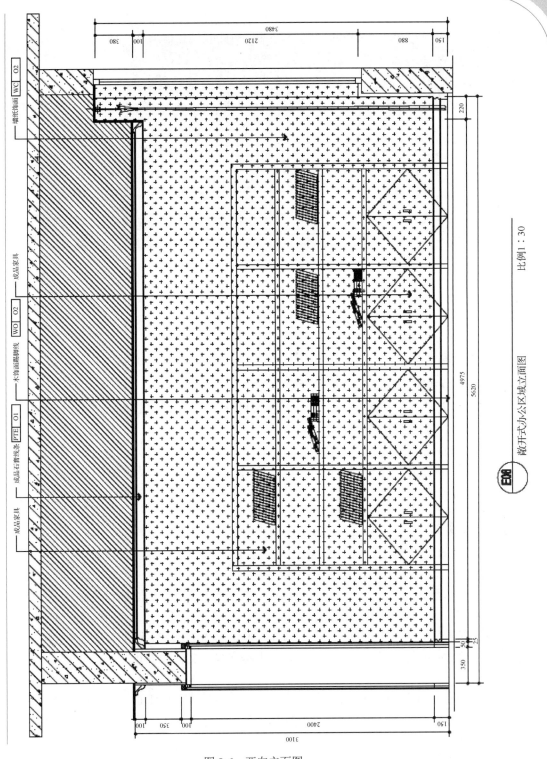

图 8-6　西向立面图

小　结

　　工程招标投标（简称招投标）是招标人（建设单位或业主）和承包人（施工单位）交易的一种手段和方法。

　　招标即招标人择优选择承包人（施工单位）的一种做法。在工程招标之前，把拟建的工程委托设计单位或技术咨询公司设计，编制概预算或估算，也称编制标底。标底是工程招投标中的机密，切不可泄露。招标人准备好一切条件，发表招标公告或邀请几家施工单位参与投标，利用投标人之间的竞争，从中择优选定承包人（施工单位）。

　　本章结合我国室内装饰工程招投标特点和建设工程工程量清单计价编制的方法，对某二层敞开式办公区域室内装饰工程进行招投标清单编制。

习　题

一、选择题

1～10 为单选题

1. 《中华人民共和国招标投标法》规定，自招标文件开始发出之日起至投标人提交投标文件截止之日止，最短不得少于（　　）。

　　A. 20 日　　　　　B. 30 日　　　　　C. 10 日　　　　　D. 15 日

2. 根据《中华人民共和国招标投标法》规定，招标人和中标人应当在中标通知书发出之日起（　　）内，按照招标文件和中标人提交的投标文件订立书面合同。

　　A. 20 日　　　　　B. 30 日　　　　　C. 10 日　　　　　D. 15 日

3. 招标人采用邀请招标方式招标时，应当向（　　）个以上具备承担招标项目的能力、资信良好的特定的法人或者其他组织发出投标邀请书。

　　A. 3　　　　　　　B. 4　　　　　　　C. 5　　　　　　　D. 2

4. 在评标委员会的成员中，要求技术经济方面的专家不得少于成员总数的（　　）。

　　A. 1／2　　　　　B. 2／3　　　　　C. 1／3　　　　　D. 1／5

5. 现有某个依法必须招标的项目，招标人拟定于 2022 年 11 月 1 日开始发售招标文件，根据《中华人民共和国招标投标法》，要求投标人提交投标文件的截止时间最早可设定在 2022 年（　　）。

　　A. 11 月 11 日　　B. 11 月 16 日　　C. 11 月 21 日　　D. 12 月 1 日

6. 邀请招标也称为有限竞争性选择招标，是指招标人以（　　）的方式邀请特定的法人或其他组织投标。

　　A. 投标邀请书　　　B. 合同谈判　　　C. 传媒广告　　　D. 招标公告

7. 公开招标与邀请招标在招标程序上的差异主要表现为（　　）。

　　A. 是否进行资格预审　　　　　　　B. 是否组织现场考察

　　C. 是否解答投标人的质疑　　　　　D. 是否公开开标

8. 下列关于联合体共同投标的说法，正确的是（　　）。

　　A．两个以上法人或其他组织可以组成一个联合体，以一个投标人的身份共同投标

　　B．联合体的其中任一方具备承担招标项目的能力即可

　　C．对由同一个专业的单位组成的联合体，投标时按照资质等级较高的单位确定资质等级

　　D．联合体中标后，应选择其中一方代表与招标人签订合同

9. 关于施工招标文件的疑问和澄清，下列说法正确的是（　　）。

　　A．投标人可以采用口头方式提出疑问

　　B．投标人不得在投标截止前的 15 天内提出疑问

　　C．投标人收到书面澄清后的确认时间应按绝对时间设置

　　D．招标文件的书面澄清应发给所有投标人

10. 根据《中华人民共和国招标投标法实施条例》，依法必须进行招标的项目可以不进行招标的情形是（　　）。

　　A．受自然环境限制只有少量潜在投标人

　　B．需要采用不可替代的专利或专有技术

　　C．招标费用占项目合同金额的比例过大

　　D．因技术复杂只有少量潜在投标人

11～16 为多选题

11. 公开招标设置资格预审程序的目的是（　　）。

　　A．选取中标人　　　　　　　　　　　B．减少评标工作量

　　C．选择最有实力的承包人参加投标　　D．迫使投标人降低投标报价

　　E．了解投标人准备实施招标项目的方案

12. 符合下列（　　）情形之一的，经批准可以进行邀请招标。

　　A．国际金融组织提供贷款的

　　B．受自然地域环境限制的

　　C．涉及国家安全、国家秘密，适宜招标但不适宜公开招标的

　　D．项目技术复杂或有特殊要求只有几家潜在投标人可供选择的

　　E．紧急抢险救灾项目，适宜招标但不适宜公开招标的

13. 符合（　　）情形之一的投标文件，应作为废标处理。

　　A．逾期送达的

　　B．按招标文件要求提交投标保证金的

　　C．无单位盖章且无法定代表人签字或盖章的

　　D．投标人名称与资格预审时不一致的

　　E．联合体投标附有联合体各方共同投标协议的

14. 对依法必须招标的建设项目，进行施工招标时应当具备的条件有（　　）。

　　A．招标人已经依法成立

　　B．初步设计及概算应当履行审批手续的，已经批准

　　C．招标范围、招标方式和招标组织形式等应当履行核准手续的，已经核准

　　D．资金来源正在落实

　　E．有招标所需的设计图样及技术资料

15. 投标人在递交投标交件后，其投标保证金按规定不予返还的情形有（　　　）。

  A．投标人在投标有效期内撤销投标文件

  B．投标人拒绝延长投标有效期

  C．投标人在投标截止日前修改投标文件

  D．中标后无故拒签合同协议书

  E．中标后未按招标文件规定提交履约担保

16. 施工投标采用不平衡报价法时，可以适当提高报价的项目有（　　　）。

  A．工程内容说明不清楚的项目

  B．暂定项目中必定要施工的不分标项目

  C．单价与包干混合制合同中采用包干报价的项目

  D．综合单价分析表中的材料费项目

  E．预计开工后工程量会减少的项目

二、案例分析题

某房地产公司计划在某市开发住宅项目，采用公开招标的形式，有 A、B、C、D、E、F6 家施工单位通过了资格预审，并在规定的时间购买了招标文件。本工程招标文件规定：2022 年 1 月 20 日上午 10:30 为投标文件接收终止时间。在提交投标文件的同时，投标人需要提供投标保证金 20 万元。

在投标截止时间之前，A、B、C、D、E 5 家施工单位均提交了投标文件，并按招标文件的规定提供了投标保证金。2022 年 1 月 20 日，C 施工单位于上午 9 时向招标人书面提出撤回已提交的投标文件，E 施工单位于上午 10 时向招标人递交了一份投标价格下调 5% 的书面说明，F 施工单位由于中途堵车于 1 月 20 日上午 11:00 才将投标文件送达。

2022 年 1 月 21 日下午，由当地招投标监督管理办公室主持进行了公开开标。开标时，由招标人检查投标文件的密封情况，确认无误后，由工作人员当众拆封并宣读各个投标人的名称、投标价格、工期和其他主要内容。

为了在评标时统一意见，根据建设单位的要求，评标委员会由 6 人组成，其中，3 人是建设单位的总经理、副总经理和工程部经理，其余 3 人由建设单位以外的评标专家库中抽取。

评标时发现 A 施工单位投标报价大写金额与小写金额不一致；B 施工单位投标文件中某分项工程的报价有个别漏项；D 施工单位投标文件虽无法定代表人签字和委托人授权书，但投标文件均已有项目经理签字并加盖了公章。

建设单位最终确定 A 施工单位中标，并在中标通知书发出后第 35 天，与该施工单位签订了施工合同。

问题：

（1）C 施工单位提出的撤回投标文件的要求是否合理？其能否收回投标保证金？说明理由。

（2）E 施工单位向招标人递交的书面说明是否有效？说明理由。

（3）在此次招投标过程中，A、B、D、F 4 家施工单位的投标是否为有效标？为什么？

（4）通常情况下，废标的条件有哪些？

（5）请指出本工程在开标过程中及签订施工合同过程中的不妥之处，并说明理由。

（6）请指出本工程招标过程中，评标委员会成员组成的不妥之处，并说明理由。

三、思考题

1. 我国建设工程招投标发展经历了怎样的过程？
2. 室内装饰工程招投标的内容、文件组成有哪些？
3. 室内装饰工程招标包括哪些？什么是公开招标、邀请招标和议标？
4. 室内装饰工程标底的确定有哪些方法？标底确定的步骤包括哪些内容？
5. 简述室内装饰工程施工公开招标的程序。
6. 室内装饰工程施工合同价款的类型有几种？
7. 工程量清单计价与装饰工程招投标的关系如何？
8. 工程量清单计价编制应注意哪些问题？

室内装饰工程计价软件简介

教学目标

本章介绍室内装饰工程计价软件的基本知识，并以第 8 章的某二层敞开式办公区域室内装饰工程为例，计算其工程量。通过本章的学习，使读者了解室内装饰工程计价软件的安装，熟悉室内装饰工程计价软件的基本入门操作。

教学要求

知识要点	能力要求	相关知识
计价软件的基本入门操作	（1）熟悉软件参数设置流程。 （2）熟悉软件操作流程	软件安装、项目类型设置、定额文件调用、费率设置、清单输入、定额子目套用和换算、信息价调用、打印输出

引例

在第 8 章，编者以某二层敞开式办公区域室内装饰工程工程量清单为例，计算了投标报价，让读者对工程量清单报价有所了解。但在实际招投标过程中，还用传统手工计算方式计算招标工程的投标报价吗？是否有更方便快捷、准确的方法呢？可借助工程计价软件完成工程的造价计算、打印输出。那么，如何把需要计算的分部分项工程工程量、技术措施工程量等内容输入计价软件？如何把价格信息输入对应的工程量中呢？计价软件又是如何自动计算出工程总造价的呢？一些其他设置是如何操作的呢？以上就是本章要介绍的内容。

9.1　软件使用方法简介

目前，市面上建筑与装饰工程专业使用的计价软件很多，较出名的计价软件有广联达公司的"广联达新计价 GCCP 6.0"、鲁班软件公司的"鲁班造价"等。虽然这些软件在功能方面更有特色，但运行的程序基本相似，只在设置方面有细微区别。本章以晨曦科技公司的"晨曦工程计价 2017"（福建版）为例，介绍室内装饰工程工程量清单计价的操作过程。

9.1.1　安装软件

（1）通过官方网站（http://www.chenxisoft.com.cn/CxSoft/Home/Home）下载软件安装程序，把它保存在计算机中，如图 9-1 所示。

（2）双击图 9-1 所示的软件安装程序图标，弹出图 9-2 所示的软件安装许可协议对话框。在界面中选择"我接受协议"单选项，然后单击"下一步"按钮。

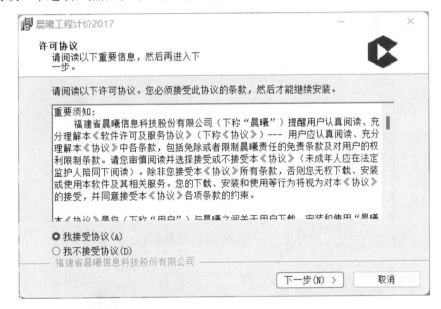

图 9-1　软件安装程序　　　　　　　　　图 9-2　"软件安装许可协议"对话框

（3）在图 9-3 所示对话框中选择安装路径。如需更改默认的安装路径，可单击"浏览"按钮，选择新的安装路径，然后单击"下一步"按钮。

（4）在图 9-4 所示对话框中选择附加任务。一般情况下，默认"注册文件及菜单"选项，也可根据个人使用习惯决定是否勾选"创建桌面快捷方式"选项，然后单击"下一步"按钮。

（5）在弹出的"安装确认"对话框中单击"安装"按钮，如图 9-5 所示。安装完成后，单击"结束"按钮。

（6）如果经常使用该计价软件，可以在安装过程中勾选"创建桌面快捷方式"，在安装完成后，计算机桌面上就会出现图 9-6 所示的快捷方式图标。

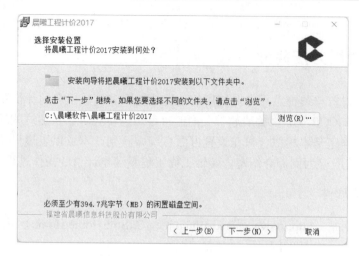

图9-3 "选择安装位置"对话框

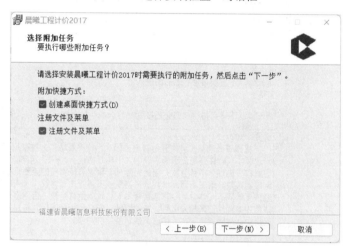

图9-4 "选择附加任务"对话框

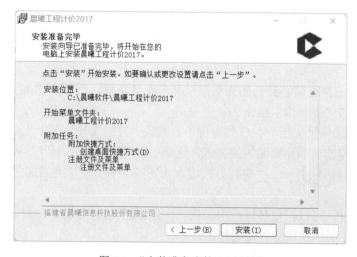

图9-5 "安装准备完毕"对话框

图9-6 快捷方式图标

9.1.2 打开软件

可以通过以下 2 种方法快速打开晨曦工程计价软件。

（1）双击桌面上的"晨曦工程计价 2017"快捷方式图标进入软件。

（2）从计算机左下角【开始】菜单中选择【所有程序】→【晨曦工程计价 2017】或【晨曦工程计价 2017（64 位）】。

9.1.3 退出软件

可以通过以下 2 种方法快速退出晨曦工程计价软件：

（1）单击该软件右上角的关闭图标，☒退出软件。

（2）单击菜单栏【文件】菜单下的【存盘退出】或【不存盘退出】退出软件，其选项列表如图 9-7 所示。

图 9-7　退出软件选项列表

🌼提示：关闭该计价软件时，若还有编制的工程文件处于打开状态，软件会提示是否保存修改内容，单击"保存"按钮即可。

9.2　初始文件设置

9.2.1　新建工程文件及其设置

1. 新建工程文件

可以通过以下 4 种方法新建一个工程文件：

（1）在起始页面单击 图标。

（2）在【文件】菜单中选择【新建工程】选项。

（3）单击界面左上方的新建按钮 。

（4）使用新建快捷键"Ctrl+N"。

2. 工程模板的选择

新建工程文件时，弹出如图 9-8 所示的"设置选项新建"选项卡界面。根据工程所属类别，在"新建工程"界面左侧选择【房屋建筑与装饰】选项。然后根据工程实际情况，输入"工程名称"和"工程编号"，在"工程类型"、"计价模式"、"清单规范"、"定额库"、"编制类别"、"计税方式""造价模板"、"目录模板"、"信息价期"和"机械台班"的下拉选项中选择不同的选项。本章以第 8 章的工程量清单计价为例，其余选项按图 9-8 所示选择。选择完毕，单击"确定新建"按钮。

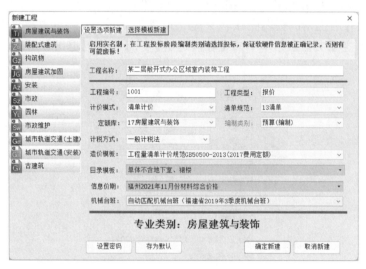

图 9-8 【设置选项新建】选项卡界面

在新建工程文件的过程中，如果已把之前相似的工程造价项目保存为模板，那可以单击"新建工程"界面上部的【选择模板新建】选项卡，切换到套用工程模板的界面。在此界面，可根据工程实际情况选择不同的模板，如图 9-9 所示。

图 9-9 【选择模板新建】选项卡界面

☺**提示：** 如果弹出图 9-10 所示的对话框。请单击【切换到非投标报价模式】（学习模式），便可开始学习。

图 9-10 切换学习模式

3. 工程信息的输入

在计价软件工作界面上部列有 5 个选项卡，分别是【工程概况】、【编制说明】、【计价依据】、【材料汇总】和【造价汇总】。单击【工程概况】选项卡，弹出下拉列表，其中有【工程信息】、【编制信息】、【审核信息】、【招投标信息】等子选项卡。根据工程实际情况选取对应的子选项卡，逐一输入工程信息，如工程名称、工程所在地、建筑面积、编制类别、编制人、复核人等信息。【工程概况】选项卡界面如图 9-11 所示，其中带★的为必填项。

图 9-11 【工程概况】选项卡界面

4. 编制说明的输入

【编制说明】选项卡界面是一个超文本编辑器，可以使用工具条中的各个按钮，对编制说明内容进行编辑和排版，操作方法与普通文字处理软件类似。另外，编制说明内容可能通过复制和粘贴功能，从外部 TXT 或 Word 文档中复制粘贴文本编辑区，如图 9-12 所示。

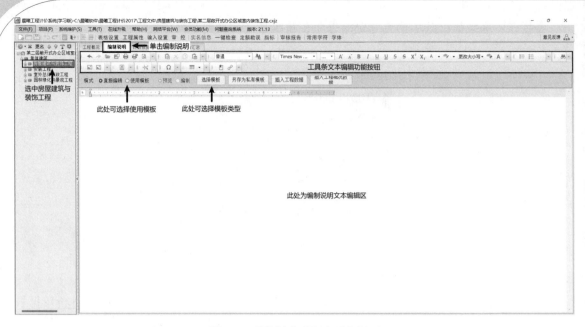

图 9-12 【编制说明】选项卡界面

在编辑编制说明内容的过程中，可以通过单击【使用模板】→【选择模板】选项卡，选择合适的模板；也可以把此次编辑的编制说明内容另存为私有模板供下次使用。图 9-13 所示为调用预制编制说明模板。

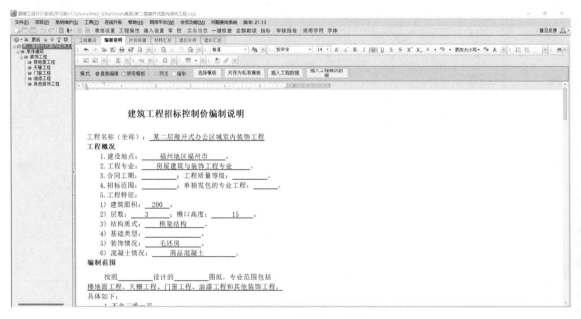

图 9-13 调用预制编制说明模板

5. 设置拟计价工程项目组成

在新建工程后，在晨曦工程计价软件的工作界面的左侧窗口中列出了默认的工程项目组成模板，如图 9-14 所示。当该列表中的工程项目处于选中状态时，单击鼠标右键，弹出快捷菜单，可对选中的工程项目进行"增加单位工程"、"增加分项工程"、"删除"、"复制"和"重命名"等编辑操作，如图 9-15 所示。

图 9-14　默认的工程项目组成模板

图 9-15　默认的工程项目组成编辑菜单

⚙提示：晨曦工程计价软件默认的工程项目组成模板分为单项工程、单位工程、分项工程3个层次，其中，单位工程包括房屋建筑与装饰工程、安装工程、室外总体市政工程、园林绿化与景观工程等8种，分项工程包括楼地面工程、内墙柱面工程、天棚工程、门窗工程等。操作人员可根据工程实际情况增删选择项。

在文件编制过程中，各个编辑窗口的操作都与项目结构密切联系，选择不同的专业、单位节点，清单组价、取费设置、费用输入、表格输出也不同。

9.2.2　计价依据设置

单击【计价依据】选项卡，出现其界面。在此界面可以对调价文件的采用、地区、建筑面积等进行设置，可根据工程实际情况采用哪种调价文件，默认执行最新文件调整。

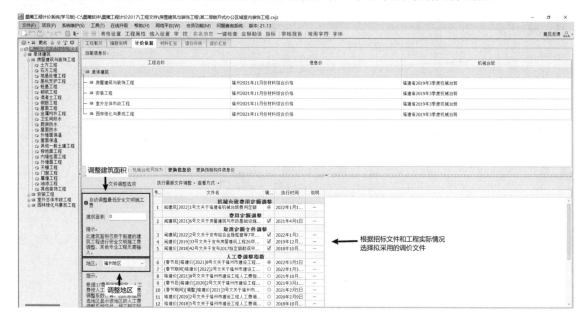

图9-16　【计价依据】选项卡界面

⚙提示：计价依据设置默认执行最新价格调整文件，若对工程计价调整文件不熟悉，保持默认设置即可。

9.2.3　取费设置

【取费设置】选项卡界面按分项工程进行设置。若该界面左侧窗口中的某分项工程处于选中状态，则【取费设置】选项卡界面列出的是对应分项工程的设置，如图9-17所示。在取费设置过程中，可先根据工程实际情况进行统一设置，计价软件会根据相关计价规范自动调整对应的费率。例如，若对"项目类别"选择"单独发包的装饰工程"选项，则综合单价中的企业管理费的费率自动调整为9.8（%），工程总造价中的安全文明施工费的费率为0.48（%），其他总价措施项目费的费率为0.11（%）；若对"项目类别"选择"房屋建筑与装饰工程"选项，则综合单价中的企业管理费的费率为6.9（%），工程总造价中的安全文明施工费的费率为3.58（%），其他总价措施项目费的费率为0.35（%）。当然，也可单击选择对应的费率数值，使其处于编辑状态，直接更改该费率数值。

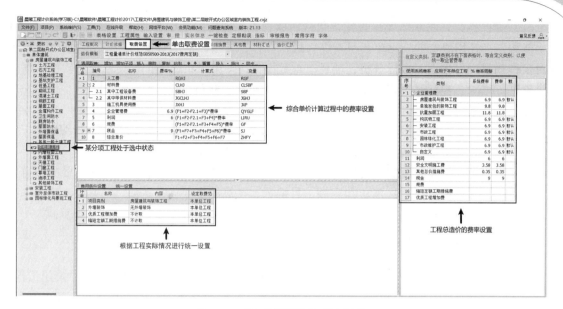

图 9-17　【取费设置】选项卡界面

　　😊提示：取费设置默认执行最新计价规范文件，若对费率的调整情况不熟悉，保持默认设置即可。

9.3　软件界面介绍

9.3.1　主界面介绍

　　晨曦工程计价软件主界面主要由以下 7 个部分组成，如图 9-18 所示。

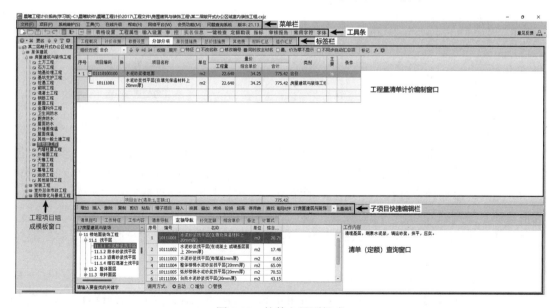

图 9-18　软件主界面组成

（1）菜单栏：分成 9 个菜单按钮，包含对软件整体操作的功能和命令。其中 3 个主要菜单的功能如下：使用"文件"菜单，可对文件进行保存、导出、退出等操作；使用"项目"菜单，可对工程项目进行勘误、指标分析、项目审查等操作；使用"系统维护"菜单可对软件数据库、信息价进行维护，也允许用户根据工程实际需要，补弃定额和材料信息。

（2）工具条：显示软件的基础操作按钮及常用功能设置。

（3）工程项目组成模板窗口：显示工程项目组成，可在项目节点间切换并进行编制。

（4）标签栏：根据建筑工程的编制流程，切换不同的页面进行编辑操作。

（5）工程量计价编制窗口：套用清单、定额组价的窗口，是用户编制预算的主要操作窗口。

（6）子项目快捷编辑栏：清单和定额子目编辑、换算的主要窗口。

（7）清单定额查询窗口：用于查找清单、定额、工作内容等数据，以及填写计算式。

9.3.2 菜单栏介绍

（1）文件：可对整体工程文件进行操作的菜单，包括"新建工程"、"打开"、"关闭工程"、"保存"、"另存为"、"保存工程为模板"、"工程设置"、"输出与转换"、"存盘退出"和"不存盘退出"等程序，如图 9-19 所示。其中，"工程设置"程序可用来设置工程密码、更新计算规则和费用定额版本，"输出与转换"程序可用来转换计税方式和输出定额计价。

（2）项目：可对工程项目进行检查、分析、审查的菜单，包括"一键检查"、"定额勘误"、"指标分析"、"项目审查"和"工程检查和设置"，如图 9-20 所示。

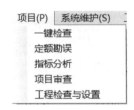

图 9-19 "文件"菜单　　　　　　　　　　图 9-20 "项目"菜单

（3）系统维护：对工程计价软件的基础数据、定额、材料和信息价进行补充的菜单，包括"基础数据维护"、"用户补充定额"、"用户补充材料"和"信息价库维护"，如图 9-21 所示。

（4）工具：添加计价过程中常用工具的菜单，包括"多功能计算器"和"锁实名工具"（此功能需要插入加密锁），如图 9-22 所示。

（5）在线升级：软件版本升级的菜单，包括"信息价升级"和"软件升级"，如图 9-23 所示。

（6）帮助：软件操作帮助、清单和定额规范文件查阅及产品权限信息的菜单，包括"软件操作说明"、"清单说明"、"定额说明"、"费用定额"、"版本信息"、"晨曦科技首页"、"检查授权是否到期"和"关于…"，如图 9-24 所示。对于初学者来说，高效地使用其中的"软件操作说明"功能，对解决工程计价软件使用过程中遇到的问题很有帮助，"软件操作说明"查询窗口如图9-25所示。

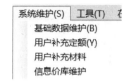

图9-21　"系统维护"菜单

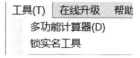

9-22　"工具"菜单

图9-23　"在线升级"菜单

图9-24　"帮助"菜单

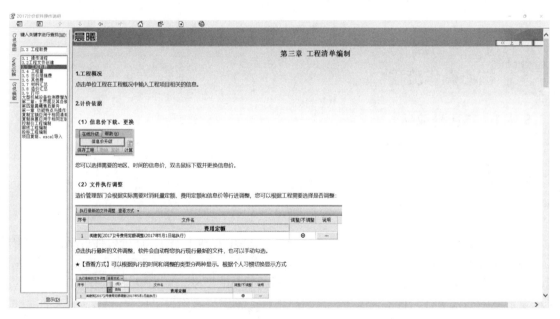

图9-25　"软件操作说明"查询窗口

（7）网络平台：跳转定额问题咨询和信息价查询的菜单，包括"定额问题解答"和"省工料机信息网"，如图9-26（a）所示。此处跳转的网页为福建省建设工程造价信息网。

（8）会员功能：针对软件会员开放的功能的菜单，只有"一键调价"一个选项，如图9-26（b）所示。

（9）问题查询系统：跳转到晨曦工程计价软件问题查询系统的菜单，此菜单无下级菜单，单击即可。

（a）"网络平台"菜单　　　　　　　　（b）"会员功能"菜单

图9-26　"网络平台"菜单和"会员功能"菜单

9.3.3　工具条介绍

工具条包含以下7部分功能，如图9-27所示。

（1）新建工程、打开工程台账、保存和存盘退出。

（2）撤销和重做：当操作失误时，可以还原上一步操作数据。

（3）多功能计算器：在操作过程中快捷调用计算器功能。

（4）向后导航和向前导航：主要用于选择上一项或下一项的清单或定额子目。

（5）软件初始设置：包括"表格设置"、"工程属性"和"输入设置"3项，对软件功能、界面、项目组成、工程文件组成、清单和定额属性进行设置。如无特殊要求，保留默认设置即可。

（6）项目检查功能：包括"一键检查"、"定额勘误"、"指标"（指标分析）、"审"、"控"、"审核报告"等。

（7）字体设置：用于修改软件字体和插入特殊字符，包括"常用字符"和"字体"。

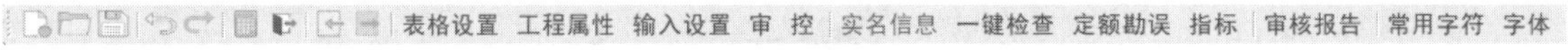

图9-27　工具条

9.4　核心操作流程

9.4.1　工程量编辑

1. 工程量清单项目输入

在工程计价软件上编制工程量清单时，招标控制价、投标报价都需要输入或导入工程量清单。清单项目输入方式有以下3种。

1）直接输入

在"项目编码"栏中直接输入项目编码，如011101001001，工程计价软件自动根据项目编码调用该项目工程量清单的相关信息（项目名称、单位、工作特征和清单指引等）。需要特别注意的是，当工程量清单中现有的工程项目满足不了编制的要求，就需要补充新的工程项目。在工程量清单中插入空行，直接输入工程量清单项目的编码、名称、单位等信息。

2）以清单导航方式调用

在属性编辑区单击【清单导航】选项卡，切换到图9-29所示的界面，即以导航方式调用工程量清单。在序号1所示区域中选择需要的工程项目后，在列表中就会显示该工程项目包含的工程量清单项目，双击需要的工程项目，即可完成工程量清单项目的调用。如果已知工程量清单项目中的部分名称，可以通过关键字查找，快速完成工程量清单项目的调用：在序号2所示的查找框中输入关键字，在序号3所示的列表中就会显示相关的工程项目。输入多个关键字，可以大大提高项目查找速度，但要注意，多个关键字之间用半角逗号隔开。在序号4所示区域，可以查看工程量清单项目指引的定额项目，双击目标定额项目，就可直接选用。

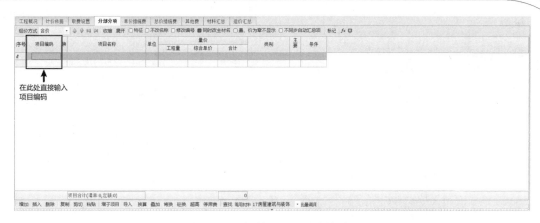

图 9-28　直接输入工程量清单项目

图 9-29　以导航方式调用工程量清单项目

3）以 Excel 导入方式

在工程量项目编制区，单击右键，弹出如图 9-30 中空心箭头所示的快捷菜单，选择【Excel 导入】选项。在弹出的窗口中单击【打开 Excel 文件】选项，选择需要导入的 Excel 文件，工程计价软件自动识别工程量清单项目，如图 9-31 所示。

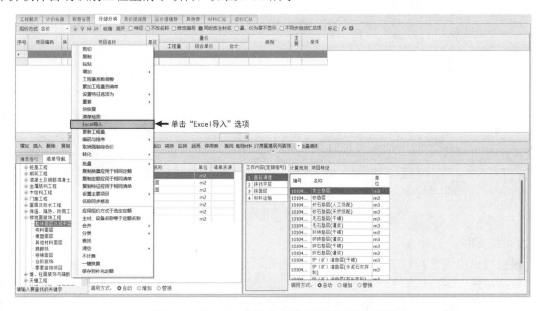

图 9-30　以 Excel 导入方式输入工程量清单项目

图 9-31　选择需要导入的 Excel 文件，工程计价软件自动识别工程量清单项目

2. 工作特征设置

工程量清单项目的工作特征分为"列表特征"和"文本特征"两种操作模式，系统默认"列表特征"，如图 9-32 所示。

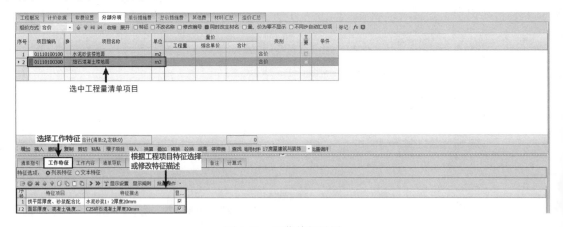

图 9-32　工作特征设置

1）列表特征

根据《计价规范》列出工程量清单项目对应的特征项目，并且提供常用的特征描述。可以在"特征描述"下拉菜单中选择需要的特征描述，也可以直接在"特征描述"栏中输入需要的内容。值得注意的是，列表特征由特征项目和特征描述两部分组成。在"显示"那一列没勾选

特征项目时，只须输出特征描述内容；在"显示"那一列勾选特征项目时，同时输出特征项目内容与特征描述内容。可以单击工具栏中的【显示设置】选项目，勾选显示特征项，按应用范围进行批量设置。

2）文本特征

【文本特征】选项卡提供一种纯文本的特征编辑模式，当需要从其他文档中复制多条项目特征时，采用【文本特征】选项卡可以大大提高工作效率。

3）定额项目转换为项目特征

除了上述两种项目特征的编辑模式，还可把定额项目转换为其所在的工程量清单项目的项目特征。选取工程量清单项目下的定额子目，在其处于选中状态下单击右键，弹出快捷菜单，单击【转化】→【定额项目转为项目特征】选项，如图 9-33 所示。

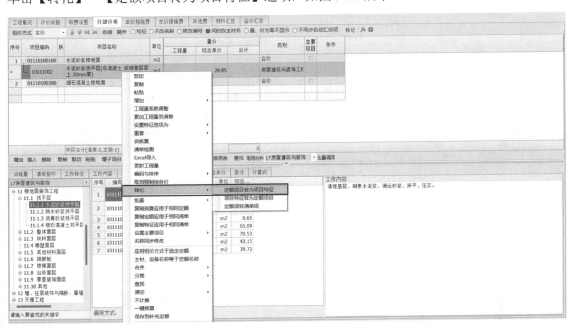

图 9-33　定额项目转为项目特征

3. 工程量清单项目综合单价设置

工程量清单项目的综合单价由系统从子项目汇总计算得出，在默认情况下不能对其做任何修改。若需要直接修改工程量清单项目的综合单价，可把组价方式改成议价方式。可以在【综合单价】选项卡中查看构成工程量清单项目综合单价的各项费用的详细数据，如图 9-34 所示。

1）组价方式

工程量清单项目的组价方式分为合价组价、单价组价和议价组价 3 种方式。

（1）合价组价。工程量清单项目的合计结果等于定额项目合计结果的汇总。在合价组价模式下，定额的工程量为完成工程量清单中的全部项目所需的工程量，如图 9-35 所示。

（2）单价组价。工程量清单项目的单价等于定额项目合计结果的汇总。在单价组价模式下，定额的工程量为完成工程量清单项目中的一个单位工程所需的工程量，如图 9-35 所示。

（3）议价组价。选择议价组价方式时，工程量清单的金额不是由定额项目合计结果汇总得出的，可以自行输入综合单价，如图 9-37 所示。

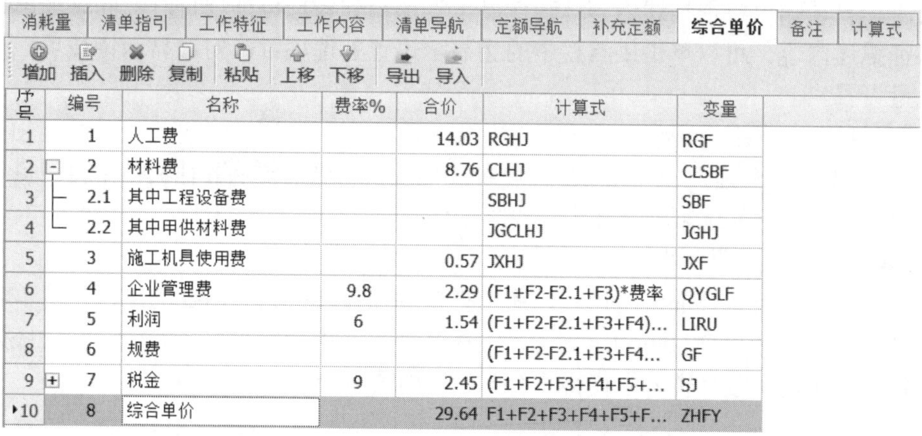

消耗量 清单指引 工作特征 工作内容 清单导航 定额导航 补充定额 综合单价 备注 计算式
增加 插入 删除 复制 粘贴 上移 下移 导出 导入

序号	编号	名称	费率%	合价	计算式	变量
1	1	人工费		14.03	RGHJ	RGF
2	2	材料费		8.76	CLHJ	CLSBF
3	2.1	其中工程设备费			SBHJ	SBF
4	2.2	其中甲供材料费			JGCLHJ	JGHJ
5	3	施工机具使用费		0.57	JXHJ	JXF
6	4	企业管理费	9.8	2.29	(F1+F2-F2.1+F3)*费率	QYGLF
7	5	利润	6	1.54	(F1+F2-F2.1+F3+F4)...	LIRU
8	6	规费			(F1+F2-F2.1+F3+F4...	GF
9	7	税金	9	2.45	(F1+F2+F3+F4+F5+...	SJ
10	8	综合单价		29.64	F1+F2+F3+F4+F5+F...	ZHFY

图 9-34　综合单价组成

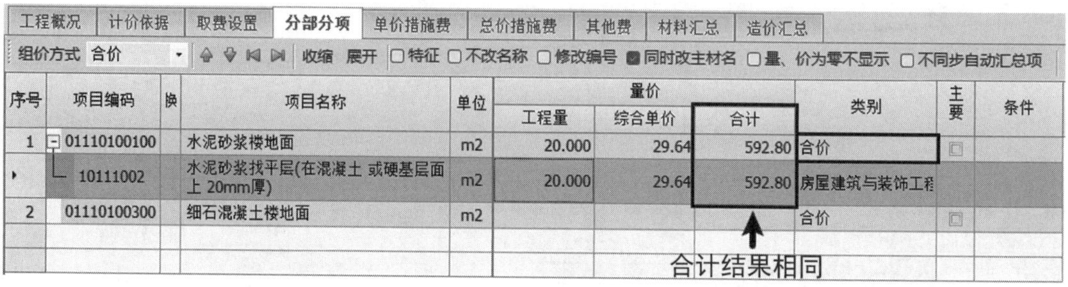

工程概况 计价依据 取费设置 分部分项 单价措施费 总价措施费 其他费 材料汇总 造价汇总
组价方式 合价 收缩 展开 特征 不改名称 修改编号 同时改主材名 量、价为零不显示 不同步自动汇总项
合计结果相同

序号	项目编码	换	项目名称	单位	工程量	综合单价	合计	类别	主要	条件
1	01110100100		水泥砂浆楼地面	m2	20.000	29.64	592.80	合价		
	10111002		水泥砂浆找平层(在混凝土 或硬基层面上 20mm厚)	m2	20.000	29.64	592.80	房屋建筑与装饰工程		
2	01110100300		细石混凝土楼地面	m2				合价		

图 9-35　合价组价方式

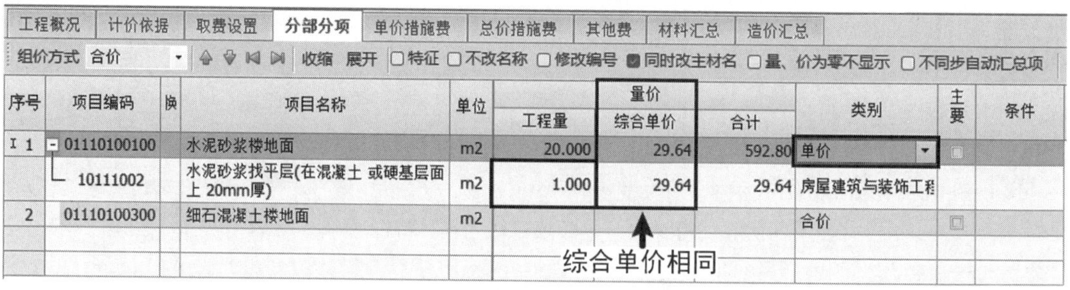

工程概况 计价依据 取费设置 分部分项 单价措施费 总价措施费 其他费 材料汇总 造价汇总
组价方式 合价 收缩 展开 特征 不改名称 修改编号 同时改主材名 量、价为零不显示 不同步自动汇总项
综合单价相同

序号	项目编码	换	项目名称	单位	工程量	综合单价	合计	类别	主要	条件
1	01110100100		水泥砂浆楼地面	m2	20.000	29.64	592.80	单价		
	10111002		水泥砂浆找平层(在混凝土 或硬基层面上 20mm厚)	m2	1.000	29.64	29.64	房屋建筑与装饰工程		
2	01110100300		细石混凝土楼地面	m2				合价		

图 9-36　单价组价方式

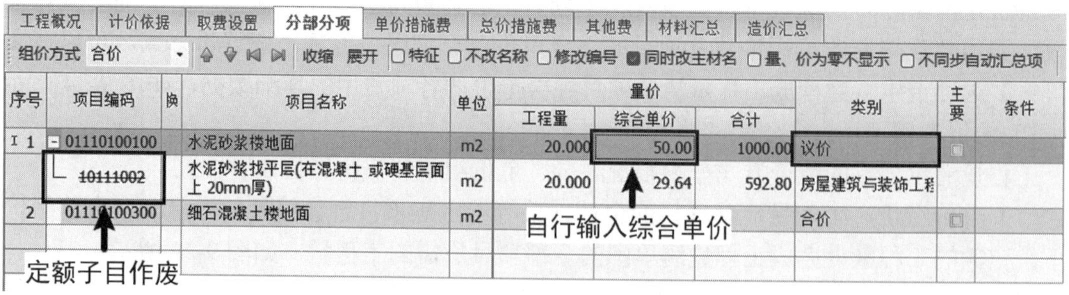

工程概况 计价依据 取费设置 分部分项 单价措施费 总价措施费 其他费 材料汇总 造价汇总
组价方式 合价 收缩 展开 特征 不改名称 修改编号 同时改主材名 量、价为零不显示 不同步自动汇总项
定额子目作废
自行输入综合单价

序号	项目编码	换	项目名称	单位	工程量	综合单价	合计	类别	主要	条件
1	01110100100		水泥砂浆楼地面	m2	20.000	50.00	1000.00	议价		
	~~10111002~~		水泥砂浆找平层(在混凝土 或硬基层面上 20mm厚)	m2	20.000	29.64	592.80	房屋建筑与装饰工程		
2	01110100300		细石混凝土楼地面	m2				合价		

图 9-37　议价组价方式

2）组价方式切换

系统默认的组价方式为合价组价，如果要采用其他的组价方式，可以通过以下 2 种简单的方式修改。

（1）批量修改。在工具栏的【组价方式】选项卡的下拉列表中选择组价方式，在弹出的确认窗口中单击"是"或"否"按钮，即可完成组价方式的转换，如图 9-38 所示。值得注意的是，通过批量修改，将修改整个分项工程所在清单项目的组价方式。

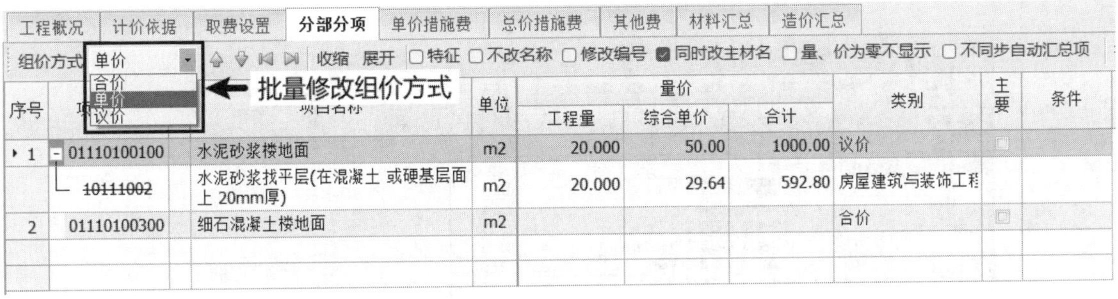

图 9-38　批量修改组价方式

（2）单条修改。在每个清单项目的【类别】选项卡中可以单独修改组价方式，单击下拉列表，选择组价方式，如图 9-39 所示。

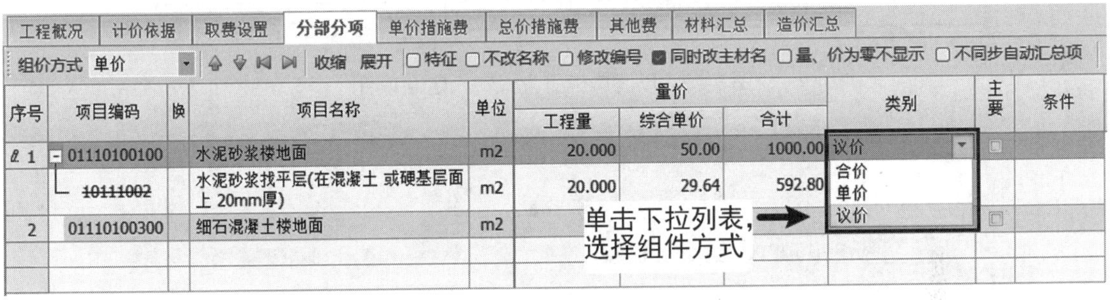

图 9-39　单条修改组价方式

3）定额项目输入

（1）以清单指引方式输入。以清单计价时，可以通过【清单指引】选项卡完成定额项目的调用。在"分部分项"界面中选择一个清单项目后，单击属性编辑区的【清单指引】选项卡，在左边窗口选择【工作内容】选项卡，然后在右边窗口列出该工作内容所对应的定额项目。双击需要的定额项目，即可完成该定额的调用，如图 9-40 所示。

（2）直接输入。在工程量清单项目下一行输入定额编码，如 10104068，工程计价软件自动根据定额编码调出定额名称、单位、消耗量组成等定额信息。在输入定额编码时，还可以只输入后面 5 位编码，如输入 04068，工程计价软件自动补上当前的专业码。选择工程量清单项目后单击【增子项目】选项卡或按小键盘上面的"+"号，都可以增加工程量清单项目子项。

（3）以定额导航方式调用定额子目。在属性编辑区选择【定额导航】选项卡，切换到图 9-42 所示的界面，选择分项定额，定额项目列表会显示出该工程项目包含的定额子目。双击需要的定额子目，即可完成调用。还可通过查找关键字，快速完成定额子目的调用。

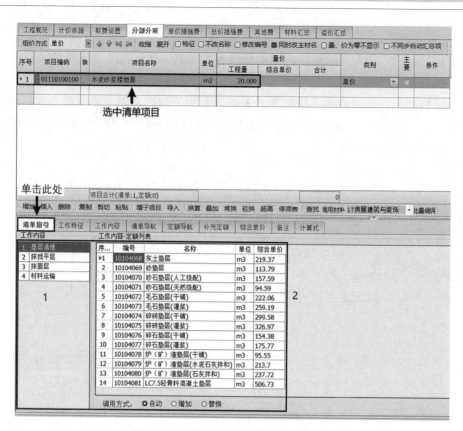

图 9-40　以清单指引方式输入定额项目

图 9-41　直接输入定额子目

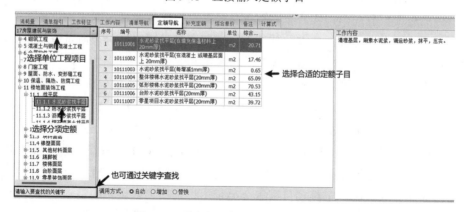

图 9-42　以定额导航方式调用定额子目

（4）补充定额。当标准定额无法满足实际需要时，还可以自行补充定额。在"项目编码"栏中输入补充定额的编号（非标准定额），系统自动弹出补充定额窗口，如图9-43所示。可在序号1所示区域填写补充定额的编号、名称和单位等基本信息，在序号2所示区域填写各项定额消耗量，在序号3所示区域编辑定额消耗量，序号4所示区域是定额消耗量的编辑命令。

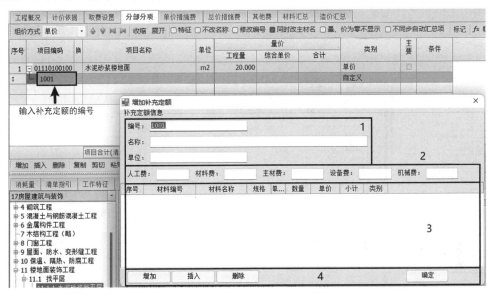

图9-43　补充定额窗口

4）定额消耗量管理

定额消耗量作为定额项目的重要组成部分，主要包含构成定额单价的基本组成部分：人工费、材料（设备）费、施工机具使用费等详细信息。选中定额项目后，单击属性编辑区的【消耗量】选项卡，即可切换到消耗量组成窗口，如图9-44所示。

图9-44　消耗量组成窗口

定额消耗量中的人工费、材料（设备）费、施工机具使用费等信息，都是根据标准定额及其相关的配套文件进行编制的；在编制过程中，可以根据工程实际情况对它们进行调整。

增加消耗量界面如图9-45所示，单击【增加】或【插入】选项卡，在弹出的【材料查询】

窗口中查询并选择需要的工料机，然后单击"确定"按钮，即可把这些数据调用到消耗量中。选择该窗口左边的材料类型后，在该窗口右边的材料列表中列出该类型所包含的工料机，选择需要调用的项目后，单击"确定"按钮即可。材料类型前有"+"号的，表示该类型含有子类型，可以通过单击展开下级目录；还可以通过在查找框中输入关键字快速查找工料机。需要注意的是，在调用工料机后，要记得为其添加数量。

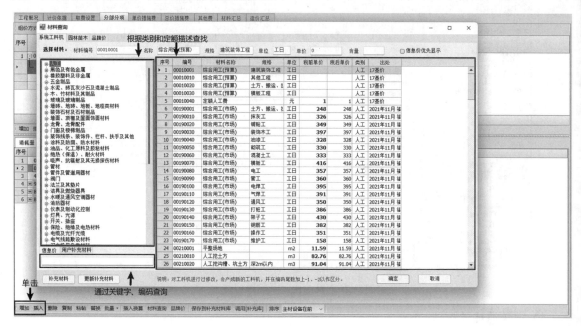

图 9-45　增加消耗量界面

消耗量组成中的工料机名称、规格、品牌、单位、数量及单价等都可以在图 9-45 所示的界面中修改，所有的修改信息将保存到换算记录中。更改材料单价后可以选择不同的应用范围，如图 9-46 所示。

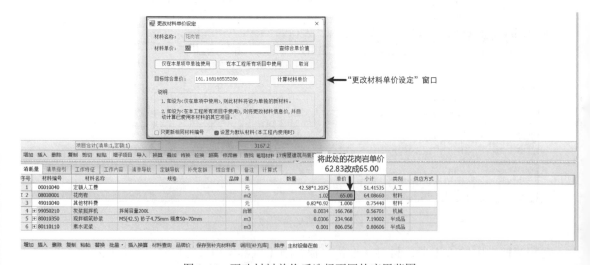

图 9-46　更改材料单价后选择不同的应用范围

5）综合单价组成

综合单价组成界面如图 9-47 所示。可以在【综合单价】选项卡中查看构成定额项目综合单价的所有费用组成，也可以单独对某个定额项目的计算过程进行修改。可以通过【综合单价】选项卡的工具栏，对各项费用项目进行增加、删除、上下移动、导入、导出等操作。在"费率"那一列，可以修改各项费用的费率；在"计算式"那一列可以修改各项费用的计算式。

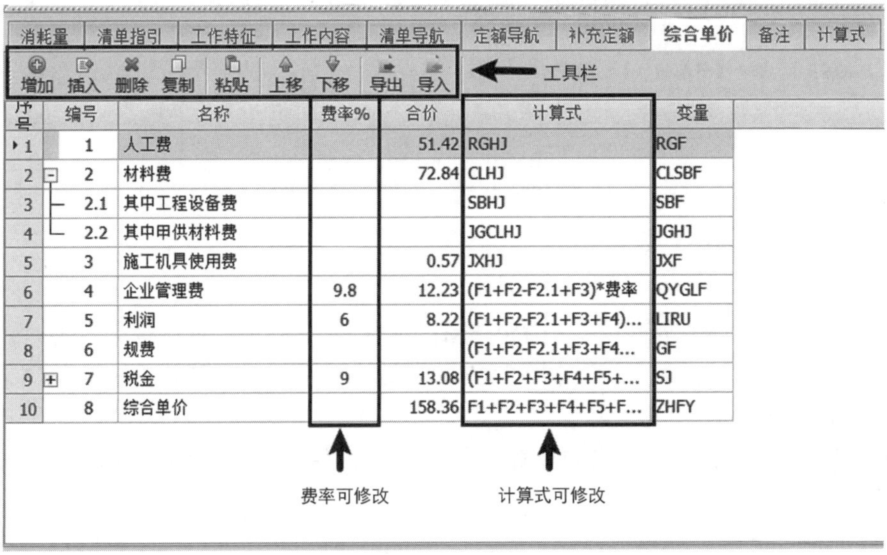

图 9-47　综合单价组成界面

单独修改综合单价的组成后，定额变成独立取费状态，在工程计价软件中定额编码的底色以黄色显示，以示区别。计算程序修改完成后，工程计价软件根据新的计算程序重新计算出工程造价。独立取费的项目不会被取费设置里的综合单价计算程序和取费所影响。如果需要恢复默认的综合单价计算程序和取费设置，单击【取消独立取费】选项即可。综合单价独立取费设置界面如图 9-48 所示。

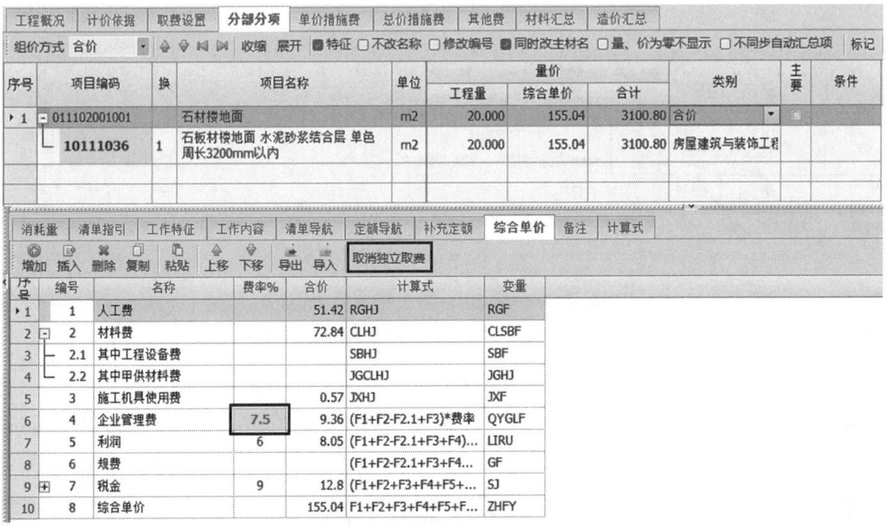

图 9-48　综合单价独立取费设置界面

4. 工程量的输入

工程量输入的方法分为直接输入和通过计算式输入两种。

1）直接输入

在【分部分项】选项卡界面的"工程量"文本框中可直接输入数值，如图9-49所示。

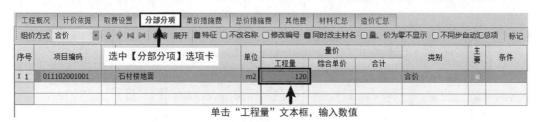

图9-49 直接输入工程量

2）通过计算式输入

在【分部分项】选项卡界面中，当工程量清单项目或定额项目处于选中状态时，单击消耗量组成窗口上方的【计算式】选项，输入详细的计算式，系统自动把计算出来的结果更新到工程量中。允许输入多段计算式，勾选"是否累加"，计算式将累加数值并更新到工程量中，具体操作如图9-50所示。计算式的计算过程会一直被保存，随时可以打开计算式编辑器查看计算过程。

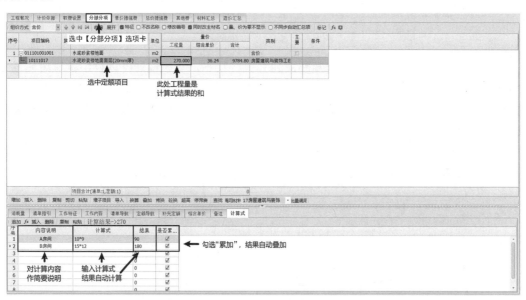

图9-50 通过计算式输入工程量

5. 定额换算

定额换算包括基本换算（简称"换算"）、肯定换算（简称"肯换"）、智能叠加换算（简称"叠加"）、混凝土（砼）/砂浆换算（在计价软件中简称"砼换"）和增加费换算等。

1）基本换算

当需要对定额项目的工料机的系数进行调整时，可以在选择定额项目后单击【分部分项】

选项卡界面工具栏中的【换算】选项卡，切换到换算窗口，如图 9-51 所示。

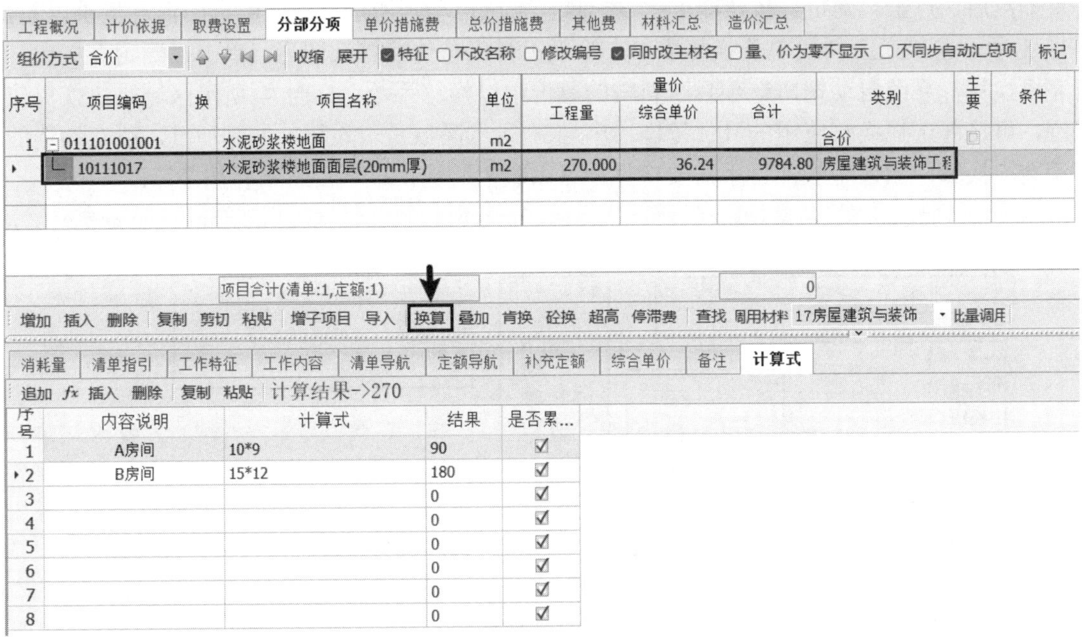

图 9-51　切换到换算窗口

换算窗口中序号 1 所示区域是换算表达式输入区，在这里输入换算表达式后，系统自动重新计算工程造价；序号 2 所示区域是换算前后的数据即时对比；序号 3 所示区域是换算记录保存，可以通过单击"恢复"按钮，撤销上一步的换算结果，如图 9-52 所示。

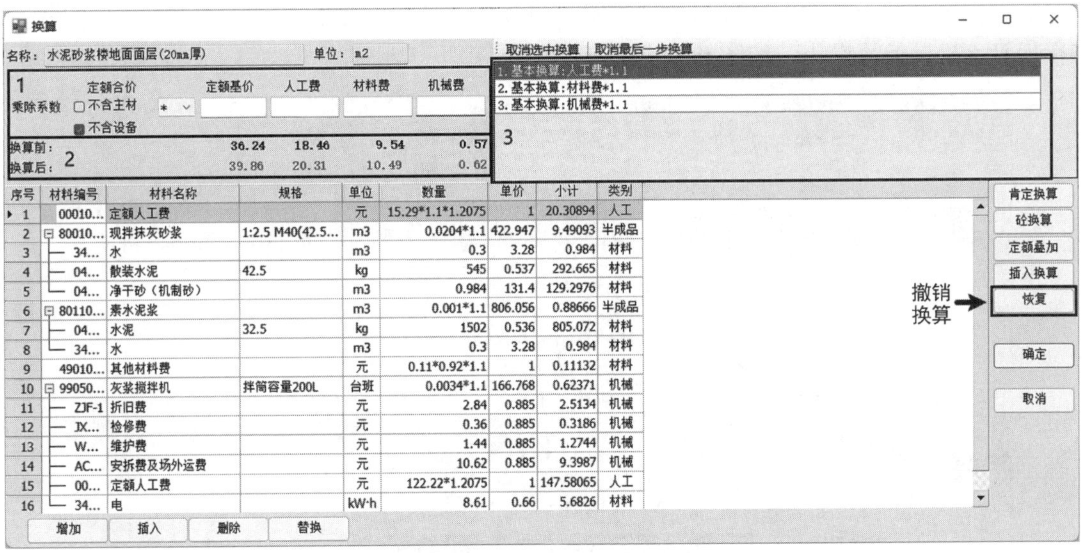

图 9-52　换算窗口

允许同时选择多个定额项目进行换算。单击【换算】选项卡，切换到块换算窗口。在块换算窗口中，可对定额基价、换算系数、单价、应用范围和项目进行修改和选择，如图 9-53 所示：序号 1 所示区域是基价调整窗口，输入定额基价换算系数后，单击"确定"按钮，即可完成换算，系统自动把定额基价乘以换算系数；序号 2 所示区域是工料机含量换算窗口，输入工料机含量系数后，点击"确定"按钮即可完成换算，系统自动把所选项目工料机的消耗量乘以系数；序号 3 所示区域是工料机单价换算窗口，输入工料机单价换算系数后，单击"确定"按钮，即可完成换算，系统自动把所选项目工料机的单价乘以换算系数；序号 4 所示区域是块换算应用范围，可在此选择换算应用的具体范围；序号 5 所示区域是可设置的换算项目，所有勾选的项目都会被换算；如果有些项目不需要换算，可以取消勾选，该项目就不会被换算。

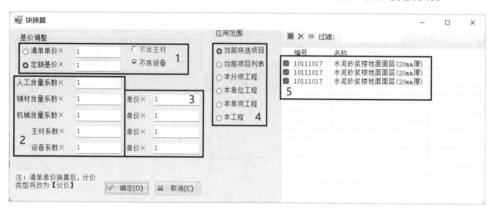

图 9-53　块换算窗口

2）肯定换算

标准定额说明规定，在不同情况下需要对定额消耗量进行调整。只须在工程计价软件中通过"肯定换算"操作，即可完成定额销售量的调整。具体操作步骤如下：选择需要换算的定额项目，单击【分部分项】选项卡界面中间工具栏的【肯换】选项卡，如图 9-54 所示。

如果有多个同类型的定额项目需要换算，可以勾选【批量换算】复选框，对多个定额项目进行换算。批量换算操作，如图 9-55 所示。

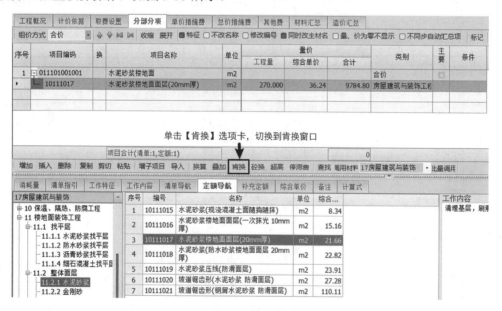

图 9-54　肯换窗口

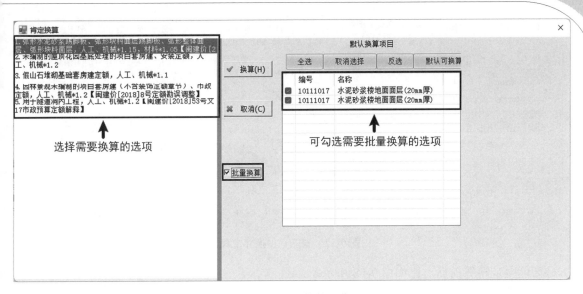

图 9-55　批量换算操作

肯定换算完成后，系统会给项目名称加上换算标识符，以示区别。在消耗量窗口中，也可以看到详细的计算过程。肯定换算前后对比如图 9-56 所示。同时，换算过程也会保存至换算记录中，单击【换算】选项卡可以查看和还原换算。

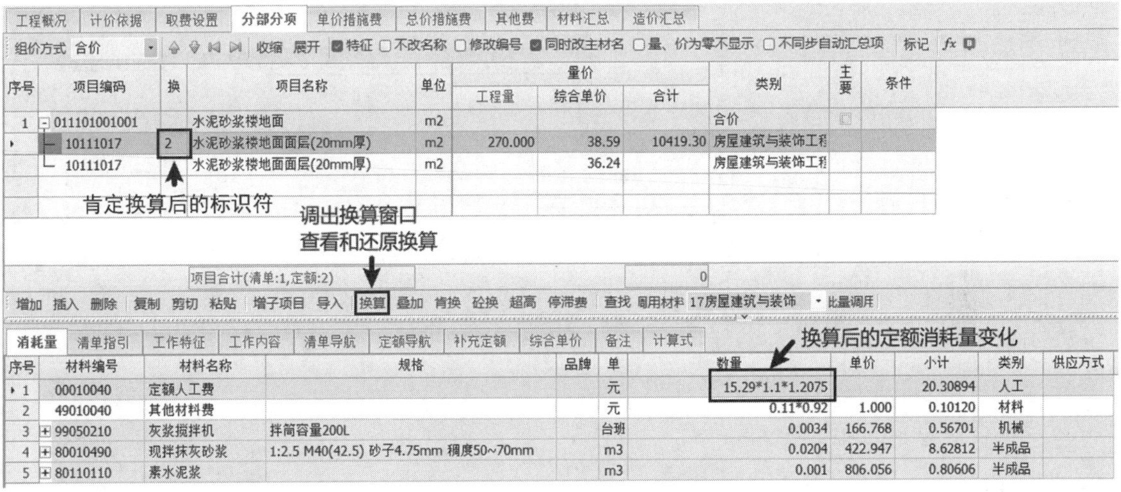

图 9-56　肯定换算前后对比

3）智能叠加换算

通过智能叠加换算，可以快速完成定额项目的运距、厚度和高度等数据的换算。当输入的定额项目属于可以执行智能叠加换算的项目时，系统会自动弹出【操作向导】对话框，在其中的文本框中输入运距、厚度、高度等数据，如图 9-57 所示。也可以手动完成定额叠加换算：选择需要换算的定额项目，单击【分部分项】选项卡界面中间工具栏中的【叠加】选项卡，在弹出的【定额叠加】窗口输入换算的运距、厚度、高度等数据后按 Enter 键或单击【换算】选项卡，即可完成换算，系统自动根据输入的数据完成定额叠加。

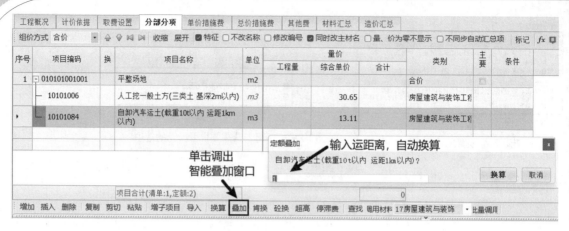

图 9-57　智能叠加换算窗口

智能叠加换算前后对比如图 9-58 所示。

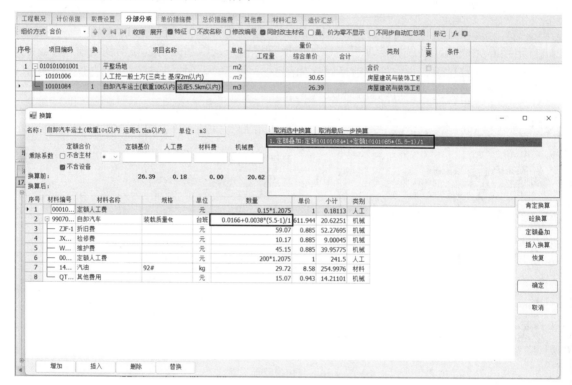

图 9-58　智能叠加换算前后对比

还可以在换算窗口单击【定额叠加】选项卡，切换到定额叠加编辑窗口，对定额系数、名称、单位、单价进行修改，如图 9-59 所示。

4）混凝土（砼）/砂浆换算

当输入的定额项目属于可以执行砼/砂浆换算的项目时，系统会自动弹出【操作向导】对话框，选择其中要换算的定额、替换的材料等信息。如图 9-60 所示，输入 "C20 泵送混凝土" 定额后，弹出【操作向导】对话框，可在此对话框中选择不同类型的材料和定额。选择完毕，单击 "确定" 按钮即可。

图 9-59　定额叠加编辑窗口

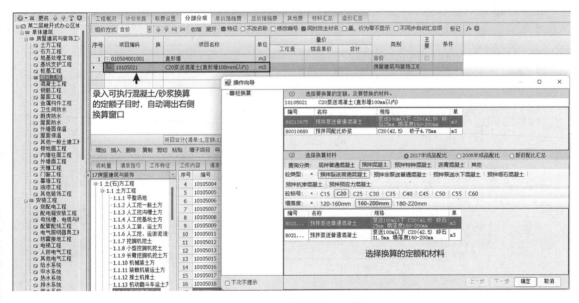

图 9-60　【操作向导】对话框

在对定额项目编辑的过程中，也可以手动完成混凝土（砼）/砂浆换算。具体步骤如下：选择需要换算的定额项目，单击【分部分项】选项卡界面中间工具栏中的【砼换】选项卡；在弹出的砼换算窗口，对砼类型、标号、水泥标号、应用范围等进行修改，系统会自动匹配出对应的砼项目；单击"确定"按钮，即可完成换算，如图 9-61 所示。

换算后，系统自动对定额项目的名称进行修改，消耗量窗口中的混凝土项目也被替换成新的混凝土项目。同时，系统自动重新计算工程造价。混凝土/砂浆换算前后对比如图 9-62 所示。

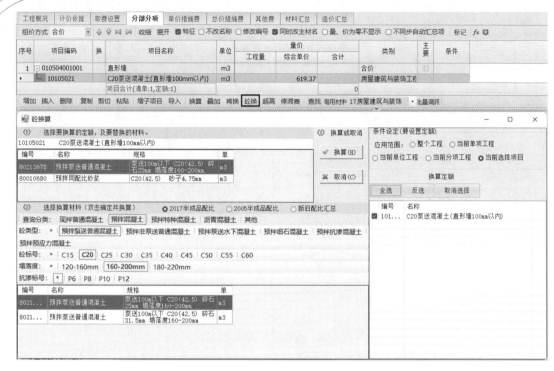

图 9-61　砼换算窗口

图 9-62　混凝土/砂浆换算前后对比

5）换算还原

上述 4 种换算的详细内容和步骤都会记录在换算窗口中，若需要还原换算的结果，可单击"恢复"按钮。换算还原操作步骤如图 9-63 所示。

6）增加费换算

（1）高层建筑增加费换算。高层建筑增加费是指建筑物高度在 6 层或 20m 以上的工业与民用建筑施工应该增加的人工降效及因材料垂直运输而增加的人工费用。如果定额项目需执行高层建筑增加费，可按以下步骤操作：单击其中需要换算高层建筑增加费的定额项目的【条件】选项，切换到高层建筑增加费换算窗口。在该窗口选择换算类型、檐高/层高、应用范围，然后单击"执行超高换算"按钮,如图9-64所示。换算完成后,系统在换算定额的【条件】选项中添加换算标识符,还可以在消耗量窗口中查看到详细的换算过程。

图9-63 换算还原操作步骤

图9-64 高层建筑增加费换算窗口

（2）安装增加费换算。换算安装增加费的操作步骤如下：单击安装定额项目的【条件】选项，切换到安装增加费换算窗口。此时，系统自动选择定额项目所在的分册，如序号1所示的区域，也可根据需要切换到其他的分册完成换算工作；序号2所示区域列出了当前项项所在的分册定额能换算的增加费项目，可以勾选需要换算的费用项目，也可以在下方把不需要换算的费用项目删除；序号3所示区域是应用范围及项目类型，选择完毕，单击"确定"按钮，即可把选择的特定应用范围中参与换算的定额显示出来，进行批量换算；序号4所示区域列出了可以计算当前选择的增加费的定额项目，可以根据实际情况进行选择。设置完成后单击"执行换算"按钮，即可完成增加费换算，如图9-65所示。

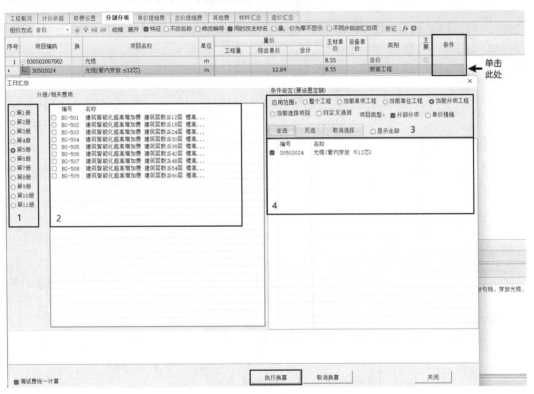

图9-65 安装增加费换算窗口

换算完成后，对应的定额项目的【条件】选项都被添加换算标识符，可以在【分部分项】选项卡界面看到自动生成的增加费项目。如果需要对定额项目的数量进行调整，对与之关联的增加费项目，系统将自动实时计算，不需要重新进行换算。如果有些增加费需要取消，可以重新切换到增加费换算窗口（单击【条件】选项），单击"取消换算"按钮即可。

9.4.2 单价措施费

单价措施项目的输入方式与清单项目、定额项目的输入方式基本相同，在此仅做简单演示。具体步骤如下：

（1）选择对应的分项工程。

（2）单击【单价措施费】选项卡。

（3）在定额工具栏单击【清单导航】选项卡。

（4）在清单项目栏中双击对应的单价措施费清单项目。

（5）在定额工具栏单击【定额导航】选项卡。

（6）在定额项目栏中双击对应的单价措施费定额项目。

（7）在工程量组成界面中输入工程量，如图9-66和图9-67所示。

工作内容、综合单价、计算式、换算等的输入方式与前述相同，本小节不再赘述。

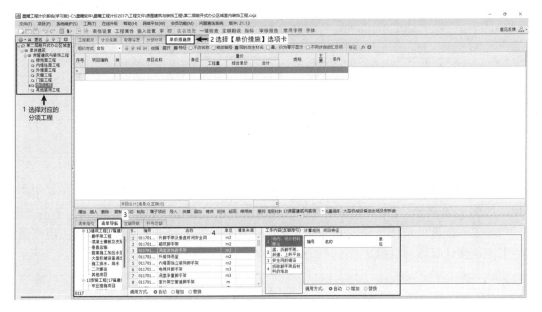

图 9-66　单价措施费清单项目输入步骤

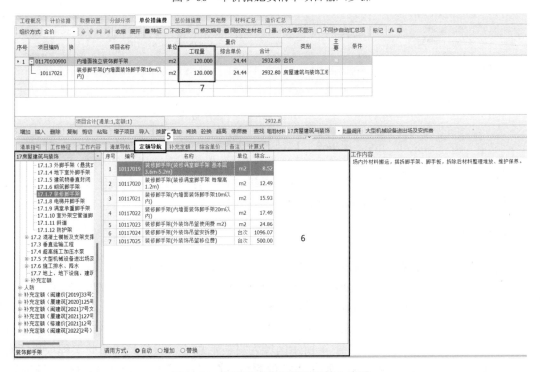

图 9-67　单价措施费定额项目输入步骤

9.4.3 总价措施费

总价措施费的费率根据工程的取费情况自动获取，可以通过改变取费设置窗口中的费用条件改变总价措施费的费率，也可以直接输入所需要的费率。费率被修改后，系统会对其以黄底红字区别显示。【总价措施费】选项卡界面如图 9-68 所示。

| 工程概况 | 计价依据 | 取费设置 | 分部分项 | 单价措施费 | **总价措施费** | 其他费 | 材料汇总 | 造价汇总 |

增加　增子项　插入　删除　复制　粘贴　上移　下移　重置　导入　导出　同步...　□锁定安全文明施工费

序号	+/-	编号	名称	计算基数	费率%	合价	计算式	变量
▶1	增	1	安全文明施工费	2933	0.48	14	(FBFXHJ-SBHJ-SBSJ+DJCSHJ)*费率	AQWMSGF
2	增	2	其他总价措施费	2933	0.11	3	(FBFXHJ-SBHJ-SBSJ+DJCSHJ)*费率	QTZJCSHJ
3	增	3	防尘喷雾措施费	14	9.5	1	(AQWMSGF)*费率	FCCSF
4	增	4	疫情常态化防控措施费	2933	0.66	19	(FBFXHJ-SBHJ-SBSJ+DJCSHJ)*费率	FYFKCSF

图 9-68　【总价措施费】选项卡界面

9.4.4 其他费

其他项目的金额在【其他费】选项卡界面输入，通过输入费率、计算基数，计算相应的明细费用，如图 9-69 所示。【增加默认费用】选项卡中列出了具体项目的明细费用。单击"增加"按钮，增加工程需要的费用，修改其计算式进行计算。单击【同步】选项，勾选应用范围，实现其他节点同步计算该项费用。

| 工程概况 | 计价依据 | 取费设置 | 分部分项 | 单价措施费 | 总价措施费 | **其他费** | 材料汇总 | 造价汇总 |

增加　增加子项　插入　删除　复制　粘贴　上移　下移　重置　导入　导出　增加默认费用　同步...　锁定控制价

序号	编号	名称	单位	基数	费率(%)	金额	计算式	备注	变量
1	1	暂列金额							ZLJ
2	1.1	设计变更和现场签证暂列金额							SJBGHXCQZ
3	1.2	优质工程增加费		2933			(FBFXHJ-SBHJ+DJCSHJ)*费率		YZGC
4	1.3	缩短定额工期增加费		2933			(FBFXHJ-SBHJ+DJCSHJ)*费率		SDGQ
5	1.4	发包人检测费							FBRJCF
▶6	1.6	渣土收纳费							ZTSNF
7	1.7	加固工程检测费用							JGGCJCFY
8	2	专业工程暂估价							ZYZGJ
9	3	总承包服务费							ZCBFWF
10	4	合计					F1+F2+F3		QTXMHJ

图 9-69　【其他费】选项卡界面

💡提示：关于暂列金额细项费用，在招标或签订合同时列入暂列金额计算；结算时，根据工程实际情况，把它列入总价措施费中计算。

9.4.5 材料汇总

在【材料汇总】选项卡界面，可快速查询工程项目的材料组成，分析工料机占比，修改工料机的市场价等。下面对材料汇总做简单介绍。单击【材料汇总】选项卡，切换到图 9-70 所示界面。其中，序号 1 所示区域为材料组成筛选区，可快速筛选特定工料机子类；序号 2 所示区域为汇总栏，可对比工料机修改前后的组成；序号 3 所示区域为常用编辑栏，可对材料进行排序、调价、查找、打印等操作；序号 4 所示区域为材料汇总栏，该栏列出了此工程项目所有的工料机的组成；序号 5 所示区域为工料机市场价窗口，在该窗口可编辑汇总的材料市场价。

在材料汇总栏单击右键，可调出其编辑菜单，如图 9-71 所示。通过此菜单，可对材料汇总进行排序、设置材料类别、设置材料供应方式等操作。

序号	选择	材料编号 4	材料名称	规格	单位	品牌	信息价(不含税)	市场价(	数量	合计	增值	市场价(税	税后合计	基准价	风险承包幅度	比例(%)	材料类别	主要材料	打印	锁定市	供应方式	出处
1		00010040	定额人工费		元					2256.09		5	2256.09				人工		☑			17基价
2		17010310	焊接钢管		kg		5.326	5.326	1.800	9.59	13	6.019	10.83	5.326		23.06	材料		☑			2021年11月 福州
3		35030001	底座		个		2.5	2.500	0.048	0.12	13	2.820	0.14	2.5		0.29	材料		☑			20预算定额基价
4		35030190	扣件		个		8.55	8.550	0.504	4.31	13	9.670	4.87	8.55		10.36	材料		☑			20预算定额基价
5		35030310	木脚手板	500	m3		2113	2113.000	0.012	25.36	13	2388.000	28.66	2113		50.98	材料		☑			20预算定额基价
6		49010040	其他材料费		元		1	1.000	2.208	2.21	13	1.000	2.21	1		5.31	材料		☑			17基价
7		99070530-	载货汽车	装载质量6t	台班		404.26	560.284	0.024	13.45		457.990	10.99	404.26			机械		☑			自动汇总

图 9-70　【材料汇总】选项卡界面

图 9-71　材料汇总编辑菜单

1. 市场价修改

在【材料汇总】选项卡界面，可对各种材料的市场价进行调整，分为单项修改和批量修改两种方式。

1）单项修改

单击需要修改价格的材料所对应的市场价，输入数值，即可完成对该材料市场价的调整，如图 9-72 所示。市场价修改后，系统自动更新、计算相关的工程量数据。当材料市场价高于信息价时，市场价以红色显示；当材料市场价低于信息价时，市场价以绿色显示。

图 9-72　单项修改市场价操作步骤

2）批量修改

如果需要对多项材料市场价进行系数调整，可按图 9-73 所示的步骤操作：

（1）在材料汇总栏选择需要修改的材料项目。

（2）单击【市场价调整】选项卡后，弹出材料调整窗口。

（3）在该窗口上部的标签中选择【分类选择】选项卡。

（4）在其界面对要修改的项目进行再次筛选，可以通过材料分类选择需要调整的材料；如果有个别材料不参与调整，可以在"选择"所在取消勾选。

（5）在该窗口底部的市场价调整区选择材料计算规则，输入调整系数后，单击"确定"按钮，即可完成对材料市场价的批量调整。系统自动调整材料市场价，同步完成工程造价的计算。

图 9-73　批量修改市场价操作步骤

2. 市场价恢复

如果需要对材料市场价重新调整，可以先把材料市场价恢复到原始价格后重新调整。具体操作步骤如下：

（1）勾选需要恢复信息价的材料项目。

（2）单击工具栏中的【市场价=信息价】选项。

（3）在弹出的确认框中单击"是"按钮，即可完成（见图 9-74）。

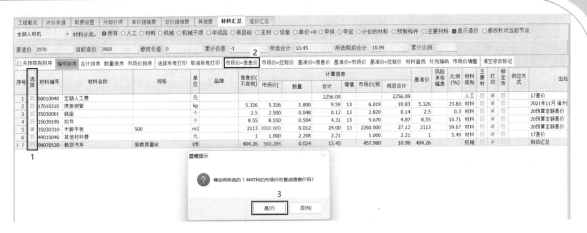

图9-74　市场价恢复操作步骤

3. 锁定市场价

如果某种材料的市场价不可更改，可对其进行锁定操作，锁定后的材料市场价将不能进行系数调整与修改。市场价锁定操作步骤如图9-75所示。以图9-75中的"底座"为例，右键单击底座材料栏，弹出菜单，选择【锁定市场价】→【勾选】选项，此时底座材料的市场价已被锁定。在锁定状态下，如果试着以手动方式把该底座的材料市场价修改成3元，就会弹出"市场价已被锁定"的提示窗口，单击"确定"按钮，市场价恢复锁定的2.5元。若要解除锁定，可在菜单栏选择【锁定市场价】→【不勾选】选项即可。

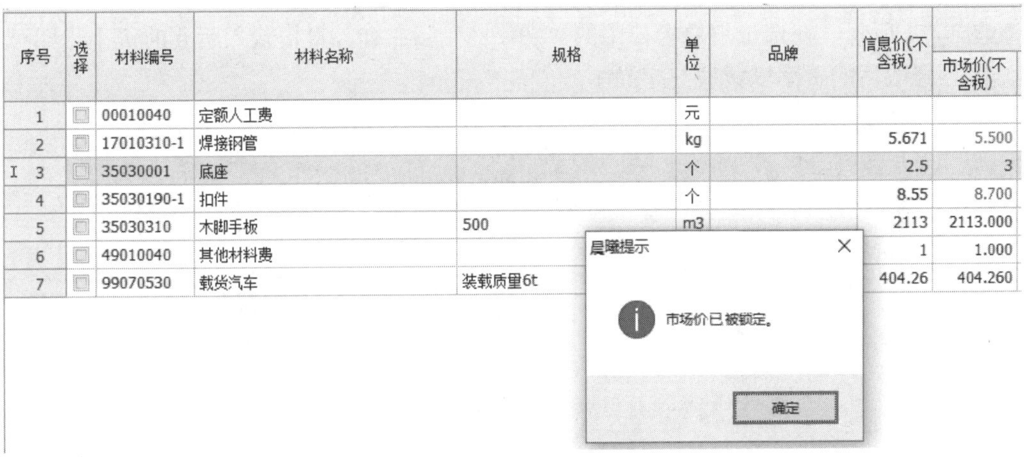

序号	选择	材料编号	材料名称	规格	单位	品牌	信息价(不含税)	市场价(不含税)
1	☐	00010040	定额人工费		元			
2	☐	17010310-1	焊接钢管		kg		5.671	5.500
I　3	☐	35030001	底座		个		2.5	3
4	☐	35030190-1	扣件		个		8.55	8.700
5	☐	35030310	木脚手板	500	m3		2113	2113.000
6	☐	49010040	其他材料费		元		1	1.000
7	☐	99070530	载货汽车	装载质量6t			404.26	404.260

图9-75　锁定市场价操作步骤

4. 查找材料相关子目

有时在查看汇总材料信息时，可能会遇到材料数量出现疑似异常的情况。此时，可通过查找材料相关定额子目，快速定位需要检查的清单子目或定额子目。具体操作步骤如下：双击需要检查的材料，弹出【汇总材料相关定额】窗口，双击该窗口中的选定的定额项目，切换到相关定额子目的消耗量界面。

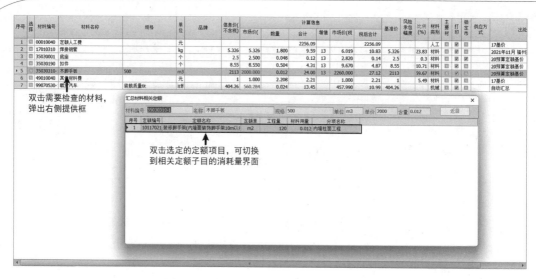

图 9-76　查找材料相关定额子目操作步骤

9.4.6　造价汇总

在造价汇总窗口中，可以查看构成工程造价的各种费用。若有需要，则可以对造价汇总的计算程序进行修改，如费率修改和增减费用。

1. 费率修改

如图 9-77 所示，在造价汇总窗口中的"费率%"所在列，直接输入所要的费率，即可实现费率修改。修改后的费率以黄底红字显示。

序号	编号	名称	计算基数	费率%	合价	计算式
1	1	分部分项工程费				FBFXHJ
2	2	措施项目费	2969		2969	CSFYHJ
3	2.1	总价措施项目费	37		37	ZJCSHJ
4	2.1.1	安全文明施工费	14		14	AQWMSGF
5	2.1.2	其他总价措施费	3	8	3	QTZJCSHJ
6	2.2	单价措施项目费	2932	1	2932	DJCSHJ
7	3	其他项目费				QTXMHJ
8	3.1	暂列金额				ZLJ
9	3.2	专业工程暂估价				ZYZGJ
10	3.3	总承包服务费				ZCBFWF
11	4	总造价	2969		2969	F1+F2+F3
12		人工费合计	2256		2256	RGHJ
13		材料费合计	40		40	CLHJ
14		其中工程设备费合计				SBHJ
15		其中甲供材料费含税合计				SHJGCLHJ
16		施工机具使用费	13		13	JXHJ
17		企业管理费合计	227		227	QYGLF
18		利润合计	152		152	LIRU
19		规费合计				GF
20		税金合计	242		242	SJ

图 9-77　费率修改

2. 增减费用

当工程招标文件中要求相关费用下浮或上浮一定的比率时，可在造价汇总窗口中增减费用项目。具体操作步骤如图 9-78 所示：

（1）单击工具栏中的"增加"或"插入"按钮。

（2）在新增的计算程序中增加费用项目，并设置其费率。

（3）在"计算式"所在列的选框中调出计算式窗口，在此窗口输入计算式，系统自动根据新的计算程序并重新计算造价。

（4）如果需要把该项费用模板应用于其他应用范围时，可以单击"同步"按钮，按应用范围设置相同费用。

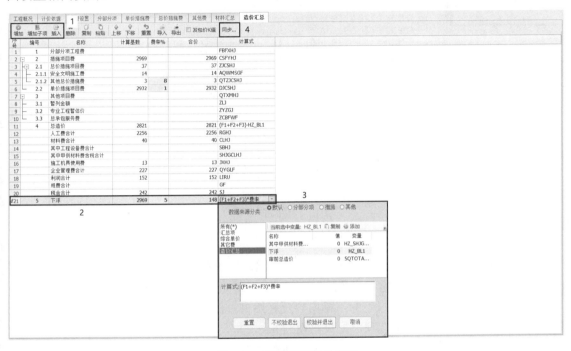

图 9-78　增减费用操作步骤

3. 计算程序恢复

单击图 9-78 中序号 3 所示窗口下方的"重置"按钮，可以把计算程序恢复到系统默认的状态。此外，如果发现计算程序修改有错，也可以单击该按钮，恢复计算程序。

9.5 报表打印与格式设备

1. 报表打印

在报表编辑完成后，可以单击【打印】选项卡，切换到报表打印界面，进行打印设置。具体操作步骤如图 9-79 所示：在打印窗口左边区域（序号 2 所示区域）选择适合的报表方案，系统会自动在打印窗口中间的报表列表区域（序号 3 所示区域）中列出该方案包含的所有报表。可以按照招标文件的要求选择报表，单击序号 1 所示工具栏中的"预览"、"打印"和"Excel"按钮，完成报表的预览和输出。

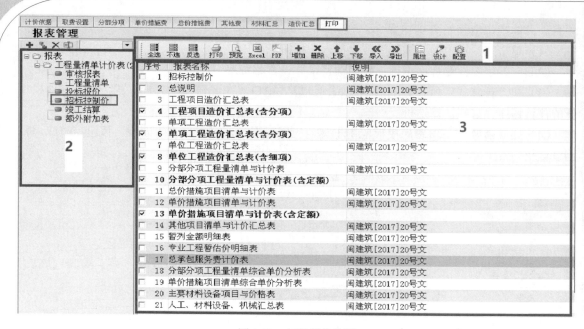

图 9-79　打印报表步骤

💮提示：正式版才具备打印功能，学习版无此功能。

2. 报表格式设置

当系统默认的报表格式不能满足需要时，可以通过如图 9-80 所示的报表格式设置窗口改变报表格式。报表格式设置包括常规设置、数据设置、空项不打印设置和小数位设置。

（1）常规设置。主要设置报表的下标内容及起始页。例如，打印报表时起始页需要从第 6 页开始，可以勾选【起始页】选项，把页码设为 6。

（2）数据设置。主要是对报表的体现格式进行设置，包括换算符号、是否打印特征序号、特征序号格式及打印顺序等。

（3）空项不打印设置。当报表中的一些数据为"0"或空的时候，可以设置是否将其打印出来。

（4）小数位设置。可以设置所有报表的数据小数位格式，设置完成后，报表中对应的数据会自动根据所设置的格式显示。

图 9-80　报表格式设置窗口

3. 报表设计

如果通过报表格式设置不能满足需要时，还可以通过报表设计对报表格式进行修改。具体步骤如下：选择需要修改的报表，单击右键，从弹出的快捷菜单中选择"设计"选项，切换到报表设计窗口进行调整，如图 9-81 所示。

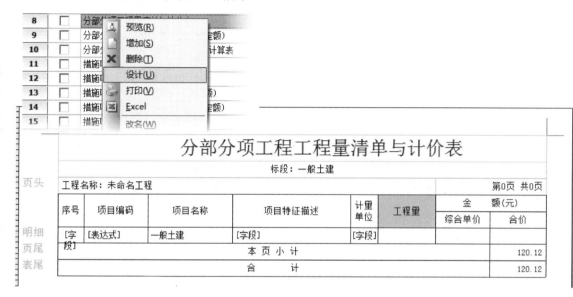

图 9-81 报表设计窗口

4. 自定义用户方案

为了方便报表管理，可以自定义用户方案，即把常用的报表导入新的报表方案中，方便在其他工程中使用。具体步骤如下：勾选常用的报表，导出报表；导出后，在新的报表方案中增加该报表，如图 9-82 所示。

图 9-82 自定义用户方案

某二层敞开式办公区域室内装饰工程工程量清单计价软件操作实例

本节以第 8 章中的某二层敞开式办公区域室内装饰工程工程量清单投标报价为例，用晨曦工程计价软件演示完整的操作流程。

9.6.1 打开软件

双击桌面上的晨曦工程计价软件的快捷方式图标，可打开该计价软件，其工作界面如图 9-83 所示。

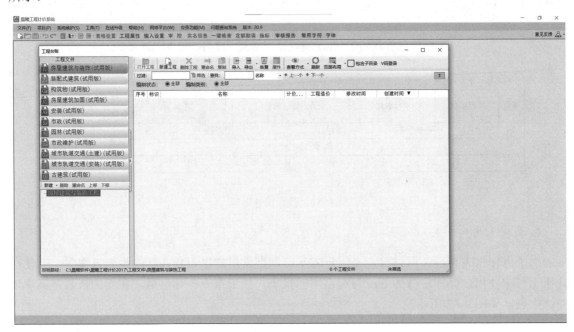

图 9-83 工作界面

9.6.2 新建工程及其设置

1. 新建工程

选择工程台账窗口左侧工程文件"房屋建筑与装饰"，单击【新建工程】选项卡，如图 9-84 所示。

2. 设置新建工程基础信息

在弹出的新建工程窗口选择"房屋建筑与装饰"，单击"设置选项新建"按钮，在该窗口中除了"工程名称"和"工程编号"文本框可以手动输入，其他选项都通过单击下拉选框中对应的选项。本项目的工程类型为"报价"、计价模式为"清单计价"、编制类别为"投标报价"，对"信息价期"选择工程投标报价时的信息价即可，其他基础信息保持默认设置，然后单击底部的"确定新建"按钮，如图 9-95 所示。

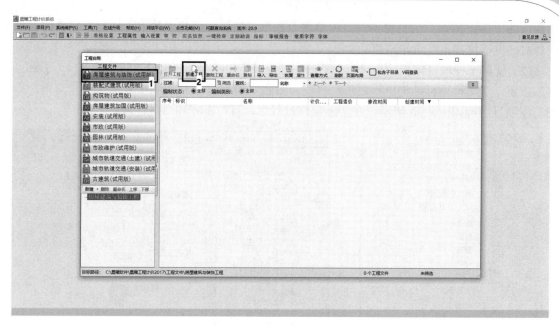

图 9-84 新建工程操作步骤

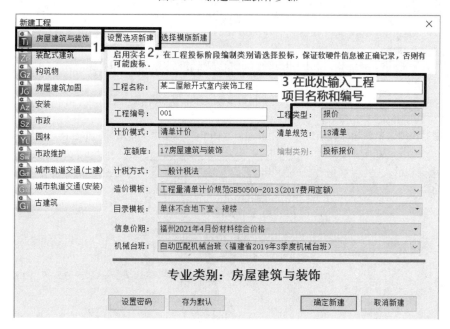

图 9-85 新建工程基础信息设置步骤

3. 调整工程项目结构

通过前述步骤的操作,晨曦工程计价软件弹出整体工程界面。在该界面左侧的工程项目结构面板,默认开启"房屋建筑与装饰工程"、"安装工程"、"室外总体市政工程"和"园林绿化与景观工程"4 个单位工程,根据工程量清单目录对工程项目进行删除和修改。常用的方法有两种:

(1)右击想要删除的工程项目,在弹出的快捷菜单中选择"删除"选项,如图 9-86 所示,在弹出的"确定删除"信息提示窗口中单击"是"按钮。如果想增加工程项目，在快捷菜单中选择对应的"增加…"选项即可。

（2）使用工程项目结构面板顶部的"增加工程节点"（+号）、"删除工程节点"（×号）和"更名"按钮，对工程项目结构进行增删、修改，如图9-87所示。根据第8章的工程量清单，拟列的工程项目结构如图9-88所示。在实际操作过程中，可对工程项目进行增减。

图9-86 通过快捷菜单删除工程项目　　　　图9-87 工程项目结构面板顶部的编辑菜单

图9-88 拟列的工程项目结构

4. 设置工程概况

在工程项目结构面板中选择某个单项工程或单位工程，在标签栏选择【工程概况】选项卡，可在工程概况的列表中选择不同的信息子项。然后在工程概况窗口输入基本工程信息，其中带★的为必填项，如图9-89所示。

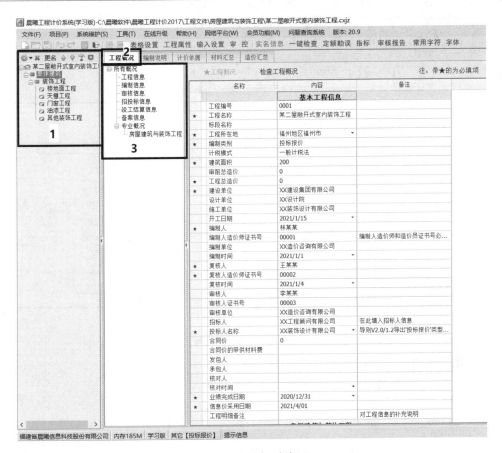

图 9-89　设置工程概况

5. 编制说明的设置

设置完工程概况，接着设置计价文件的编制说明。具体步骤如下：

（1）单击【编制说明】选项卡。

（2）在编辑面板上选择"使用模板"单选框。

（3）单击"选择模板"按钮，在弹出的窗口选择合适的模板文件；本案例以"建筑工程招标控制价编制说明"为模板，文件编辑区出现模板文字。

（4）单击"插入工程概况数据"或"插入工程数据"按钮，弹出概况信息表窗口。

（5）把概况信息表中的工程信息（见序号 6 所示区域）复制到文本框（见序号 7 所示区域），如图 9-90 所示。

6. 设置计价依据

设置完编制依据，接着设置计价依据。具体步骤如下：

（1）单击【计价依据】选项卡。

（2）在文件调整选项面板输入建筑面积。

（3）在文件调整选项面板选择地区。

（4）根据招标文件要求选择各项费用调整系数，若招标文件无特殊要求，保证执行最新文件调整即可，如图 9-91 所示。

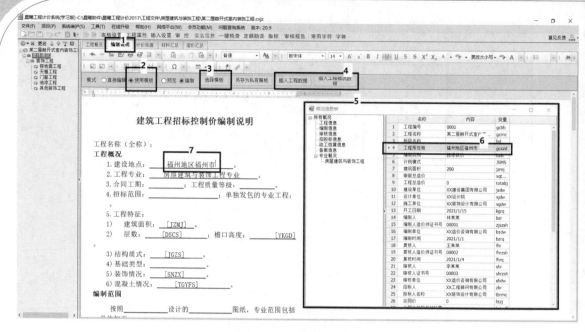

图 9-90　设置编制说明

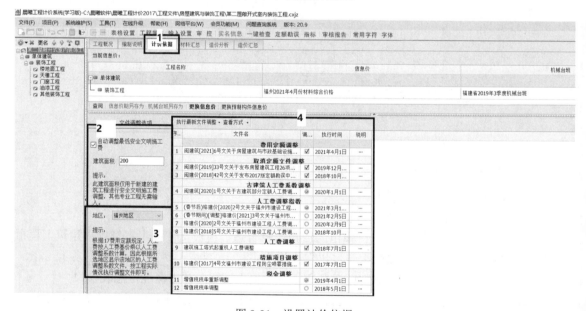

图 9-91　设置计价依据

7. 设置分项工程取费

选择分项工程，如天棚工程，单击【取费设置】选项卡。根据工程实际情况，对"项目类别"，选择"单独发包的装饰工程"选项；对"外墙装饰"选择"无外墙装饰"选项，最后单击"应用于本单位工程"按钮，如图 9-92 所示。

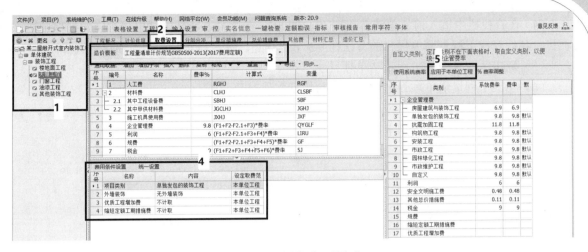

图 9-92　设置分项工程取费

9.6.3　工程量清单项目和定额项目的输入

1. 工程量清单项目的输入

把招标文件中规定的工程量清单与《计价规范》中的项目分类对照，在【分部分项】选项卡界面列出本案例工程量清单项目。现以招标工程工程量清单中的竹木地板（011104002001）为例，讲解添加工程量清单项目的步骤和工作特征的输入，分别如图 9-93 和图 9-94 所示。

（1）选择竹木地板对应的分项工程"楼地面工程"。

（2）单击标签栏中的【分部分项】选项卡。

（3）单击【清单导航】选项卡。

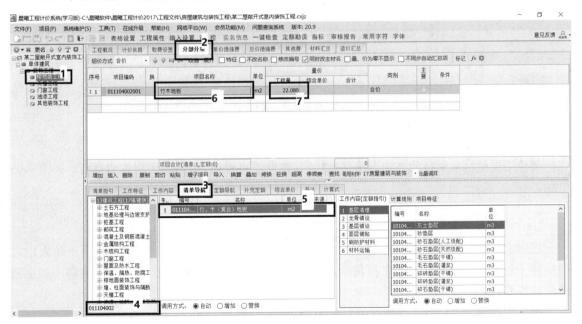

图 9-93　添加工程量清单项目

（4）在查找栏中输入前9位清单代码011104002，在序号5所示区域出现对应的工程量清单项目。其他查找工程量清单项目的方法在9.3节已详述，读者可根据使用习惯自行选择。

（5）双击区域5中的工程量清单项目。

（6）修改工程量清单项目名称，使之与招标文件一致。

（7）直接手动输入工程量或在【计算式】选项卡界面中添加计算式，自动生成工程量。

（8）在【工作特征】选项卡界面输入项目工作特征。

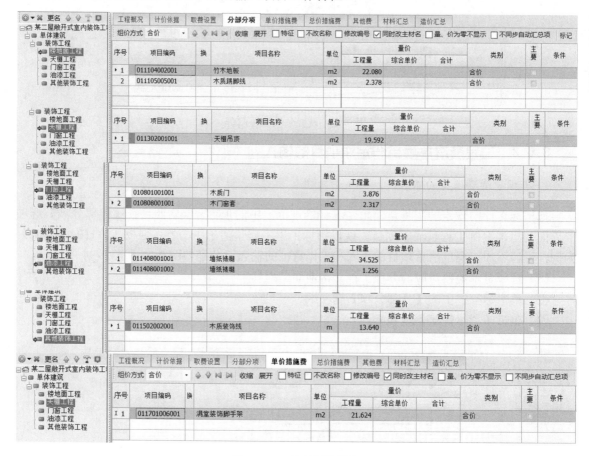

图 9-94　工作特征的输入

其他工程量清单项目的添加方法与此相同，在此不再详述。最终的工程量清单项目如图 9-95所示。

2. 定额项目的输入

根据上一节工程量清单项目的工作内容和工作特征描述，需要工程量清单项目下输入相应的定额子目。现仍以招标文件工程量清单中的竹木地板（011104002001）为例，讲解添加定额子目的步骤。

根据工程量清单，竹木地板（011104002001）的工作内容如下：

（1）20mm 水泥找平。

（2）长条实木复合地板。

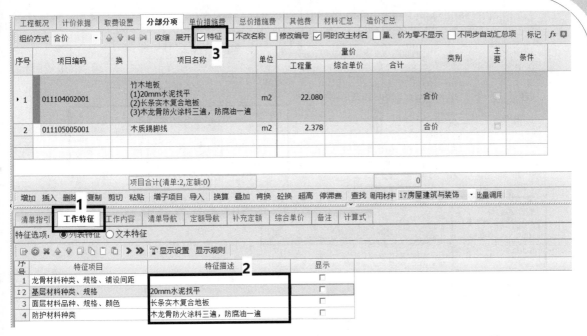

图 9-95　最终的工程量清单项目

（3）木龙骨防火涂料三遍，防腐油一遍。下面分别演示如何把这 3 项工作内容套用相应定额项目。

1）套用与"20mm 水泥找平"工作内容对应的定额子目

① 单击竹木地板项目，使其处于被选中状态。单击【定额导航】选项卡。

② 在工作界面左侧的定额项目栏中查找对应的定额章节，也可以在查找栏输入关键字，如"水泥找平"。

③ 在工作界面中间的候选定额子目中筛选与工作内容吻合度最高的定额子目，如"10111002 水泥砂浆找平层（在混凝土或硬基层面上 20mm 厚）"，双击此定额子目。

④ 弹出定额换算提示框，输入找平层厚度"20"，单击"确定"按钮。

以上步骤如图 9-96 所示。

2）套用与"长条实木复合地板"工作内容对应的定额项目

根据工作特征描述，此工作内容包含木地板铺设木龙骨和实木地板面层铺设两个内容。因此，应分别添加木地板（木龙骨）和木地板（面层）对应的定额项目，如图 9-97 和图 9-98 所示。具体步骤如下：

（1）在【定额导航】选项卡界面中通过查询功能搜索关键词"地板"，在筛选后的定额中找到"木地板（木楞-木地板铺设木楞 40mm×60mm 间距 30mm）"定额项目，双击此定额项目。需要指出的是，本案例对木地板的做法无详细描述，才可以套用此定额。对实际工程项目，可结合施工图选择最合适的定额项目。

（2）在筛选后的定额中找到"木地板（实木地板 铺在木楞上）"定额项目，双击此定额项目。需要指出的是，如果实木地板的市场价和信息价有差异，可在定额消耗量中调整实木地板原材料价格。

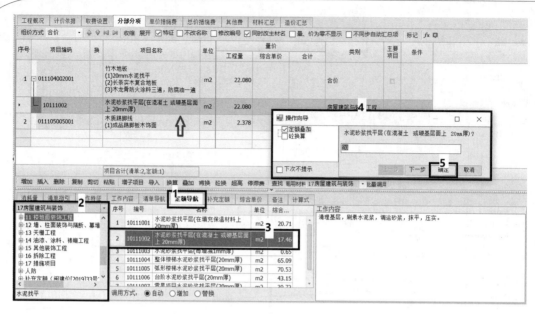

图 9-96　添加"20mm 水泥找平"定额子目

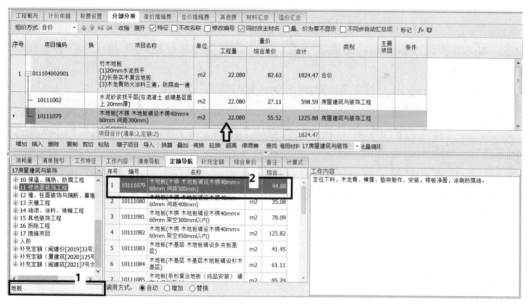

图 9-97　添加木地板（木龙骨）定额项目

3）套用与"木龙骨防火涂料三遍，防腐油一遍"工作内容对应的定额项目

根据工作特征描述，此工作内容包含木龙骨防火涂料三遍和木龙骨防腐油一遍两个内容。因此，应分别添加木龙骨防火涂料三遍和木龙骨防腐油一遍对应的定额项目，如图 9-99 和图 9-100 所示。具体步骤如下：

（1）在【定额导航】选项卡界面中的定额章节选择"油漆、涂料、裱糊工程"，然后通过查询功能搜索关键词"防火涂料"，在筛选后的定额中找到"其他油漆（单身木龙骨，防火涂料二遍）"定额项目，双击此定额项目，在弹出的提示框中输入遍数"3"，单击"确定"按钮。需要指出的是，本案例中对木龙骨的做法无详细描述，在此套用单身龙骨定额。在实际工程项目，可结合施工图选择最合适的定额项目。

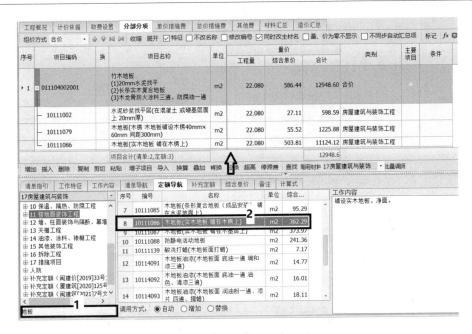

图 9-98　添加木地板（面层）定额项目

（2）通过查询功能搜索关键词"防腐油"，在筛选后的定额中找到"其他油漆（单身木龙骨，防腐油一遍）"定额项目，双击此定额项目。

至此，一个工程量清单项目下的所有定额项目已添加完成。其他定额项目的添加方法类似，在此不再赘述。

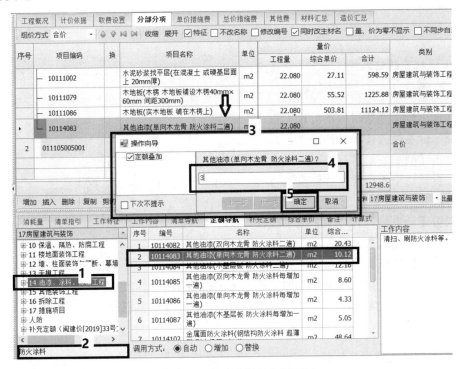

图 9-99　添加防火涂料定额项目

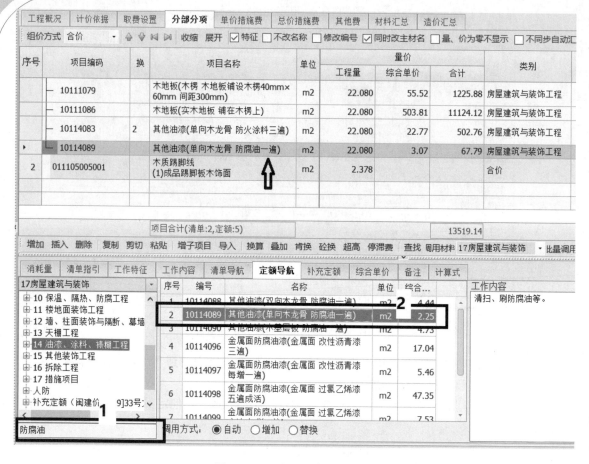

图 9-100 添加防腐油定额项目

3. 单价措施费的输入

天棚装饰工程施工需搭设满堂装饰脚手架，需要输入单价措施费。具体操作步骤如下：

（1）选择单价措施费对应的分项工程【天棚工程】。

（2）点击标签栏的【单价措施费】标签页。

（3）点击【清单导航】标签页。

（4）在查找栏输入关键字"满堂"，在图 9-101 中的序号 5 所示区域出现包含"满堂"字样的清单项目。

（5）双击【满堂装饰脚手架】清单项目。

（6）直接手动输入工程量。

（7）在【工作特征】标签页输入项目工作特征。

到此满堂装饰脚手架的清单就添加完成了（见图 9-101）。经过前面的学习，应该能够在清单项目下添加对应的定额项目了吧，在此就不赘述了，可以自己动手练习，添加定额的结果如图 9-101 所示。

4. 输入总价措施费和其他费

对总价措施费，保持默认设置即可，如需调整，可按各省市的规范费率调整。若工程发生其他费，可单击【其他费】选项卡，输入暂列金额、专业工程暂估价、总承包服务费等费用；若工程未发生其他费，保持默认设置即可。本案例按照《福建省建筑安装工程费用定额》（2017 版），对安全文明施工费的费率选取 0.48%，对其他总价措施费的费率选取 0.11%。

工程概况
计价依据
取费设置
分部分项
单价措施费
总价措施费
其他费
材料汇总
造价汇总
1
2
3
4
5
6
7
序号
项目编码
项目名称
单位
工程量
综合单价
合计
类别
011701006001
满堂装饰脚手架
(1)天棚和墙面
(2)基本层3.9m
m2
21.624
12.07
261.00
合价
清单指引
工作特征
清单导航
满堂
调用方式：
自动
增加
替换

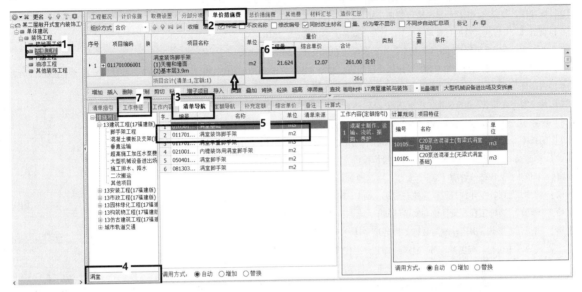

图 9-101　添加满堂装饰脚手架工程量清单项目

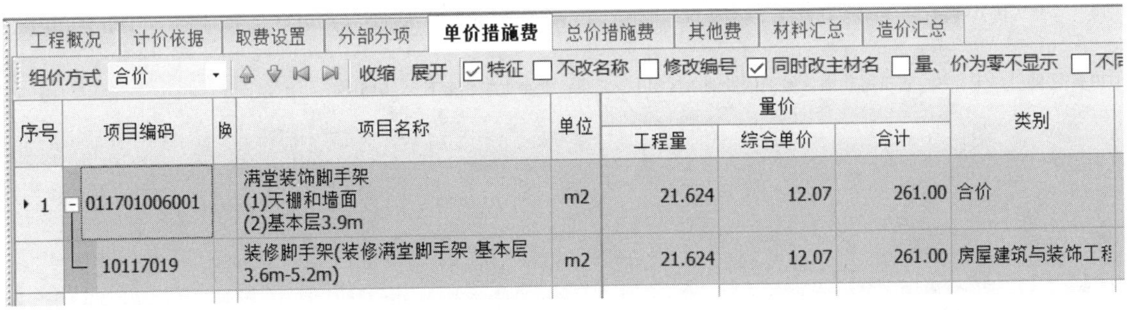

工程概况
计价依据
取费设置
分部分项
单价措施费
总价措施费
其他费
材料汇总
造价汇总
组价方式
合价
收缩
展开
特征
不改名称
修改编号
同时改主材名
量、价为零不显示
序号
项目编码
换
项目名称
单位
量价
工程量
综合单价
合计
类别
1
011701006001
满堂装饰脚手架
(1)天棚和墙面
(2)基本层3.9m
m2
21.624
12.07
261.00
合价
10117019
装修脚手架(装修满堂脚手架 基本层 3.6m-5.2m)
m2
21.624
12.07
261.00
房屋建筑与装饰工程

图 9-102　添加满堂装饰脚手架定额项目

参 考 文 献

[1] 卜龙章，周欣，黄才森，等. 装饰工程造价 [M]. 南京：东南大学出版社，2017.

[2] 陈建国，高显义. 工程计量与造价管理 [M]. 上海：同济大学出版社，2017.

[3] 曹吉鸣. 工程施工组织与管理 [M]. 上海：同济大学出版社，2016.

[4] 丁士昭. 工程项目管理 [M]. 北京：中国建筑工业出版社，2014.

[5] 福建省建设工程造价管理总站. 福建省房屋建筑与装饰工程预算定额 FJYD-101-2017 [M]. 福州：福建科学技术出版社，2017.

[6] 张国栋. 装饰装修工程造价技巧与实例详解 [M]. 北京：化学工业出版社，2018.

[7] 侯小霞，夏莉莉. 建筑装饰工程概预算 [M]. 北京：北京理工大学出版社，2020.

[8] 杨霖华，赵小云. 看图学造价之装饰装修工程造价 [M]. 北京：机械工业出版社，2020.

[9] 胡新萍，王芳. 工程造价控制与管理 [M]. 北京：北京大学出版社，2018.

[10] 李宏扬. 房屋装饰工程量清单计价与投标报价 [M]. 北京：中国建筑工业出版社，2014.

[11] 刘伊生. 工程造价管理 [M]. 北京：中国建筑工业出版社，2020.

[12] 沈华. 工程计量计价教程：建筑与装饰 [M]. 南京：东南大学出版社，2017.

[13] 宋巧玲. 装饰工程计量计价与实务 [M]. 北京：清华大学出版社，2021.

[14] 田卫云，徐煌. 房屋建筑与装饰工程计量与计价 [M]. 成都：西南交通大学出版社，2018.

[15] 吴锐，王俊松，何艺梦，等. 建筑装饰装修工程预算 [M]. 北京：人民交通出版社，2017.

[16] 袁建新. 建筑装饰工程预算 [M]. 北京：科学出版社，2018.

[17] 中华人民共和国住房和城乡建设部. 建筑工程建筑面积计算规范（GB/T 50353—2013）[S]. 北京：中国计划出版社，2014.

[18] 中华人民共和国住房和城乡建设部. 建设工程工程量清单计价规范（GB 50500—2013）[S]. 北京：中国计划出版社，2013.

[19] 中华人民共和国住房和城乡建设部. 房屋建筑与装饰工程工程量计算规范（GB 50854—2013）[S]. 北京：中国计划出版社，2013.

[20] 翟丽旻，宋显锐. 建筑与装饰工程工程量清单 [M]. 北京：北京大学出版社，2015.